Chemiedidaktische Entwicklungen in der ersten Hälfte
des 20. Jahrhunderts

Detlef Köhler

Chemiedidaktische Entwicklungen in der ersten Hälfte des 20. Jahrhunderts

Eine Analyse zur Situation des historischen Chemieunterrichts

PETER LANG
Frankfurt am Main · Berlin · Bern · Bruxelles · New York · Oxford · Wien

Die Deutsche Bibliothek - CIP-Einheitsaufnahme

Köhler, Detlef:

Chemiedidaktische Entwicklungen in der ersten Hälfte des 20. Jahrhunderts : eine Analyse zur Situation des historischen Chemieunterrichts / Detlef Köhler. - Frankfurt am Main ; Berlin ; Bern ; Bruxelles ; New York ; Oxford ; Wien : Lang, 2002
Zugl.: Paderborn, Univ., Diss., 2001
ISBN 3-631-39154-4

Die Arbeit wurde vom VCI gefördert.

D 466
ISBN 3-631-39154-4

www.peterlang.de

Die im Fachbereich Chemie und Chemietechnik der Universität Paderborn vorgelegte Dissertation ist eine wissenschafts-systematische Studie. Im Sinne von Grundlagenforschung sichert sie den chemiedidaktischen Wissenskanon und macht ihn nutzbar. Einerseits komplettiert sie als strukturierende Bestandsaufnahme den chemiedidaktischen Erkenntnisstand – eben in historischer Tiefe und Perspektive. Andererseits werden historische Forschungsleistungen auf dem Hintergrund des derzeitigen Theoriengebäudes konzentriert – im Sinne eines hypothetisch deduktiven Forschungsprozesses. Ca. 3.100 Zeitschriftenpublikationen aus der Zeit von 1900 – 1945 werden aufgespürt, zusammengetragen und interpretiert (Kap. 1), im Sinne einer deskriptiven Analyse (Kap. 2) dokumentiert und verdichtet, somit inhaltlich effektiv konzentriert und am derzeitigen Erkenntnisstand abgebildet (Kap. 2 und Kap. 3). Dabei besticht der Detailreichtum der Analyse, so dass ein umfassendes und lebendiges Bild chemiedidaktischer Theorie und Praxis während des Untersuchungszeitraumes gezeichnet wird.

Sprachregelungen und Begriffssysteme der ausgewerteten Quellentexte sind größtenteils der Alltagssprache entlehnt. Eine naturwissenschaftsdidaktische Fachsprache war nur in allerersten Ansätzen ausgebildet. Somit waren Sinngehalt der Textstellen und damit assoziierte Bedeutungsvorstellungen zunächst zu erschließen. Erst diese Transformation ermöglichte, den damaligen mit dem gegenwärtigen Erkenntnisstand abzugleichen. Dabei konnten die Möglichkeiten, gemessen an der Vielzahl der Befunde, aus zeitlichen Gründen nicht voll ausgeschöpft werden, auch wenn historische und derzeitige Sichtweisen vergleichend skizziert werden (Kap. 3).

Das Fazit der Analyse, dass „ein großer Teil der aktuellen chemiedidaktischen Erkenntnisse ... schon in der Zeit zwischen 1900 und 1945 im Kern bekannt waren" (S. 253), bestätigt auch die Grundthese der Dissertation (vgl. Kap. 4), dass gegenwärtige und historische Problemlagen von Chemieunterricht nahezu identisch sind. Selbstkritisch wird vermerkt, dass

- die seit etwa 1970 an der Hochschule institutionalisierte Chemiedidaktik „nachentdeckt" (S. 252) hat und
- „didaktische Konzepte, methodische Überlegungen, Prinzipien sowie pädagogische und psychologische Einsichten nicht ohne weiteres im Schulalltag umgesetzt werden" (S. 253).

Chemiedidaktische Praxis blieb – wie heute auch – hinter den theoretischen Möglichkeiten und Notwendigkeiten zurück. Dies wurde schon im Untersuchungszeitraum der Ausbildung, mithin auch Lehrerverhalten angelastet. Prinzipiell ist damit ein zentraler Aspekt der gegenwärtigen Professionalisierungsdebatte vorweggenommen.

Paderborn und Berlin, im Dezember 2001 Hans-Jürgen Becker

Inhaltsverzeichnis

1 Einleitung

1.1 Legitimation der Arbeit

1.1.1 Ausgangspunkt

Die aktuelle fachdidaktische Literatur nimmt nur gelegentlich auf die historische Forschung Bezug. Die Zahl von Arbeiten zur historischen Entwicklung didaktischer und methodischer Fragen des Chemieunterrichts ist gering (vgl. MERZYN 1983; vgl. BECKER 1990; vgl. MEYENDORF 1992). Arbeiten aus der Zeit des Nationalsozialismus wurden offenbar vollständig ignoriert. Bemühungen um einen Anschluß der aktuellen Auffassungen an historische Arbeiten bezogen sich auf Einzelaspekte bzw. auf einzelne Persönlichkeiten. Nach wie vor fehlt ein Gesamtüberblick über Gedanken, Diskussionen und unterrichtliche Umsetzungen chemiedidaktischer Erkenntnisse.

1.1.2 Begründung

Ein Blick in die Geschichte des Chemieunterrichts im 19. Jahrhundert zeigt, daß bereits früh von ARENDT pädagogische Aspekte in die Chemiedidaktik einbezogen wurden und WILBRAND wichtige Vorarbeiten für eine moderne Auffassung von Chemieunterricht leistete (JUST 1989).

Fast 50 Jahre praktizierter Chemieunterricht an höheren Schulen, Mittelschulen und Volksschulen in der Zeit von 1900 bis 1945 sind bisher nur wenig beachtet worden. Die Feststellung, daß bereits die Meraner Vorschläge zu Beginn dieses Zeitraums noch heute aktuelle Fragen des Chemieunterrichts ansprachen (JUST 1989), deutet auf weitere interessante Erkenntnisse hin. Ein Schatz an Wissen und Erfahrungen liegt damit brach.

Viele der historischen chemiedidaktischen Ansätze sind in Vergessenheit geraten und müssen heute wieder entdeckt werden. Die damaligen Erfahrungen für die Unterrichtsgestaltung heute zu nutzen, ist ein weiterer wesentlicher Anlaß, die Geschichte der Chemiedidaktik und des Chemieunterrichts zu erforschen (GRAMM 1989; HAMMER 1989). Die Geschichte der Chemiedidaktik und des Chemieunterrichts wird als eines von vier Forschungsfeldern der Chemiedidaktik in den 1990er Jahren angeführt (GRAMM 1989).

Schon wiederholt wurde belegt (vgl. BECKER 1994; MERZYN 1983; JUST 1989), daß Arbeiten im Bereich der Didaktik der Naturwissenschaften doppelt geleistet wurden, weil bereits veröffentlichte Gedanken und Erkenntnisse zum Thema nicht zur Kenntnis genommen wird. Die Aufarbeitung der chemiedidaktischen Literatur seit 1900 wird weitere Erkenntnisse der Forschung zugänglich machen und könnte dazu beitragen, Forschungskapazitäten in bisher vernachlässigte Richtungen umzulenken.

Der Beginn des Untersuchungszeitraums wurde auf 1900 gelegt, weil zu diesem Zeitpunkt die naturwissenschaftlichen Fächer an den allgemeinbildenden Schulen akzeptiert waren und damit die Erwartung verbunden wurde, vielfältige Informationen über den Chemieunterricht erhalten zu können. Tatsächlich waren die wichtigsten hier verwendeten Zeitschriften entweder bereits seit einigen Jahren erschienen („Zeitschrift für den physikalischen und chemischen Unterricht", „Unterrichtsblätter für Mathematik und Naturwissenschaften", „Zeitschrift für den mathematischen und natur-wissenschaftlichen Unterricht") oder wurden nun herausgegeben („Natur und Schule", „Die Volksschule").

Entwicklungen können bis zu ihren Anfängen bzw., wenn diese im 19. Jahrhundert liegen, so doch ein gutes Stück weit in ihrer Dynamik beobachtet werden.

Der hier zur Untersuchung anstehende Zeitabschnitt der ersten Hälfte des 20. Jahrhunderts bildet die unmittelbare Ausgangsbasis für zwei getrennt verlaufende Entwicklungen des Chemieunterrichts in Deutschland. Hier soll nur der Bezug zum Chemieunterricht in der Bundesrepublik hergestellt werden, wie er sich aus Sicht der Entwicklung in den alten Bundesländern ergibt. Aber zur Aufarbeitung des Chemieunterrichts in der DDR wäre der Rückbezug auf die historischen Wurzeln ebenfalls sehr ertragreich und erkenntnisfördernd.

Auch in der Wissenschaft Chemie wurden die Erkenntnisfortschritte der Anorganischen Chemie (GMELIN) und der Organischen Chemie (BEILSTEIN) systematisch dokumentiert und so dem Fortschritt der Wissenschaft zugänglich gemacht. Eine Wissenschaft, die ihre eigenen Wurzeln nicht kennt bzw. diese nur sehr lückenhaft zur Kenntnis nimmt, unterdrückt die Erinnerungen an die Herkunft ihrer Erkenntnisse. Sie beraubt sich ihrer eigenen Grundlagen, will sie nicht nur auf Ergebnisse der Bezugswissenschaften, insbesondere der Allgemeinen Didaktik, angewiesen sein.

Die Notwendigkeit, Schülerversuche durchzuführen, ist heute nicht mehr umstritten.

- Aber wo liegen die Gründe für ihre Einführung in den Chemieunterricht?
- Aus welchen Quellen nährte sich die in den Meraner Beschlüssen vertretene Überzeugung, die Durchführung von Schülerübungen sei in den naturwissenschaftlichen Fächern erforderlich?
- Welche Resonanz fand diese Vorstellung in der Lehrerschaft und bei den Schülern?
- Welche Erfahrungen machten die Lehrer bei der unterrichtlichen Umsetzung?
- Veränderte sich dadurch das Lernverhalten der Schüler?
- Wie wirkte sich das auf die Leistungen der Schüler aus?
- Hatte das Auswirkungen auf die Inhalte des Chemieunterrichts?

Eine Bestandsaufnahme historischer Literatur zum Chemieunterricht ist bisher noch nicht geleistet worden. Die bis an den Beginn des 20. Jahrhunderts zurückreichende hier vorgelegte Arbeit soll als Diskussionsbeitrag eine wichtige Grundlage für weitere Forschungstätigkeiten bieten.

Im Arbeitskreis um H.-J. BECKER, zunächst an der FU Berlin und seit 1995 an der Universität Paderborn, wird seit vielen Jahren Chemiegeschichte auf der Grundlage von Zeitschriftenpublikationen aufgearbeitet (vgl. KÖHLER 1990, 1991, 1992; vgl. SCHRÖDER 1997).

1.1.3 Ziele

Auf der Grundlage einer umfassenden Bestandsaufnahme der Zeitschriftenliteratur in der Zeit zwischen 1900 und 1945 soll eine grundlegende, die vielfältigen Aspekte des Chemieunterrichts dieser Zeit zusammenführende Abbildung der Entwicklungen und des Erkenntnisstandes zum Chemieunterricht entfaltet werden. Historisch geleistete Erkenntnisarbeit und wertvolle Unterrichtserfahrungen sollen dargestellt und somit gesichert und der heutigen Forschung zugänglich gemacht werden.

Zugleich wird eine umfassende Bibliographie der historischen Literatur erzeugt, die für sich genommen, aber auch in Verbindung mit der Literatur zum aktuellen Chemieunterricht, eine Grundlage für vielfältige quantitative Analysen liefert.

Die Darstellung des historischen Chemieunterrichts ist als Beitrag der Bemühungen, die Wurzeln der Chemiedidaktik zu erforschen, zu verstehen. Die chemiedidaktischen Erkenntnisse der damaligen Zeit sollen durch eine Strukturierung konzentriert werden, die sich so weit wie möglich der Strukturierung des aktuellen Standes der Chemiedidaktik anschließt. Damit werden die historischen Erkenntnisse zur heutigen Situation in Beziehung gesetzt. So könnte es möglich werden, eine Grundlegung der Chemiedidaktik, wie sie von BECKER (1994) zum aktuellen Stand versucht wurde, zeitlich bis an den Beginn des 20. Jahrhunderts zu verlängern. Dies würde dazu beitragen, ein Traditionsbewußtsein zu schaffen.

Ein weiteres Ziel der Arbeit ist nachzuweisen, für welche aktuellen Positionen der Chemiedidaktik Vorarbeiten geleistet wurden, worin diese bestehen und welchen Stellenwert sie besitzen. Interessant wären Berichte über Unterrichtserfahrungen und inwieweit diese sich auf die Unterrichtsgestaltung ausgewirkt haben. Wie wurde mit Schwierigkeiten im Unterricht umgegangen? Inwieweit wurden Schüler als Individuen wahrgenommen? usw.

1.2 Untersuchungsmethode

1.2.1 Zum Vorgang der Dokumentation der Literatur

Es wird eine Bestandsaufnahme auf der Grundlage von Zeitschriftenpublikationen (vgl. 1.2.3) im untersuchten Zeitabschnitt vorgenommen. Vorteile der Zeitschriftenpublikationen gegenüber Buchveröffentlichungen liegen in der größeren Aktualität, in einer weitaus stärkeren Reflexion der Unterrichtspraxis und in einer umfassenderen Abbildung des Chemieunterrichts, indem didaktische Strömungen erfaßt werden, die (noch) nicht in Buchform dargestellt wurden, und indem auch über abseits liegende Auffassungen berichtet wird. Gerade hierin sind die Zeitschriftenpublikationen den eher konservativen Buchpublikationen überlegen. Insgesamt ermöglicht die Berücksichtigung einer großen Vielzahl von Autoren, ein sehr facettenreiches Bild zu gewinnen. Die verwendeten Zeitschriften waren im allgemeinen gut zugänglich, allerdings auf verschiedene Bibliotheken verteilt, und noch fast vollständig erhalten.

Dokumentationen von Zeitschriftenpublikationen zur Chemiedidaktik der Zeiträume 1900 bis 1925 sowie 1926 bis 1945 sind bereits vorgelegt worden (KÖHLER 1990; KÖHLER 1991). Sie wurden ergänzt, insbesondere um Veröffentlichungen zum Volksschulunterricht. Insgesamt wurden 3158 Literaturstellen aus Zeitschriften des historischen Unterrichtswesens aufgenommen. Sie wurden in der EDV-Datei **GECHU „GEschichte CHemieUnterricht“** erfaßt. Die Verwendung eines EDV-Literaturprogramms „VCH-Biblio für Windows 2.2“ war erforderlich, um diese große Menge an Literatur verarbeiten zu können. Es ermöglicht, die Literatur nach fachdidaktischen Kriterien zu strukturieren.

GECHU ist somit als wichtiges „Nebenprodukt“ der hier vorgelegten Arbeit entstanden. Sie ist der Datei FADOK (s. u.) angehängt worden und eröffnet damit studentischer Forschungstätigkeit die Möglichkeit zu historischer Vertiefung.

Zur Erfassung der großen Materialmenge ist ihre Strukturierung erforderlich. Sie schafft mehr Klarheit und besseres Verständnis. Der Verwendung eines erprobten Kriteriensystems, an Stelle der Entwicklung von Kriterien aus der historischen Literatur heraus, wurde der Vorzug gegeben, da sich das von BECKER (1994) entwickelte Kriteriensystem zur Strukturierung chemiedidaktischer Zeitschriftenliteratur bereits als Grundlage zur Beschreibung aktueller chemiedidaktischer Positionen sehr gut bewährt hat. Es liegt der umfassenden Literaturdatei FADOK „fachdidaktische Dokumentation" zugrunde und umfaßt allgemeindidaktische sowie fachdidaktische Stichworte. Im Laufe der Jahre wurde diese Struktur immer weiter verfeinert. (Als Mitarbeiter des Arbeitskreises um Herrn BECKER an der FU Berlin war ich daran beteiligt.) Das Kriteriensystem spiegelt die Auffassung der Bearbeiter der Datei FADOK über die Struktur der Fachdidaktik Chemie wider und ist soweit subjektiv. Die Berücksichtigung der gesamten chemiedidaktischen Forschungsbestrebungen und die damit verbundene große Breite und differenzierte Tiefe des Kriteriensystems schafft eine große Offenheit und ließ erwarten, auch für historische Zeitschriftenliteratur angemessene Strukturierungen bereitzustellen. Ein vergleichender Bezug der historischen Erkenntnisse auf heutige Standpunkte wird wesentlich erleichtert.

Die Literatur war in den bereits vorgelegten Arbeiten nach einem sehr stark vergröberten Kriterienraster, das sich auf die übergeordneten Stichworte „Legitimation", „Voraussetzungen", „Lehrpläne", „Methode", „Ziele", „Experimente" und „Themen" beschränkt, strukturiert worden (KÖHLER 1990), da noch nicht abzuschätzen war, in welcher Differenziertheit die historische Literatur den Chemieunterricht beschreibt und in welchem Ausmaß sie am Stand der heutigen Chemiedidaktik zu messen sei. Für die hier vorgelegte weitergehende Untersuchung, in die noch weitere Zeitschriftenartikel einbezogen wurden – insbesondere wurde Literatur zum Volksschulunterricht ergänzend aufgenommen –, erwies sich die Zuordnung der Publikationen zum detaillierten Kriteriensystem als möglich und notwendig. Ohne detaillierte Strukturierung wäre eine vergleichende Analyse mit dem Stand der heutigen Chemiedidaktik kaum durchführbar gewesen. Das der Analyse zugrunde liegende Material von über 3000 Zeitschriftenaufsätzen war zunächst etwa zur Hälfte grob (Literaturstellen aus den bereits vorgelegten Arbeiten) bzw. fein strukturiert.

Das EDV-Literaturprogramm „VCH-Biblio" ermöglicht, das Kriteriensystem in Form von Stichworten mit den bibliographischen Daten in der Datei GECHU zu verbinden. Die Literatursuche kann mit Hilfe von Suchbegriffen, wie Autor, Jahr, Zeitschrift, Stichwort u. a. und deren Kombination, sehr gezielt erfolgen, aber auch eine große Menge von Literatur zu einem Oberbegriff zusammenstellen. Die Mehrfachzuordnung von Stichworten ermöglicht, jeden Beitrag in allen chemiedidaktischen Aspekten zu erfassen und ihn über ein Stichwort in Zusammenhang mit entsprechenden Aussagen anderer Beiträge zu stellen und abzurufen. Die EDV-unterstützte Verwaltung der Literatur ist zwar effektiv, trotzdem bleibt die eigentliche Erfassungsarbeit sehr zeitintensiv.

Das Vorgehen läßt sich in folgenden Schritten beschreiben:

- Historische Zeitschriften ausfindig machen, die sich auf den Chemieunterricht beziehen. In Zeitschriftenkatalogen wurde nach Namen gesucht, die auf chemischen bzw. naturwissenschaftlichen Unterricht hinweisen. Sich einen Überblick über diese Zeitschriften verschaffen und eine Auswahl der am ertragreichsten erscheinenden Zeitschriften treffen. Da nicht alle Zeitschriften mit allen Jahrgängen in einer Bibliothek zugänglich waren, einzelne Jahrgänge oder Hefte fehlten, mußten verschiedene Bibliotheken in Berlin aufgesucht werden. Die Ausleihe der alten Zeitschriftenbände war nicht möglich.
- Eingabe der bibliographischen Daten, Darstellung des Inhalts (Abstracts) nach orientierendem Lesen der Artikel. Die am ertragreichsten eingeschätzten Zeitschriften wurden systematisch durchgearbeitet und alle auf Chemieunterricht bezogenen Artikel aufgenommen. Weitere Zeitschriften wurden diagonal durchgesehen nach Beiträgen mit neuen oder nur selten publizierten Gedanken, Erfahrungen und Sachverhalten. Diese Arbeiten waren sehr zeitintensiv.
- Zuordnung zum Kriteriensystem. Der Zuordnungsprozeß erfordert ein Verständnis der Literatur im Rahmen des vorgegebenen Systems der Chemiedidaktik, repräsentiert durch das Kriteriensystem. Die meisten Beiträge erfuhren Mehrfachzuordnungen, um alle dargestellten Aspekte (medial, methodisch, thematisch usw.) zu erfassen. Es wurden viele Beiträge publiziert, die vielfältige Aspekte von Chemieunterricht ansprechen.
- Wichtig erscheinende Artikel wurden, soweit der Zustand der Zeitschriften dies zuließ, kopiert, um eine einfachere Zugriffsmöglichkeit für die vertiefende Bearbeitung zu schaffen und die teilweise langwierigen Bestellprozeduren in Bibliotheken zu vermeiden.
- Ausgewählte Differenzierung der Stichwörter des groben Kriterienrasters, nachdem sich gezeigt hatte, daß sich die historische Literatur mit Hilfe des detaillierten Kriteriensystem gut strukturieren läßt. Besonders wichtig war die Differenzierung der Stichworte „Methode“ und „Voraussetzungen“, die ein weites Spektrum didaktischer Sachverhalte umfassen.
- Suche und Zusammenfassung der zu einem Stichwort aufgeführten Artikel. Hierbei wurde das Material durch Zusammenfassen ähnlicher Äußerungen verdichtet.
- Auswahl der wichtigsten Artikel für die genauere Bearbeitung zum Zweck der Analyse auf der Grundlage der Abstracts und teilweise wiederholten vertiefenden Lesens. Methodisch akzentuierte Beiträge, Unterrichtserfahrungen, ziel- und experimentbezogene Abhandlungen wurden bevorzugt bearbeitet,

während für die Darstellung kurzer Beiträge zur Durchführung von Experimenten oder Vorstellungen neuer Geräte und thematischer Beiträge zum Chemieunterricht im allgemeinen die Feststellung des inhaltlichen Schwerpunkts ausreichte, um die Darstellungen zu Entwicklungen im Experimentalunterricht zu ergänzen und einen Gesamtüberblick über thematische Schwerpunktbereiche zu erlangen.

1.2.2 Zur Darstellung der gewonnenen Erkenntnisse

Der untersuchte Zeitraum umfaßt mit mehr als 40 Jahren, fast einem halben Jahrhundert, eine Zeit, in der zwei Weltkriege stattfanden und die gesellschaftlichen Verhältnisse sich grundlegend veränderten, von der starren Monarchie über die Befreiung hinein in eine unsichere Demokratie und zurück in die engen ideologisch bestimmten Denk- und Verhaltensweisen unter nationalsozialistischer Herrschaft. Diese Veränderungen wirkten sich auf den Chemieunterricht aus. Deshalb erscheint es gerechtfertigt, in der Darstellung des historischen Chemieunterrichts geschichtliche Entwicklungen im groben nachzuzeichnen. Wo wesentliche Unterschiede es erforderten, wurde zwischen den Verhältnissen an höheren Schulen und Volksschulen unterschieden, punktuell auf Mädchenschulen gesondert eingegangen. Um Wiederholungen zu vermeiden und wo Entwicklungen chemiedidaktischer Elemente nicht sehr deutlich waren, wurden ähnliche oder übereinstimmende Einstellungen verschiedener Zeitabschnitte zusammengefaßt. Eine naturwissenschaftsdidaktische Fachsprache war nur in allerersten Ansätzen vorhanden. Zur Beschreibung von Chemieunterricht wurden vielfach Begriffe aus der Alltagssprache verwendet. Dieser Sprachgebrauch wurde im allgemeinen bei der Darstellung des historischen Chemieunterrichts beibehalten.

Das zugrundeliegende Textmaterial soll als Abbild der damaligen Chemiedidaktik, der gewünschten Realität des Chemieunterrichts und des naturwissenschaftlichen Unterrichts damals gelten. Die Realität des Unterrichts an den höheren Schulen wurde überwiegend aus der Sicht von Anhängern der Reformbewegung und Mitgliedern des Fördervereins dargestellt. Es wird daher überwiegend ein „idealer" Zustand abgebildet, der den Vorstellungen und unterrichtlichen Umsetzungen der Reformbewegung entsprach. Ein großer Teil der veröffentlichten längeren Abhandlungen sind Vorträge, die auf den Tagungen des Fördervereins für den mathematischen und naturwissenschaftlichen Unterricht gehalten und diskutiert wurden.

Die zu Wort kommenden Autoren sind überwiegend Lehrer. Viele der grundsätzlichen Äußerungen und der allgemein methodischen Aussagen sind daher eng mit der Unterrichtspraxis verbunden.

1.2.3 Das Material

Um ein Bild des naturwissenschaftlichen Unterrichts auf den höheren Schulen zu erlangen, wurden Zeitschriften ausgewählt, die sich speziell auf den naturwissenschaftlichen Unterricht der höheren Schulen beziehen (in Klammern die erfaßten Zeiträume):

- Zeitschrift für den physikalischen und chemischen Unterricht (1900 – 1942),
- Unterrichtsblätter für Mathematik und Naturwissenschaften (1900 – 1943),
- Natur und Schule (1902 – 1907),
- fortgeführt als Monatshefte für den naturwissenschaftlichen Unterricht (1907 – 1918),
- fortgeführt als Naturwissenschaftliche Monatshefte (1919 – 1932),
- Zeitschrift für den mathematischen und naturwissenschaftlichen Unterricht (1900 – 1942),
- Praktische Schulphysik (Praschu) (1926 – 1935),
- Praktische Schulchemie (Prache) - Beihefte zur Praschu (1936 – 1942).

Die naturwissenschaftlichen Zeitschriften wurden vollständig erfaßt, d. h. es wurden alle Jahrgänge ab 1900 bzw. ab dem ersten Erscheinen bis zu ihrer Einstellung während des zweiten Weltkriegs (1942 oder 1943) bearbeitet. Die „Naturwissenschaftlichen Monatshefte" wurden bereits 1932 eingestellt. Die Erfassung der „Praktische[n] Schulphysik" wurde mit dem sechsten Jahrgang begonnen. Beiträge zum Chemieunterricht erschienen seit 1936 in einem gesonderten Beiheft „Praktische Schulchemie". Alle Artikel, die sich auf den Chemieunterricht beziehen, sowie Artikel zum naturwissenschaftlichen Unterricht als ganzem und zum Biologie- und Physikunterricht, die wichtige Problemkreise des Chemieunterrichts ergänzten oder vertieften, wurden aufgenommen. Rezensionen von Zeitschriften, Büchern, Lehrbüchern und Programmabhandlungen der Schulen, Berichte über neue Medien und kurze Berichte über naturwissenschaftliche Veröffentlichungen oder Forschungen wurden nur bei besonderer Bedeutung und stichprobenartig aufgenommen.

Zeitschriften, die sich auf alle Fächer der höheren Schulen bezogen, wurden ebenfalls beachtet:

- Monatsschrift für höhere Schulen,
- Lehrproben und Lehrgänge,
- Zeitschrift für pädagogische Psychologie und experimentelle Pädagogik.

Aus diesen Zeitschriften wurden nur Aufsätze zum naturwissenschaftlichen Unterricht ausgewählt.

Der Volksschulbereich wurde in den Zeitschriften der höheren Schulen nur sehr unzureichend abgebildet, so daß die Erfassung der Aufsätze entsprechend ausgerichteter Zeitschriften notwendig wurde:

- Die Dorfschule (1905 – 1908),
- fortgeführt als Die Volksschule (1908 – 1941),
- Pädagogische Blätter (1900 – 1922),
- Monatschrift für den elementaren naturwissenschaftlichen Unterricht (1909/10 – 1910/11),
- fortgeführt als Natur und Unterricht (1911/12 – 1913/14),
- Die Arbeitsschule.

Einen guten Überblick bot „Die Volksschule“, die deshalb vollständig erfaßt wurde (s.o.). Von der „Monatschrift für elementaren naturwissenschaftlichen Unterricht“ waren nur wenige Jahrgänge zugänglich. Die Zeitschrift „Pädagogische Blätter“ erweiterte das Bild aus der Perspektive der Lehrerbildung. Sie wurde bis 1922 erfaßt. Die Erfassung der „Arbeitsschule“ wurde nach Durchsicht des Jahrgangs 1914 nicht weiter verfolgt, da der Ertrag, wegen der starken Konzentration der Zeitschrift auf die manuelle Arbeit, nicht im Verhältnis zum Arbeitsaufwand zu stehen versprach. Im Volksschulbereich wurde, mehr als aus dem Bereich der höheren Schulen, Material zu allgemeinen (volksschul-)pädagogischen Fragen aufgenommen. Das ermöglicht Einblicke in die allgemeinpädagogischen Strömungen der Zeit, die als Hintergrund der naturkundlichen Erörterungen deren Positionen verdeutlichen.

1.2.4 Grundlage des Vergleichs

Für die vergleichende Darstellung des historischen Chemieunterrichts mit dem aktuellen chemiedidaktischen Forschungsstand habe ich mich im wesentlichen auf chemiedidaktische Werke von BECKER (1994) und PFEIFER et al. (1992) bezogen, die einen sehr guten Überblick über die heutigen Forschungsfelder geben. Außerdem zeigen beide in ihren Übersichten die Wichtigkeit auf, an die abgerissenen Bezüge zum historischen Chemieunterricht anzuknüpfen.

2 Qualitative Analyse des Chemieunterrichts in der Zeit zwischen 1900 und 1945

Vorbemerkung

Die erste oberflächliche Durchsicht der Zeitschriften war enttäuschend, da sich relativ wenige Artikel auf den Chemieunterricht bezogen. Es gab keine Zeitschrift, die alleine den Chemieunterricht zum Thema hatte. Alle Zeitschriften, in denen der Chemieunterricht behandelt wurde, legten den Schwerpunkt auf ein anderes naturwissenschaftliches Fach und behandelten den Chemieunterricht als Nebenfach.

Jahr	Zahl der Artikel						
	Chemieunterricht		Physikunterricht		Naturwissenschaftlicher Unterricht		Gesamt
	N	%	N	%	N	%	N
1900	8	17	32	68	7	15	47
1901	5	14	24	67	7	19	36

Die Tabelle zeigt eine Übersicht über die Artikel in der „Zeitschrift für den physikalischen und chemischen Unterricht" der Jahre 1900 und 1901. Das hier dargestellte Verhältnis gilt stellvertretend für die anderen untersuchten Zeitschriften. Dort war der Anteil der Beiträge zum Chemieunterricht an der Gesamtzahl der Beiträge noch geringer. SCHLEIP hat darauf hingewiesen, daß dieses Ungleichgewicht der Bedeutung der beiden naturwissenschaftlichen Fächer an den höheren Schulen eine negative Entwicklung zu Beginn des 20. Jahrhunderts darstellt. In den ersten Jahrgängen der „Zeitschrift für den physikalischen und chemischen Unterricht" im 19. Jahrhundert waren beide Fächer noch gleichgewichtig vertreten. In den Äußerungen der Vertreter des naturwissenschaftlichen Unterrichts, der Unterrichtskommission der Gesellschaft Deutscher Naturforscher und Ärzte und in den Lehrplänen des DAMNU wurde der Chemieunterricht gegenüber Physik- und Biologieunterricht benachteiligt (SCHLEIP 1970).

2.1 Legitimation

Die Frage der Legitimation des naturwissenschaftlichen Unterrichts, speziell des Chemieunterrichts, wurde während des gesamten Untersuchungszeitraumes diskutiert, wenn auch mit unterschiedlicher Intensität. WINDERLICH (1922) gab einen Überblick, wie sich die Argumentation seit Beginn des 19. Jahrhunderts, als der Chemieunterricht in die Lehrpläne aufgenommen worden war, verändert hatte. Anlaß für die Aufnahme des Chemieunterrichts in die amtlichen Lehrpläne der allgemeinbildenden Schulen war die wachsende Bedeutung der Chemie für Gewerbe und Industrie. Aus diesem Grund war lange Zeit der Aspekt, Kenntnisse über Chemie zu vermitteln, einziger Legitimationsgrund. Der Hinweis auf das Fehlen von allgemeinbildenden Werten diente den Vertretern der geisteswissenschaftlichen Fächer dazu, dem Chemieunterricht die Berechtigung als schulisches Unterrichtsfach abzusprechen. Erst seitdem ARENDT und WILBRAND die induktive Logik der Chemie in den Mittelpunkt ihrer unterrichtsmethodischen Überlegungen gerückt hatten und damit das Verstehen chemischer Prozesse und Gesetzmäßigkeiten, wurden in den Argumentationen zunehmend die geistigen Bildungswerte des Chemieunterrichts angeführt. Seit Anfang des 20. Jahrhunderts gaben Autoren die Ausbildung manueller Fähigkeiten durch die Schülerübungen als weiteren Legitimationsgrund an, denn inzwischen hatte die Erkenntnis über die Bedeutung der eigenständigen manuellen und kognitiven Betätigung für den Lernprozeß Raum gewonnen. Besonders durch KERSCHENSTEINER (1910a) wurden schließlich die Bedeutung des Chemieunterrichts für die Charakterbildung sowie seine Beiträge zur Erziehung zum Staatsbürger in die Diskussion gebracht (POSKE 1913c).

Mit der Verbreitung der neuen unterrichtsmethodischen Überlegungen zum Ende der zweiten Hälfte des 19. Jahrhunderts traten neben der Bedeutung chemischer Kenntnisse andere Gesichtspunkte in den Vordergrund. Für die Naturwissenschaften ganz allgemein führte POSKE (1904b) die Ergebnisse von Direktoren-Besprechungen in deutschen Provinzen an, die sich zur Bedeutung der Naturwissenschaften für den philosophischen Unterricht äußerten. Schon dort wurde festgestellt, daß die Naturwissenschaft eine echte „Geisteswissenschaft" geworden sei, die humanistischen Bildungswert besitze, seitdem sie erkenntniskritisch vorgehe und die idealistische Natur ihrer Grundbegriffe (Atom, Energie,

Materie) anerkenne. Es wird festgestellt, daß naturwissenschaftlicher Unterricht die philosophische Ausbildung fördere durch seine Beziehung zur Logik, durch sein systematisches Vorgehen, durch Einführung in die wissenschaftliche Methodenlehre, durch den Gebrauch und die Diskussion metaphysischer Begriffe (Materie, Kraft, Bewegung), durch Unterordnung verschiedener Gebiete unter ein einheitliches Grundgesetz u. a. Schließlich wird die Abhandlung von J. THIEDE angeführt, in der der Autor seine Bemühungen darstellt, die Schüler über materialistische Auffassungen des Seienden hinweg zu geistig-kritischen Betrachtungen zu führen mit dem Endziel, „damit zu einer Begründung der Ethik und zu einer bewußten Verinnerlichung der Lebensführung zu gelangen." (POSKE 1904b) Als humanistisches Element der Naturwissenschaften sah POSKE (1910c) ihre Methoden der Erkenntnisgewinnung an. Die gedankliche Analyse der Erscheinungen hätte geniale Forscher dazu geführt, ihre Gesetzmäßigkeiten zu erkennen. Das Nachvollziehen der Gedankengänge und Ideen der Forscher beinhalte mit seinem historischen Element und den menschlichen Bezügen die entscheidenden Kriterien des Humanistischen. Eine rein objektive Wissenschaft gebe es nicht, alle Wissenschaft sei menschliche Wissenschaft, die sich von Menschen geschaffener Begriffe bediene. Im Chemieunterricht wurde die Auffassung, daß es in erster Linie auf die Entwicklung der Erkenntnisgewinnung im Unterricht ankomme, bereits durch das Wirken WILBRANDs im ausgehenden 19. Jahrhundert vertreten. Er stellte die Möglichkeiten der Denkschulung am Vorgang des Trennens und Verbindens chemischer Stoffe dar.

Wenn häufig ganz allgemein von den Naturwissenschaften die Rede ist, so wird damit der Versuch unternommen, die gemeinsame Bedeutung aller drei Naturwissenschaften zu verdeutlichen. Es muß jedoch angemerkt werden, daß Chemie und Biologie weit größere Schwierigkeiten hatten als die Physik, gleichberechtigt neben ihr als echte Naturwissenschaften anerkannt zu werden.

Es gibt zu Beginn des 20. Jahrhunderts in den untersuchten Zeitschriften zum Chemieunterricht deutlich weniger Bemühungen als zum Physikunterricht, die allgemeinen Werte des Faches herauszustellen. Offenbar gab es für den Chemieunterricht in dieser Zeit keinen in dieser Hinsicht engagierten Autoren, wie ihn der Physikunterricht in POSKE und auch der Biologieunterricht besaßen. Für den Biologieunterricht setzte sich in dieser Zeit B. SCHMID ein. In einem Aufsatz von (1902a) spricht er wie POSKE für alle naturwissenschaftlichen Fächer, exemplifiziert seinen Standpunkt aber in erster Linie an Beispielen aus der Biologie. Er erkennt die Bildungswerte der exakten Wissenschaften darin, die Schüler zu logischem naturwissenschaftlichem Denken anzuleiten, also Begriffe aus Tatsachen abzuleiten, Hypothesen aufzustellen, Erscheinungen zu Gesetzmäßigkeiten zu verknüpfen. Auf die Bedeutung der induktiven Methode in den Naturwissenschaften und besonders im Physik- und Chemieunterricht wurde häufig hingewiesen (KRUG 1902; vgl. STEINRIEDE 1902; vgl. MAURER 1917). Darüber hinaus sollten allgemeine Wahrheiten vermittelt werden, die sich auf Einzelerscheinungen jederzeit anwenden ließen. Der Naturkunde wurde die Aufgabe zugewiesen, einen großen Überblick über die Natur zu vermitteln, der den Schüler zum Verständnis seiner Verpflichtung führte, am Ganzen der Gesellschaft mitzuarbeiten. SCHMID (1902a,b) erblickte in den Naturwissenschaften einen großen Reichtum, der es ermögliche, Geist, Gemüt und Willen der Schüler auszubilden.

Speziell für den Chemieunterricht wurde etwas später in einem Aufsatz zur Bedeutung des chemischen Praktikums (KRUG 1905) zwar noch auf die Wichtigkeit chemischer Kenntnisse verwiesen, jedoch in einem umfassenden Sinne, der chemische Grundstoffe, Begriffe und Gesetze mit einschließt und diese im Zusammenhang mit Vorgängen in der Natur, der industriellen Produktion und im täglichen Leben sieht. Chemische Kenntnisse gehörten daher als Voraussetzung zum Verstehen der Gegenwart zur modernen Allgemeinbildung. Damit würde auch der Chemie, so wie von den Philologen der Physik bereits zugestanden, eine Bedeutung für die Bildung des Geistes zukommen. Speziell die praktische Arbeit fördere das induktive Denken der Schüler. Aus der Schrift „Die Einführung des chemischen Unterrichts in die deutsche Mittelschule" von E. BINDER wurde die fünfzig Jahre alte Feststellung angeführt, daß der naturwissenschaftliche Unterricht gegenüber den sprachlich-historischen Fächern die andere notwendige Seite der allgemeinen Bildung darstelle und durch Vermittlung der Welt- und Lebensgesetze zu einer gesunden Lebens- und Weltanschauung und zur Selbsterkenntnis führe (Gutachten der Gesellschaft „Isis" von 1846). Diese Einschätzung wurde für weiterhin gültig gehalten (OHMANN 1904b). Als ein wesentliches Bildungselement des Chemieunterrichts wurde die Erziehung zur Beobachtung, Beurteilung und logischen Verknüpfung des Beobachteten angesehen (LÖWENHARDT 1906). Die sinnliche Wahrnehmung der Erscheinungen sei der wesentliche formalbildende Wert, in dem sich die Naturwissenschaften von den Geisteswissenschaften unterschieden (STEINRIEDE 1902). Nur die Naturwissen-schaften könnten Anschauung und Beobachtungsgabe, die Grundlage aller Erfahrung sind, lehren und pflegen (FRICKE 1903).

Die bloße Vermittlung chemischer Kenntnisse spielt allerdings wieder eine Rolle im Zusammenhang mit der Diskussion um den Umfang des naturwissenschaftlichen Unterrichts am humanistischen Gymnasium. Die Vertreter der naturwissenschaftlichen Unterrichtsfächer verwiesen auf die negativen Auswirkungen für die Gesellschaft, daß noch immer die leitenden Männer in Staat und Gesellschaft, die ihre Ausbildung zum überwiegenden Teil dem humanistischen Gymnasium verdanken, keine naturwissenschaftlichen Kenntnisse besäßen und damit über zu wenig Verständnis für diesen immer wichtiger werdenden Bereich der Gesellschaft verfügten. So wird in dem Bericht der Unterrichtskommission der Versammlung der Naturforscher und Ärzte in Meran festgestellt, „daß eine gründliche naturwissenschaftliche Bildung [...] auch für die Abiturienten dieser Anstalten zu fordern ist, zumal bei den herrschenden Verhältnissen, unter denen die humanistischen Anstalten an Zahl die realistischen in so hohem Maß übertreffen, die weit überwiegende Mehrzahl der Männer, die später in leitender Stellung auf die Gestaltung unseres öffentlichen Lebens Einfluß zu üben berufen sind, auf dem humanistischen Gymnasium vorgebildet wird." (Unterrichtskommission 1905)

KERSCHENSTEINER betonte die geistige Zucht als wichtigstes Bildungselement der naturwissenschaftlichen Schulfächer gegenüber Aspekten wie Nützlichkeit und Wissenserwerb. Im naturwissenschaftlichen Unterricht spiele die Erziehung zum logischen Denken eine entscheidende Rolle, wobei dem selbständigen Lösen von Problemen eine besondere Bedeutung zukomme (POSKE 1914a). Neben dem logischen Denken werden weitere wichtige Gewohnheiten entwickelt, die den Erziehungswert des naturwissenschaftlichen Unterrichts ausmachten (KERSCHENSTEINER 1913):

- strenges Formulieren und Eindeutigkeit der Begriffe,
- woraus sich beim Arbeiten in ihrem Gültigkeitsbereich ein Gefühl absoluter Sicherheit ergibt und
- die Erfahrung des Geistes der Gesetzmäßigkeit aller Erscheinungen.
- Aus dem Bewußtsein, ein sicheres Ergebnis erreichen zu können, entwickelt sich ein Gefühl der Verantwortlichkeit für die Genauigkeit der Ergebnisfeststellung.
- Die Erfahrung der damit verbundenen Schwierigkeiten führt zur Ehrfurcht vor allem streng wissenschaftlichen Denken.
- Die Bewunderung der Wahrheitsliebe großer Wissenschaftler ermöglicht das Eingeständnis eigener Unwissenheit und damit Bescheidenheit.
- Schulung der Beobachtungsfähigkeit.
- Gewöhnung an exakte, gewissenhafte Technik der Untersuchung.
- Hingabe an die Entwicklung anderer bei der gemeinsamen Arbeit.

Zur Zeit des ersten Weltkrieges schlugen sich die weltgeschichtlichen Geschehnisse in den legitimatorischen Schriften zum chemischen Unterricht nieder. Es wurde einerseits wieder mit der großen gesellschaftlichen Bedeutung der Chemie, das heißt der Bedeutung der chemischen Industrie, der Technik und Medizin im Krieg, argumentiert (SCHMID 1914), andererseits aber auch auf die durch den Chemieunterricht vermittelten allgemeinen Werte verwiesen. Es wurde eine Äußerung von Bismarck angeführt, der davon gesprochen hatte, daß die Erfindungen der Chemiker mehr als die Regierungen über den Erhalt des Friedens entscheiden würden. In diesem Zusammenhang wird über Schriften berichtet, die sich zur Bedeutung der Chemie im Kriege äußern und die für unterrichtliche Zwecke dienlich erscheinen (OHMANN 1915b). Es wurde auf die Bedeutung des naturwissenschaftlichen bzw. des chemischen Unterrichts für das Verständnis des Krieges, insbesondere für Sprengstoffe, hingewiesen (TIMERDING 1915; FRANZ 1915).

Auf die große Bedeutung der naturwissenschaftlichen Bildung für die Entwicklung von Industrie und Handel in Deutschland wurde wiederholt mit Blick auf den wirtschaftspolitischen Konkurrenten und Kriegsgegner England hingewiesen (POSKE 1900b). Mit Bezug auf die Bestrebungen in England, den naturwissenschaftlichen Unterricht zu verbessern, um seine Unterlegenheit im Krieg zu überwinden, wurden entsprechende Maßnahmen in Deutschland verlangt (WOLFF 1917; vgl. Mr. 1917; vgl. WOLFF 1918).

Der Rektor der Technischen Hochschule Charlottenburg, Professor KLOSS (1916), wies auf die Bedeutung des technischen Denkens hin. Es sei anschauliches Denken, das auf Beobachten und Erfahrung beruhe, ständig an der Wirklichkeit überprüft werde und daher zu Wahrheit, Gewissenhaftigkeit und Verantwortungsgefühl erziehe. Schließlich werde es zum schöpferischen Denken, wenn die Gestaltung technischer Objekte hinzutrete. Hierbei spielen Faktoren wie Zweckmäßigkeit und Wirtschaftlichkeit eine große Rolle. Die Gründlichkeit und Planmäßigkeit sowie die Bereitwilligkeit, sich als Teil eines großen Ganzen einzuordnen, werden als besondere Eigenheiten der Deutschen eingeschätzt, gefördert durch den „echten deutschen Militarismus“.

1916 verabschiedete der Verein zur Förderung des mathematischen und naturwissenschaftlichen Unterrichts (Förderverein) Leitsätze, in denen der Wert der naturwissenschaftlichen Fächer gegenüber den sprachlichen Fächern hinsichtlich ihrer Bedeutung für die Ausbildung des Wirklichkeitssinnes herausgestellt wurde. In keinem anderen Fach würde eine so gute Anleitung zum selbständigen, anschaulichen, auf Tatsachen beruhenden Denken gegeben (BODE 1916). Gegenüber der logischen Bildung in den sprachlichen Fächern würden die Naturwissenschaften eine vielseitigere Betätigung erfordern. Dem selbständig experimentierenden Schüler würde die Gesamtsumme aller logischen Vorgänge, analytischer und synthetischer, induktiver und deduktiver Art, begegnen. Damit werde zugleich ein Wachsen der Persönlichkeit und das Vertrauenfinden zu sich selbst ermöglicht (SCHMID 1917). Die Wichtigkeit des mathematisch-naturwissenschaftlichen Unterrichts wurde mit Hinweis auf die Bedeutung des induktiven Denkens in der Geschichte der menschlichen Wissenschaft legitimiert. Der chemische Unterricht führe zur Einsicht, daß sich Erkenntnisse aus Wahrnehmung und Denken entwickeln. Die häufige Vernachlässigung der Nachprüfung und Verallgemeinerung eines Vorgangs im bürgerlichen Leben würde die große Bedeutung der im mathematisch-naturwissenschaftlichen Unterricht zu gewinnenden Logik erweisen. Seine geistige Kraft für das Denken und Wollen, für Erfahrung und Erkenntnis wurde als sein entscheidender Beitrag für die Wohlfahrt des ganzen Volkes herausgestellt (MAURER 1917a).

Für die zeitliche Ausdehnung des naturwissenschaftlichen Unterrichts auf der Mittelstufe der höheren Schulen wird argumentiert, daß einerseits Schulabgängern nach Absolvieren der Mittelstufe für den Übergang ins praktische Leben eine bessere realistische Ausbildung vermittelt werden müßte, insbesondere den in kaufmännische Berufe eintretenden Schülern. Andererseits müßte die Grundlage für die realistische Bildung in der Oberstufe schon hier gelegt werden (BODE 1916). In dieser Zeit wurden Forderungen nach Begabtenförderung in der Schule erhoben und Überlegungen angestellt, wie möglichst alle Begabungen der Schüler gefördert und für den Staat genutzt und wie vermieden werden könnte, daß einseitig naturwissenschaftlich bzw. praktisch Begabte scheitern. Denn im Gegensatz zu den sprachlich einseitig begabten Schülern gab es für mathematisch-naturwissenschaftlich Begabte keine Möglichkeit ein Hochschulstudium zu absolvieren.

Nach Kriegsende wurde die Bedeutung der naturwissenschaftlichen Fächer für den Wiederaufbau Deutschlands herausgestellt (DANNEMANN 1920a). ARRHENIUS führte den Wiederaufbau Deutschlands in erster Linie auf den Einsatz der Chemie zurück. Die chemische Wissenschaft und Industrie der Gegenwart sei in keinem anderen Land so hoch entwickelt wie in Deutschland (POSKE 1924).

Bedingt durch die wirtschaftlichen Schwierigkeiten, hatten die Sparmaßnahmen des Staates zu Stundeneinschränkungen für die naturwissenschaftlichen Fächer im Rahmen der Neuordnung des preußischen höheren Schulwesens in der Weimarer Zeit geführt. Das veranlaßte die Vertreter des Fachs, die Bedeutung des Chemieunterrichts für die Gesellschaft und den Menschen darzulegen. In zahlreichen Erklärungen und Entschließungen wurden die Argumente aus den zurückliegenden Jahren wiederholt. Dabei wurde, anknüpfend an den Wirtschaftskampf der Völker, der entscheidende Einfluß des technischen Denkens und damit die Bedeutung der technischen und wirtschaftlichen Bildung für die wirtschaftliche Entwicklung der Staaten besonders herausgestellt (SCHNELLER 1924; POSKE 1924; POTTHOF 1925). Insbesondere die Chemie hätte eine wichtige Bedeutung im Wirtschaftsleben (POSKE 1925). Mathematik und Naturwissenschaften bildeten ein Hauptfundament und einen wesentlichen Bestandteil der gegenwärtigen Kultur (Deutscher Verband technisch-wissenschaftlicher Vereine 1924; Verein deutscher Chemiker 1924). Mathematisch-naturwissenschaftliches Denken hätten den deutschen Idealismus (KANT und GOETHE) mitbestimmt und den modernen europäischen Geist mitgeprägt, stellte die Denkschrift zur Neuordnung selbst fest.

In den Hauptversammlungen des Fördervereins wurden die Problematik der Stundenreduzierungen wiederholt diskutiert und mehrfach Entschließungen zu den negativen Folgen verabschiedet. Die Teilnehmer der 29. Hauptversammlung (N.N. 1927) besprachen die praktische Bedeutung der Naturwissenschaften. Es wurde auf die Bedeutung der Chemie im täglichen Leben der Menschen und für die Wirtschaft hingewiesen. Die infolge chemischer Forschungen bewirkten Fortschritte von Wirtschaft und Technik wirkten sich auch sozialpolitisch aus, indem der Lebensstandard durch immer billigere Ersatzprodukte der chemischen Industrie (Arzneimittel, Nahrungsmittel u. a.) angehoben wurde (WEIHE 1927; KÖLZER 1931).

Die Anerkennung, die der Bildungswert des Chemieunterrichts in der Denkschrift des Sächsischen Volksbildungsministeriums erfuhr, wurde ganz besonders gewürdigt und herausgestellt (BÄSSLER 1927).

Formale Bildungswerte des naturwissenschaftlichen bzw. des Chemieunterrichts wurden auch von den Vertretern des naturwissenschaftlichen Unterrichts angeführt. Die Entwicklung des Wirklichkeitssinns stand im Mittelpunkt der Argumentation. Das anschauliche Denken und die Beobachtungsgabe würden geschult. Sichtung und Wertung von Phänomenen, Kombinationsgabe und Phantasie und der sprachliche Ausdruck würden entwickelt, das Wirklichkeitsdenken gepflegt und das Denken an eine beständige Kontrolle durch Tatsachen gewöhnt. Die Schulung im formal-logischen und kausalen Denken sei unentbehrlich. Alle Gebildeten müßten die exakten Wissenschaften pflegen, um zum vollen Verständnis der Gegenwart zu gelangen (LIETZMANN 1921; SCHNELLER 1924; Deutscher Verband technisch-wissenschaftlicher Vereine 1924; POTTHOF 1925; DAHMEN 1926; KISSLING 1926b; WEIHE 1927).

Dagegen sah WINDERLICH (1925b) den besonderen Wert der naturwissenschaftlichen Fächer nicht in der formal bildenden Kraft, da sie sich hier nicht von den anderen Fächern unterscheiden würden, sondern in der Eigenart ihrer Stoffgebiete. Diese seien zum vollen Verständnis der Kulturzusammenhänge und als Grundlage einer Weltanschauung unentbehrlich. Fragen der Schüler nach einer haltbaren Welt- und Lebensanschauung müßten vom naturwissenschaftlichen Unterricht beantwortet werden und dürften nicht „naturwissenschaftlicher Hintertreppenliteratur“ überlassen werden (BAVINK 1925a). Die naturwissenschaftlichen Stoffe würden besondere Lehrverfahren erfordern, die unter dem Begriff „Arbeitsunterricht“ zusammenzufassen seien. So würden eine staatsbürgerliche Erziehung und in Arbeitsgemeinschaften das Verständnis für den Wert der Arbeit und soziales Verhalten gefördert. Es werde Ehrfurcht vor der Natur, ihren Schätzen und Geschöpfen geweckt (WINDERLICH 1925b). Der Gedanke des Arbeitsunterrichts als grundlegendes methodisches Prinzip der neuen Lehrpläne (vgl. 2.3.1.3) konnte nun zur Legitimation des naturwissenschaftlichen Unterrichts genutzt werden (POTTHOF 1925).

In den Mädchenschulen wurde besonders der anwendungsbezogene Nutzen des Biologie- und Chemieunterrichts hervorgehoben. Für die angehende Hausfrau und Mutter seien naturwissenschaftliche Kenntnisse sehr nützlich, um die täglichen Fragen, die sich im Haushalt ergeben, sachgemäß und richtig entscheiden zu können (BAVINK 1919; VOIGTS 1925c).

KERSCHENSTEINER (1930) führte gegen Ende der Weimarer Zeit noch einmal aus, welchen wichtigen Beitrag der naturwissenschaftliche Unterricht für die Wesensformung der Schüler, also für deren Bildung lieferte, indem er ihnen das Erlebnis von Klarheit, Wahrheit und Vollendung ermöglichte. Entscheidende Bedeutung habe dabei das methodische Verfahren des naturwissenschaftlichen Unterrichts, wie er es schon in früheren Artikeln ausgeführt hatte (POSKE 1914a).

Der besondere erzieherische Wert der praktischen chemischen Übungen wurde hervorgehoben. Sie erziehen zu exakter und kritischer Beobachtung, entwickelten das Kombinationstalent, erfordern Handfertigkeit und Geschicklichkeit (HÜCKEL 1928).

Einen interessanten Gedanken stellt die Auffassung dar, der mathematisch-naturwissenschaftliche Unterricht würde infolge seiner Befähigung zu selbständigem Denken als Gegenmittel gegen Autoritätsglauben wirken (VAERTING 1930).

Eine heftige Kontroverse unter den Chemielehrern entstand, als Kritik aus dem „eigenen Lager" geäußert wurde. In einer Abhandlung hatte F. GRÜTERS der chemischen Wissenschaft nur geringen geistigen Wert zugebilligt. Zahlreiche Vertreter des Fachs widersprachen energisch (BERLAGE 1933b; MANNHEIMER 1931a). In diesem Zusammenhang wurden Äußerungen von WUNDT angeführt, der einen hohen Erkenntniswert der Chemie festgestellt hatte. Die Beteiligung der chemischen Forschung an der Aufklärung der Lebensvorgänge, das zunehmende Interesse von Physiologen, Klinikern, Geologen u. a. an der eigentlichen Chemie und die Weltgeltung deutscher Chemiker zeigten die Bedeutung der Wissenschaft Chemie.

Die Auseinandersetzungen um den Bildungswert des Chemieunterrichts hielten bis in die Zeit des Nationalsozialismus hinein an, denn auch nach 1933 hatte der Chemieunterricht Mühe, sich zu behaupten. Bis zum Inkrafttreten der neuen Lehrpläne 1938 richteten sich Vertreter der naturwissenschaftlichen Fächer mit schriftlichen Darstellungen an die Öffentlichkeit. 1935 eröffneten die Unterrichtsblätter eine Rubrik „Vom Sinn der Mathematik und Naturwissenschaften", in der Äußerungen bekannter Persönlichkeiten zur Bedeutung dieser Fächer veröffentlicht wurden (LEPKE 1935).

Abweichend von der Argumentation während der Weimarer Zeit, trat nun im Zusammenhang mit der Bedeutung der Naturwissenschaften für Technik und Wirtschaft die Wehrtechnik in den Vordergrund. Insbesondere wies man auf die enge Beziehung zwischen den Naturwissenschaften und dem Heereswesen hin (LIETZMANN 1933; CURIO 1934). Die Entwicklungsfähigkeit Deutschlands maß man verstärkt an den Leistungen anderer Völker. Der Verlust der Wettbewerbsfähigkeit der Wirtschaft wurde heraufbeschworen. Von ärztlicher Seite befürchtete man bei Vernachlässigung naturwissenschaftlicher Bildung ein Zurückfallen des deutschen Arztes und der ärztlichen und pharmazeutischen Technik gegenüber dem Ausland (SCHAEFER 1934). Ein Volk könne sich nur dann durchsetzen, wenn überlegenes Wissen und überlegene Technik mit Wehrkraft und Wehrwillen zusammenwirken (TIEDGE 1933a).

Auch bei der Erziehung der Jugend zur Wehrhaftigkeit wurde den Naturwissenschaften und speziell dem Chemieunterricht eine besondere Aufgabe zugewiesen (LEONHARDT 1933; MARTENS 1936). Der Chemieunterricht wurde in dieser Zeit, wie anderer Unterricht auch, zur Kriegsvorbereitung eingesetzt. Das wird deutlich, wenn als wichtigste Aufgaben des Chemieunterrichts die Aufklärung der Schüler über den Gas- und Luftschutz und die richtige Behandlung von Munitionsfunden genannt werden (LEONHARDT 1933). Der Förderverein hatte die Aufklärungsarbeit ausdrücklich als Aufgabe der naturwissenschaftlichen Fächer, insbesondere des Chemieunterrichts übernommen (LIETZMANN 1933).

Die Naturverbundenheit, die schon während der Weimarer Zeit eine große Rolle für Teile der Jugend gespielt hatte (Wandervogelbewegung), nutzten die Nationalsozialisten für ihre Zwecke. Dies wurde zur Legitimation der Naturwissenschaften aufgegriffen. Der „Förderverein" sprach in einer Entschließung davon, daß die Naturwissenschaften infolge einer tiefen Verwurzelung des Naturgefühls im deutschen Volkscharakter im deutschen Wesen verankert seien (LIETZMANN 1933). Es war die Rede von einem „urdeutschen Erkenntnisdrang". Das Fach Biologie erhielt eine ganz zentrale Bedeutung unter den Naturwissenschaften als Vermittler der Rassenlehre in den Schulen. Dieses Fach wurde daher als Fundament des neuen Staatswesens angesehen (vgl. WOLFF 1933). Aber auch alle anderen Naturwissenschaften würden sich dadurch legitimieren, daß sie aus dem tiefen Gefühl der Naturverbundenheit geboren seien und den zu bekämpfenden Materialismus nicht verursacht hätten (BAVINK 1933). Ohne Chemie sei ein tieferes Eindringen in die Biologie gar nicht möglich (TIEDGE 1933b).

Im Zusammenhang mit der Bekämpfung des Intellektualismus wurde der Wert der Handarbeit und der Tätigkeiten des alltäglichen Lebens hervorgehoben (vgl. KARSTÄDT 1940). Die Beziehung zu den wichtigsten Schichten des deutschen Volkes sei bei der Chemie besonders ausgeprägt, da sie in nahezu alle Zweige der Wirtschaft eingreift (BEIER 1934). Diese Tendenz drückt sich auch in der verstärkten Hinwendung der Unterrichtsinhalte des Chemieunterricht zu Alltagsthemen aus (vgl. 2.6.7.7). Vertreter der naturwissenschaftlichen Fächer an den höheren Schulen empfanden diese Tendenz als gefährlich, so daß sie sich veranlaßt sahen, vor einer Vernachlässigung der Ausbildung der Verstandeskräfte zu warnen (CURIO 1934). Die neue deutsche Schule müsse zugleich Intellekt und Charakter ausbilden (TIEDGE 1935). Zur Einsicht in die Struktur des deutschen Volkslebens gehöre die im wesentlichen von den Naturwissenschaften zu vermittelnde Kenntnis der vielfältigen Verbindungen zwischen den einzelnen und dem ganze Volk mit der Umwelt, einschließlich der Natur (BAVINK 1933).

2.2 Unterrichtsvoraussetzungen

2.2.1 Schülervoraussetzungen

2.2.1.1 Entwicklungsniveau

Ein auf psychologischen Erkenntnissen gegründeter Aufsatz unterschied zwischen Kindheit und der, mit Beginn der Pubertät einsetzenden, Jugend. Die Kindheit sei realistisch. Das Kind liebe die Wirklichkeit, die Reproduktion, das direkte Drauflosgehen und halte sich an das Konkrete. Die Jugend sei idealistisch und geprägt von einem starken Produktionsbedürfnis (SCHMIDKUNZ 1900).

Genauere Kenntnisse über die Pubertät seien für Lehrer wichtig und auch für die Jugendlichen nützlich. In Fortbildungskursen sollten Lehrer die Möglichkeit zu entsprechender Information erhalten (CRAMER 1910).

Ein Bewußtsein über unterschiedliche Entwicklungsstadien der Schüler war wohl bei den Vertretern der Reformbewegung vorhanden und wurde an den höheren Schulen, zumindest in Form der Unterscheidung in einen propädeutischen Einführungslehrgang in die Naturwissenschaften auf der Unterstufe und einen durch mehr theoretische Inhalte geprägten Unterricht auf der Oberstufe, umgesetzt. Um den Unterrichtsstoff leicht und vollständig aufnehmen zu können, sollte er dem Entwicklungsstand der Schüler angemessen sein. Die Anschauung präge den Beginn des naturwissenschaftlichen Unterrichts auf der Unterstufe, abstraktes Denken bilde sich nach und nach auf der Oberstufe (STEINRIEDE

1902). Unterrichtserfahrungen aus dem Anfangsunterricht auf der Unterstufe von Chemie (UII) und Physik (OIII) berichteten über das große Interesse der Schüler am Experimentieren, an manueller Betätigung und am Entdecken. Der Spieltrieb sei noch rege, der Forschertrieb und die Wißbegierde sehr stark (BREMER 1916; VOLKE 1920; WUNDER 1913).

Für den Volksschulunterricht wurde gefordert, den Stoff der Fassungskraft der Schüler anzupassen, indem vom „Leichten" zum „Schweren" fortgeschritten wird. Dies würde in naturkundlichen Lehrplänen meist vernachlässigt (HENKLER 1906):

1. Stufe der Naturauffassung: Frage nach dem Warum wird poetisch-sinnig beantwortet. Naturdinge werden gerne personifiziert. Kinder stehen zuerst auf der Stufe der phantasiemäßigen Auffassung. Man soll ihr entgegenkommen.

2. Stufe der Naturauffassung (wissenschaftliche Naturauffassung): allgemeine Gesetzmäßigkeiten werden Erklärungen zugrunde gelegt.

a) Ausgangspunkt ist ein Zweck, teleologische Verknüpfung der Tatsachen.

b) Ausgangspunkt sind Ursachen, kausale Verknüpfung der Tatsachen.

Aus Erkenntnissen der Gehirnanatomie, physiologischen Psychologie, Kinderpsychologie und Psychopathologie wurden Folgerungen für die Unterrichtsgestaltung abgeleitet, unterschieden nach den drei Stufen der Volksschule (EGER 1912).

Auf der **Unterstufe** sind die Geistestätigkeiten der Kinder hauptsächlich rezeptiv. Bei der Behandlung eines neuen Stoffes sollten möglichst alle Sinne beteiligt werden, damit durch Zusammenwirken der Teilvorstellungen ein klarer Begriff zustande kommen kann. Deshalb sollte der Handfertigkeitsunterricht dem ganzen Unterricht dienstbar gemacht werden. Dadurch wird der Unterricht abwechslungsreich gestaltet und das Aufkommen von Müdigkeit und Unlust vermieden. Indem den Interessen der Kinder, ihrer Neugierde, ihrem Spieldrang entsprochen wird, können lustbetonte Gefühle ausgelöst werden.

Auf der **Mittelstufe** findet ein allmählicher Übergang von der Rezeptivität zur Produktivität statt. Es sollten logisch richtige Beziehungen zwischen Einzelvorstellungen hergestellt werden. Gattungsbegriffe, Beziehungen von Ursache und Wirkung, aufgebaut auf vertrauten Verhältnissen der Kinder, werden entwickelt. Der Werkunterricht bietet eine gute Unterstützung. Das Gedächtnis soll nicht mehr nur rein mechanisch benutzt, sondern auch zu intellektuellem Arbeiten angeregt werden. Bei der Stoffauswahl sollte am Interesse der Schüler angesetzt werden.

Auf der **Oberstufe** kann in der ausgiebigsten Weise produktiv gearbeitet werden. Es können abstrakte Themen behandelt werden, da die Schüler diese nun bereits verarbeiten können. Die geistige Entwicklung soll im Unterricht soweit entwickelt worden sein, daß mit einfachen naturwissenschaftlichen Experimenten Naturgesetze selbst erarbeitet werden können.

In der 4. Klasse der Volksschule können die Kinder noch nicht „konzentrisch" denken. Damit ist gemeint, daß sie noch nicht in der Lage sind, sich ausdauernd ohne Ermüdung, auf einen (komplizierten) Unterrichtsgegenstand konzentriert, zu beschäftigen. Der Unterricht sollte sich deshalb nicht ständig direkt mit dem Hauptproblem beschäftigen. Statt dessen sollten die Schüler anschaulich und möglichst abwechslungsreich von verschiedenen Seiten durch analoge Themen auf das Hauptproblem vorbereitet werden (DAUM 1930).

Aus Unterrichtsbeobachtungen wurden Hinweise auf das Denken von Kindern unterschiedlichen Alters gegeben. Die Fragen der Kinder auf der Ober- und Mittelstufe der Volksschule ließen deutliche Unterschiede erkennen. Während die Fragen der zehnjährigen Mittelstufenschüler sich auf die Entstehung der Dinge konzentrierten, verlangten die zwölfjährigen Oberstufenschüler überwiegend nach Erklärungen unverstandener Wörter oder Begriffe (LANGE 1922).

2.2.1.2 Intelligenz

Offenbar waren schon Erfahrungen gemacht worden, daß Unter- und Überforderungen der Schüler vermieden werden sollten. Die Verschiebung der Behandlung der Atomtheorie in eine spätere Unterrichtsphase wurde mit der Gefahr der Überforderung der Schüler begründet. Das Unverständnis würde zu Lustlosigkeit der Schüler führen (SCHEID 1911). Die Durchführung der Schülerübungen in gleicher Front wurde zum Ende des Oberstufenunterrichts als dem Entwicklungsstand der Schüler nicht mehr angemessen angesehen und ein Erlahmen des Schülerinteresses befürchtet (vgl. 2.7.4.4).

Forschungsberichte zur Intelligenz der Schüler waren sehr rar. Hinsichtlich der Unterschiede zwischen Jungen und Mädchen wurde über die Durchführung von Intelligenztests berichtet. Unterschiede in der intellektuellen Begabung wurden überwiegend verschiedenen Interessenrichtungen zwischen den Geschlechtern zugeschrieben (SCHILLER 1918). In der Zeit des Nationalsozialismus wurde über Folgerungen aus der Zwillingsforschung zur Frage des Gewichtes von Vererbung bzw. Umwelteinflüssen auf Intelligenz und Charakter berichtet (WINDERLICH 1936).

2.2.1.3 Lernvorgang

Forschungen zum Lernen im naturwissenschaftlichen Unterricht wurden vor 1945 noch nicht durchgeführt. Unterrichtserfahrungen hatten offenbar gelehrt, daß abstrakte und theoretische Unterrichtsinhalte für die Schüler der Unterstufe schwer verständlich sind. Dies lassen Hinweise darauf, daß solche Themen erst in der Oberstufe behandelt werden sollten, vermuten (vgl. 2.2.1.1). Als wichtige Maßnahme für erfolgreiches Lernen wurde die Aktivierung des Vorwissens der Schüler angegeben. In der Vorbereitungsphase sollten verwandte Vorstellungen zum behandelten naturwissenschaftlichen Phänomen ins Bewußtsein der Schüler zurückgerufen werden (CONRAD 1903). Zum besseren Behalten sollten die Einzeltatsachen miteinander verknüpft werden. Es sollten Assoziationen eines Bewußtseinsinhalts mit anderen gebildet werden (vgl. 2.2.3). Der Zweck des naturwissenschaftlichen Unterrichts der unteren Klassen bestehe darin, die ungeheure Menge der ungeklärten Vorstellungen des Kindes untereinander zu verknüpfen und zu erklären (WUNDER 1913).

Als Hilfsmittel, um die Einzeltatsachen in einen Gesamtzusammenhang zu bringen und den chemischen Stoff zu strukturieren, wurde die frühzeitige Einführung des Periodensystems der Elemente in den Chemieunterricht propagiert (SCHINDEHÜTTE 1931; BAVINK 1925b).

2.2.1.4 Intelligenz und Problemlösen

Schon in der Zeit vor dem 1. Weltkrieg wurde von KERSCHENSTEINER problemlösendes Denken für den naturwissenschaftlichen Unterricht gefordert. Es wurde die selbständige Tätigkeit des Schülers verlangt. Im Mittelpunkt müsse die Prüfung der Vermutungen stehen. Die eigentliche Denkübung liege in der allmählichen Entwicklung der eigenen fehlerhaften Manipulationen und falschen Beobachtungen, im Aufdecken der Irrtümer durch das Vergleichen wiederholter Beobachtungen, die man auf Grund eigener Überlegungen angestellt hat (KERSCHENSTEINER 1913; HENKLER 1914). Damit wurde ein Vorgehen beschrieben, das wegen der intensiven Auseinandersetzung mit dem Stoff und dem Zulassen von Irrwegen sehr zeitaufwendig ist. Daß ein solches Vorgehen als mühsam empfunden werden konnte, wurde von einigen Lehrern damals ganz bewußt in Kauf genommen, da sie ein wirkliches Verstehen und nicht nur Auswendiglernen des Unterrichtsstoffes nur auf diesem Weg für möglich hielten.

2.2.1.5 Schülertheorien

Die Erfahrungen, die Kinder in Haus und Schule, Straße, Spielplatz, Wald und Flur machen, faßte der Arbeitsunterricht als Quelle ihres Wissens auf (LÖWENECK 1913). Erste Hinweise darauf, welchen Einfluß das Vorwissen der Schüler auf den naturwissenschaftlichen Unterricht ausübt, gaben Schwierigkeiten der Schüler bei der Verwendung von Fachbegriffen, die im Alltag der Schüler mit anderer Bedeutung benutzt wurden (vgl. 2.2.2).

Über das Umlernen der Vorstellungen zur Zusammensetzung chemischer Verbindungen lagen bereits Erfahrungen vor. Die Hinführung zum richtigen Teilchenverständnis, ausgehend von dem üblicherweise verwendeten Bild, daß die kleinsten Teilchen die Eigenschaften des Ganzen besitzen (Natriumatome besitzen die Eigenschaften des Metalls Natrium), wurde als sehr mühsam bezeichnet (F. KÜSPERT 1911). Wie mit den Alltagsvorstellungen der Schüler umzugehen sei, wenn sie durch fachlich richtige Darstellungen ersetzt werden, wurde nicht problematisiert.

Es wurde nur in wenigen Abhandlungen auf Schülererklärungen eingegangen. Diese waren beschreibend. Unterrichtliche Konsequenzen wurden nicht abgeleitet. Aus Beobachtungen im Mittelschulunterricht resultierten erste Beschreibungsversuche. Die Antworten und Erklärungen 13-14jähriger Schüler im Naturkundeunterricht ließen die andersartigen Denkstrukturen im Vergleich mit dem Denken Erwachsener erkennen. Es wurde als triebartig-tastendes, stark emotional gefärbtes Denken gekennzeichnet. Wichtig war zunächst, die Besonderheiten dieses Denkens der Kinder als einen Wert und als eigenständige Produktion aufzufassen und es nicht aus der Sicht der Denkhaltung erwachsener Menschen als minderwertig einzuschätzen. Eine Rückkoppelung der gewonnenen Erkenntnisse auf den Unterricht wurde insofern vorgenommen, als die Denkbemühungen der Schüler vom Lehrer akzeptiert wurden (FREUNDT 1926). Die Untersuchung kindlicher Erklärungsversuche von Naturerscheinungen im Physikunterricht bei zehn- bis vierzehnjährigen Kindern zeigte eine starke „Realistik". Sie hatten den Charakter konkret substantieller Theorien wie die ersten wissenschaftlichen physikalischen Theorien: Phlogiston-Theorie, Wärmestoff u. a. Ursache und Wirkung wurden noch nicht unterschieden (ZIETZ 1939). Ein aus dem Unterricht mitgeteiltes Beispiel für Schülertheorien schildert die Vorstellung, die bei der Berührung heißer Metalle mit Luft sich bildende Oxidschicht sei „ausgeschiedener Schmutz" (OETTLI 1918).

2.2.2 Sprachliche Voraussetzungen

Mängel der Fachsprache und daraus abgeleitete Verständnisprobleme wurden wiederholt angesprochen. Zunächst ging es um das Verständnis der Namen chemischer Verbindungen. Wegen mangelnder Sprachlogik wurde eine einheitliche systematische Benennung vorgeschlagen. So würden vielfach Doppelnamen für eine chemische Verbindung verwendet. Viele Bezeichnungen würden sprachlogisch falsche Vorstellungen über die Verbindungen produzieren. Der Name „Chlorblei" sei überflüssig und vermittele Nichtfachleuten den Eindruck eines Stoffes Blei mit besonderen Eigenschaften (STEIN 1917a). Die Übernahme der STOCKschen Nomenklatur (STOCK 1920b) in den Schulunterricht bezweckte, die systemlosen Bezeichnungen, die den Schülern die anorganische Chemie unübersichtlich machten, zu überwinden (OHMANN 1920; KISSLING 1926a). Für die Beibehaltung der alten Namen wurde, entgegen den Vorschlägen von STEIN, ihre Volkstümlichkeit angeführt. Wegen ihrer Klarheit und Kürze könnten sie dazu beitragen, die Chemie allmählich volkstümlicher zu machen (OHMANN 1917b; WINDERLICH 1917d). Der Gebrauch alter, noch allgemein üblicher Namen wie Soda und Pottasche helfe, die Schüler in das Verständnis ihrer täglichen Umwelt einzuführen (FRANCK 1926). Bei Verwendung der STOCKschen Nomenklatur wurden Schwierigkeiten für die Schüler bei den neuen Wertigkeitsbezeichnungen von Metallverbindungen befürchtet (FRANCK 1920).

Auf die große Bedeutung sinnlicher Anschauung für die Begriffsbildung und die Vorstellungen der Schüler wurde im Volksschulbereich hingewiesen (HAASE 1911). Um eine anschauliche Grundlage zu schaffen und zur besseren Erschließung von Begriffen, wurde die intensive praktische Betätigung der Schüler in Form der Schülerübungen empfohlen und eingesetzt (BRÜSCH 1913; BREMER 1918; FRANCK 1928), oder es wurde von Erfahrungen ausgegangen, die den Schülern (aus dem Alltag) geläufig waren (BECK 1912; KINTOFF 1936). Auch in Schülervorträgen oder schriftlichen Darstellungen wirkte sich für die

Schüler die Möglichkeit, sich auf eigene Tätigkeiten beziehen zu können, unterstützend aus (BREMER 1918; POSKE 1911). Aus Unterrichtserfahrungen ergab sich, daß chemische Begriffe, wollen sie wirklich verstanden werden, einer eingehenden Entwicklung bedürfen (KINTOFF 1936). Schon in den Meraner Beschlüssen wurde die Forderung erhoben, naturwissenschaftliche Begriffe zu entwickeln (Unterrichtskommission 1906; GUTZMER 1906a). Ganz besonders gründlich wurde die Einführung abstrakter Begriffe wie Atom- und Molekulargewicht vorbereitet (POSKE 1910b; SCHEID 1911; OHMANN 1914b). Auf die Notwendigkeit, Begriffe klar und eindeutig zu formulieren, wurde damals ebenfalls bereits hingewiesen (KERSCHENSTEINER 1913).

WINDERLICH (1909) trug eine Vielzahl von logischen Fehlern, unklaren Verwendungen von Begriffen und mangelhaften Schlußfolgerungen in Schulbüchern der Chemie zusammen. Der Lehrer sollte sich um logisch richtige Sprache bemühen und Aussagen wie „Die Umsetzung erfolgt nach der Gleichung" oder „Salzsäure besteht aus Wasserstoff und Chlor" (S. 549) vermeiden. Durch unklare, falsche und doppelsinnige Definitionen und Begriffe und durch unlogische Folgerungen würden beim Verständnis der chemischen Grundgesetze Schwierigkeiten verursacht (BERENDTS 1937).

Bemühungen, sprachlich auf kindliche Voraussetzungen einzugehen, zeigten sich im Volksschulbereich, für den wiederholt die Verwendung einer „kindertümlichen" Sprache gefordert wurde, um die Schüler zu erreichen. Dies betraf die Sprache und Gestaltung der Realienbücher und von Arbeitsanweisungen (LÖSCHER 1922; BÜHNEMANN 1936). Die Sprache des Lehrers im Realienunterricht sollte „kindertümlich", genau, sachlich und sprachlich korrekt sein (CLEMENZ 1914).

2.2.3 Vergessen und Behalten

Die Notwendigkeit, den Lehrstoff mit anderen bereits gelernten Inhalten und Begriffen zu verknüpfen, wurde psychologisch begründet und war wohl auch aus der Unterrichtserfahrung abgeleitet worden. Wichtig für das Behalten sei die Bildung möglichst vieler und mannigfaltiger Assoziationen eines Bewußtseinsinhalts mit anderen (LÖWENECK 1913). Einzeln und unverbunden dastehende Tatsachen würden schnell vergessen. Um sie besser behalten zu können, sollten sie im Unterricht mit Tatsachen aus anderen Gebieten verbunden werden. Dadurch erlangen die Kenntnisse für die Schüler einen höheren praktischen

Wert. Trotz allen Vergessens bleibt etwas, das vom Gedächtnis festgehalten wird. Dazu versetzte der Lehrer seine Schüler gedanklich in ein Waschhaus und beleuchtete im Gespräch mit den Schülern die verschiedenen chemisch bedeutsamen Tätigkeiten der Wäscherinnen (FROMMKNECHT 1901). Anschaulich gewonnene Kenntnisse haften wegen der vielfältigen Assoziationen wesentlich stärker als durch Buch und Lehrer vermittelte Kenntnisse (LÖWENECK 1913). Durch gründliche Wiederholung und fortwährende Verknüpfung mit anderen Erkenntnissen wird schnelles Vergessen vermieden (WINDERLICH 1916b). Die wichtigsten chemischen Reaktionen sollten in Verbindung mit ihren Anwendungen behandelt werden (KRUG 1905). Im Physikunterricht wurde zum besseren Behalten von „physikalischen Individuen“ wie Regenbogen, Tau, Spiegel, Blitz, Hebebaum usw. ausgegangen (CONRAD 1903).

Um zwei Begriffe (z. B. sauer – basisch, Oxidation – Reduktion), die in einem solchen Zusammenhang stehen, daß sie leicht verwechselt werden, richtig behalten zu können, wurde geraten, sie einzeln, zeitlich weit voneinander getrennt mitzuteilen (OHMANN 1918b).

Auf den Einfluß negativer Affekte auf das Vergessen wurde indirekt eingegangen, indem auf die Bedeutung positiver Affekte im Lernprozeß hingewiesen wurde. Die Lust am Lernen wurde als Hauptstütze des Gedächtnisses bezeichnet. Lernen sollte mit Freude verbunden werden. Dann erfolge es ohne Mühe, mit Leichtigkeit. Wissen, mit dem sich Lustgefühle verbunden haben, würden eine innere Triebkraft bilden, sich immer wieder mit dem betreffenden Gebiet zu beschäftigen (CONRAD 1903; SCHNAß 1918). Aus der experimentellen Psychologie wurden Unterrichtserfahrungen bestätigt, wonach Lern- und Reproduktionsprozesse bei einer lustbetonten Verfassung der Schüler erfolgreicher verlaufen als bei Unlust (KLAR 1917). Die Vernachlässigung des Gefühls im naturkundlichen Unterricht wurde als schädlich bezeichnet, da sowohl das Gefühl wie der Verstand Träger von Vorstellungen seien und das menschliche Schaffen beeinflussen (KETTEL 1920). Das Erleben, also die emotionale Beteiligung des Schülers während des Lernprozesses wurde schon von HERBART als Voraussetzung für erfolgreiches Lernen angesehen (MAHLOW 1929; vgl. KLAR 1917). Die Erlebnispädagogik erhob diese Erkenntnis zu ihrem zentralen methodischen Prinzip.

Als förderlich für den Lernprozeß wurde darüber hinaus die Durchführung von Schülerübungen angesehen. Sie wurde damit begründet, daß chemische Erkenntnisse, durch Schülerübungen gewonnen, besser im Gedächtnis haften als im Klassenunterricht erworbene (WINDERLICH 1916b). Dagegen wurden von WÖRNER „Bewegungsvorstellungen“ angeführt, die sich aus den Handgriffen beim Experimentieren ergeben und die Erkenntnisse überlagern würden und zu schnellem Vergessen führen (OHMANN 1916a).

Die Beteiligung möglichst vieler Sinne sollte sich begünstigend auf den Lernprozeß auswirken (STEINRIEDE 1902; WUNDER 1913; HAHN 1912). Weil klare Vorstellungen zahlreiche und verschiedenartige Eindrücke erfordern, wird die Beteiligung möglichst vieler Sinnesorgane angestrebt (FRANKEN 1906; EGER 1912). Aus der experimentellen Pädagogik wurde berichtet, daß die Auffassung der Formen leichter und deutlicher erfolgt, wenn der Schüler Linien, Umrisse, Flächen und Formen gleichzeitig mit Auge und Hand erfaßt (CARL 1905).

2.2.4 Interesse am Chemieunterricht

Dem Interesse der Schüler wurde eine zentrale Bedeutung für den Unterrichtserfolg beigemessen. Das belegen zahlreiche entsprechende Äußerungen in den untersuchten Zeitschriften. Sie konnten sich auf HERBART berufen, der die Anregung des Interesses als wesentliches Mittel zum Erreichen der Unterrichtsziele ansah (DANNEMANN 1918; MAHLOW 1929).

Unterrichtserfahrungen und psychologische Erkenntnisse zeigten, daß bei Freude und Interesse am Unterricht erfolgreicher gelernt wurde (vgl. 2.2.3). Erst das Interesse des Schülers macht ihn bereit zu aktiver Auseinandersetzung mit dem Lernstoff (FRANKEN 1906). Aus langer Unterrichtserfahrung entsprang die Überzeugung, „daß der Weg zum Verstand des Schülers durch sein Herz führt ... “ (WUNDER 1907, S. 439). Also gingen die Bemühungen dahin, beim Schüler Interesse zu wecken (RAUHUT 1917) bzw. auf die beim Schüler vorhandenen Interessen einzugehen.

Von gleichen grundlegenden Interessen wurde bei Schülern ländlicher Volksschulen ausgegangen, die ganz überwiegend von Schülern besucht wurden, die derselben Volksschicht angehörten, in einem sehr homogenen Milieu aufgewachsen und denselben Kultureinflüssen ausgesetzt waren (MEHRENS 1929). Zu differenzieren waren die Interessen bei unterschiedlichem Alter der Schüler (HOEFKE 1931), zwischen Mädchen und Jungen (JOHN 1933) und bei Schülern der Oberstufe der höheren Schulen. Demzufolge wurden an ländlichen Volksschulen mit Schülern verschiedener Jahrgänge in einer Klasse und im Oberstufenunterricht der höheren Schulen differenzierende Maßnahmen durchgeführt (vgl. 2.6.8.5). Der Unterricht an höheren Schulen wurde überwiegend nach Geschlechtern getrennt in Anstalten für Jungen und Mädchen erteilt.

Die Frage, woran Schüler Interesse haben, wurde zunächst ganz grundsätzlich mit der Feststellung beantwortet, daß die meisten Schüler die praktische Arbeit dem stillen abstrakten Denken und Reflektieren vorziehen (KERSCHENSTEINER 1908). Nur durch die selbständige Tätigkeit (Sehen, Beobachten, Untersuchen) sei Interesse zu erreichen (BOCKEMÜHL 1909/10). Diese Auffassung wurde durch Erfahrungen vieler Praktiker bestätigt. Die Durchführung von Schülerübungen erzeugte bei den Schülern Freude und Interesse (LÖWENHARDT 1912; KLATT 1914; END 1913; vgl. 2.2.5). Die Schüler waren dann gerne zu freiwilliger Teilnahme am Unterricht bereit (BREMER 1905). Als ein weiterer Punkt wurde der Nützlichkeitsaspekt angeführt. Kenntnisse und Erfahrungen, die im Alltag verwendet werden konnten, alle Fragen, die im Gesichtskreis des Schülers lagen und die sich mit Gegenständen beschäftigten, mit denen er täglich in Berührung kam, fesselten ihn weit mehr als rein wissenschaftliche Probleme (STAUTZ 1922a). Wenn Schüler die Wahl hatten, bevorzugten sie die Beschäftigung mit Stoffen, die sie verwenden konnten. Sie führten Versuche mit Kohlensäure, Natriumbikarbonat und Soda durch, um für sich Sodawasser herzustellen (WUNDER 1907). Mädchen entschieden sich für die Frage der Flekkenentfernung (ROSIN 1931). Wenn es um praktische Anwendungen ging (CONRAD 1903; HAMANN 1914) oder „gesellschaftliche Moden" wie das Photographieren (GEISSLER 1903; JOHANNESSON 1911), stellten Lehrer ein Interesse der Schüler am Unterricht fest. Kinder bringen den technischen Dingen, also der Physik und der Chemie, ein unmittelbares, ja oft geradezu ein „brennendes Interesse" entgegen (WALLERANG 1930; HAHN 1908).

Allgemein war für das Interesse der Mädchen am Unterricht der Einfluß des Lehrers von großer Bedeutung, am stärksten in Obertertia, allerdings mit höherem Alter stark abnehmend (VOIGTS 1925a). Die erstaunlich starke Zustimmung zum Mathematikunterricht an einem Mädchenlyzeum wurde aber auf die besonders geschickte Methode im Unterricht und weniger auf die Lehrerpersönlichkeit zurückgeführt (STERN 1921). Als weiterer Faktor für die Förderung von Interesse wurde die Übereinstimmung von Lehrer und Schülerinnen hinsichtlich der psychologischen Veranlagung (Stoff und Kenntnisse sammelnder, praktischer Typ – Erkenntnisse und tiefere Einsichten anstrebender, künstlerisch-ästhetischer Typ) angesehen. Hinsichtlich der Unterrichtsmethode wurde festgestellt, daß diejenige am meisten Interesse erregte, die dem geistigen Entwicklungsstand der Schülerinnen am besten angepaßt sei. Dabei sei die Selbsttätigkeit der Schülerin ein wesentlicher Faktor. Der Übergang vom normalen entwickelnden Unterricht zu mehr Selbsttätigkeit und Selbstdenken werde immer eine starke Interessensteigerung mitbringen (VOIGTS 1925a). An den höheren Mädchenschulen überwiege der produktive, stark nach Selbstbetätigung drängende Schülerinnen-Typ den rezeptiven Typ sehr deutlich. Deshalb würde von den Schülerinnen der Übungsunterricht gegenüber dem Vortrags- (Demonstrations-)unterricht stark bevorzugt (VOIGTS 1926a). In seinem eigenen chemischen Anfangsunterricht ergab sich nach dem Übergang vom allgemein üblichen Arbeitsunterricht, der auch als entwickelnder Unterricht bezeichnet wurde, zum Forschungsunterricht, in dem die Möglichkeiten zu Selbsttätigkeit und eigenem Nachdenken stark zunehmen, eine deutliche Vermehrung (Verdoppelung) der positiven Bewertung und eine Verminderung der negativen Bewertung um ein Drittel (VOIGTS 1925a). Daher sollte ein wirklich erfolgreicher Unterricht auf Schülerübungen aufgebaut oder durch ihn ergänzt werden. Die Übungen sollten zu eigenem Forschen, in kleinstem Maßstab, anregen (VOIGTS 1926a).

Um Interesse zu wecken, müsse dem Unterricht ein Ziel gesteckt bzw. eine Aufgabe gestellt werden, möglichst indem Fragestellungen der Schüler aufgegriffen werden (FRANKEN 1906; OETTLI 1911). Lehrer bemühten sich, auf diese Interessen der Schüler einzugehen (vgl. 2.6.8.5). WUNDER (1907) unterstützte alle selbständige Arbeit seiner Schüler außerhalb des planmäßigen Unterrichts, auch wenn die Absichten der Schüler nicht seinen fachlich orientierten Vorstellungen entsprachen.

Bei der Behandlung des Periodensystems der Elemente wurde eine geeignete Auswahl von historischen Tatsachen getroffen, um bei Schülern Interesse zu wecken (LINKE 1935). Der Wetteifer von Schülern wurde bei Erarbeitung der gleichen Aufgabe in den Schülerübungen genutzt bzw. indem für die schnellste und für die schönste Ausführung einer Apparatur Preise ausgesetzt wurden (END 1913; WUNDER 1906).

Besondere motivierende Maßnahmen waren nicht erforderlich, wenn es gelang, auf das „natürliche“ Interesse der Schüler einzugehen. Dieses würde von Natur aus im Geiste der Schüler aufsteigen. Es ist der Antrieb, sich der Dinge der Außenwelt zu bemächtigen und die Zusammenhänge der Gegenstände zu ergründen. Diese Interessen, die von den Schülern durch Fragen mitgeteilt werden, sollten dem Unterricht zugrunde gelegt werden. Es sollte sich möglichst nur mit solchen Gegenständen beschäftigt werden, an denen die Schüler ein natürliches Interesse besitzen (MEHRENS 1929). Aus der Unterrichtspraxis am Landerziehungsheim erwuchs die Erkenntnis, daß die von Schülern freiwillig geleistete Arbeit am erfolgreichsten war, denn sie hatte den Vorzug, „daß sie aus dem eigensten Interesse des Schülers hervorging, daß er sie von vornherein als einen Genuß betrachtete!“ (WUNDER 1907, S. 437)

Aus psychologischen Forschungen und aus Unterrichtserfahrungen ergab sich die abwechslungsreiche Gestaltung des Unterrichts als dem kindlichen Geist angemessen, um Müdigkeit und Unlust zu vermeiden (WUNDER 1906; EGER 1912).

Interesse wurde als Voraussetzung von erfolgreichem Unterricht aufgefaßt. Als alleiniges Kriterium für guten Unterricht würde die Freude der Schüler am Unterricht jedoch nicht ausreichen. Denn neben der Unterhaltung müsse das Ziel des Unterrichts, den Schülern zu einem Verständnis für die vielen unverstandenen Dinge in der Welt zu verhelfen, erreicht werden (WUNDER 1913).

Eine Befragung von Primanern einer Klasse zu Beginn des 1. Weltkrieges ergab, daß ihr Verständnis für chemischen Unterrichtsstoff mit größerem Interesse, hervorgerufen durch Schülerübungen, wuchs. Infolge des besseren Verständnisses für die Chemie wurde Interesse am Fach geweckt (KLATT 1914).

2.2.5 Beliebtheit von Chemieunterricht

Untersuchungen zur Beliebtheit der Fächer wurden bereits vor dem 1. Weltkrieg an Volks- und Mittelschulen durchgeführt (WICKENHOEFER 1909/10). In den 20er Jahren erfragte WALSEMANN die Beliebtheit verschiedener Unterrichtsfächer an höheren Schulen (STERN 1921). MALSCH (1921) untersuchte das Interesse der Schüler am Unterricht an höheren Knabenschulen. Studenten wurden nach der Beliebtheit ihrer ehemaligen Lehrer befragt (FRIEDRICH 1922). Von VOIGTS (1926; 1933) erschienen Untersuchungen über das Interesse von Schülerinnen höherer Schulen am naturwissenschaftlichen Unterricht und die Veränderungen nach zehn Jahren.

Zwei Untersuchungen, in denen an Volks- und Mittelschulen nach dem beliebtesten und dem unbeliebtesten Schulfach gefragt wurde, ergaben, daß Naturlehre sehr wenige positive oder negative Nennungen erhielt. In der Untersuchung von LOBSIEN, in der 6248 Schüler und Schülerinnen befragt wurden, gab es überhaupt keine Nennungen für das Fach. Die Untersuchung von WIEDERKEHR, die je 500 Mädchen und Jungen befragte, zeigte wenige positive und sehr wenige negative Nennungen von Jungen und gar keine positiven und wenig negative Nennungen von Mädchen. Dagegen wurden die „technischen" Fächer Zeichnen, Turnen und Handarbeit sehr häufig positiv und auch negativ genannt. Für eine endgültige Beurteilung wurden die Ergebnisse wegen der Begrenzung auf eine sehr kleine Region (Stadt Kiel) und zu wenige Schulen als noch nicht ausreichend eingeschätzt (WICKENHOEFER 1909/10).

Eine Untersuchung, in die zehn höhere Knabenschulen mit insgesamt 4000 Schülern einbezogen waren, ergab ein sehr großes Interesse für die Mathematik, das in den oberen Klassen stark anstieg. Physik und Chemie wurden ähnlich bewertet (MALSCH 1923). Dieses Ergebnis wurde begründet mit der Tatsache, daß die Schüler in den realistischen Fächern das Gefühl der selbständigen Leistung und des eigenen Schaffens hätten, Freude am Entdecken und Erfinden und einen unmittelbar greifbaren Gewinn in wesentlich stärkerem Maße als in anderen Fächern (KÖRNER 1924). Gestützt wurde das Ergebnis durch die Mitteilungen von Lehrern über das außerordentlich große Interesse ihrer Schüler an den Schülerübungen (vgl. 2.2.4). Bereits aus der Zeit vor dem 1. Weltkrieg datiert eine Mitteilung, wonach die einst verwünschten naturkundlichen Stunden zu den beliebtesten gehören. Diese Einschätzung aus Frankreich wurde auf die in Deutschland angewendeten Lehrformen, sokratisches und heuristisches Verfahren (vgl. 2.6.7.10; vgl. 2.6.7.3), zurückgeführt (NATH 1907). Das vermehrte Interesse der Mädchen am Schulunterricht insgesamt wurde mit der zunehmenden Lebensnähe im Unterricht erklärt, bedingt durch die preußische Schulreform in der Weimarer Zeit (VOIGTS 1933).

Geringes Interesse bzw. die Ablehnung des naturwissenschaftlichen Unterrichts durch die Schülerinnen an höheren Mädchenschulen wurde mit ungünstigen Stundenverteilungs- und Stoffplänen (vgl. 2.2.9.1) begründet. Außerdem würden die Einführungen in Physik und Chemie nicht einfach und gründlich genug gestaltet, so daß der sichere Boden fehle, auf den aufgebaut werden könnte. Damit fehle den Mädchen die für sie sehr wichtige Gewißheit, das Gefühl vermittelt zu bekommen, etwas leisten zu können (VOIGTS 1925a). Nach einem Jahrzehnt hatte sich das Interesse der Mädchen am naturwissenschaftlichen Unterricht noch einmal stark verringert. Wegen des Halbjahreswechsels auf der

Oberstufe (vgl. 2.2.9.1) waren die Schülerinnen offenbar mit keiner Naturwissenschaft mehr vertraut (VOIGTS 1933).

Als Gründe für sinkendes Schülerinteresse am Chemie- und Physikunterricht in den USA wurden das mangelnde Verständnis der Lehrer für die Natur und die Bedürfnisse des jugendlichen Geistes sowie die ungenügende Vermittlung des wahren Wesens der Naturwissenschaften und der Bedeutung ihres Dienstes für die Kultur angeführt (FISCHER 1907a).

Beliebt waren bei Schülern die selbständige Durchführung von Experimenten (PRINZHORN 1909), die Herstellung von Präparaten und das Nachvollziehen von Demonstrationsexperimenten (SCHEID 1907). Unbeliebt waren die Aufstellung von chemischen Reaktionsgleichungen (MENZ 1937a), die Auswertung von Versuchsergebnissen (PRINZHORN 1909), analytisches Arbeiten (SCHEID 1907). Wurde das analytische Arbeiten methodisch verändert in Richtung einer selbständigen Entdeckerarbeit der Schüler, begannen sie, die Arbeit zu lieben (OETTLI 1910).

2.2.5.1 Leistungen

Über die Leistungen der Schüler in den naturwissenschaftlichen Fächern gab es nur wenige Mitteilungen. Die Einführung von Schülerübungen in Bayern förderte nach Berichten der Fachlehrer das Verständnis und damit die Freude am naturwissenschaftlichen Denken und Arbeiten. Gleichzeitig ging im Chemieunterricht das Wissen der Schüler zurück (END 1913).

Die physikalischen und chemischen Reifeprüfungsarbeiten an preußischen Realanstalten ließen einen Anstieg der Leistungen in beiden Fächern erkennen. Sie vermittelten den Eindruck, daß die Schüler auf allen Hauptgebieten der Physik und Chemie mit den grundlegenden Erscheinungen und Gesetzen bekannt gemacht wurden und bei Verlassen der Schule einen ausreichenden Überblick über die wichtigsten physikalisch-chemischen Tatsachen mit ins Leben nahmen (POSKE 1911).

Mit der großen Beliebtheit der Fächer Mathematik und Naturwissenschaften an höheren Jungenschulen korrespondieren die Ergebnisse einer Untersuchung über die Leistungen in den Fächergruppen Sprachen – Mathematik/Naturwissenschaften. Es gab in Mathematik/Naturwissenschaften mehr gute und mittlere Leistungen und deutlich weniger schlechte Leistungen als in den Sprachen (MALSCH 1923; vgl. 2.2.5).

An der Volksschule wurden zum Ende der Weimarer Zeit in Untersuchungen über die Leistungen der Schulabgänger große Defizite festgestellt. Sie wurden von einigen Pädagogen und von der Öffentlichkeit der Methode des Arbeitsunterrichts angelastet. Andere verteidigten den Arbeitsschulgedanken und verlangten, die Möglichkeiten zu mehr Übungen und Wiederholungen im Unterricht zu nutzen (REINIGER 1929; KARSTÄDT 1929; FRANKENBERGER 1929; KANTHER 1929).

2.2.6 Geschlechtsspezifische Einstellungen und Leistungen

Ein internationaler Kongreß, der die Frage der Koedukation von Mädchen und Jungen erörterte (ULITZ 1914), kam aufgrund psychologischer Forschungen zur Feststellung von Geschlechtsunterschieden zwischen Mädchen und Jungen. Allgemein anerkannt wurde, auch von pädagogischer Seite, das verhältnismäßig raschere Entwicklungstempo der Mädchen (STERN, WYCHGRAM in ULITZ 1914). Es liegt in der Übergangszeit von Obertertia nach Untersekunda, nach Abschluß der Hauptentwicklungsperiode der Mädchen, und bedingt gegenüber den Jungen eine andere geistige Entwicklungskurve (VOIGTS 1925b). Festgestellt wurde auch eine stärkere Rezeptivität und Nachahmungsfähigkeit der Mädchen: Sie lernen besser, sind fleißiger und weniger selbständig gegenüber einer größeren Produktivität und Selbständigkeit der Jungen (STERN in ULITZ 1914). Hier gab es bereits deutliche Meinungsunterschiede. Die Produktivität der Knaben sei nur scheinbar größer, oft hätten gerade die Mädchen „kühnere Einfälle“ (BÄUMER in ULITZ 1914). Eine Untersuchung in den oberen Klassen an vier höheren Mädchenschulen stellte ein starkes Übergewicht des produktiven Schülerinnen-Typs gegenüber dem rezeptiven Typ fest (VOIGTS 1926a).

Bei den Leistungen wurde ein Überwiegen der Höchstleistungen und der geringsten Leistungen bei den Jungen, eine größere Homogenität bei den Mädchen festgestellt (STERN, LIPMANN in ULITZ 1914). Im Zeichnen fand man eine größere Darstellungskraft und ein besseres perspektivisches Verständnis bei den Jungen (KERSCHENSTEINER, COHN in ULITZ 1914). In Tests wurden keine eindeutigen Unterschiede in der Intelligenz zwischen Mädchen und Jungen festgestellt. Die Unterschiede in der intellektuellen Begabung würden vor allem durch angeborene Gefühlsdispositionen bestimmt (SCHILLER 1918; Lucy HOESCH-ERNST in ULITZ 1914). Die Gedächtnisanlage der Mädchen ist in Richtung sinnlich-anschaulicher Vorstellungen, die der Jungen zum abstrakten Denken disponiert (SCHILLER 1918). Mädchen sind subjektiv-persönlich, Jungen objektiv-sachlich (STERN a.a.O.).

Die Schulleistungen der Schüler in der Volksschule korrespondieren mit ihrem Fachinteresse. Die besseren Leistungen der Jungen in den Fächern Rechnen, Raumlehre, Naturlehre und Naturkunde stimmen mit der in psychologischen Untersuchungen festgestellten Bevorzugung von u. a. Mathematik, Naturwissenschaften und Geographie überein. Mädchen erbringen in den Fächern Deutsch, Literatur, Religion und Gesang bessere Leistungen und bevorzugen religiöse Themen, Geschichtserzählungen, fremdsprachliche Lektüre u. a. (STERN a.a.O., COHN a.a.O.; SCHILLER 1918). Untersuchungen von VOIGTS und VAERTING (N.N. 1924a) stellten demgegenüber bei den Mädchen eine Bevorzugung von Mathematik gegenüber den Sprachen fest. Während die Naturwissenschaften zwischen indifferent bis stark negativ bewertet wurden. Das Interesse wird bei den Knaben eher durch intellektuelle Motive geleitet, bei den Mädchen herrscht das Gefühlsmotiv vor. Mit zunehmendem Alter gewinnt bei den Mädchen wie bei den Jungen das intellektuelle Motiv an Bedeutung und das Gefühlsmotiv nimmt ab (VOIGTS 1925a).

Aus diesen Unterschieden, denen in vielen Einzelaspekten widersprochen wurde, folgerte offenbar ein großer Teil der Pädagogen unterschiedliche Bildungsbedürfnisse bei Jungen und Mädchen. Dabei spielten die unterschiedlichen gesellschaftlichen Aufgaben von Männern und Frauen, insbesondere die Aufgabe der Frauen, den Haushalt zu führen und Mutter zu werden, eine wichtige Rolle. Daraus wurde weiter, als ideale Form des Unterrichts, die getrennte, auf das jeweilige Geschlecht eingehende Erziehung und Wahl der Unterrichtsgegenstände und des methodischen Vorgehens abgeleitet (STERN a.a.O.; MENGE 1909). So wurde in den Lehrplänen der Mädchen der Chemieunterricht deutlich hauswirtschaftlich akzentuiert (vgl. 2.3.2). Auf der Oberstufe der Volksschule und in der ländlichen Schule wurde bei Knaben mehr die gewerbliche, bei Mädchen mehr die hauswirtschaftliche Seite betont (N.N. 1916; N.N. 1909a).

Befürworter der Koedukation hielten eine abweichende Stundenzuteilung auf die Fächer und unterschiedliche Fachziele für grundlos (BÄUMER a.a.O.) und wiesen z. B. auf die Notwendigkeit und die Chance des besseren Kennenlernens zwischen Mädchen und Jungen hin (HACKS, BERNFELD in ULITZ 1914).

In den Chemieunterricht brachten die Mädchen einen großen Schatz von chemischen Alltagserfahrungen mit, allerdings ohne Kenntnis der grundlegenden chemischen Prozesse und Gesetze. Sie besaßen keinen praktischen Blick für naturwissenschaftliche Erscheinungen, auch wenn sie in anderen Dingen gute Beobachtungsgaben zeigten (BONGARDT 1909; WINDERLICH 1926c). An gemeinschaftlichem Biologie- und Chemieunterricht nahmen Mädchen gerne und erfolgreich teil (SCHMID 1913).

2.2.7 Der Chemielehrer

2.2.7.1 Lehrerpersönlichkeit

Häufig wurde zu Beginn des Untersuchungszeitraums, aber auch in der späteren Zeit von den Vertretern des naturwissenschaftlichen Unterrichts an den höheren Schulen auf die große Bedeutung der Persönlichkeit des Lehrers für den Erfolg des Unterrichts hingewiesen (SCHOTTEN 1900; PIETZKER 1905; GIERS 1929b; REMY/FRANCK 1935). Es habe sich gezeigt, daß Erziehung eine Kunst sei, bei der alles auf die Persönlichkeit des Lehrers ankäme (FISCHER 1907a). Das Ideal der Lehrerpersönlichkeit seien, neben dem Lehrgeschick und einer guten wissenschaftlichen Fachbildung, die Fähigkeiten, „unerschöpflich in Geduld und Ausdauer, ein Muster von Selbstbeherrschung, Selbstzucht, Herzensgüte, Liebe und Hingabe, von Selbstverleugnung bis zur Entsagung, unbegrenzt in Begeisterung für seinen Beruf [zu sein]“ (SCHMID 1908b, S. 71). Als Basis der Lehrerpersönlichkeit wurde aber das gründliche positive Wissen angesehen, das die auf der inneren Überlegenheit beruhende Autorität verschaffe (SCHMID 1908b). Welche Mittel zur Erreichung der Unterrichtsziele eingesetzt würden, hinge sehr stark von der Lehrerpersönlichkeit ab (FISCHER 1907a). Die Vermittlung methodischen Wissens an der Universität wurde sogar als überflüssig abgelehnt, da sich die Lehrerpersönlichkeit gerade im Methodischen zeigen würde (BUNGERS 1907). Daraus spricht die Überzeugung, daß die Lehrerpersönlichkeit das „richtige“ methodische Vorgehen aus sich heraus wählte. Eine ähnliche Überzeugung steht hinter der Auffassung, daß das Lehrgeschick als Begabung anzusehen sei (SCHMID 1908b), also nicht durch Studium erworben werden könne.

Der Unterricht könne nur dann lebendig werden, wenn der Lehrer seine Persönlichkeit in den Unterricht einbringe und ihm in gewissem Grade eine subjektive Färbung gäbe (PIETZKER 1905). Um die Einzelerkenntnisse zu einem lebendigen Gesamtbild zu verschmelzen, das zu einem Teil des eigenen Selbst des Schülers werden könne, sei die Lehrerpersönlichkeit erforderlich. Der Unterrichtsstoff selber könne dazu wenig beitragen (PIETZKER 1910).

Die Begeisterungsfähigkeit eines Lehrers wurde besonders für jüngere Schüler, um sie für den Unterrichtsstoff empfänglich zu machen, für wichtig gehalten. Nüchterne Lehrer sind häufig wegen des langweiligen Unterrichts gefürchtet. Gerade sie aber finden in der Regel die Forderung, an Erfahrungen der Schüler anzuknüpfen, berechtigt, diskreditieren sie aber durch ihren einschläfernden Unterricht (WUNDER 1913).

Eine psychologische Untersuchung in der Weimarer Zeit relativierte den besonders in der Kaiserzeit so stark hervorgehobenen Einfluß der Lehrerpersönlichkeit. Sie kam zu dem Ergebnis, daß das große Interesse der Schülerinnen eines Mädchenlyzeums am Mathematikunterricht nicht auf die Lehrerpersönlichkeit, sondern auf die besonders geschickte Unterrichtsmethode zurückzuführen sei (STERN 1921). Der Arbeitsunterricht strebte an, die dominierende Stellung des Lehrers im Unterricht zurücktreten zu lassen, um den Schülern Raum zu eigenem Nachdenken zu gewähren (vgl. 2.2.7.2).

Mit Blick auf den Volksschulbereich erscheint die gewünschte Lehrerpersönlichkeit dem wirklichen Leben etwas näherstehend. Eine rechte, empfängliche, liebevolle, heitere, von reiner Lebensfreude getragene Lehrerpersönlichkeit wurde gewünscht (KERSCHENSTEINER 1907a). Der Lehrer sollte ein Mensch sein, dem nichts Menschliches fremd sei, denn nur eine volle Persönlichkeit könne bei der Schuljugend wirkliche Hochachtung erlangen. Wahre Autorität gründe sich nicht auf Zwang, sondern auf wirkliche Überlegenheit einer sich frei gebenden Persönlichkeit (KLAR 1917). Der Lehrer der Arbeitsschule sollte Lebensveranlasser sein. Dazu benötige er Eigenschaften wie Lebhaftigkeit, Anpassungsfähigkeit, Liebe, Selbstbindung, Zielbewußtsein und sittlichen Ernst (MATTERN 1928).

Die Verbindung mit dem alltäglichen Leben erschien einigen Autoren für den Lehrberuf und den Umgang mit den Schülern wichtig. Es wurden unterschiedliche Vorschläge gemacht. Der Lehrer solle sich am Volks- und Staatsleben oder im sozialen Bereich betätigen, sich in der Welt umgesehen haben oder vorübergehend in einem Industriebetrieb gearbeitet haben (WENDIK 1928; LÜHRMANN 1926). Durch den Zusammenhang mit dem Leben wäre er in der Lage, die moralische Atmosphäre seiner Schüler zu verstehen (SCHMID 1908b). Die Fähigkeit, sich in das Denken der Schüler hineinzuversetzen und die Welt, in der die Kinder leben, zu verstehen, um daran im Unterricht anknüpfen zu können (KLAR 1917) und ihn entsprechend zu gestalten (MEHRENS 1929), wurde insbesondere im Bereich der Volksschuldidaktik gefordert. Als Forderung, sich mit der Psyche der Schüler zu befassen, um die jugendliche Seelenentwicklung verstehen zu können, wurde der Gedanke schon von KERSCHENSTEINER (1907a) vertreten.

2.2.7.2 Lehrerverhalten

Immer wieder wurde von den Autoren in den untersuchten Zeitschriften darauf verwiesen, wie schädlich es für einen erfolgreichen Unterricht an der höheren Schule oder an den Volksschulen sei, sich ausschließlich auf fertige Lektionen, auf Lehrbücher und Leitfäden zu stützen (CONSTEN 1908; DEGEN 1909/10) oder ganz allgemein blutleeren, abstrakten methodischen Schemata zu folgen, die keine Rücksicht auf das innere Leben des Stoffes nehmen (SCHMID 1908b).

Von den Vertretern der Arbeitsschulidee wurde gefordert, die dominierende Stellung des Lehrers aufzugeben. Er solle sich aus dem Unterrichtsgespräch zurückziehen, um den Schülern Raum zu eigenem Nachdenken und zur Kommunikation untereinander zu geben (KETTEL 1920; ZIEHEN 1921). Er müsse sich dazu erziehen, unbemerkt zu leiten. Der Lehrer muß die Fähigkeit besitzen, sich bei der Stoffauswahl an den Interessen der Schüler zu orientieren, sein geplantes Konzept den Unterrichtserfordernissen anzupassen und sein Ziel durch unaufdringliche Führung zu erreichen. Die Stundenplanung müsse offen sein und die Möglichkeit zur Anpassung an die jeweilige Unterrichtssituation und das Schülerinteresse zulassen (HERDING 1911/12; MEHRENS 1929).

Um die Schüler durch Selbsttätigkeit zur Selbständigkeit zu führen, muß der Lehrer das Fragebedürfnis und den Schaffensdrang der Kinder fördern und entwickeln, ohne daß im Unterricht Zuchtlosigkeit entstehe. Alle Schüler müßten beteiligt werden und miteinander kommunizieren. Die Klasse sollte sich zu einer Arbeitsgemeinschaft entwickeln. Kritische Einstellungen der Schüler hätte der Lehrer zu erhalten und zu fördern, denn Zweifel sei der Anfang der Erkenntnis

(KETTEL 1920). In der Praxis wurde das Ziel, die Schüler zur Selbständigkeit zu führen, jedoch nicht erreicht (vgl. 2.6.8.1).

Der Kontakt des Lehrers zu den Schülern wurde persönlicher. Auf den höheren Schulen wurde dies vor allem durch die Schülerübungen, in denen ein freier ungezwungener Ton herrschen würde (FRIES 1912; vgl. KLATT 1914; vgl. 2.7.4.1), und während Exkursionen (vgl. 2.6.6) erreicht und immer als positive Entwicklung bewertet. Das bessere Kennenlernen der Schüler war häufig verbunden mit dem Erstaunen über Fähigkeiten, die bis dahin nicht in Erscheinung getreten waren (KLAUSENITZER 1925). Im Volksschulbereich wurde ebenfalls ein näheres Verhältnis zwischen Lehrern und Schülern angestrebt und in der Weimarer Zeit auch zunehmend verwirklicht. Distanziertes Verhalten der Lehrer wurde im Experimentalunterricht auch auf das Versteckenwollen eigener Unfertigkeiten der Lehrer zurückgeführt (DEGEN 1909/10). Über einen Besuch in einer Versuchsschule wurde vom offenen, freundschaftlichen Verhältnis zwischen Lehrern und Schülern berichtet. In den Pausen hielten sich die Lehrer plaudernd oder spielend in Schülergruppen auf (STRUMPFF 1923). Vor Tendenzen in der Lehrerschaft, sich den Schülern gleichzumachen, wurde zum Ende der Weimarer Zeit gewarnt (FRIESE 1931).

In der Regel wird an den höheren Schulen noch bis in die Weimarer Zeit hinein ein distanziertes Verhältnis zwischen Lehrern und Schülern bestanden haben. Autoritäre Verhaltensweisen scheinen vorherrschend gewesen zu sein. Schüler äußerten nach Einführung der Schülerübungen in den Unterricht, daß sich am Unterrichtsstil nichts geändert hätte (vgl. 2.2.7.4). Zum Ende des ersten Weltkrieges wurde festgestellt, die meisten der Volks- wie die höheren Schulen seien „Dressuranstalten“ und „Einrichtungen zum Einpauken von Wissen“ (NIEBERGALL 1918).

Mit ihrem eigenen Unterricht setzten sich die Lehrer kaum auseinander. Nur von sehr wenigen Lehrern wurde ausgesprochen, daß die unbefriedigenden Schulverhältnisse nicht so sehr auf die Schüler oder fehlende Mittel zurückzuführen seien, sondern die Lehrer müßten sich selbst verbessern (WUNDER 1907). Um den eigenen Unterricht in Richtung eines auf Schülerselbsttätigkeit gegründeten Vorgehens umzugestalten, wurde empfohlen, sich selbst zu beobachten bzw. sich innerhalb des Kollegiums gegenseitig im Unterricht zu besuchen und freundschaftlich zu beraten (ZIEHEN 1921).

Im Bericht des Leiters der „naturwissenschaftliche[n] Schularbeitsstätte" in Wilna (Polen) (DMOCHOWSKI 1939) wurde die selbstkritische Haltung im Unterricht beschrieben. Er beobachtete genau, ob er von seinen Schülern verstanden wurde und ob er ihr Interesse weckte. Daran maß er die Unterrichtsqualität. Erkannte Mängel hatten Änderungen und Ergänzungen des Unterrichtskonzepts zur Folge. Es wurde untersucht, welche Stoffgebiete sich für die Schüler nicht eigneten, welche Übungen zu schwer waren und welche Apparate dem Entwicklungsstand der Kinder nicht entsprachen. So wurde der Unterricht ständig weiterentwickelt.

2.2.7.3 Lehrerverhalten im Experimentalunterricht

Wiederholt wurde gefordert, daß der Lehrer nicht nur die Demonstrationsexperimente, sondern auch die Schülerexperimente durch eigene praktische Arbeit auf ihre Brauchbarkeit geprüft haben müsse (GREINER 1915; BRÄUER 1918).

Als grundsätzlich vorbildhaftes Verhalten des Lehrers während der Schülerübungen könne die Haltung des Seminar-Lehrers in der Lehrerausbildung angesehen werden, dessen Hauptaufgabe darin bestand, wie ein erfahrener Freund da zu helfen und zu beraten, wo es nötig war. Er sollte (besonders den schwächeren) Schülern jederzeit zur Verfügung stehen, jede Frage gern beantworten, jeden Zweifel anhören, unzweckmäßige Arbeitsweisen verbessern, besonders hervorragende Leistungen anerkennen (HENKLER 1912).

In der allgemein geübten Praxis, die Schülerübungen in der Form des „Arbeiten[s] in gleicher Front" durchzuführen, teilweise nach dem „Kommando" des Lehrers, in dem, besonders von den Chemielehrern hervorgehobenen, Betonen des Ordnunghaltens und der Forderung, gut Disziplin halten zu können (END 1913; GREINER 1915), muß wohl auch die Angst vieler Lehrer vor Eigenmächtigkeiten und Vertrauensbruch durch die Schüler sowie davor, den Unterricht nicht in der Hand zu behalten, gesehen werden (WUNDER 1913).

2.2.7.4 Schülerurteil

Schülerurteile über Lehrer oder Unterricht wurden kaum mitgeteilt. Klagen von Schülern, daß Lehrer die Schüler nicht verstünden und ihren Bedürfnissen nicht gerecht würden, wurden auf den Ausschluß der Schüler von der Mitwirkung an Erziehungsfragen zurückgeführt und darauf, daß sie wie Objekte behandelt würden (KLATT 1914). Schüler teilten mit, daß sich der Geist des Unterrichts durch die Einführung der Schülerübungen nicht verändert hätte. Es herrsche „die alte Paukerei" in neuem Gewande (WUNDER 1913).

2.2.7.5 Ausbildung

Die neuen methodischen Ansätze, insbesondere für anschaulichen, vom Experiment ausgehenden Unterricht, verlangten neue Fähigkeiten der Lehrer und lenkten daher das Interesse auf ihre Ausbildung. Heftig kritisiert wurde die unzulängliche praktische Ausbildung für den Experimentalunterricht (FISCHER 1907b). Die Mängel äußerten sich darin, daß die Lehramtskandidaten vielfach die Vorlesungsversuche direkt in den Schulunterricht übertrugen (LIETZMANN 1913). Der Mangel an naturwissenschaftlichen Kenntnissen in der Verwaltung, bei Richtern und Medizinern infolge der Vernachlässigung des naturwissenschaftlichen Unterrichts am Gymnasium wurde zum Anlaß, eine Veränderung in der Ausbildung der Chemielehrer zu verlangen (DUISBERG in SCHMID 1907). Die Schulvertreter führten in der Weimarer Zeit die neuen Anforderungen durch die Lehrplanreform, insbesondere den Arbeitsunterricht, zur Legitimation der Forderungen nach besserer Ausbildung an (GIERS 1929).

Die Vertreter der höheren Schulen wollten die Vermittlung stofflicher und theoretischer fachlicher Kenntnisse und die gründliche experimentelle Ausbildung den Universitäten überlassen. Erwünscht waren mehr praktische Übungen, wobei präparative Arbeiten und das Anstellen von Demonstrationsexperimenten, allgemein die Übung im Experimentieren in den Vordergrund rücken sollten. Die Beherrschung der chemischen Analyse sollte nicht mehr angestrebt werden. Besonders hervorgehoben wurde die Notwendigkeit, die Experimente den Gegebenheiten in der Schule anpassen zu können. Die methodische Ausbildung, Vortragsübungen, Unterweisungen in Lehrmethode und Organisation des Unterrichts sollten, entgegen der Meinung einiger Hochschullehrer, den Seminaren vorbehalten bleiben (NOACK 1907; N. N. 1907; POSKE 1908a; BUNGERS 1907; OHMANN 1913a; LIETZMANN 1913).

Die Forderungen, die Hochschulausbildung stärker auf die schulische Unterrichtspraxis zu beziehen, betrafen vor allem die experimentelle Ausbildung. Sie wurden von Hochschulprofessoren unterstützt (K. T. FISCHER 1907b; DUIS-

BERG in SCHMID 1907) und an einigen Hochschulen in Form entsprechender Praktika verwirklicht. Chemische „Lehrerpraktika" waren 1907 an fünf Universitäten zur Schulung der experimentellen Fähigkeiten der Studenten eingeführt worden. Im chemischen Kursus in Münster wurden neben dem Praktikum zusammenhängende Experimentalvorträge veranstaltet, mit anschließender Diskussion unter den Teilnehmern und einer zusammenfassenden Kritik des Leiters (THIEL 1907). Die praktische Tätigkeit im Kursus für Physiklehrer wurde häufig zum Anstoß für eine vertiefende Beschäftigung mit den Experimenten und dem fachlichen Hintergrund (KONEN 1907). Solche Experimentalvorträge wurden zunächst von Seiten der Lehrer der höheren Schulen als nicht dem Schulalltag entsprechend abgelehnt (NOACK 1907).

Die erste Einrichtung einer Didaktik der Chemie an einer deutschen Hochschule war 1903 in Leipzig erfolgt. WAGNER stellte die praktische Ausbildung mit zwei Semestern praktischen Übungen in den Mittelpunkt. Der Unterricht wurde so angeordnet, wie der zukünftige Lehrer seinen Unterricht gestalten sollte. Die Stoffauswahl orientierte sich an den für die Schule wesentlichen Inhalten. Dabei nahm die allgemeine Chemie eine zentrale Stellung ein (SCHIFF 1903; vgl. 2.6.7.1).

Die Grundhaltung der Hochschulprofessoren der Chemie in Deutschland war konservativ. Nach einer Umfrage forderten sie für chemische Lehramtskandidaten umfangreiche theoretische (mehr anorganische als organische Chemie) und technologische Kenntnisse. Besondere Vorlesungen zur Geschichte der Chemie und zur Technologie sowie besondere Kurse für Lehrer an der Universität hielten sie für nicht erforderlich. Einige Hochschullehrer forderten voll ausgebildete Chemiker als Chemielehrer (DUISBERG in SCHMID 1907; vgl. OHMANN 1906).

Infolgedessen änderte sich bis in die Weimarer Zeit hinein wenig an der wissenschaftlichen Ausbildung der Chemielehrer. Die Ansätze zu praxisnäherer Ausbildung aus der Zeit vor dem ersten Weltkrieg waren Einzelfälle geblieben. Die Mehrzahl der Hochschullehrer befürwortete inzwischen ein besonderes Eingehen auf die Bedürfnisse der späteren Chemielehrer (STOCK 1919a). Es wurde aber nach wie vor eine große Kluft zwischen Fachwissenschaft und Schulalltag festgestellt und bemängelt, daß auf die zukünftige Schulpraxis nicht eingegangen werde (MAURER 1918). Ein weit verbreitetes Phänomen war die Übertragung des Hochschullehrstoffs auf die Schule. Die von der Hochschule vorgebildeten Lehrkräfte würden ihr Wissen sehr oft, ohne es zu sichten und den Schulbedürfnissen anzupassen, an die Schüler weitergeben, mit der Folge der Überfrachtung mit Wissensstoff (STOCK 1919a; DANNEMANN 1920a). Es würden Forscher, aber keine Lehrer herangebildet, und in der praktischen Ausbildung sei die Vorbereitung auf die Durchführung von Schülerexperimenten mangelhaft (WINDERLICH 1928a).

So wurden die alten Forderungen wieder aufgenommen und besonders die praktische Seite der Chemie, die experimentelle Ausbildung, das Technologische und das Wirtschaftliche stärker betont. Dafür sollten vermehrt besondere kurze Vorlesungen und Seminare für die Lehrerstudenten eingerichtet werden oder alternativ ein einsemestriges Studium mit allgemein-pädagogischen und didaktischen Inhalten. Für die Durchführung sollten geeignete Hochschuldozenten oder Lehrer, die in den Hochschullehrkörper aufgenommen würden, gewonnen werden. Einige Wochenstunden Unterricht an der Schule sollten die Lehrer beibehalten, um sie für Demonstrations- und Übungszwecke zu nutzen. Eine Hauptaufgabe des einsemestrigen Studiums bestünde darin, die Kandidaten zu schulen, den wissenschaftlichen Lehrstoff für die Schule einzurichten und in eine für den jugendlichen Geist geeignete Form zu bringen (STOCK 1919a; DANNEMANN 1920a). Ein anderer Vorschlag zur Verringerung der großen Differenzen zwischen Ausbildung und Schulpraxis sah die Einrichtung einer pädagogischen Fakultät an der Universität vor (MAURER 1918). Eine Assistententätigkeit in einem Hochschulinstitut wurde als wertvolle Ergänzung des Studiums vorgeschlagen (STOCK 1919a; SCHULZE 1910).

In den Hauptversammlungen des Fördervereins wurde die Ausbildungsfrage der Lehrer wiederholt thematisiert und diskutiert (WEINREICH 1921; DOBERS 1925; N.N. 1927c; N.N. 1929). Der Förderverein verlangte 1925 und 1927 erneut die stärkere Berücksichtigung der Belange der Lehrer-Studenten an den Universitäten, indem die Lehraufträge für Didaktik der Mathematik und Naturwissenschaften an den Universitäten und Technischen Hochschulen vermehrt und geeignete Einrichtungen zur Einführung in die praktische Werkstatt- und Laboratoriumsarbeit geschaffen werden sollten. Alle Referendare der Naturwissenschaften sollten nach dem Muster Süddeutschlands eine praktisch-technische Werkstatt- und Laboratoriumsausbildung erhalten (DOBER 1925c; FISCHER in DOBERS 1925a; N.N. 1927b).

Erst als die Zahl der Lehrerstudenten die der Fachstudenten in Chemie deutlich übertraf, begann man an den Universitäten, die bis dahin tatenlos geblieben waren, einen getrennten Studiengang für die Lehrerstudenten einzurichten bzw. Einzelveranstaltungen anzubieten (HÜCKEL 1928).

Der Berufspraxis besser angepaßte Ausbildungsformen an einzelnen Hochschulen (Frankfurt, Bonn), insbesondere praktische Übungen zu Schulexperimenten, stellten die „Unterrichtsblätter" und die „Zeitschrift für den physikalischen und chemischen Unterricht" während der Weimarer Zeit und des Nationalsozialismus vor (N.N. 1927c; RHEINBOLDT 1933, RHEINBOLDT 1934; DÖRMER 1935).

Auf der 31. Hauptversammlung des Fördervereins wurde unter anderem die Auffassung vertreten, daß zur Ausbildung Persönlichkeitskultur gehöre, damit die Referendare zu allseitigen Menschen und nicht zu verknöcherten Schulmeistern ausgebildet würden (N.N. 1929; MÜLLER 1929).

Seminaristische Ausbildung

Der Mangel an technischen Fertigkeiten nach Ende des Hochschulstudiums wurde in der anschließenden seminaristischen Ausbildung kaum behoben (WINDERLICH 1928a). Sie setzte sich in Preußen zusammen aus einem Jahr Anleitung im allgemeinen Seminar und einem „Probejahr", in dem meist nur eine lose Verbindung zum anleitenden älteren Lehrer bestand (LEHMANN 1918).

Der Deutsche Ausschuß für den mathematischen und naturwissenschaftlichen Unterricht (DAMNU) forderte aufgrund mangelnder fachdidaktischer Ausbildung, die Kandidaten der mathematisch-naturwissenschaftlichen Fächer besonderen Fachseminaren zuzuweisen, in denen auf ihre speziellen Bedürfnisse besser eingegangen werden konnte. Besonders nötig sei die Anleitung zum Anstellen chemischer Schulversuche, zur technischen und didaktischen Behandlung von Schulexperimenten und zur Vorbereitung auf die Unterrichtsstunden des Kandidaten. Aber auch an der Vorbereitung auf die Unterrichtsstunden des Seminarleiters sollten die Kandidaten teilnehmen (LIETZMANN 1913).

Die Ausbildung der Lehramtskandidaten am Gießener Gymnasium verfolgte als Hauptziele

- die Einführung in die Praxis des naturwissenschaftlichen Unterrichts,
- die Behandlung allgemeiner Fragen und Verhältnisse im Physik- und Chemieunterricht,
- die Einführung in die einschlägige spezielle Literatur sowie einen Einblick in experimentelle Hilfsmittel und die Übung ihrer Handhabung.
- Außerdem fanden Unterrichts-Hospitationen statt (NOACK 1907).

In Württemberg wurde der einjährige praktische Vorbereitungsdienst in den praktischen Schuldienst und die zentralisierte theoretische allgemeine Ausbildung geschieden. Der praktische Schuldienst erfolgte nach Fachgruppen getrennt an verschiedenen Schulen unter Leitung des Direktors und der Mithilfe von Lehrern. Die Kandidaten der naturwissenschaftlichen Fächer erhielten eine Anleitung zu einfachen Werkstattarbeiten (LÖFFLER in DOBERS 1925; N.N. 1927b).

Gegen Ende der 20er Jahre setzte eine Diskussion um die Reformierung der zweiten Ausbildungsphase ein, in der es um Inhalte, Organisation und die Frage der Vereinheitlichung des Lehrerstandes ging. Die Behandlung von Praktischer Pädagogik, Psychologie, Jugendkunde, Jugendpsychologie und spezieller Erziehungslehre wurde für den fachlichen, universitären Teil der Ausbildung abgelehnt, da sie nach Ansicht der Schulvertreter in die zweite Phase der Ausbildung gehörten. Die generelle Einsicht, daß auch die Lehrer der höheren Schulen hierin Kenntnisse benötigen, spricht für die Überzeugung, daß sie auch in diesem Bereich professionalisiert werden müßten (N.N. 1929). Aber gegen die behördlichen Pläne, durch teilweise Verlegung der Ausbildung der Studienräte an die Pädagogischen Akademien eine Vereinheitlichung des Lehrerstandes anzustreben, wurde auf der 31. Hauptversammlung des Fördervereins und auf der Sitzung des DAMNU Stellung genommen. Die wissenschaftliche Ausbildung würde dadurch herabgesetzt. Auch im Bereich Pädagogik könne nur die Hochschule eine wissenschaftliche Ausbildung gewährleisten (N.N. 1929; G. WOLFF 1929; MÜLLER 1929).

1931 wurden Studienseminare für die Referendarausbildung eingeführt. Dazu erschienen in den „Unterrichtsblättern" einige Erfahrungsberichte. Ein Fachleiter berichtete, daß der Arbeitsunterricht nur in entsprechend erzogenen Klassen möglich sei. Die Referendare würden ihre Lehrproben als Prüfungen auffassen (GEORGES 1932). Sie seien durch Lehrstoff, Unterrichts- und Lehrprobenvorbereitung vor allem im ersten Semester enorm belastet. Es sollte mehr Zeit für Unterrichtsbesuche und Besprechungen der Lehrproben eingeräumt werden (DEPDOLLA 1932).

Nationalsozialistische Zeit

1933/34 stand die Frage der Seminarabschlußarbeit im Mittelpunkt der Ausbildungsdiskussion. Allgemein argumentierten die Autoren für die Bevorzugung von experimentellen Examensarbeiten gegenüber theoretischen Abhandlungen, wobei sie auf den Wert experimenteller Arbeiten verwiesen (FRANCK 1934a; HÜCKEL 1934). In der Folgezeit fand keine Diskussion zur Ausbildungssituation mehr statt.

In der Neuordnung der Lehrerausbildung von 1937 wurde vor das mindestens dreijährige wissenschaftliche Studium an einer Hochschule, an die behördlichen Bestrebungen der Weimarer Zeit anknüpfend, ein einjähriges Studium an einer Hochschule für Lehrerbildung zusammen mit den Volksschullehrern eingeschoben. Es diente der politisch-weltanschaulichen Ausrichtung der Lehrer sowie der Auslese von geeigneten Kandidaten für den Lehrberuf auf der Grundlage von Praktika, Vorlesungen und Übungen, die im Rahmen der Volksschule durchgeführt wurden (LIETZMANN 1937). Seit 1941 erfolgte die zweite Phase der Ausbildung einjährig in Studienseminaren. Besonderer Wert sollte auf die notwendige Gewandtheit und Sicherheit in der Vorbereitung und Ausführung von Experimenten gelegt werden. Besichtigungen von Technik, Industrie, Land- und Forstwirtschaft dienten zur Förderung der Lebensnähe und politischen Aufgaben des naturwissenschaftlichen Unterrichts (LIETZMANN 1941).

In einem psychologischen Seminar wurde der Unterricht der Referendare mit naturwissenschaftlichen Fächern untersucht. Das Ziel war, das eigene Verhalten, aber auch das Denken und Reagieren der Schüler besser zu verstehen und zu lernen, sich in die Gedankenwelt der Schüler hineinzufinden (STÜCKRATH 1940). Abgesehen von diesem Seminarbericht wurden das Verhalten der Schüler sowie Bedingungen und Möglichkeiten zu lernen, kaum thematisiert.

Ausbildung der Volksschullehrer

Zu Beginn des 20. Jahrhunderts wurde mehr psychologische Bildung des Lehrers verlangt und auf das Vorbild USA verwiesen. Denn kein Teil der pädagogischen Bildung übte auf die Berufstätigkeit des Lehrers einen so unmittelbaren Einfluß aus wie das praktische Studium der Kinderpsychologie (STIMPFL 1900). Die Forderung nach mehr Psychologie und Erziehungsgeschichte im pädagogischen Unterricht des Lehrerseminars wurde auf dem Rheinischen Seminarlehrertag 1900 angenommen (HABRICH 1900). Eine psychologisch-selbstbeobachtende Schulung der Lehrer in ihrer Ausbildung wurde auch für Physiklehrer als wichtig erachtet (ACKERMANN 1914).

Besonders in der Ausbildung der Volksschullehrer wurde die Zerrissenheit in eine Unmenge von Fächern beklagt, die nur eine oberflächliche Bildung zuläßt. Daher vertrat KERSCHENSTEINER (1907a) die Auffassung, daß die Ausbildung im Seminar auf ein Arbeitsgebiet konzentriert erfolgen sollte: Pädagogik mit ihren Hilfswissenschaften (Physiologie, Psychologie, Ethik) in Verbindung mit Literatur. Zuvor sollte in der Präparandenanstalt eine breite naturwissenschaftliche Basis gelegt werden (zwei Stunden Laborarbeit, sechs Stunden Theorie, sechs Stunden Mathematik) unter Verzicht auf fremde Sprachen.

In Leitsätzen zum naturwissenschaftlichen Unterricht in den Lehrerseminaren wurde gefordert, daß der zukünftige Chemielehrer an Volksschulen den Unterrichtsstoff dieser Schule geistig und experimentell beherrschen und einen Einblick in das Wesen chemischer Prozesse gewinnen müsse. Um eine Vertrautheit der Zöglinge in der Handhabung mit den chemischen Stoffen zu erreichen, sollte überwiegend Arbeitsunterricht erfolgen. Dazu war weit mehr Zeit erforderlich, als bis dahin zur Verfügung stand (N.N. 1912; DRESSLER 1909).

Der Chemieunterricht im Lehrerseminar wurde bereits vor Ende des ersten Weltkrieges in Form von planmäßig durchgeführten Schülerübungen erteilt. Gearbeitet wurde in gleicher Front. Die Durchführung mit geringen Mitteln bringe den Schülern reichen Gewinn und dem Lehrer hohe Befriedigung (GRESKY 1914).

Zu Beginn der Weimarer Zeit forderten die Junglehrer die Abschaffung der 2. Lehrerprüfung. Als Ersatz gründete die Junglehrer-Vereinigung Duisburg Arbeitszirkel (AGs), in denen Unterrichtsbesuche bei erfahrenen Kollegen mit anschließender Besprechung der Lehrprobe, unter Berücksichtigung didaktischer und psychologischer Fragen durchgeführt wurden (KÖSTER 1919; KÖSTER 1920). Die Arbeitsgemeinschaften wurden rasch anerkannt (KARSTÄDT 1920). In den Richtlinien für die Arbeitsgemeinschaften wurde die 2. Staatsprüfung durch eine Fortbildungsverpflichtung ersetzt. Es wurden Vorträge, freie Besprechungen, Bearbeitung selbst gewählter Aufgaben, gemeinschaftliche Lösung von Aufgaben aus der Unterrichtstätigkeit und der pädagogischen Wissenschaft in den Vordergrund der Arbeit gestellt (REINIGER 1920). Nach wenigen Jahren Erfahrung mit den AGs als Form der Lehrerausbildung wurden unterschiedliche Beurteilungen abgegeben. Für die einen hatten sie sich bewährt (REINIGER 1924), der Gedanke der Wissenschaftlichkeit in der Vorbildung der Volksschullehrer hätte sich durchgesetzt (KANTHER 1928). Andere sprachen von einer inneren Krise der AGs. Die Junglehrer verlangten eine gründlichere Behandlung der Methodik der einzelnen Unterrichtsfächer, bevor Einzelfragen diskutiert und Unterrichtsexperimente durchgeführt würden (BUSCHMANN 1925).

In der Weimarer Zeit gab es Bestrebungen, neue Wege in der Unterrichtspraxis und in der Ausbildung zu gehen. Die Bemühungen suchender Lehrer sollten Impulse in der Ausbildung setzen. Deshalb wurden Versuchsschulen und Lehrer, die mit neuen Unterrichtsmethoden experimentierten, besucht (HOMBURG 1923; STRUMPFF 1923; SCHODER 1923; ECKERTZ 1923).

2.2.7.6 Weiterbildung

Die Notwendigkeit der Fortbildung der Lehrer an den höheren Schulen ergab sich aus der Entwicklung der Lehrpläne, in die neue Gebiete aufgenommen wurden, und aus der Fortentwicklung der Naturwissenschaften. In Physik und Chemie waren ganz neue Tatsachen und Hypothesen entstanden (LATRILLE 1904). In der Weimarer Zeit waren die Anforderungen an die Oberlehrer, insbesondere wegen der Veränderungen in der Fachmethodik (Einführung des Arbeitsunterrichts) und allgemeinen Pädagogik, neben den Fortschritten der Fachwissenschaften, erheblich gestiegen (REIN 1919). Die Verbindung der Lehrer mit der lebendigen Chemie sollte aufrecht erhalten werden (STOCK 1919a).

Um einen wirklichen Fortschritt im naturwissenschaftlichen Unterricht zu erreichen, war die Verbesserung der Weiterbildung der Lehrer erforderlich. Zu diesem Zweck erreichte SCHWALBE die Einführung der naturwissenschaftlichen

Ferienkurse für Lehrer außerhalb Berlins und später auch für Berliner Lehrer durch das preußische Unterrichtsministerium (PIETZKER 1901; POSKE 1901e). Die naturwissenschaftlichen Ferienkurse für höhere Schulen hatten unter anderem den Zweck, methodische Fragen des naturwissenschaftlichen Unterrichts zu erörtern, z. B. die Berücksichtigung neuer Lehrgegenstände, Klarlegung des Pensums, Schulbuch- und Lehrmittelfrage, Methodik des Experiments, Darlegung des Unterrichtsstoffs mit dazugehörigen grundlegenden Experimenten und Berücksichtigung der Technik. Entsprechende Vorlesungen wurden in kostenlosen Ferienkursen gehalten (SCHWALBE 1900). Sie dienten neben der wissenschaftlichen auch der experimentellen Fortbildung der Lehrer (BOHN 1907).

Für die Weiterbildung der Lehrer an den höheren Schulen wurde die Einrichtung von Fortbildungssemestern verlangt, in denen sie sich während eines Semesters in Vorlesungen über größere Gebiete der Naturwissenschaften und deren Fortschritte informieren und in Übungen die neuesten Methoden und Geräte kennenlernen konnten. Die meisten Lehrer der höheren Schulen befürworteten solche Fortbildungssemester (WITTING 1913; HESS 1913; LÖFFLER 1914).

Als wichtige Institution für die Fortbildung der naturwissenschaftlichen Lehrer wurde 1914 die Preußische Zentralstelle (später Staatliche Hauptstelle) für den naturwissenschaftlichen Unterricht durch Verfügung des Unterrichtsministers eröffnet. Das Schwergewicht ihrer Arbeit bestand in der Vorbereitung und Durchführung von naturwissenschaftlichen Fortbildungskursen für Lehrer und Lehrerinnen an den höheren Schulen sowie der Seminar-Präparandenlehrer in Preußen (POSKE 1915b; LIETZMANN 1920). Unter der Leitung von R. REIN wurde 1920 eine Zweigstelle in Düsseldorf eröffnet, um die Weiterbildungsmöglichkeiten auch im Westen Deutschlands zu verbessern (N.N. 1920a).

Als weitere Möglichkeiten zur Fortbildung neben den Ferienkursen und einzelnen Vorträgen wurden die Besichtigung industrieller Anlagen, die Aufnahme beurlaubter Lehrer in die Hochschulinstitute zur Ausführung wissenschaftlicher Untersuchungen u. a. genannt (STOCK 1919a). Weiterbildungsmöglichkeiten boten auch die Lehrervereine und naturwissenschaftlichen Vereine an. SCHWALBE hielt experimentelle mit praktischen Übungen verbundene Vorlesungen im Berliner Lehrerverein ab (s. o.). Der Besuch der Hauptversammlungen des Fördervereins wurde vom Staat durch Genehmigung von Urlaubsanträgen ermöglicht (N.N. 1901).

Die untersuchten Zeitschriften spielten für die Fortbildung der Lehrer sicherlich auch eine wichtige Rolle. Die „Naturwissenschaftlichen Monatshefte" hatten sich die Weiterbildung der naturwissenschaftlichen Lehrer ausdrücklich zur Aufgabe gemacht. Zu diesem Zweck wurden unter anderem fachwissenschaftliche Literatur zu den Fortschritten der Wissenschaften vorgestellt, aktuelle Beiträge von Hochschulprofessoren, pädagogisch-didaktische Aufsätze von Schulmännern (und -frauen) sowie Ankündigungen und Berichte über Fortbildungskurse veröffentlicht (REIN 1919).

Das Ziel, Menschen heranzubilden, die den Aufgaben des Lebens gewachsen seien, schlug sich in Forderungen nieder, entsprechende Inhalte und Methoden in der Weiterbildung zu berücksichtigen (WALTHER in REIN u.a. 1919). Um der Technik und Landwirtschaft im naturwissenschaftlichen Unterricht mehr Gewicht zu verleihen, sollten die Lehrer zum Erlangen eigener praktischer Erfahrungen als Volontäre in technische Betriebe oder in die Landwirtschaft eintreten (OESTREICH 1919). Der wachsenden Bedeutung der Medien für den naturwissenschaftlichen Unterricht wurde unter anderem mit der Durchführung einer Lehrfilmtagung entsprochen (REIN 1920). Zur pädagogisch-psychologischen Fortbildung wurde das Thema Pubertät und Schule als wichtig angesehen und seine Aufnahme in das Fortbildungsprogramm für Lehrer gefordert (CRAMER 1910).

Speziell zum Arbeitsunterricht vermehrte sich das Weiterbildungsangebot im Verlauf der Weimarer Zeit (REIN 1921c; N.N. 1927a; RACK 1928; SCHEURING 1929). Es wurden entwickelnde Verfahren, forschender und problemorientierter Unterricht thematisiert (GIERS 1929a). In Anlehnung an das Vorbild aus dem Volksschulbereich erhielten naturwissenschaftliche Lehrer die Möglichkeit, in einer Arbeitsgemeinschaft ihre Unterrichtserfahrungen auf arbeitsunterrichtlicher Grundlage auszutauschen (WILCKENS 1928).

Die Praxis der Arbeitsgemeinschaften hatte sich zu Beginn der Weimarer Zeit für die zweite Phase der Ausbildung der Volksschullehrer und für die Fortbildung etabliert (vgl. 2.2.7.5). Über die Möglichkeiten der Arbeitgemeinschaften hinaus wurde zur Eigeninitiative aufgerufen. Neben der Selbstbildung durch Erarbeitung von Fachbüchern wurden das eigene Verhalten im Volksleben, die Teilnahme am Staatsleben und im sozialen Leben, die Unterrichtsarbeit und die Ausdrucksbildung als wichtig angesehen (WENDIK 1928). Der Besuch von beispielhaften pädagogischen Einrichtungen und Versuchsschulen, wie Gartenarbeitsschule, Gemeinschaftsschule und Montessori-Schule, bot die Möglichkeit, den Gesichtskreis zu erweitern (POLENSKY 1931).

2.2.8 Unterrichtsklima

Die Stimmungskräfte haben höchste Bedeutung für den Erfolg des Unterrichts und die tiefere Wirkung der Erziehung. Auch die Lage der Schule und die Gestaltung der Räume (Schönheit, Sauberkeit, Schmuck, Ordnung) hätten Einfluß auf die Atmosphäre. Das Schulzimmer sei die gute Stube für die Unterrichtsgemeinschaft. Klasse und Raum gehörten wie Leib und Kleidung zusammen und sollten nicht getrennt werden. Der Lern- und Reproduktionsvorgang sei nur bei einer lustbetonten Gemütsverfassung erfolgreich, sage die experimentelle Psychologie und zeige die Erfahrung. Der Unterricht sollte ein fröhliches Tun sein, das Lachen gehörte als Zeichen seelischen Glücks und körperlichen Wohlbefindens dazu. Unterrichts- und Erziehungserfolge, die ohne Freudigkeit erreicht würden, hätten keine nachhaltige Wirkung (KLAR 1917).

2.2.9 Organisation

2.2.9.1 Stundentafeln

Chemieunterricht wurde auf den Oberrealschulen (ORS) und in den meisten Ländern des Deutschen Reiches vier Jahre lang unterrichtet. Er begann in der Regel, so wie in Preußen, in der 10. Klasse (Untersekunda, UII) und wurde bis zur 13. Klasse (Oberprima, OI) geführt, in Württemberg nur bis zur 12. Klasse. An der bayerischen ORS wurde Chemie in den letzten fünf Klassen gelehrt. Die Realanstalten in Baden hatten einen Naturkundeunterricht aus den Fächern Physik, Chemie und Naturgeschichte (Biologie) für die unteren Klassen eingerichtet, der bis zur Untersekunda geführt wurde. Erst ab Obersekunda bis Oberprima wurde Chemie mit je zwei Stunden pro Woche drei Jahre als Einzelfach unterrichtet.

Auf den übrigen höheren Schulen war der Chemieunterricht auf kürzere Zeiträume begrenzt, am Gymnasium in Preußen auf ein Jahr in Untersekunda. Die Bemühungen der Unterrichtskommission um eine Verbesserung der naturwissenschaftlichen Bildung der Gymnasiasten waren hinsichtlich des zeitlichen Spielraums für den Chemieunterricht erfolglos geblieben (POSKE 1907b; GRIMSEHL 1905; POSKE 1913a; POSKE 1913b).

Die neuen preußischen Lehrpläne von 1925 führten zu Reduzierungen der Stundenzuteilung an die naturwissenschaftlichen Fächer. In den Stundentafeln war der zeitliche Rahmen für eine angemessene unterrichtliche Umsetzung der Ziele der Lehrpläne viel zu eng bemessen. Die Durchführung von Arbeitsunterricht wurde für nicht mehr realisierbar gehalten. In zahlreichen Artikeln und Resolutionen erntete dies heftige Kritik (MICHAELIS 1925; N.N. 1925; HEISE 1925; PAETZ 1926).

Um alle drei naturwissenschaftlichen Fächer an allen Typen der höheren Schulen trotz der Stundenkürzungen bis in die Oberstufe zu führen, wurde ein halbjähriger „Wechselbetrieb“ eingeführt, der zu meist halbjährigen Unterbrechungen des Unterrichts der naturwissenschaftlichen Fächer führte. So wurde z. B. der jeweils dreistündige Chemieunterricht auf der ORS in Unter- und Obersekunda ganzjährig, in Unter- und Oberprima nur jeweils im zweiten Halbjahr durchgeführt (REIN 1925; DOBERS 1925b). Dadurch blieb in der Prima zu wenig Zeit für die Vorbereitung der selbständigen schriftlichen Reifeprüfung. Es zeigte sich, daß die Schüler sehr viel vergaßen und deshalb nach Wiederaufnahme des Unterrichts zwei bis vier Wochen mit Wiederholungen zugebracht werden mußten. Dies wurde von 120 Schulen bzw. Ortsgruppen des Fördervereins bestätigt (KÜHN 1928; KÜHN 1929; DOERMER 1929b). Es bliebe, entgegen den Forderungen des Lehrplans, die chemischen Grundkenntnisse durch selbständiges Denken und Arbeiten zu erreichen, nichts übrig, als den Stoff „einzupauken“ (DOERMER 1926b).

Auch in anderen Ländern der Weimarer Republik wurden Lehrplanreformen durchgeführt. Während die naturwissenschaftlichen Fächer in Württemberg Kürzungen der Stundentafeln hinnehmen mußten, so daß von einer „Verstümmlung“ des Chemieunterrichts gesprochen wurde (KOLB 1926), blieb der Umfang des naturwissenschaftlichen Unterrichts an den höheren Schulen Hamburgs im allgemeinen erhalten (DOERMER 1926a).

An den preußischen höheren Mädchenschulen war die Stundenzahl für naturwissenschaftlichen Unterricht 1909 erhöht worden. Der Chemieunterricht begann bereits in Klasse VI (Untertertia) zusammen mit Physik- und Biologieunterricht. Am Oberlyzeum-ORS und an der Realgymnasialen Studienanstalt waren in IV (Untersekunda) und III (Obersekunda) je 2 Stunden pro Woche für Chemieunterricht, in II (Unterprima) und I (Oberprima) je eine Stunde pro Woche für Chemie- und Biologieunterricht zusammen vorgesehen. Die neuen Stundentafeln von 1925 brachten den „Wechselbetrieb" wie an den Jungenschulen. Chemieunterricht begann jetzt auf allen Schulen erst in Untersekunda. Am Oberlyzeum-ORS wurde Chemieunterricht in allen Klassen von Untersekunda bis Oberprima, jedoch nur in Obersekunda ganzjährig, erteilt. Auf der Realgymnasialen Studienanstalt waren nur noch chemische Halbjahreskurse von Untersekunda bis Unterprima vorgesehen (POSKE 1909a; REIN 1925).

An den Volksschulen in Preußen wurde in den ersten Schuljahren heimatkundlicher Anschauungsunterricht betrieben. Von der Klasse 4 bis 8 wurde Naturkundeunterricht, der nach Fächern (Physik, Chemie, Biologie) unterschieden war, erteilt. Nach dem Grundlehrplan der Berliner Volksschule von 1914 standen dafür auf der Mittelstufe (4./5. Schuljahr) je zwei Stunden, auf der Oberstufe (6. bis 8. Schuljahr) bei den Jungen je drei bzw. vier Stunden, bei den Mädchen je drei Stunden zur Verfügung (BONITZ 1915). Die Richtlinien für die Lehrpläne der preußischen Volksschulen von 1922 sahen in Naturkunde eine geringfügige Vermehrung der Stundenzahlen vor (LIETZMANN 1923):

	Jungen	Mädchen
5. Schulj.:	2	2
6. Schulj.:	3-4	2-3
7. Schulj.:	4	3
8. Schulj.:	3	3

2.2.9.2 Organisationsformen

Die Schülerübungen wurden an vielen Schulen fakultativ durchgeführt. Schon in den Lehrplänen einiger Länder, z. B. in Württemberg und Sachsen, war die fakultative Durchführung der Schülerübungen vorgesehen. Räumliche, apparative und organisatorische Schwierigkeiten verhinderten obligatorische, in den Klassenunterricht integrierte oder nebenher laufende Schülerübungen (OESTREICH 1916).

Die fakultativen Übungen waren im allgemeinen thematisch unabhängig vom Klassenunterricht, obwohl empfohlen wurde, beides miteinander zu verknüpfen (OHMANN 1916a). Die größere Freiheit bei der Auswahl des Stoffes und im methodischen Vorgehen wurde als Vorteil empfunden (GREINER 1915).

Arbeitsgemeinschaften

Bemühungen, dem unterschiedlichen Leistungsvermögen der Schüler gerechter zu werden, verstärkten sich zum Ende der Weimarer Zeit. An den höheren Schulen boten Arbeitsgemeinschaften die Möglichkeit, die leistungsstärksten Schüler zu fördern, wie das Beispiel einer Hamburger Oberrealschule zeigt. Für besonders interessierte und begabte Schüler wurden chemische Sonderkurse eingerichtet, in denen spezialisierte Aufgaben bearbeitet wurden (DOERMER 1929a).

An Aufbauschulen, Landerziehungsheimen und Schulfarmen waren Arbeitsgemeinschaften eine Selbstverständlichkeit. An einer Lebensgemeinschaftsschule wurden die Klassenverbände der vier oberen Jahrgänge an zwei Tagen in der Woche aufgelöst und der Unterricht in Arbeitsgemeinschaften durchgeführt. Die Schüler wählten die Kurse nach Neigung und Befähigung und mußten sie mindestens ein halbes Jahr lang besuchen (ZIECHERT 1929).

Um der Zersplitterung des Unterrichts eines Schultages in verschiedene Fächer zu begegnen, wurde der Stundenplan eines Landerziehungsheimes so umgestaltet, daß zur Zufriedenheit der Schüler alle fünf Unterrichtsstunden der naturwissenschaftlichen Fächer an einem Vormittag der Woche zusammengefaßt wurden (WUNDER 1907). An staatlichen Schulen wurden die Übungen verschiedentlich, mit Zustimmung der Schüler, zu zwei- oder vierstündigen Einheiten verbunden. Wöchentlich zweistündige fakultative Schülerübungen wurden zu einem vierstündigen Block zusammengefaßt, der alle zwei Wochen stattfand (OESTREICH 1916).

Klassenfrequenz

Für den Übungsunterricht wurden häufig 12 Schüler als maximale Gruppengröße angegeben (vgl. 2.7.4.2). Oft waren die Klassen jedoch wesentlich größer. In Bayern wurde dann auf der Unterstufe Teilungsunterricht mit maximal 20

Schülern durchgeführt (END 1913). Wo Teilungsunterricht nicht möglich war, wurde entweder auf Schülerübungen verzichtet, fakultative Übungen durchgeführt oder andere Wege gefunden. Mit 40 bis 50 Schülerinnen wurden die Übungen dadurch ermöglicht, daß die Schülerinnen in Gruppen jeweils unter Leitung einer besonders interessierten Schülerin arbeiteten (WILLERS 1928).

2.2.9.3 Fachräume (Ausstattung)

Die Bestrebungen, vermehrt Schülerübungen durchzuführen, erforderten zweckmäßig eingerichtete Räume und ausreichend ausgestattete Laborplätze. So erschienen schon vor dem ersten Weltkrieg und während des Krieges Berichte über verbesserte Einrichtungen (BRÄUER 1916a). In der Weimarer Zeit widmete sich besonders die Zeitschrift „Praktische Schulphysik", herausgegeben von der Lehrmittelfirma Phywe, der Ausstattung und Einrichtung von Chemieräumen. Unter anderem stellte man neue Möbel für die Übungsräume vor, die sich nicht mehr an den Universitätslaboratorien orientierten, sondern die für die speziellen Schulbedürfnisse entworfen worden waren (LEIMBACH 1927; LEIMBACH 1935; HESS 1929).

Die räumlichen Voraussetzungen für den Chemieunterricht an den Realanstalten in Preußen waren zu Beginn des 20. Jahrhunderts einer Rundfrage der Unterrichtskommission der Gesellschaft deutscher Naturforscher und Ärzte zufolge relativ günstig. So besaßen die meisten Realanstalten (116 von 147) für den Chemieunterricht einen besonderen Unterrichtsraum, der für das analytische Arbeiten auf der Oberstufe genutzt wurde. Fast alle Räume für den Chemieunterricht waren mit Experimentiertisch, Gas- und Wasserleitung ausgestattet. Während ein einfacher Abzug in den meisten Anstalten vorhanden war, fehlte in vielen der Anschluß des Unterrichtsraums an eine Starkstromleitung, ein Mangel, der besonders die Möglichkeit zur Durchführung physikalisch-chemischer Experimente einschränkte. Für praktische Schülerübungen waren an 94 Anstalten besondere dafür eingerichtete Räume vorhanden, während sie für physikalische und biologische Schülerübungen noch weitgehend fehlten. Das Verhältnis von Arbeitsplätzen zur Schülerzahl war an einigen Schulen mit einer zwei- bis mehr als dreifachen Überzahl der Schüler (z. B. 12:35, 16:67) sehr ungünstig. Die Unterrichtskommission forderte allgemein die Einrichtung eines besonderen Raumes für die chemische Sammlung, der zugleich als Vorbereitungsraum dienen könne, da hier ein weitverbreiteter Mangel herrschte. Um die chemischen Fachlehrer von der Reinigung der Geräte und Instandhaltung der Apparate zu entlasten, wurde gefordert, dafür, nach dem Vorbild Frankreichs, eine geeignete

Hilfskraft heranzuziehen (N.N. 1908a; POSKE 1907c). Die bayrische Unterrichtsverwaltung hielt für die chemischen Schülerübungen wenigstens vier Unterrichtsräume für erforderlich: ein Lehrzimmer, ein bis zwei Sammlungsräume, einen Vorbereitungs- und Arbeitsraum für Lehrer und einen Raum für Schülerübungen (N.N. 1911).

Anregungen zur Einrichtung der Unterrichtsräume kamen aus den USA. Es wurden Räume beschrieben, die sowohl für den Übungsunterricht als auch für den theoretischen Unterricht nutzbar waren. In einer Mittelschule Chicagos war der Raum zur Hälfte mit den Tischreihen zum Experimentieren ausgestattet, während in der anderen Hälfte Stuhlreihen wie in einem Hörsaal für den theoretischen Unterricht standen. In einer Schule in Ohio wurden zum Experimentieren Einzeltische verwendet, die jeder mit Gas, Wasser, Ausguß, der als pneumatische Wanne verwendet werden konnte, und einem abnehmbaren Abzug ausgestattet waren. Abschließbare Schubladen für Geräte und Materialien in jedem Tisch ermöglichten die Nutzung eines Tisches von fünf Schülern. Flaschen mit Reagenzien standen auf dem Tisch. Die Tische waren in Richtung des Experimentiertisches des Lehrers aufgestellt und konnten auch für theoretischen Unterricht genutzt werden. Entsprechend der relativ geringeren Bedeutung des theoretischen gegenüber dem experimentellen Unterricht in den USA waren die Einrichtungen zum Experimentieren sehr komfortabel. Die Einrichtungen für den theoretischen Unterricht vermittelten eher den Eindruck von Notbehelfen (K. T. FISCHER 1908).

In beispielhaften chemischen Laboratoriumsräumen in Deutschland standen die Tischreihen entweder zu ebener Erde oder sie waren auf einem Podest mit niedrigen Stufen, die eine gute Sicht auf den Experimentiertisch des Lehrers erlaubten, aufgestellt. Im letzten Fall dienten die Laborplätze zugleich als Schulbank, so daß die chemischen Schülerübungen in den Klassenunterricht, ohne den Raum wechseln zu müssen, integriert werden konnten. Die Tische waren mit Gasanschlüssen, Wasserhähnen und Ausgüssen versehen. Stromanschlüsse waren wenig oder gar nicht vorhanden. Auf den Plätzen standen Gläser mit Chemikalien (Säuren und Laugen). Jedem Schüler, der am Chemieunterricht teilnahm, stand zur selbständigen Verwaltung seiner Geräte und Chemikalien ein abschließbares Schränkchen oder eine Schublade zur Verfügung. Geräte zum allgemeinen Gebrauch, wie Waagen, Meßzylinder, Büretten, Stative usw., wurden zentral aufbewahrt. Abzüge waren nicht überall vorhanden. Einrichtungen zur Verdunkelung des Raums sowie Projektionsapparat und Projektionswand wurden erst allmählich üblich (SCHEID 1907; BRÄUER 1916a).

Häufig waren die Verhältnisse nicht so komfortabel, wie oben dargestellt. In der Realschule in Eberbach standen für wöchentlich je zwei Stunden Physik- und Chemieunterricht ein Unterrichtsraum mit Tischen zu ebener Erde und mit Gasanschlüssen sowie ein kleines Sammlungs- und Vorbereitungszimmer zur Verfügung. Der Unterrichtsraum wurde auch von anderen Fächern benutzt (MAURER 1903).

An sehr vielen Schulen gestatteten die Verhältnisse keinen den Idealvorstellungen entsprechenden Unterricht. Eine festgelegte Raumverteilung und -ausstattung und beschränkte finanzielle Mittel ließen es nicht zu, den praktischen mit dem theoretischen Unterricht eng zu verbinden und aufeinander zu beziehen. Der kleine Arbeitsraum in der Hohenzollern-Oberrealschule in Berlin-Schöneberg war nur für das analytische Arbeiten eingerichtet. Mängel, wie unzweckmäßig aufgestellte Tische, unzureichende Abzüge, unpraktisch aufgestellte Wagen, verhinderten die Durchführung von Arbeitsunterricht (OESTREICH 1916).

Aufwendig ausgestattete Laborräume eigneten sich, nach den Erfahrungen in Bayern, schlecht für den mit Schülerübungen verbundenen Chemieunterricht. Die Unterrichtsräume müßten sowohl Klassenunterricht als auch Schülerübungen zulassen und dem Grundsatz größtmöglicher Beweglichkeit entsprechen. Auch die räumlichen Schwierigkeiten in Stadtschulen mit vielen Schülern erforderten Räume, die beide Funktionen zuließen (END 1913).

In der Weimarer Zeit wurden Übungstische mit Schrankeinbau unter der Arbeitsplatte und Geräten und Chemikalien an jedem Arbeitsplatz als nicht mehr zeitgemäß angesehen und als vom Universitätslabor übernommen kritisiert (SCHINDEHÜTTE 1928). Statt dessen wurden Tische ohne Unterbau vorgeschlagen und für die Geräte Arbeitsregale an den Wänden vorgesehen (LEIMBACH 1927). Ein veränderter Einrichtungsvorschlag, der den Erfordernissen des Anfangsunterrichts in Chemie gerecht werden sollte, ordnete die Tische zur Erleichterung der Aufsicht parallel zur Längsachse des Raumes an und verbannte die Gläser mit Chemikalien von den Arbeitsplätzen (SCHINDEHÜTTE 1928). Der Vorschlag rief ein lebhaftes Leserecho hervor und wurde als teilweise unpraktisch abgelehnt. Auf eine Mindestausstattung mit Geräten auf jedem Tisch sollte nicht verzichtet werden. Der Übungsraum sollte sich zugleich als Unterrichtsraum nutzen lassen, um ein Umziehen während des Unterrichts zu vermeiden (ZAPFE 1929). Bei der Anordnung der Arbeitstische zu ebener Erde wären im Demonstrationsunterricht die Sichtverhältnisse für die hinten sitzenden Schüler sehr schlecht. Deshalb müßten die Tische in ansteigenden Sitzreihen aufgestellt werden (RABBOW 1929). Aus elf Jahren Unterrichtspraxis wurde die Erfahrung mitgeteilt, daß sich die Schüler bei Lehrerexperimenten hinter der ersten Tischreihe versammelten und ohne Hörsaal auskamen (GIERS 1929b). Alternativ zum Vorschlag von SCHINDEHÜTTE wurden Einrichtungen der Chemieräume anderer Schulen vorgestellt (ZAPFE 1929; HESS 1929; NEFF 1929; GIERS 1929b).

Im Bereich der Volksschule fehlten zur Durchführung des Arbeitsunterrichts die materiellen Voraussetzungen. Zunächst wurden wohl in den pädagogischen Seminaren spezielle Räume für den Chemieunterricht eingerichtet. Zahlreiche Berichte über die räumlichen Gegebenheiten und die Ausstattung der Seminare für den naturwissenschaftlichen Arbeitsunterricht wurden in der Zeitschrift „Pädagogische Blätter" veröffentlicht (IMHÄUSER 1908; GRIMM 1909; UMLAUF 1911). Um einen Chemieraum mit 18 Plätzen, einem Experimentiertisch, Schrank und Gestell für Reagenzien, zwei Wandtafeln und einer Gasleitung für den Arbeitsunterricht einzurichten, wurden drei zusätzliche Tische, die mit Tischkästen für die Arbeitsmaterialien versehen waren, aufgestellt. Auf jedem Tisch standen eine große Wasserflasche und ein tönernes Becken zum Ausgießen der Flüssigkeiten und zum Gebrauch als pneumatische Wanne. Die Ausrüstung der Seminar-Schüler mit Geräten war sehr einfach (GRESKY 1914).

2.3 Lehrpläne

2.3.1 Lehrpläne an höheren Schulen

An den höheren Schulen Preußens bestand nach den Lehrplänen von 1901 freie Methodenwahl, so daß jeder Lehrer nach seinen Bedürfnissen und den schulischen Gegebenheiten den Unterricht individuell und selbständig gestalten konnte (POSKE 1901d). Für die chemischen Praktika war analytisches Arbeiten vorgesehen (LÖWENHARDT 1906).

Der von der Unterrichtskommission der Gesellschaft Deutscher Naturforscher und Ärzte ausgearbeitete Bericht über den mathematisch-naturwissenschaftlichen Unterricht an den neunklassigen höheren Schulen, der auf der 77. Versammlung deutscher Naturforscher und Ärzte 1905 in Meran vorgelegt wurde, beinhaltete Lehrpläne, die einen Anhalt für praktische Umsetzungen der Empfehlungen der Kommission an den Schulen bieten sollten (N.N. 1905a). Das grundlegende Anliegen der Kommission bestand darin, den empirischen Charakter der Naturwissenschaften in der Schule zu verwirklichen. Als wichtigste Aufgabe des Unterrichts stellte sie die Pflege der Anschauung, planmäßige Beobachtungen und die Erziehung der Schüler zur Selbsttätigkeit heraus.

In den Lehrplänen für den Chemieunterricht der neunklassigen Realanstalten war ein Vorkursus in Untersekunda (UII) vorgesehen. Dieser hatte die Aufgabe, einen Einblick in den chemischen Aufbau einiger allgemein bekannter Naturprodukte und in die Methoden zur Ermittlung ihrer chemischen Zusammensetzung zu geben. Die wichtigsten allgemeinen Gesetzmäßigkeiten sollten auf der Grundlage von Experimenten hergeleitet werden. Die zu ihrer Erklärung aufgestellten Theorien (Atome und Moleküle) sollten in einer der Fassungskraft der Schüler entsprechenden Form dargestellt werden. Den Ausgangspunkt bilden Betrachtungen von Naturkörpern und Naturvorgängen. Grundlegende chemische Begriffe wurden nach und nach entwickelt, beginnend mit dem Anschluß an Stoffwechselvorgänge (Biologieunterricht) und die Luft: Oxidation und Reduktion, Element, Verbindung, Gemenge usw. Das Gesetz von der Erhaltung des Gewichts sei anschaulich darzulegen. Zur Erklärung der konstanten Gewichtsverhältnisse sei die Atomtheorie in elementaren Grundzügen einzusetzen.

Der anschließende als „Systematischer Kursus“ bezeichnete Oberstufenunterricht von Obersekunda (OII) bis Oberprima (OI) sollte im Rahmen des bestehenden Stundenmaßes (je zwei Wochenstunden pro Klassenstufe) die anorganische Chemie nebst Mineralogie und die organische Chemie und Allgemeine Chemie behandeln.

OII: Nichtmetalle und Leichtmetalle,

UI: übrige Metalle und kurzer Abriß der Mineralogie,

OI: organische Chemie, Zusammenfassung der Gesetze der Allgemeinen Chemie.

Da in diesem Rahmen praktische Übungen nicht durchführbar waren, sollten chemische Schülerübungen in besonderen Übungsstunden (im Wechsel mit Physik und Biologie) durchgeführt werden: Wägen, Filtrieren, Destillieren, Röhrenbiegen ... Herstellung von Präparaten. Die Besichtigung industrieller Werke wurde empfohlen (N.N. 1906; GUTZMER 1905).

Für das humanistische Gymnasium, das die realistischen Anstalten zahlenmäßig weit übertraf, wurde eine Aufstockung des naturwissenschaftlichen Unterrichts gefordert, denn die weit überwiegende Mehrzahl der Männer, die später in leitenden Stellungen das öffentliche Leben bestimmen sollten, waren Absolventen dieses Schultyps und bedurften einer wesentlich verbesserten naturwissenschaftlichen Vorbildung (GUTZMER 1905).

Wie das Beispiel des Johanneum in Lübeck zeigte, gab es Möglichkeiten, obligatorische physikalische und chemische Schülerübungen in den Unterrichtsgang zu integrieren, indem der amtliche Lehrplan umstrukturiert wurde, ohne die Stundenzuteilung auf die einzelnen Fächer zu verändern (BRÜSCH 1913).

2.3.1.1 Einfluß der Meraner Reformvorschläge

Die Meraner Reformvorschläge blieben nicht ohne Einfluß auf die Gestaltung der amtlichen Lehrpläne in den deutschen Ländern. So wurde der naturwissenschaftliche Unterricht in Baden und Württemberg im Sinne der Meraner Vorschläge erweitert. In den Lehrplänen für die neu eingerichteten Oberrealschulen in Bayern finden sich ebenfalls viele Gedanken der Kommission wieder (GUTZMER 1908).

Als wichtigste Ziele im Chemieunterricht wurden die Anleitung zu aufmerksamer Naturbeobachtung und die Vermittlung des Verständnisses chemischer Vorgänge und der Gesetze, nach denen sie ablaufen, angegeben. Schülerversuche sollten zur Grundlage des Unterrichts gemacht werden. Es sollte an Erscheinungen aus dem Gesichtskreis der Schüler oder an einfache übersichtliche Experimente angeknüpft werden. Der Unterricht auf der Unterstufe wurde als propädeutischer Kurs (Württemberg), als Naturkundeunterricht, eine Verbindung der Fächer Physik, Chemie und Biologie (Baden), oder durch Vermittlung grundlegender chemischer Gesetzmäßigkeiten mit der Einführung in das Verständnis chemischer Vorgänge (Bayern) durchgeführt. Auf der Oberstufe wurden theoretische Inhalte stärker berücksichtigt (Bayern). Auf Oberrealschule und Realschule war die Stoffanordnung systematischer als am Realgymnasium (Baden). Schülerübungen wurden in Baden und Württemberg fakultativ durchgeführt. Der bayerische Lehrplan empfahl sie für den Unterstufenunterricht und schrieb sie als obligatorische Übungen, mit mindestens der Hälfte der zur Verfügung stehenden Zeit, auf der Oberstufe vor (SCHMID 1908a; POSKE 1907b; TREUTLEIN 1912; POSKE 1913b; POSKE 1913a).

2.3.1.2 Neue „Meraner" Lehrpläne

1923 wurden vom Deutschen Ausschuß für den mathematischen und naturwissenschaftlichen Unterricht (DAMNU) neue „Meraner" Lehrpläne vorgelegt. Die Lehrpläne für den Chemieunterricht an den höheren Schulen waren von LÖWENHARDT, OHMANN und DOERMER unter Mitwirkung von STOCK ausgearbeitet worden (FRANCK in HAHN u.a. 1923) und gaben somit die Auffassungen einiger der wichtigsten Repräsentanten des Chemieunterrichts der damaligen Zeit, die zugleich erfahrene Lehrer und bedeutende Didaktiker waren, wieder.

Als Ziel des Chemieunterrichts wurde angegeben, den Schülern ein auf Anschauung und Selbsttätigkeit gegründetes Verständnis für chemische Vorgänge, ihrer Umwelt und ihres Körpers zu vermitteln. Die Gedanken der Meraner Lehrpläne von 1905 aufgreifend, wurde als Hauptaufgabe formuliert, den zukünftigen Angehörigen des wirtschaftlichen Lebens und der Staatsverwaltung chemisches Denkvermögen zu vermitteln. Für die Wahl der methodischen Behandlung des Lehrstoffes wurde Freiheit gefordert, da viele Methoden zum Ziel führen würden. In Untersekunda (UII), Obersekunda (OII) und Unterprima (UI) der Realanstalten wurde eine Stunde pro Woche für verbindliche Schülerübungen vorgesehen, die mit dem Klassenunterricht eng verbunden werden sollten. Damit war der Überzeugung der besonderen Wichtigkeit der Schülerübungen im Anfangsunterricht und für jüngere Schüler tendenziell Rechnung getragen worden. Um dem „Wirklichkeitsdenken" stärker gerecht werden zu können, sollten die wirtschaftliche Bedeutung der Chemie und die technische Nutzung der Rohstoffe, die durch Lehrausflüge belebt werden können, behandelt werden. Auf der Oberstufe waren die Kapitel der theoretischen Chemie, wo die Reife des Schülers dies ermöglichte, in den Lehrgang einzuflechten und nicht als ein Block zu behandeln. Den Abschluß bildete die organische Chemie auf der Oberprima (OI) (FRANCK in HAHN u.a. 1923; POSKE 1923).

Die Forderungen, auf der Oberstufe auf die systematische Durchnahme der Elemente und ihrer Verbindungen zu verzichten, wurden von SCHINDEHÜTTE (1923) als Rückschritt kritisiert.

2.3.1.3 Preußische Lehrplanreform

1925 wurden die Lehrpläne der höheren Schulen in Preußen reformiert. Während die allgemeinen Bestimmungen, denen die Meraner Lehrpläne zugrunde gelegt waren, von den Vertretern des mathematisch-naturwissenschaftlichen Unterrichts begrüßt wurden, erfuhren die Stundentafeln (vgl. 2.2.9.1) wegen der Kürzungen, Unterbrechungen der Lehrgänge sowie Einführung von Halbjahreslehrgängen eine entschiedene Ablehnung (REIN 1925; PAETZ 1926). In zahlreichen Artikeln wurden die neuen Stundenpläne 1926 und in den folgenden Jahren in den „Unterrichtsblättern" vorgestellt und kritisiert sowie Stellungnahmen von einzelnen Autoren und Ortsgruppen des Fördervereins veröffentlicht. Auf Hauptversammlungen verabschiedete man Resolutionen gegen die neuen Lehrpläne (vgl. 2.2.9.1). Es wurde auf die Diskrepanz zwischen den Zielen und methodischen Anforderungen und den durch die Stundentafelkürzungen bedingten begrenzten Realisierungsmöglichkeiten hingewiesen. Die Unterbrechungen der Lehrgänge erforderten bei Wiederaufnahme des Unterrichts mehrwöchige Wiederholungen des alten Stoffs. Die in den Lehrplänen geforderte Selbsttätigkeit der Schüler und verstandesmäßige Durchdringung des Stoffs sowie die Vorbereitung auf eine eigenständige Reifeprüfungsarbeit waren in den wenigen zur Verfügung stehenden Stunden kaum zu verwirklichen (DOERMER 1929b; vgl. 2.2.9.1).

Das Lehrziel für den Chemieunterricht kehrte sich von der Systematik ab und verlangte die Kenntnis der wichtigsten chemischen Erscheinungen aus Natur, Haushalt und Volkswirtschaft sowie der zugrundeliegenden Gesetzmäßigkeiten und der zur Erklärung notwendigen Theorien. Das geschichtliche Element wurde stärker betont sowie die Verpflichtung zu technologischen Lehrausflügen ausgesprochen, wobei insbesondere die chemische Industrie der Heimat berücksichtigt werden sollte (REIN 1925; PAETZ 1926). Auch in Sachsen wurde mehr Berührung mit dem praktischen Leben und eine stärkere Betonung der Heimat im naturwissenschaftlichen Unterricht angestrebt (WAGNER 1926).

Der Arbeitsunterricht wurde zum beherrschenden methodischen Prinzip der Lehrpläne. Schülerübungen und Klassenunterricht wurden miteinander verknüpft. Das analytische Arbeiten erschien zwar stark zurückgedrängt, war aber noch im Lehrplan enthalten.

2.3.2 Lehrpläne für Mädchenschulen

Die Unterrichtskommission der Gesellschaft Deutscher Naturforscher und Ärzte war nach dem Einholen gutachterlicher Äußerungen von Vertretern des praktischen Mädchenunterrichts und von Vertreterinnen der Frauenbewegung der Auffassung, daß der mathematisch-naturwissenschaftliche Unterricht an Mädchenschulen die Eigenart des weiblichen Geschlechts berücksichtigen müsse und damit andere Akzente als an den Knabenschulen zu setzen hätte. Der Chemieunterricht sollte durch Vorziehen in die letzten zwei Klassen der Unterstufe erweitert werden. Inhaltlich waren die Einführung in das Wesen chemischer Vorgänge und die Entwicklung der fundamentalen chemischen Begriffe vorgesehen. Der theoretische Stoff sollte eingeschränkt werden, chemische Formeln nur wenig verwendet und mehr Rücksicht auf praktische Anwendungen genommen werden, soweit diese für den Haushalt von Bedeutung waren. Insbesondere die Bereiche Hygiene und Nahrungsmittel betreffend, sollte mehr organische Chemie betrieben werden. Praktische Übungen im Anschluß an den theoretischen Unterricht wurden als sehr nützlich empfohlen (N.N.1906; GUTZMER 1906b).

Der 1905 im Großherzogtum Baden eingeführte Lehrplan für die höheren Mädchenschulen entsprach weitgehend den Vorstellungen der Unterrichtskommission (N.N. 1906).

Die Reform der höheren Mädchenschulen in Preußen 1908 führte zu einer Vermehrung und Umgestaltung des naturwissenschaftlichen Unterrichts. Verglichen mit den entsprechenden Knabenschulen war die Zeit für die naturwissenschaftlichen Fächer jedoch knapp bemessen. In Sachsen standen in den höheren Mädchenschulen und den sechsklassigen Studienanstalten mehr Stunden für den naturwissenschaftlichen Unterricht zur Verfügung (FRICKE 1912). In Preußen sollte die Verstandesbildung gefördert und die Erziehung zu selbständiger Beurteilung der Wirklichkeit angestrebt werden. Die ästhetische und die Gefühlsbildung sollten nicht zu stark überwiegen. Unter anderem fand die Chemie des täglichen Lebens Berücksichtigung. Der organischen Chemie wurde ein deutlich größeres Gewicht als an den Knabenschulen eingeräumt. Die Vermehrung der Stundenzahlen für den Chemieunterricht innerhalb des naturkundlichen Unterrichts sollte nach Ansicht der Vertreter des naturwissenschaftlichen Unterrichts für praktische Übungen genutzt werden, die bis dahin an den preußischen höheren Mädchenschulen kaum durchgeführt worden waren (POSKE 1909a; BONGARDT 1909).

Die Neuordnung des Mädchenschulwesens in Preußen wurde in der Weimarer Zeit wie die Neuordnung der Knabenschulen von den Vertretern des naturwissenschaftlichen Unterrichts wegen der zu knapp bemessenen Zeit für naturwissenschaftlichen Unterricht allgemein kritisiert. Insbesondere die zahlenmäßig verbreitesten höheren Schulen, die Oberlyzeen (107) und realgymnasialen Studienanstalten (52), waren ungenügend mit Stunden für den naturwissenschaftlichen Unterricht versorgt (RABES 1924; DOBERS 1925b). Eine Möglichkeit, den naturwissenschaftlichen Unterricht intensiver durchzuführen, war alleine durch die Nutzung der vier Stunden wahlfreien Unterrichts gegeben (RABES 1924). Im Vorläufigen Lehrplan für die preußischen Lyzeen und Oberlyzeen von 1923 wurden praktische Schülerübungen empfohlen. Es sollten nicht zu viele Gebiete, diese aber gründlich erarbeitet werden (LIETZMANN 1924).

2.3.3 Lehrpläne an Volksschulen

In der Zeit vor dem 1. Weltkrieg wurde der Volksschulunterricht von vielen Seiten kritisiert. Die erdrückende Stoffülle in den Lehrplänen verhinderte eine gründliche Erarbeitung des Unterrichtsstoffes. Die Schüler würden daher nur Wissen ansammeln, aber nichts können (ELTEN 1908). Der mangelnde Alltagsbezug wurde beklagt und verlangt, aus der Naturlehre alles Überflüssige auszuscheiden und nur solche Stoffe zu behalten bzw. neu aufzunehmen, die dem Schüler für seine Lebensaufgabe nützlich seien (GRÜNEWALD 1909).

Im Grundlehrplan der Berliner Volksschule von 1914 wurde das „Nützlich-Praktische" in den Vordergrund gerückt und alles „Wissenschaftlich-Theoretische" aus dem Lehrplan entfernt. Aber gerade der Chemieunterricht wurde gegenüber dem Lehrplan von 1902 eingeschränkt (BONITZ 1915).

Eine Reformierung des Volksschulunterrichts in Preußen wurde erst in der Weimarer Zeit vorgenommen. Nach 50 Jahren Gültigkeit lösten die Richtlinien vom 15. Oktober 1922 die Bestimmungen von 1872 ab. Die neuen Richtlinien waren geprägt von den Gedanken KERSCHENSTEINERs (Prinzipien der Arbeitsschule) und GAUDIGs („freie geistige Tätigkeit") (ZIESENITZ 1923). In den Bestimmungen für die vier oberen Jahrgänge der Volksschule (Klassen 5 bis 8) wurden die Bedürfnisse des Lebens stärker berücksichtigt. Primär sollten die kindlichen Bildungsbedürfnisse die Lehrplangestaltung bestimmen. Dabei sei die Altersstufe der Schüler zu berücksichtigen sowie eine stetige und gleichmäßige Förderung der kindlichen Gesamtentwicklung einschließlich der Gefühls-

und Willensentwicklung zu gewährleisten. An zweiter Stelle standen Überlegungen über die Nützlichkeit des Lehrstoffes für das spätere Leben der Schüler. Entsprechend der Prinzipien des Arbeitsunterrichts sollte der Unterricht auf der geistigen und körperlichen Eigentätigkeit der Schüler aufbauen, wobei Beobachtung, Versuch, Schließen und selbständiges Lesen geübt wurden. Fachliche Überlegungen, wie wissenschaftliche Anforderungen und die Lückenlosigkeit des für das Leben nötigen Stoffs, besaßen nachgeordnete Bedeutung.

Die neuen Bestimmungen gaben für jedes Fach einen groben Rahmen der Ziele und Inhalte wieder. Die eigentlichen Lehrpläne wurden von den Schulen selber unter Berücksichtigung der örtlichen Gegebenheiten und Bedürfnissen aufgestellt. Im Naturkundeunterricht, der Pflanzen-, Tier- und Menschenkunde, Physik und Chemie in Verbindung mit Gesteinskunde umfaßte, sollte in ländlichen Gegenden besonders die Landwirtschaft behandelt werden. In großen Städten waren mehr Technik und Gewerbe, aber auch grundlegende Kenntnisse über die landwirtschaftliche Produktion zu lehren. Die Naturlehre sollte von den Erscheinungen des Lebens ausgehen. Experimente sollten zur Erklärung der in der Natur beobachteten Phänomene eingesetzt und möglichst von den Schülern selber ausgeführt werden. Die einzelnen Gebiete der Naturkunde, die bis dahin in getrennten Fächern unterrichtet wurden, sollten in enger Verbindung behandelt oder in einem oder zwei Lehrgängen ganz zusammengefaßt werden. Zum hauswirtschaftlichen Unterricht der Mädchen, wo er eingeführt war, und zum Werkunterricht der Jungen sollten enge Beziehungen hergestellt werden (UFER 1922; N.N. 1923; KÖRNER 1923; LIETZMANN 1923).

Die Möglichkeit der Durchführung des Naturkundeunterrichts als Gesamtunterricht in der Oberstufe der Volksschule wurde, acht Jahre nach Inkrafttreten der „Richtlinien", von der Mehrzahl der Schulen nicht genutzt. Vielfach waren der Biologie-, Physik- und Chemieunterricht in den Lehrplänen getrennt (PIETSCH 1931). Auf der Unterstufe war Gesamtunterricht in Preußen in der ersten Klasse vorgesehen. Ein heimatkundlicher Anschauungsunterricht in den ersten beiden Schuljahren und der Heimatkundeunterricht der Klassen 3 und 4 faßten den naturkundlichen, erdkundlichen und geschichtlichen Unterricht zusammen (KÖRNER 1922b). Aus Sicht der Vertreter des naturwissenschaftlichen Unterrichts der höheren Schulen war der Anteil des heimatkundlichen Unterrichts mit ca. 17 % viel zu knapp bemessen. Zur Gestaltung eines Lehrplans, der die Interessen des späteren realistischen Unterrichts an den Volks- und höheren Schulen berücksichtigt, indem eine fest umrissene Basis aus Vorstellungen, Begriffen und Fertigkeiten geschaffen wird, wurde eine Zusammenarbeit zwischen den Lehrern an Volks- und höheren Schulen als fruchtbar angesehen (KÖRNER 1922a).

2.3.4 Nationalsozialistische Zeit

2.3.4.1 Oberschulen der Jungen

Unter nationalsozialistischer Herrschaft wurde der Chemieunterricht an der Oberschule, wie aller Unterricht, durch Unterordnung unter die nationalsozialistischen Erziehungsziele zum Werkzeug der Staatsführung. Die stofflichen Vorgänge waren in den großen Rahmen des Gesamtgeschehens einzuordnen. Für einen wesentlichen Teil des Unterrichts war die Form der Arbeitsgemeinschaften ab der 6. Klasse der Oberschule vorgeschrieben, in deren Rahmen die Arbeit auch in private und öffentliche Betriebe verlegt werden sollte (FRANCK 1938). Eine praktische Selbstbetätigung der Schüler sollte weiterhin ermöglicht werden (FRANCK 1934b). In der 5. Klasse (entsprach der alten Untersekunda) sollte eine solide Grundlage für den Oberstufenunterricht (Klassen 6 bis 8) gelegt werden, dem in jeder Klasse nur je eine Stunde für Chemie zur Verfügung stand. Für den naturwissenschaftlich-mathematischen Zweig wurde empfohlen, die Abschnitte über das Verhalten der chemischen Stoffe mit theoretischen Inhalten zu verknüpfen und immer in Bezug zur technischen und wirtschaftlichen Bedeutung der Stoffe zu behandeln. Denn „nicht die Systematik, sondern die Kenntnis der volkswirtschaftlich wichtigen Stoffe, ihrer Gewinnung und ihre Verarbeitung ist das eigentliche Ziel dieses Unterrichts." (FRANCK 1938, S. 155)

2.3.4.2 Mädchenschulen

Der Unterricht auf den Mädchenschulen wurde von dem der Jungen deutlich geschieden (TIEDGE 1933b), da die Mädchen zur Hausfrau und Mutter erzogen werden sollten. Der Chemieunterricht war hauswirtschaftlich ausgerichtet, mit der Hauptaufgabe, die wissenschaftliche Grundlage für die Fächer des Frauenschaffens zu legen. Er wurde durchgängig von der 5. bis zur 8., der letzten Klasse der Oberstufe, geführt. Wegen der Bedeutung der organischen Chemie für die Vorgänge in der Küche wurde sie bereits in der 6. Klasse eingehend behandelt (FRANCK 1938).

2.3.4.3 Volksschule

Auf der Volksschule wurde der Stoff des Naturkundeunterrichts aus dem Blickwinkel der menschlichen Nutzbarmachung betrachtet. Die landwirtschaftliche Nutzung der Natur stand im Mittelpunkt der ländlichen Schule, die Technik im Zentrum der großstädtischen Schulen. Die Lehrpläne und der Unterricht mußten, dem Programm der NSDAP und den Richtlinien von 1939 zufolge, auf das praktische Leben und auf die örtlichen Lebens- und Arbeitskreise der Bevölkerung eingestellt werden, um die Schüler auf das Leben in der Volksgemeinschaft vorzubereiten (LOMMATZSCH 1933; MATTHÄUS 1940). Erziehung wurde als Nutzbarmachung aller Kräfte der Jugend für den Dienst an Volk und Staat verstanden. Dies sollte erreicht werden u. a. durch Lebensnähe, Heimatverbundenheit, Ausrichtung nach der Berufsarbeit der Eltern und Eingliederung der Werkarbeit. In den unteren Klassen wurde von Gesamtunterricht ausgegangen, der sich in den oberen Klassen in Fächer aufspaltete, in denen er in Form von „Arbeitsvorhaben" weitergeführt wurde. In Einzel- und Gruppenarbeit war Selbsttätigkeit möglich. Die Stillarbeit wurde aufgewertet. Auf der Oberstufe verlor die Naturlehre zugunsten der Fächer Deutsch, Erdkunde, Geschichte und Gesang an Bedeutung (DILG 1936; KARSTÄDT 1940).

Für die Landschule wurde ein Entwurf eines Erziehungs- und Bildungsplanes des Nationalsozialistischen Lehrerbundes (NSLB) vorgestellt. Im Sachkundeunterricht, der Stoffe aus der deutschen Volks- und Kulturkunde, der Geschichte, der Erdkunde und der Naturkunde umfaßte, sollte den Schülern „das Weltbild des völkischen Menschen in ganzheitlicher Schau", möglichst ohne fachliche Bindungen, vermittelt werden. Den Ausgangspunkt sollte immer der ländliche Lebensbereich der Schüler darstellen. Themenbereiche wurden, ausgehend von Erscheinungen des Hofes, dem dörflichen Lebensbereich entnommen und bis zu Betrachtungen des deutschen Lebensraumes ausgeweitet. Als Themen mit chemischen Inhalten wurden u. a. die chemischen Gesetze im Hofleben, in der Küche und bei der täglichen Arbeit, Bodenbeschaffenheit, Ziegelbrennereien, heimische Industrien (Leuchtgas, Glasfabriken, Brauereien) angeführt. Für die Mädchen wurden zwei Stunden pro Woche für die Mädchenerziehung, insbesondere Hauswirtschaft, vorgesehen, in denen u. a. Brenn-stoffe, Reinigungsmittel, Nahrungsmittel, Ernährung behandelt werden sollten (BÜHNEMANN 1934).

2.4 Unterrichtsziele

Um 1900 war die Reformbewegung des naturwissenschaftlichen Unterrichts bereits in vollem Gange. Die überwiegende Zahl der Aufsätze, die sich mit den Zielen des Chemieunterrichts bzw. des gesamten naturwissenschaftlichen Unterrichts beschäftigten, behandelte thematische Ziele eher am Rande. Vielmehr wurden naturwissenschaftliche Methoden, ihre Gesetze und Denkweisen (Grundlagen der Wissenschaft) in den Vordergrund gestellt. Daneben wurden die Bedeutung der Anschauung und das Üben der Naturbeobachtung hervorgehoben. Der Chemieunterricht sollte zu allgemeiner Bildung beitragen und zu philosophischer Vertiefung führen.

2.4.1 Anschauung und Beobachtung

Die große Bedeutung der Anschauung für den naturwissenschaftlichen Unterricht um die Jahrhundertwende kommt durch die Vielzahl der Aufsätze, die dieses Hauptziel anführten, zum Ausdruck. Es steht in engem Zusammenhang mit den Bemühungen, das naturwissenschaftliche Experiment stärker in den Schulunterricht zu integrieren (vgl. 2.7.1.1), um die Schüler selbst die Gesetze, die in der Natur herrschen, finden zu lassen. Dieses Ziel beinhaltet auch ein psychologisches Moment, das selten direkt angesprochen wurde, nämlich die für die Methodik wichtige Erkenntnis, daß die Beteiligung verschiedener Sinne am Lernprozeß den Lernerfolg erheblich verstärkt (vgl. 2.2.3).

Mit Anschauung und Beobachtung waren aber bereits sehr früh (schon vor Beginn des Untersuchungszeitraums und besonders stark im ersten Jahrzehnt des 20. Jahrhunderts) allgemeine Lernziele angesprochen worden, die über den fachlichen Rahmen hinauswiesen. Es ging um Fähigkeiten, die nicht nur alleine von den naturwissenschaftlichen Fächern vermittelt werden konnten. Aber nach Meinung der Vertreter des naturwissenschaftlichen Unterrichts waren ihre Fächer am besten geeignet, die Fähigkeit anschaulichen, auf Tatsachen beruhenden Denkens zu lehren und zu pflegen (BODE 1916; vgl. FRICKE 1903).

Die Bemühungen um das wichtigste Anschauungsmittel des Chemieunterrichts, das Experiment, waren zu Beginn des 20. Jahrhunderts, obwohl schon seit Jahrzehnten propagiert, noch immer sehr lebhaft. Die Reformbewegung bemühte sich noch immer um verstärkten Einsatz des chemischen Experiments. Daraus erklärt sich wohl auch die starke Betonung dieses Unterrichtszieles. Im Bericht der Unterrichtskommission der Gesellschaft Deutscher Naturforscher und Ärzte wurde die Pflege der Anschauung als wichtigste Aufgabe des Chemieunterrichts angeführt (GUTZMER 1905). Anschauung und Beobachtung wurden im Physik- (HÖFLER 1900), Naturkunde- (BEYER 1902; SCHEIBNER 1903) und Chemieunterricht (LÖWENHARDT 1906; DUISBERG in OHMANN 1906; WINDERLICH 1917b) als grundlegende Ziele genannt. Im chemischen Unterricht an Realanstalten sollten die Schüler zu gewissenhafter, vorurteilsfreier und genauer Beobachtung angeleitet werden (DOERMER 1912a). Die Fähigkeit zu beobachten wurde häufig als Grundlage für weitergehende Lernziele aufgefaßt. Sie wurde als Voraussetzung zur Aneignung eines gesunden Urteils und selbständiger Wertschätzung der Güter des Lebens betrachtet (DENNERT 1903).

Die starke Betonung dieses Unterrichtszieles führte bald dazu, daß es in die Lehrpläne der deutschen Länder aufgenommen wurde. Das allgemeine Lehrziel an den hamburgischen Oberrealschulen bestand darin, die Schüler zu befähigen, die Natur vorurteilsfrei zu beobachten (GRIMSEHL 1905). Der Lehrplan der bayerischen Oberrealschulen führte die Anleitung zu aufmerksamer Naturbeobachtung als Unterrichtsziel an (POSKE 1907b). Auch in den Lehrplänen für die Mädchenschulen in Sachsen wurde die Beobachtung als wichtiges Lernziel aufgeführt. Sie sollte zu weiterem Nachdenken über die Zusammenhänge der Erscheinungen anregen (FRICKE 1912). Nach den ministeriellen Richtlinien hatte die Volksschule die Aufgabe, im Naturkundeunterricht die Schärfung der Beobachtungsfähigkeit der Schüler anzustreben (UFER 1922).

Die Erfahrungen von Hochschullehrern sprechen dafür, daß die Schulung von Beobachtungsfähigkeit, Auffassungsvermögen und eigener Urteilskraft an den höheren Schulen vernachlässigt wurde und statt dessen „leicht abfragbares Einzelwissen" im Vordergrund stand (STOCK 1919b).

2.4.2 Chemisches (logisches) Denken

Die Einführung in die naturwissenschaftliche Denkweise (logisches Denken) war ein weiteres wichtiges, immer wieder angeführtes Ziel des Chemieunterrichts. POSKE (1901a) betonte für den Physikunterricht die Bedeutung des Nachvollziehens der Erkenntnisgewinnung von naturwissenschaftlichen Gesetzmäßigkeiten und Phänomenen, wenn er forderte, daß sich der Werdegang des naturwissenschaftlichen Erkennens auch im Geist der Schüler vollziehen müsse. KERSCHENSTEINER sah den eigentlichen Wert des naturwissenschaftlichen Unterrichts in der Erziehung zum logischen Denken, wobei er die eindeutige Begriffsbildung für besonders wichtig hielt (POSKE 1914a). KLOSS (1916), der Rektor der Technischen Hochschule in Charlottenburg, zeigte in seiner Antrittsrede die große Bedeutung des technischen Denkens auf. Es sollte nach seiner Auffassung Allgemeingut des deutschen Volkes werden. Im Chemieunterricht sollten induktive Arbeits- und Denkweisen herausgearbeitet werden (WINDERLICH 1917c). In den neuen „Meraner“ Lehrplänen wurde das Hauptziel des Chemieunterrichts darin gesehen, die Schüler chemisches Denken zu lehren (POSKE 1923).

In der Schulpraxis wurde die Schulung zu folgerichtigem Denken wohl häufig zu einseitig und isoliert von Beobachtungen und unter Vernachlässigung ihrer mündlichen oder schriftlichen Wiedergabe betrieben (STOCK 1919b).

2.4.3 Selbständiges Tätigsein und Denken

Ein großer Stellenwert wurde der Entwicklung zum eigenständigen Denken, zur Fähigkeit, selbständig (naturwissenschaftliche) Probleme zu lösen, eingeräumt. Die Schüler sollten im Chemieunterricht zur Selbständigkeit erzogen werden (WINDERLICH 1915). Das stand im Zusammenhang mit den Überzeugungen von der Bedeutung selbständiger Betätigung der Schüler zur Aneignung von Wissen. Über manuelle Betätigung sollte kognitives Verstehen ermöglicht werden. Seit Beginn des 20. Jahrhunderts wurde in immer stärkerem Maße die Einführung solcher Experimente gefordert, die von den Schülern möglichst in Schülerübungen selbst ausgeführt werden. Das Ziel, die Fähigkeit der Schüler, selbständig agieren und sich selbst weiterhelfen zu können, zu entwickeln, wurde seit der Machtergreifung der Nationalsozialisten nicht mehr in dieser Weise verfolgt.

Die Vorreiterrolle bei der Einführung von Schülerversuchen übernahmen die Vertreter des Physikunterrichts und Autoren, die sich allgemein für die Belange des naturwissenschaftlichen Unterrichts einsetzten. Schon 1900 wurde in einem Aufsatz über physikalische Schülerübungen am Gymnasium betont, wie wichtig das selbständige Experimentieren für das Verständnis der Phänomene sei (SCHREIBER 1900). Unterstützt wurde diese Meinung durch Erfahrungen, die man in England und Amerika im naturwissenschaftlichen Unterricht gesammelt hatte. Das Ziel der englischen Schulreform war die Entwicklung der Fähigkeit, Probleme oder Aufgaben durch das Experiment zu lösen (HAHN 1902). Bei der Naturbetrachtung wurde ebenfalls die Befähigung zum selbständigen Erfassen der Natur angestrebt (SCHEIBNER 1903). Für die Baugewerkschulen wurde als höchstes Ziel des naturkundlichen Unterrichts das Erreichen der Selbständigkeit des Denkens und der Urteilsfähigkeit genannt (POSKE 1907a).

KERSCHENSTEINER forderte 1913 auf der Hauptversammlung des Fördervereins, daß die Schüler dazu befähigt werden sollten, Probleme selbständig zu lösen und Schwierigkeiten durch eigenes Nachdenken aus dem Weg zu räumen (POSKE 1913c). In seinen Leitsätzen sprach sich der Förderverein 1916 für die Erziehung zur Selbsttätigkeit aus (POSKE 1916). Demselben Zweck, nämlich selbständig zu handeln, diente das vom Deutschen Ausschuß für den mathematischen und naturwissenschaftlichen Unterricht (DAMNU) in einer Entschließung ausgedrückte Ziel, den Schülern die Denk- und Ausdrucksweisen der naturwissenschaftlichen Disziplinen zu vermitteln (REIN 1926). DOERMER (1925) gab als Ziel seines chemischen Arbeitsunterrichts an, die Urteils- und Leistungsfähigkeit der Schüler so zu entwickeln, daß sie fähig werden, einfache Aufgaben selbständig lösen zu können. Diese Ziele wurden auch in Lehrpläne der höheren Schulen für Jungen und für Mädchen aufgenommen. Nach den preußischen Lehrplänen für das höhere Mädchenschulwesen war neben der Verstandesbildung die Erziehung zu selbständiger Beurteilung der Wirklichkeit zu fördern (POSKE 1909a).

Im Arbeitsunterricht der Volksschule bedeuteten die Selbsttätigkeit der Schüler und damit die Erziehung zu selbständig denkenden und handelnden Menschen eine zentrale Zielsetzung (HILLER 1924b; SCHMITZ 1926a; MEHLAN 1928), die sich mit geistiger Beweglichkeit verbinden sollte (FRANKENBERGER 1929). Voraussetzung war, die freie Entwicklung des Kindes durch Selbstentfaltung der in ihm liegenden Kräfte zuzulassen (RIßMANN 1911).

2.4.4 Willensschulung

Neben der Selbständigkeit wurde die Entwicklung von Willenskraft und Erkenntnistrieb (DOERMER 1929a; vgl. WURTHE 1910; vgl. KLEIN in LIETZMANN 1921) als allgemeine übergeordnete Ziele des chemischen bzw. naturwissenschaftlichen Unterrichts genannt. Der Willen, ein gestecktes Ziel unter Überwindung von Schwierigkeiten und Widerständen zu erreichen, sollte gefördert werden (DOERMER in REIN 1928). Die Willensbildung gemeinsam mit der Selbsttätigkeit sollten geistiges Selbstbewußtsein stärken, um zielbewußt handelnde Persönlichkeiten zu erziehen (DANNEMANN in N.N.1920b). Die Entwicklung der Willenskraft wurde an höheren Schulen wie an Volksschulen angestrebt (EBEL 1921; STAUTZ 1922a). Einsichtige und willensstarke Staatsbürger zu erziehen, sah KERSCHENSTEINER (1907) als Hauptaufgabe der Schule an. Häufig wurde die Entwicklung der Willensstärke gleichberechtigt neben der des Verstandes oder der intellektuellen Fähigkeiten genannt (KLEIN in LIETZMANN 1921). Hinzugefügt wurde die Befriedigung des Gemüts (SCHULTE-TIGGES 1903).

2.4.5 Staatsbürgerliche Erziehung

Die von KERSCHENSTEINER (1909) angestrebte staatsbürgerliche Erziehung sollte zugleich Mittelpunkt und Ziel des Volksschulunterrichts sein. Die Arbeitsschule wollte Menschen bilden, wie das Leben und der Staat sie benötigte, Menschen, bei denen nicht mehr wie früher das Wissen im Vordergrund steht, sondern das Können (EHRHARDT 1912) und die Fähigkeit, sich in der Welt zurechzufinden (TILGER 1919). Wahre Bildung bestehe nicht in vielem Wissen, sondern in der Empfänglichkeit für alles Menschliche, in einer sicheren Urteilsfähigkeit, dem selbständigen Erfassen und Durchführen von Aufgaben und der Übereinstimmung von Wollen und Handeln. Mit dem Abschluß an der Volksschule sollte der Schüler fähig sein, das Lernen zu beginnen (KERSCHENSTEINER 1904). In den naturwissenschaftlichen Fächern sollten bei konzentrierter selbständiger Arbeit logisches Denken, strenge geistige Disziplin und Willensstärke erworben werden. Die gemeinsame praktische Arbeit der Schüler, als Widerspiegelung des sozialen Lebens im Staat („Berufsbildung"), sollte zur Ausbildung selbstloser Charaktere führen (KERSCHENSTEINER 1907; vgl. SAUPE 1912; vgl. JUNGBLUTH 1916). Ein sozialer Sinn der Schüler sollte entwickelt werden (DENNERT 1903).

Im Bereich der höheren Schulen wurde die staatsbürgerliche Erziehung mehr intellektuell verstanden. Es sollte Einsicht in das Wesen und die Bedeutung der menschlichen Kulturgemeinschaft geweckt werden. Insbesondere sollte ein Verständnis für den Wert schaffender Arbeit, der zur Hebung des Lebensstandards der Menschen führe, entwickelt werden. Aber auch Aspekte des Arbeitsschutzes und der Arbeiterfürsorge sollten erörtert werden (KRÜGER 1931). Der Unterrichtsstoff sollte aus dem „wirklichen Leben" genommen werden. In der Verbindung wirtschaftlicher mit politischen Fragen wurde die Hauptquelle staatsbürgerlicher Belehrung gesehen. Hier war besonders die wirtschaftliche Bedeutung der chemischen Industrie angesprochen (MAURER 1917b; WINDERLICH 1915). Mit Hilfe von Lehrausflügen sollte in die wirtschaftliche Bedeutung der chemischen Forschung eingeführt werden, um somit ein der Wirklichkeit zugewandtes Denken zu fördern (KRÜGER 1931).

2.4.6 Affektive Ziele

Besonders im biologischen Unterricht sollten ästhetische Empfindungen und die Entwicklung des Schönheitssinns gefördert werden (DENNERT 1903; GOHLKE 1925), durch die Übung von Anschauung und Erkennen im botanischen Unterricht (SCHMID 1902b). Die Wahrnehmung von Farbe, Form, Tönen und Düften in der Natur sollte ästhetisches Empfinden entwickeln (QUACK 1925). Obwohl die Meraner Empfehlungen die Berücksichtigung ästhetischer und ethischer Zielsetzungen anrieten (GUTZMER 1905), wurden Darstellung und Vermittlung der Ästhetik der Natur weitgehend vernachlässigt (DENNERT 1912). Die einseitige Ausrichtung der Bildung auf die Verstandesentwicklung wurde als schädlich angesehen, denn zu Vorstellungen und menschlichem Schaffen gehöre das gefühlsmäßige Element unmittelbar dazu. Deshalb müsse die Entwicklung des Gefühls im naturkundlichen Unterricht stärker berücksichtigt werden (KETTEL 1920). Natur könne nur sinnlich, verknüpft mit der Denktätigkeit erfaßt werden (FUNKE 1927).

Die affektiven Anteile am Lernprozeß wurden offenbar vernachlässigt. Aus diesem Mangel läßt sich wohl die Entstehung der Erlebnispädagogik erklären, die bestrebt war, den Unterricht zu einem Erlebnis zu machen und Natur erleben zu lassen (KETTEL 1920; vgl. E. ERLER 1911, vgl. J. ERLER 1912a,b; vgl. MAHLOW 1929). Aber auch die Auseinandersetzung mit naturwissenschaftlichen Problemen sollte als inneres Erlebnis empfunden werden (KERSCHENSTEINER). Wissen solle erlebt, durch eigene Kraftbetätigung erworben und nicht angelernt werden (RIßMANN 1911). Im Chemieunterricht sollte die praktische Betätigung der Schüler beim Experimentieren das Erleben, die emotionale Beteiligung ermöglichen (HERDING 1911/12). Lehrwanderungen dienten dem Erleben und Begreifen von Natur und Landschaft (KLAR 1921).

2.4.7 Ethische Zielsetzungen

Auch ethische Zielsetzungen sollten im chemischen bzw. naturkundlichen Unterricht und im naturwissenschaftlichen Unterricht der höheren Mädchen- und Jungenschulen verfolgt werden (DOERMER 1912a; REMUS 1904; SCHMID 1906). Genannt wurden Wahrheitsliebe, Geduld, Ausdauer, Arbeitsamkeit, Tatkraft, Bescheidenheit des Urteils, Pietät, Achtung vor der Natur, Empfinden der Schönheit und Vollkommenheit des Naturganzen, Einsicht in menschliche Unvollkommenheit und damit Bescheidenheit (HAMMERSCHMIED 1904; BOHNERT 1908; HEIMBACH 1908). Besonders darauf, wie wichtig Bescheidenheit wäre, wurde häufig hingewiesen.

2.4.8 Fachliche Unterrichtsziele

Der Einführung in die chemischen bzw. naturwissenschaftlichen Gesetze und in das Verständnis für chemische Vorgänge kam eine große Bedeutung zu. Zu Beginn des 20. Jahrhunderts stand sie noch nicht im Vordergrund, gewann aber mit der Zeit an Bedeutung und wurde als weit wichtiger als die Vermittlung chemischer Kenntnisse angesehen.

Ganz allgemeine Äußerungen zu diesem Thema bezogen sich auf den gesamten naturwissenschaftlichen Unterricht. Es sollten die Grundlagen der Wissenschaften und keine abstrakten Inhalte vermittelt werden (SCHWALBE 1901). SCHMID (1902a) betonte die Aufgabe, die Schüler zum Verständnis der Natur zu führen, wobei ihm die kausalen Zusammenhänge und der Zweckbegriff von entscheidender Bedeutung waren. Als Unterrichtsziel konkreter Lehrgänge finden sich diese zunächst in Beispielen aus dem Physikunterricht wieder (vgl. HÖFLER 1900). Im Chemieunterricht der Realanstalten sollte das Verständnis für chemische Vorgänge (DOERMER 1912a) und für das Wesen chemischer Erscheinungen vermittelt werden (POSKE 1925).

WUNDER ging es darum, den Schülern physikalische und chemische Vorgänge verständlich zu machen. Er sah den Zweck des Anfangsunterrichts darin, die vielen ungeklärten Vorstellungen der Schüler zu verknüpfen und zu erklären. Im Gegensatz zu den meisten anderen Autoren versetzte er sich in die Lage der Schüler, ging von ihrem „Verständnis“ der sie umgebenden Welt aus, um von diesem Ausgangspunkt physikalische und chemische Erklärungen verständlich lehren zu können (WUNDER 1913). Hier zeigen sich Parallelen zu den Zielen des naturwissenschaftlichen Unterrichts an der Volksschule. Dem Schüler sollte geholfen werden, die ihm bekannten Erscheinungen und die Erfahrungen, die er macht, zu deuten und ihn befähigen, neue Erfahrungen zu machen. Dies führe dann auch zur Erkenntnis der Naturgesetze (THYEN 1933a). Auf dem Lande sollte die fast rein gefühlsmäßige Naturauffassung in das Licht des Bewußtseins gehoben und auf klare Vorstellungen gegründet werden, wobei das Naturgefühl spezialisiert und vertieft würde (KEUCHEL 1927).

Die Vermittlung des Verständnisses chemischer Vorgänge wurde im Lehrplan der bayerischen Oberrealschulen als Lernziel aufgeführt (POSKE 1907b). Im Erlaß des Preußischen Unterrichtsministeriums von 1911 zu den physikalischen und chemischen Reifeprüfungsarbeiten wurde gefordert, die Schüler mit den naturwissenschaftlichen Gesetzen vertraut zu machen und nicht nur positives Wissen zu vermitteln (POSKE 1911). Das kann als Hinweis darauf interpretiert werden, daß die Unterrichtspraxis noch stark der alten Tradition der Faktenvermittlung verhaftet war und die Ziele der Reformbewegung sich noch nicht wie gewünscht auf die Unterrichtsgestaltung in den Schulen ausgewirkt hatten.

Neben der Vermittlung naturwissenschaftlicher Gesetzmäßigkeiten wurde das Lehren der Methoden der Naturwissenschaften angestrebt. Die Schüler sollten in die Methoden und Denkweisen der Naturwissenschaften eingeführt werden (DANNEMANN 1907). Obwohl Behandlung und Verwendung des induktiven Verfahrens im Chemieunterricht sehr gefördert wurden (DUISBERG in OHMANN 1906; vgl. KRUG 1902; vgl. WINDERLICH 1916a) und es zum bestimmenden methodischen Vorgehen des Chemieunterrichts wurde (vgl. 2.6.7.1), erhob man die Forderung, dem Erfassen der Methoden und der Theorie der Chemie größere Aufmerksamkeit zu schenken (FRANZ 1915). Die Methoden der organischen Chemie sollten die Schüler durch eigenes Experimentieren kennenlernen (RISCHBIETH 1931). In einem Aufsatz über die Lehrpläne und Lehraufgaben der Oberrealschulen in Hamburg wurde u. a. die Vermittlung der Einsicht in die Methoden der Naturerkenntnis und ihrer Grenzen als Zielsetzung angegeben (GRIMSEHL 1905). Die Schüler sollten verstehen, wie sich Hypothesen und Theorien in den exakten Naturwissenschaften entwickeln (SCHMID 1902a).

Die beherrschende Stellung der Kenntnisvermittlung, die lange Zeit den Chemieunterricht bestimmt hatte, wurde seit Mitte des 19. Jahrhunderts durch die Reformbewegung an den höheren Schulen und seit Beginn des 20. Jahrhunderts von Vertretern der Arbeitsschule im Volksschulunterricht bekämpft. Aber in einigen Artikeln wurde die Vermittlung chemischer Kenntnisse als Zielsetzung angegeben. Die sachliche Aufgabe des Chemieunterrichts sei eine ausreichende Kenntnisvermittlung (HAMMERSCHMIED 1904). Die Bedeutung positiver chemischer Kenntnisse wurde auch im Zusammenhang mit der Allgemeinbildung gesehen. Kenntnisse über die Natur seien Teil der Allgemeinbildung (HÖFLER 1910; OHMANN 1919). In den alten Lehrplänen für die höheren Schulen, die bis in die Weimarer Zeit hinein gültig waren, wurde die Kenntnisvermittlung als Mittel zur Förderung der allgemeinen Bildung aufgeführt (POSKE 1903a). Zu Zeiten der Weltkriege sollten zeitbedingt ganz spezielle chemische Kenntnisse vermittelt werden (vgl. 2.5.7.2). Zum Ende der Weimarer Zeit wurde, als Reaktion auf ungenügende Leistungen der Volksschulabgänger (vgl. 2.6.7.2), die Meinung vertreten, daß die Schule einen engumgrenzten Wissensstoff zur sicheren Aneignung bringen müsse, da ein Mindestmaß an naturwissenschaftlichen Kenntnissen zur Allgemeinbildung gehöre (KEUCHEL 1929).

2.4.9 Geschichte der Chemie

Die Geschichte der Chemie im Unterricht zu behandeln, wurde in der Zeitschriftenliteratur von namhaften Vertretern dieses Faches recht häufig gefordert. Es sollte ein geschichtlicher Sinn bei den Schülern entwickelt werden (DENNERT 1903). Das Verständnis für die Entstehung von Entdeckungen und die Einsicht in das Werden der chemischen Erkenntnisse sollten die Bildung vertiefen (WINDERLICH 1916a; WINDERLICH in REIN 1928). Methodisch spielte das Nachvollziehen der Historie eine wichtige Rolle (vgl. 2.6.7.8). Trotzdem wurde sie als Lernziel für den Unterricht eher selten angeführt und dann meistens in Verbindung mit der Technik. WINDERLICH setzte sich über viele Jahre für die Behandlung der Geschichte der Chemie im Schulunterricht ein (vgl. 2.6.7.5; vgl. 2.6.7.8).

In den neuen Meraner Lehrplänen wurde eine Betonung der Geschichte der Chemie gesehen (PAETZ 1926). In die Lehrpläne der Länder wurden diese Ziele ebenfalls aufgenommen. In Bayern wurde die Vermittlung der Geschichte von Wissenschaft und Technik der Chemie während der Weimarer Zeit als Lernziel festgeschrieben (O. KÜSPERT 1927). Auch an den österreichischen Realschulen und Gymnasien sollte die Kenntnis über volkswirtschaftlich wichtige Prozesse verbreitet werden (DINTZL 1928).

2.4.10 Philosophische Vertiefung

Als Ziel für die Oberschüler des naturwissenschaftlichen bzw. chemischen Unterrichts wurde die philosophische Vertiefung genannt. Dies geschah oft im Zusammenhang mit der Auseinandersetzung um den als negativ beurteilten Materialismus in der Gesellschaft. Da den Naturwissenschaften wiederholt der Vorwurf gemacht wurde, den Materialismus zu fördern, hoben die Vertreter der naturwissenschaftlichen Fächer den Beitrag ihrer Disziplinen zur idealistischen Weltauffassung besonders hervor (vgl. 2.1). Als Ziel wurde die Vermittlung eines einheitlichen Bildes über die Welt und ihre Dinge, als Grundlage für den Aufbau zu einer sittlich-religiösen Weltanschauung, angegeben (DENNERT 1903). Der Förderverein führte die philosophische Vertiefung des naturwissenschaftlichen Unterrichts in Richtung einer idealistischen Weltauffassung als ein wesentliches Prinzip in seinen Leitsätzen auf (POSKE 1916). Eine philosophische Vertiefung des naturwissenschaftlichen Unterrichts sollte den Anteil, den Mathematik und Naturwissenschaften an den Welt- und Lebensproblemen haben, im Rahmen einer idealistischen Weltauffassung verständlich machen (IBRÜGGER 1917). Als wichtiges Hilfsmittel für diesen Zweck wurde die Geschichte der Chemie angesehen (WINDERLICH 1917c).

In der Zeit des Nationalsozialismus wurde wieder auf die weltanschauliche Erziehung eingegangen. Es wurde die Meinung vertreten, daß nicht nur in den kulturkundlichen Fächern, sondern auch im naturwissenschaftlichen Unterricht die neue Weltanschauung thematisiert werden sollte (BIEBER 1937).

2.4.11 Vorbereitung auf das praktische Leben

Die Aufgabe, die Schüler für das praktische Leben vorzubereiten, wurde zunächst selten angesprochen. Erst nach Ende des 1. Weltkriegs trat dieses Ziel mit größerer Häufigkeit auf und wurde eine zentrale Zielsetzung während der Weimarer Zeit. Zu deren Ende wurde von der Politik eine noch stärkere Ausrichtung der Erziehung auf praktische Lebenstüchtigkeit und die künftigen Aufgaben des Staatsbürgers verlangt (REICHSINNENMINISTER 1932). Unter den Nationalsozialisten wurde verlangt, die Schüler zu tätiger, fördernder Teilnahme am Leben des deutschen Volkes zu befähigen (KERST 1933). Unterrichtspraktische Beispiele in den Zeitschriften wiesen häufiger als in der Weimarer Zeit Alltagsbezug auf.

Die Bedürfnisse des praktischen Lebens im naturkundlichen Unterricht zu berücksichtigen, wurde bereits zu Beginn des 20. Jahrhunderts verlangt (REMUS 1904). Im Lehrplan der schwedischen Realschulen wurde gefordert, den Schülern zu vermitteln, welche Anwendung die Naturgesetze im praktischen Leben finden (HORN 1907). Im naturwissenschaftlichen Unterricht an den höheren Schulen Schwedens wurde neben der Vermittlung von Kenntnissen über die Natur, ihre Erscheinungen und Gesetze deren Anwendung im praktischen Leben angestrebt (WINGE 1914). In deutschen Realanstalten sollte das Verständnis besonders solcher chemischer Vorgänge vermittelt werden, die für das tägliche Leben wichtig sind (DOERMER 1912a). Im Unterricht der Unterstufe sei das Verständnis für im täglichen Leben wichtige chemische Vorgänge zu lehren (KISSLING 1928).

Auch in Lehrplänen fand dieses Ziel Erwähnung (GÜNTHER 1932) oder wurde als übergeordnetes Prinzip angegeben, wie 1926 in Sachsen. Dort sollte eine Unterrichtsreform zu größerer Einheitlichkeit führen. Der Unterricht sollte mehr Berührung mit dem praktischen Leben bekommen (WAGNER 1926). In einem Bericht über die neueste österreichische Schulreform wurde mitgeteilt, daß auch dort in der Oberstufe von Realschule und Gymnasium u. a. das Verständnis für die Vorgänge des täglichen Lebens vermittelt werden sollte (DINTZL 1928).

Es wurde auch die Meinung vertreten, der Chemieunterricht sollte eine Herstellungs- und Verbrauchskunde für die breite Allgemeinheit sein und Bildungsgrundlagen schaffen, die dem alltäglichen Leben gerecht würden (REINDL 1926; REINDL 1927). Als Ziel von Schülerübungen wurde unter anderem verlangt, theoretisches Wissen im Alltag anwenden zu können (WILLERS 1928). Der Chemieunterricht sollte auf das Leben vorbereiten, indem er Kenntnisse vermittelt, die praktisch verwertbar sind (KÖLZER 1931). Im Volksschulunterricht war dies selbstverständlicher als an den höheren Schulen. Die Schule hätte für das Leben zu unterrichten, indem sie nützliche Kenntnisse vermittele (CLEMENZ 1914).

Bestrebungen, die Schüler besser als früher für das Leben vorzubereiten, bestanden zunächst in der Hinwendung des naturwissenschaftlichen Unterrichts zur unmittelbaren Auseinandersetzung mit den Dingen und mit der Natur durch Anschauen, Beobachten und Experimentieren und in der Abkehr vom bloßen Reden über Erscheinungen. Weitere Etappen stellten die Aneignung praktisch verwertbarer Kenntnisse, das Hinausgreifen über den engen Fachbezug auf den Bereich der Anwendung, auf wirtschaftliche und kulturelle Zusammenhänge, dar.

Der Plan einer Zusammenfassung des naturwissenschaftlichen Lehrstoffes in der Prima der höheren Schulen in einer Kulturkunde sollte dazu dienen, die Grundlagen und Zusammenhänge der Kultur zu erkennen und sich handelnd einzufügen (TIEDGE 1922). An der Oberstufe der Volksschule sollte die Gegenwartskunde zur zentralen Aufgabe der naturwissenschaftlichen Fächer werden (SCHWARZ 1931).

An Mädchenschulen waren die Ziele des Chemieunterrichts wesentlich stärker als bei den Jungen auf die praktische Verwertbarkeit im zukünftigen Alltag von Hauhaltsführung und Großziehen der Kinder ausgerichtet.

2.4.12 Unterrichtsziele an Mädchenschulen

Für den chemischen Unterricht der Mädchen wurden spezielle, für die Mädchen als besonders wichtig angesehene bzw. ihrer Eigenart entsprechende Ziele genannt. So wurde auf der 78. Versammlung der Gesellschaft Deutscher Naturforscher und Ärzte festgestellt, daß der naturwissenschaftliche Unterricht den Anlagen der Mädchen entsprechen müsse und sich auf die Vermittlung von Wissen über Haushalt und Hygiene konzentrieren sollte. Deshalb sollten mehr organische Chemie, soweit dies für den Haushalt wichtig wäre, und mehr praktische Anwendungen unterrichtet werden. Die Verwendung chemischer Formeln sollte reduziert und theoretische Inhalte eingeschränkt werden. Auf der Unterstufe sollte, ähnlich wie an den Jungenschulen, in das Wesen chemischer Vorgänge und in die Entwicklung der fundamentalen chemischen Begriffe eingeführt werden (GUTZMER 1906b; vgl. UNTERRICHTSKOMMISSION 1906).

Eine Ergänzung der Mädchenbildung in Richtung der allgemeinen Lebensaufgabe einer gebildeten deutschen Frau, ihre Einführung in die Pflichten des häuslichen und gesellschaftlichen Lebens, in Erziehungslehre und Kinderpflege, in Hauswirtschaft und Wohlfahrtskunde wurden als wichtiger erachtet als eine Ausdehnung wissenschaftlicher Kenntnisse und gesellschaftlicher Fertigkeiten (SCHMITZ-MANCH 1902).

Im Lehrplan von 1894 wurden jedoch auch elementare Kenntnisse der wichtigsten physikalischen und chemischen Naturvorgänge und Gesetze verlangt, allerdings besonders solcher, die für das häusliche Leben und den Kulturfortschritt der Zeit wichtig waren (BONGARDT 1909). In Lehrplänen für das höhere

Mädchenschulwesen der deutschen Länder aus der Zeit zu Beginn des 20. Jahrhunderts wurden schon Ziele formuliert, die denen in den Lehrplänen der Jungenschulen entsprachen. In Preußen sollten in den naturwissenschaftlichen Fächern die Verstandesbildung und Erziehung zu selbständiger Beurteilung der Wirklichkeit gefördert werden, während die ästhetische und die Gefühlsbildung nicht zu sehr überwiegen sollten (POSKE 1909a). In den sächsischen Lehrplänen wurde hervorgehoben, daß selbständiges Beobachten erlernt werden sollte, um zu weiterem Nachdenken über die inneren Zusammenhänge der Erscheinungen anzuregen (FRICKE 1912). In einem Beitrag über photographische Schülerübungen für Mädchen wurde als fachliches Lernziel das Verständnis für physikalische und chemische Vorgänge angeführt (GENTIL 1924). Das chemische Denken der Mädchen sollte entwickelt werden (BONGARDT 1909). Der Verwirklichung dieser Ziele stand die sehr knapp bemessene Zeit für naturwissenschaftlichen Unterricht entgegen (BONGARDT 1909).

Nachdem in der Weimarer Zeit eine Annäherung der Unterrichtsziele für die Mädchen an die der Jungenschulen eingetreten war, sollte zur Zeit des Nationalsozialismus der Unterricht für die Mädchen wieder deutlich von dem der Jungen getrennt werden. Der Chemieunterricht hatte sich ganz in den Dienst des obersten Zieles, die Mädchen auf ihre spätere Rolle als Hausfrau und Mutter vorzubereiten, zu stellen (BEIER 1934). Schon 1932 wurde im neuen Landeslehrplan Sachsens, in Vorwegnahme der neuen ideologischen Tendenzen, die Chemie des Haushalts für die Mädchenschulen wieder besonders herausgestellt (GÜNTHER 1932).

2.4.13 Ziele in Kriegszeiten

Der gesellschaftspolitische Einfluß auf die Schule wurde in den Kriegsjahren bzw. in den Jahren der Kriegsvorbereitung besonders deutlich. So wurde in diesen Zeiten als fachliches Ziel die Vermittlung von technischen Kenntnissen genannt, die mit dem Kriegsgeschehen direkt zusammenhingen. Die Aufgabe des naturwissenschaftlichen Unterrichts wurde darin gesehen, den Schülern das Verständnis für Sprengstoffe und die Kriegstechnik zu vermitteln (TIMERDING 1915; POSKE 1915a). In diesem Zusammenhang wurde an das Nationalbewußtsein appelliert bzw. wurde als übergeordnetes Lernziel die Erziehung zum Wohl des deutschen Staates angeführt. Die Schüler sollten so erzogen werden, wie es für das Wohl des Vaterlandes am besten sei (TIMERDING 1915). Noch nach Ende des Krieges wurde gefordert, bei den Schülern Verständnis und Fähigkeiten zu entwickeln für Aufgaben, die der Krieg für das Volk schaffe (SCHMIEDEBERG 1919). Auch andere Gebiete des naturwissenschaftlichen Unterrichts wurden nun im Licht ihrer Bedeutung für die Kriegsführung betrachtet. Als besonders wichtig wurden die Gebiete der Gesundheitspflege, der Ernährung und Nahrungsmittelfrage, der Hygiene, der Ernährungsbedingungen der Pflanzen (Ertragsfähigkeit der Felder) und der mineralischen, chemischen, pflanzlichen und tierischen Rohprodukte angegeben (SCHMID 1914).

Mit der Machtergreifung der Nationalsozialisten kehrten bereits vor Beginn des 2. Weltkrieges diese Themen wieder. Schon 1933 stellte LEONHARDT fest, daß der Chemieunterricht bei der Erziehung zu Wehrhaftigkeit und Wehrgesinnung eine wichtige Aufgabe zu erfüllen hätte, indem er die Grundlagen zur Beurteilung der wirtschaftlichen und wehrpolitischen Lage des deutschen Volkes lege. Als wichtigste Aufgabe des Chemieunterrichts wurde die Aufklärung der Schüler über den Gas- und Luftschutz angegeben (LEONHARDT 1933; BERLAGE 1933a). Der natur-wissenschaftliche Unterricht sollte zur Steigerung der Wehrfähigkeit beitragen (MARTENS 1936).

2.4.14 Unterrichtsziele in nationalsozialistischer Zeit

Nach der Machtergreifung der Nationalsozialisten trat eine sehr deutliche Zäsur ein, die sich besonders in den veröffentlichten Zielangaben des Chemieunterrichts äußerte. Es wurde eine Allgemeinbildung im neuen Sinn gefordert, die Schüler dazu befähigen sollte, tätig und fördernd am Leben des deutschen Volkes teilzunehmen und die deutsche Art zu pflegen (KERST 1933). Diese obersten Kriterien bestimmten die Auswahl der im Unterricht behandelten Gebiete. Geist und Seele sollten ausgebildet, die Schüler dazu erzogen werden, sich in die Natur und ihre Gesetze einzufügen. Sie sollten sich einer Sache ganz hingeben können, Ausdauer erlangen und ihren Eigenwillen bändigen. Diese Willensschulung spielte eine große Rolle im Zusammenhang mit der Erziehung zur Wehrhaftigkeit. Die Rede war von Charakterbildung, geistiger Disziplin und Arbeitsgesinnung.

Der naturwissenschaftliche Unterricht hatte sich in den Dienst der obersten allgemeinen Bildungsziele zu stellen. Der Chemieunterricht wurde zum Werkzeug der deutschen Staatsführung. Weiterhin bestand die Auffassung, die grundlegenden Gesetzmäßigkeiten der Chemie und keine Fülle von Fakten zu vermitteln. Alles Wissen sollte durch Erfahrung erworben (Unterricht in Arbeitsgemeinschaften) und möglichst im gesellschaftlichen Zusammenhang gesehen werden. Es sollten Stoffumsetzungen, aber auch die politische Bedeutung der angewandten Chemie vermittelt werden. Stoffliche Vorgänge sollten so in den Rahmen des Gesamtgeschehens eingebunden werden (FRANCK 1938).

Im Hinblick auf die politische Erziehung der Schüler hatten die Lehrer die Aufgabe, im Rahmen des Chemieunterrichts Verständnis und Interesse für soziale und volkswirtschaftliche Fragen zu wecken, z. B. Verständnis für die Tätigkeit des Technikers und des Arbeiters, Achtung vor der Handarbeit, Einblick in die deutsche Wirtschaft, Politik und den sozialen Aufbau des Volkes. Das Nationalbewußtsein der Schüler sollte gestärkt werden, wobei BEIER (1934) daran dachte, den deutschen Erfinder- und Unternehmergeist zu beschwören und die durch den Versailler Vertrag verschlechterte Rohstofflage Deutschlands zu behandeln.

2.4.15 Überprüfung von Lernzielen

Auf die Überprüfung der Unterrichtsziele wurde in der bearbeiteten Literatur, abgesehen von einer Besprechung einer Schrift zur Leistungsbeurteilung (FLADT 1927), kaum eingegangen. In nationalsozialistischer Zeit wurde die geistige Auslese der Schüler als wichtige Aufgabe gesehen. Die Zeugnisse in den Naturwissenschaften seien dafür nicht gut geeignet (SCHMIEDEBERG 1936).

2.5 Themen

Die Reformbewegung hatte sich schon im 19. Jahrhundert darum bemüht, den Chemieunterricht an den höheren Schulen von der systematischen, an der Hochschulchemie orientierten Behandlung der Themen zu befreien und eine „methodische" Behandlung einzuführen. Hier lassen sich ein an ARENDT orientierter synthetischer Ansatz, der die chemische Reaktion zur Leitlinie des Unterrichts erhob und vom einfachen zum komplexen entwickelnd vorging, von dem auf WILBRAND zurückgehenden analytischen Lehrgang, der den Stoff in Themenkreisen anordnete und bestrebt war, komplexe Erscheinungen in einfachere Faktoren zu zerlegen, unterscheiden (vgl. OTZEN 1989).

Auf der Unterstufe wurde ein propädeutischer Kursus durchgeführt, der sich in der Regel auf die Alltagschemie als Ausgangspunkt stützte, indem er von Erfahrungen der Schüler ausging und die Anschauung in Form von Beobachtungen chemischer Experimente in den Vordergrund rückte. Zentrale Aufgabe war die Vermittlung der Grundbegriffe der Chemie. Auf der Oberstufe blieb die systematisch orientierte Unterrichtsstruktur stärker erhalten, im organischen Lehrgang der Oberprima stärker als im anorganischen Teil von Unterprima und Obersekunda. Der Stofffülle sollte durch eine vertiefende Behandlung der Themen begegnet werden. Die Auswahl der Themen sollte dem Prinzip des Exemplarischen folgen.

Die Didaktik des naturwissenschaftlichen Unterrichts an der Volksschule kehrte sich zu Beginn des 20. Jahrhunderts von der systematischen Struktur der Fachwissenschaften und dem Vorbild der höheren Schulen deutlich ab und propagierte den schülerorientierten, alltagsbezogenen und damit fachübergreifenden Arbeitsunterricht.

2.5.1 Fundamentum

Die Reformbewegung des naturwissenschaftlichen Unterrichts war bestrebt, die große Stofffülle einzugrenzen, da es ihr darum ging, das Wesen der Naturwissenschaften, das Wirken und die Gesetzmäßigkeiten, gründlich zu vermitteln. Für den Physikunterricht wurde gefordert, den Lehrstoff zugunsten einer tiefer eindringenden Behandlung und gründlichen Ausnutzung des Stoffes zu beschränken (BOHNERT 1909). Um diese Forderung für den Chemieunterricht zu konkretisieren, unternahm LÖWENHARDT den Versuch, einen Kanon allgemein anerkannter wesentlicher Bestandteile des Lehrstoffs für den Chemieunterricht aufzustellen. Die bildenden Werte des Chemieunterrichts sollten auch für Außenstehende verdeutlicht und ein gewisser Ausgleich der Anforderungen ermöglicht werden. Grundlage waren die preußischen Lehrpläne und die Schulprogramme der höheren Realanstalten und die an diesen Schulen verwendeten Schulbücher.

In einem propädeutischen Kursus in Untersekunda (UII) sollten Stoffe elementar und qualitativ behandelt werden. Ausgangspunkt des Unterrichts waren dem Schüler möglichst bekannte Stoffe wie Luft, Wasser, Säuren, Kochsalz. Im Zusammenhang mit ihrer Behandlung waren die grundlegenden Begriffe zu gewinnen (chemische Symbole, Formel und Gleichung, Element, Verbindung, Legierung; Oxydation und Reduktion, Verbrennung, Analyse und Synthese, Säure, Base und Salz, trockene Destillation, die stöchiometrischen Grundgesetze, die Ausdrücke Atom und Molekül; einfachste Kristallformen, die wichtigsten Erze und geologisch bedeutsamsten Mineralien).

Auf der Oberstufe wurde in Obersekunda und Unterprima die anorganische Chemie thematisiert. Dafür wurde eine lange Liste von zu behandelnden Nichtmetallen mit ihren Wasserstoff- und Sauerstoffverbindungen und von den Metallen einige Leichtmetalle mit ihren Verbindungen angeführt, da sich in ihnen zahlreiche Beziehungen vereinigen. Die aufgeführten Schwermetalle waren wegen der Metallurgie, ihrer praktischen Bedeutung und ihrer chemischen Reaktionen bedeutungsvoll. Analytisches wurde nur noch unter vielem anderen berücksichtigt. Dabei sollten die wichtigsten Begriffe, Gesetze und Reaktionen behandelt werden. Als besonders wichtig wurde das Gesetz von der Erhaltung der Energie eingestuft. Die Untersuchungen sollten möglichst quantitativ erfolgen, um die große Bedeutung der Mengenverhältnisse bei chemischen Reaktionen zu vermitteln. Stöchiometrische Rechnungen waren zum Verständnis unentbehrlich.

Aus der organischen Chemie wurden auf der Oberprima die niedrigsten Kohlenwasserstoffe, Alkohole, Säuren und Aldehyde sowie einige physiologisch wichtige Verbindungen der Fettreihe, die Produkte der trockenen Destillation, die Gärungsvorgänge, die Fette und ihre Verseifung, die Kohlenhydrate besonders in ihrer biologischen und technischen Bedeutung, wenige aromatische Verbindungen, Anilin und etwas über organische Farbstoffe ausgewählt. Biologische, physiologische und hygienische Gesichtspunkte sollten besonders berücksichtigt werden.

Die theoretische Chemie sollte nur sehr zurückhaltend berücksichtigt werden. Atomistische Anschauungen sollten möglichst spät, dann aber auf einer gründlichen experimentellen Grundlage erarbeitet werden. Als wichtig galt es, die Unterscheidung zwischen Hypothese und Gesetz herauszuarbeiten und ein Bewußtsein dafür zu schaffen, daß die Atomhypothese eine Veranschaulichung der realen Verhältnisse darstellt. Die Theorie der elektrolytischen Dissoziation sollte behandelt, aber nicht zur Grundlage des Unterrichts gemacht werden (LÖWENHARDT 1904).

Für den Bereich der Volksschule wurde die Aneignung eines engumgrenzten naturwissenschaftlichen Wissensstoffs verlangt, da ein Mindestmaß an naturwissenschaftlichen Kenntnissen zur Allgemeinbildung gehören würde. Ein Vorschlag, aus welchen Themen dieser Wissensstoff zusammengesetzt sein könnte, wurde nicht zur Diskussion gestellt, mit dem Hinweis, daß diese Entscheidung jeder Lehrer persönlich treffen müsse (KEUCHEL 1929).

2.5.2 Auswahlkriterien

Als grundlegende Auffassung wurde immer wieder darauf hingewiesen, daß keine Fachbildung, sondern eine allgemeine Bildung zu vermitteln sei. Schon zu Beginn des 20. Jahrhunderts gab es jedoch unterschiedliche Auffassungen über Kriterien und ihre Rangfolge bei der Auswahl der Themen. Es wurden fachliche, praktische, pädagogische und didaktische Kriterien angeführt, die mal gleichberechtigt nebeneinander oder in einer Rangfolge vorgegeben wurden. Fachlichen Kriterien wurde bereits zu Beginn des 20. Jahrhunderts oberste Priorität eingeräumt oder sie wurden gleichberechtigt neben anderen genannt. Die Stoffauswahl sollte sich in den oberen Klassen an den allgemeinen Lehren der Chemie orientieren, wobei beispielhaft vorgegangen werden sollte (SCHÄFFER 1905) bzw. solche Stoffe gewählt werden sollten, die für die Ableitung von „chemischen Hauptwahrheiten" als unerläßlich angesehen wurden (GREINER 1915) oder allgemein für das Verständnis chemischer Verhältnisse wichtig wären (POSKE 1925). Auch der Wert des Lehrstoffes für die Erkenntnis des Naturganzen wurde als oberstes Auswahlkriterium angeführt (LOHRMANN 1907). Für das Leben bzw. praktisch wichtige Stoffe (in technischer, land- oder volkswirtschaftlicher oder hygienischer Hinsicht) wurden ebenfalls bereits zu Beginn des 20. Jahrhunderts als Auswahlkriterium herausgestellt (SCHEID 1909; GREINER 1915). Sie wurden in der Weimarer Zeit noch stärker in den Vordergrund gerückt. Entscheidend sei, welche Bedeutung sie im Haushalt der Menschen, in Volkswirtschaft und Technik besitzen (POSKE 1925). Es sollten solche Kapitel der angewandten Chemie besprochen werden, die allgemeines Interesse besäßen, für das tägliche Leben wichtig seien und sich zugleich eignen, die wirtschaftlichen Zusammenhänge anschaulich zu zeigen (NOLTE 1919; vgl. FRANCK 1923b).

Auch pädagogische Kriterien wurden bereits zu Beginn des 20. Jahrhundert angeführt, indem die Anpassungsmöglichkeit des Stoffes an das Alter der Schüler genannt wurde (FISCHER 1908). In der Weimarer Zeit wurde die Abstimmung mit der psychologischen Entwicklung der Schüler gefordert (VOIGTS 1925a). Didaktische Kriterien waren angesprochen mit dem Hinweis auf die Notwendigkeit, die Stoffe hinsichtlich ihrer Eignung zur „schulgemäßen Behandlung" zu prüfen sowie ihre Beziehungen zu anderen naturwissenschaftlichen Fächern und ihre Bedeutung für diese zu berücksichtigen (SCHEID 1909; POSKE 1925). Die Kürze der verfügbaren Zeit sei zu bedenken (SCHEID 1909).

Für den Bereich der Volksschulen wurde gefordert, den Unterricht im Sinne des „praktisch-realistischen Bildungsideals" aufzufassen, das bedeutete, nur solche Kenntnisse und Fertigkeiten zu vermitteln, die im Leben gebraucht wurden. Es sei erforderlich, allen Stoff, der nur formalen oder systematischen Wert besitzt, aus dem Lehrplan zu entfernen und durch solchen zu ersetzen, der die Schüler fähig und geschickt macht, ihre Lebensaufgabe unter den gegebenen sozialen Verhältnissen zu erfüllen. Die Stoffauswahl sollte mehr die wirtschaftliche Seite der Naturbetrachtung berücksichtigen (GRÜNEWALD 1909). Es sollten solche Stoffe und Themen ausgewählt werden, die eine Beziehung zum praktischen Leben aufweisen, z. B. Holz, Torf, Kohle, Heizen und Beleuchten, Feuerlöschen, Düngemittel, Nahrungsmittel, Papierbereitung, Gerberei, Waschen und Bleichen, Hausbau, Chemie in der Küche. In diesem Rahmen sollte auf grundlegende Dinge der Chemie, wie das Trennen und Verbinden von Stoffen, die Kenntnis des Wesens von Säuren, Laugen und Salzen und des Verbrennungsvorgangs, eingegangen werden (MEYER 1925a,b; GIENAPP 1926b).

Die Eigenarten und Bedürfnisse der Kinder sollten die Stoffauswahl bestimmen, indem auf jeweils aktuelle Interessen der Kinder im Rahmen eines Themas eingegangen (HERDING 1911/12) oder durch die Schaffung von unterschiedlichen Lernangeboten eine Auswahl angeboten wurde (KOBEL 1928).

2.5.3 Gewichtung der Themen

Bereits zu Beginn des Untersuchungszeitraums gab es vereinzelt unterschiedliche Auffassungen über die Gewichtung der zu behandelnden Themenbereiche im Chemieunterricht. So wurde auf der einen Seite verlangt, daß die Schulchemie der Entwicklung der Wissenschaft Chemie folgen sollte, die ihren theoretischen Gehalt aus der Vereinigung mit der Physik erhalten hätte (MAURER

1906), und daß die allgemeinen Lehren der Chemie den Schwerpunkt des Chemieunterrichts auf der Oberstufe darstellen müßten (SCHÄFFER 1905). Auf der anderen Seiten standen Forderungen, im Chemieunterricht den biologischen Gehalt stärker zu berücksichtigen (SCHMID 1903). Eine deutliche Polarisierung der Auffassungen ist auch in der Weimarer Zeit festzustellen. Der Position für mehr theoretische Inhalte im Chemieunterricht stand die Auffassung gegenüber, eine stärkere Berücksichtigung der Chemie des Alltags anzustreben.

2.5.4 Allgemeine und physikalische Chemie

Die stärkere Betonung der physikalischen Chemie und theoretischer Inhalte wurde damit begründet, daß die allgemeinen Regeln einen großen Teil der Gedächtnisarbeit überflüssig machen würden (DOERMER 1912b; SCHINDEHÜTTE 1932). Auch zur Allgemeinbildung gehörige Aspekte wurden angeführt. Durch die selbständige Erarbeitung solcher Theorien lernte der Schüler die Forschungsmethode der modernen Naturwissenschaften kennen (JUNGBLUTH 1912), und er würde mit der Denkungsart der Naturwissenschaften vertraut gemacht (DAHMEN 1926). Das deduktive Denken, das eigene Schauen und die Produktivität würden geschult. Die modernen Theorien müßten wegen ihrer Bedeutung für das Weltbild, der starken Anteilnahme der Öffentlichkeit an Fortschritten der Naturwissenschaft und der auf große Zusammenhänge gerichteten geistigen Einstellung der Jugend im Unterricht behandelt werden (JUNGBLUTH, BAVING in N.N. 1922).

Es wurde eine wissenschaftliche Vertiefung des Stoffs gefordert. Aus dem Bereich der allgemeinen/physikalischen/theoretischen Chemie sollte die Theorie der elektrolytischen Dissoziation meist schon in Obersekunda (OII) als Grundlage der Metallsalzreaktionen und elektrolytischen Vorgänge behandelt werden. Wichtig wären für die zusammenfassende Betrachtung das Massenwirkungsgesetz, aus der Elektrochemie das galvanische Element, eine Vertiefung der Dissoziation, der Dissoziationsgrad, die Wanderungsgeschwindigkeit der Ionen. Energetische Betrachtungen sollten die Beziehungen zwischen chemischer Energie und Wärmeenergie klären. Die Berücksichtigung der neuesten Fortschritte der Atomtheorie (BOHRsches Atommodell u. a.) würde meist durch Schülerinteresse veranlaßt (BARTH 1925). Ein näherer Anschluß an den Physikunterricht sei auch deshalb wünschenswert, da gewisse Gebiete sowohl der Physik als auch der Chemie angehören und damit zugleich dem Prinzip der Konzentration des Unterrichts entsprochen würde (BRÄUER 1922).

Die ausgiebige Berücksichtigung der Atomistik sowohl im Physik- als auch im Chemieunterricht wurde in der Weimarer Zeit damit begründet, daß die Existenz von Atomen und Molekülen sichergestellt sei. Die Lehre von der atomistischen Beschaffenheit der Materie sei nicht mehr wie früher als Hypothese, sondern als eine Tatsache zu behandeln. Die atomistische Erklärung sei gegenüber der rein phänomenologischen Vorgehensweise zu bevorzugen, da sie für Schüler oft leichter sei (BAVINK 1921; BRÄUER 1925b). BAVINK hebt besonders die Bedeutung der erklärenden Theorie hervor und wendet sich dagegen, bei nur beschreibenden Gesetzen stehenzubleiben. So dürfte z. B. nicht auf der phänomenologischen Ebene der thermodynamischen Gesetze verharrt werden, sondern sie müßten auf molekularer Ebene erklärt werden (BAVINK 1925b; vgl. 2.6.7.1).

Der Chemieunterricht auf den Oberrealschulen sollte die gute mathematische Ausbildung der Schüler nutzen, um geeignete Kapitel aus der allgemeinen, physikalischen und theoretischen Chemie zu behandeln. In Oberprima sollte als Abschluß ein unter höheren Gesichtspunkten zusammenfassender Überblick über die vielen Einzelergebnisse des Chemieunterrichts erfolgen. Insbesondere die begabten Primaner würden vom rein anschaulichen Unterricht nicht mehr gefesselt. Sie regten häufig die Erörterung theoretischer Probleme an (BARTH 1925).

Der Grund dafür, daß das theoretische Element im Chemieunterricht allzu stark in den Hintergrund gerückt wurde und dadurch utilitaristische Tendenzen überwogen, wurde der empiristischen und positivistischen Zeitströmung, die z. B. durch MACH und OSTWALD repräsentiert wurde, angelastet. Dort wurde die Theorie nur phänomenologisch aufgefaßt und nicht eigentlich erklärend (BAVINK 1925b).

2.5.5 Lebensweltliche Themen

Die Forderung, an der Schule die Chemie des praktischen Lebens statt der wissenschaftlichen Chemie zu lehren, kam in der Weimarer Zeit zunächst aus Hochschulkreisen (STOCK 1920a). Dort waren viele Vertreter des Faches Chemie der Auffassung, daß es Aufgabe der Hochschulen und nicht der Mittelschulen sei, den wissenschaftlichen Gehalt des Faches zu vermitteln (STOCK 1920b). Diese Haltung wurde tendenziell auch zumindest von einem Teil der Anhänger des Arbeitsschulgedankens vertreten. Sollten den Aufgaben des Lebens gewachsene Menschen herangebildet werden, so müßten die praktischen

Anforderungen des täglichen Lebens berücksichtigt werden. Dies würde die Vermittlung einer gewissen Summe verwertbarer Kenntnisse, wie das Verständnis für die chemischen Vorgänge in Küche und Haus oder für die Herstellung der wichtigsten Gebrauchsgegenstände, erfordern (STAUTZ 1922a; WALTHER u. a. 1919). Das für mehr theoretische Inhalte ins Feld geführte Argument, so chemisches Denken, insbesondere die induktive Logik vermitteln zu können, wurde auch für die Behandlung von Alltagsthemen bzw. der chemischen Technik beansprucht (WINDERLICH 1926c).

Daß die Schulchemie eine Richtungsänderung durchmachte, indem sie sich der Chemie des täglichen Lebens (LASSAR-COHN) zuwandte, läßt sich an der Tatsache ablesen, daß sich in der Weimarer Zeit die Beiträge zur Chemie des Alltags vermehrten (vgl. Tab. 1). Diese beinhaltete Stoffe, die zu den wichtigsten Gegenständen des täglichen Bedarfs gehören, sowie die Behandlung der Erzeugnisse des Bergbaus und der Industrie Deutschlands. Dies sollte verbunden werden mit den Grundlagen und den zum Verständnis der Alltagschemie notwendigen Naturgesetzen und Theorien sowie einigem aus der physiologischen Chemie des Menschen und der Pflanzen. Aufgenommen wurden auch neue die Kulturwelt beschäftigende Entdeckungen, mit denen die Schüler durch populärwissenschaftliche Literatur ohnehin in Berührung kamen. Die technische Kultur sollte als Grundlage der Gesamtkultur aufgefaßt werden (FRANCK 1923b).

Die Auswahl des chemischen Lehrstoffs sollte im Hinblick auf das Lehrziel des Unterrichts, Verständnis für das Wesen chemischer Erscheinungen und für ihre Bedeutung im Haushalt der Natur und im Menschen, getroffen werden. Berücksichtigt werden müsse daher die Bedeutung des Themas für das Verständnis chemischer Verhältnisse, seine Beziehung zu anderen Naturwissenschaften und seine Wichtigkeit im Haushalt des Menschen, in Volkswirtschaft und Technik (POSKE 1925).

2.5.6 Anordnung der Themen im Lehrplan

Die Verteilung des Unterrichtsstoffs, wie er in den amtlichen Lehrplänen festgelegt war, wurde von einigen Fachvertretern als veränderungsbedürftig angesehen. Nach der Einführung in die Chemie in Untersekunda (UII) wurden auf der Oberstufe in Obersekunda (OII) die Nichtmetalle, auf Unterprima (UI) die Metalle und auf Oberprima (OI) die Organische Chemie behandelt. Um vom Biologieunterricht benötigte chemische Grundlagen rechtzeitig bereitzustellen, sollte mit Organischer Chemie bereits in OII begonnen und bis OI fortgefahren werden. Daneben würden wie bisher in OII die Nichtmetalle und in UI die Metalle besprochen. In OI sollte es dann neben einer kurzen Fortführung der Metalle und der Organischen Chemie den Abschluß des chemischen Unterrichts mit einem theoretisch geprägten zusammenfassenden Überblick über alle behandelten Gebiete der Chemie geben (BARTH 1925). Nach einem anderen Vorschlag sollte die Organische Chemie, anknüpfend an die Kohlenstoff-Chemie, am Ende von OII und in UI behandelt werden und dem Biologieunterricht die chemischen Grundlagen für biochemische Themen legen. Den Abschluß des Chemieunterrichts bildete dann die Besprechung der Metalle, mit ausgiebiger Behandlung der physikalisch-chemischen Probleme, des Periodensystems der Elemente und des Feinbaus der Materie (MANNHEIMER 1923a).

2.5.7 Quantitative Analyse der Themen

Eine quantitative Analyse thematisch akzentuierter Artikel der Zeitschriften „Unterrichtsblätter für Mathematik und Naturwissenschaften", „Zeitschrift für den physikalischen und chemischen Unterricht", „Natur und Schule"/„Monatshefte für den naturwissenschaftlichen Unterricht"/„Naturwissenschaftliche Monatshefte" und „Praktische Schulphysik"/„Praktische Schulchemie" zeigt eine relativ geringe Zahl von Beiträgen in der Zeit bis 1918. Dies gilt auch, wenn man die Artikel der Zeitschrift „Praktische Schulphysik"/„Praktische Schulchemie", die erst in der Weimarer Zeit erschien, unberücksichtigt läßt. Es mag damit zu erklären sein, daß sich die Reformbewegung zunächst auf die Verbreitung der Schülerübungen konzentrierte und an der Ausweitung des thematischen Angebots im Unterricht weniger Interesse bestand. Thematische Beiträge traten in der Weimarer Zeit und der nationalsozialistischen Zeit deutlich vermehrt auf (vgl. Tab. 1).

Tab. 1.: Artikel über chemische Sachgebiete an höheren Schulen

	Zeitraum							
Themenbereiche	**1900 - 1918**		**1919 - 1932**		**1933 – 1945**		**Gesamt**	
	N	%	N	%	N	%	N	%
Anorganik	10	10	14	5	5	2	29	5
Organik	1	1	7	2	1	0	9	1
Biochemie	5	5	24	8	13	6	42	7
Allg. und physik. Chemie	28	28	69	24	46	22	143	23
Elektrochemie	2	2	4	1	2	1	8	1
Analytik	5	5	1	0	7	3	13	2
Technik	16	16	66	23	48	23	130	20
Radiochemie	3	3	5	2	1	0	9	1
Umwelt	2	2	10	3	8	4	20	3
Haushalt	1	1	2	1	6	3	9	1
Kunststoffe	-	-	2	1	11	5	13	2
Chemiegeschichte	14	14	43	15	32	15	89	14
Werkstoffe	-	-	6	2	5	2	11	2
Feststoffe	4	4	25	9	11	5	40	6
Kampfstoffe	7	7	6	2	15	7	28	4
Photographie	1	1	5	2	2	1	8	1
Sonstiges							34	5
Gesamt	99		289		213		635	100

Der Überblick über die angesprochenen Themen an den höheren Schulen zeigt als Schwerpunktbereiche die allgemeine und physikalische Chemie (23 %), die

Technik (20 %) und Chemiegeschichte (14 %). Der große Anteil allgemein und physikalisch chemischer Themen entspricht den Bemühungen der Reformer, durch zunehmende Einführung chemischer Gesetzmäßigkeiten die große Zahl von Einzeltatsachen im Unterricht unter allgemeinen Gesichtspunkten zusammenzufassen und zu reduzieren. Entsprechend gering ist der Anteil von Beiträgen zur anorganischen, organischen und Biochemie. Den Schwerpunkt im Bereich der allgemeinen Chemie bildeten Artikel zur Erforschung des Atombaus, worin sich das große Interesse der Fachvertreter an Erkenntnisfortschritten dieses damals hochaktuellen Forschungsbereichs zeigt. Die Behandlung der noch jungen Ionentheorie im Unterricht wurde neben Planungsvorschlägen durch fachliche Beiträge unterstützt. Einen dritten Schwerpunkt bildeten Artikel zur Kolloidchemie.

Aufsätze zum Bereich technischer Verwertung chemischer Erkenntnisse vermehrten sich, als die Alltagschemie nach Ende des 1. Weltkrieges von der Chemiedidaktik stärker berücksichtigt wurde. Sie bildeten aber auch schon in der Zeit des Kaiserreichs einen Schwerpunktbereich. Chemiegeschichte wurde über den gesamten untersuchten Zeitraum hinweg beachtet. Forscherporträts, Technikgeschichte und wissenschaftshistorische Beiträge wurden durch didaktische Aufsätze ergänzt.

Themen aus dem Umweltbereich waren noch ohne größere Bedeutung und bezogen sich zum überwiegenden Teil auf die Landwirtschaft. Die Chemie der Haushaltsstoffe wurde an der höheren Schule bis 1933 kaum beachtet. Erst in nationalsozialistischer Zeit, als die Alltagsorientierung noch stärker propagiert wurde, sind einige Artikel publiziert worden. Die Behandlung von Kunststoffen wurde erst in der Zeit des Nationalsozialismus in den Chemieunterricht aufgenommen, als die Suche nach Ersatzstoffen wegen knapper Rohstoffressourcen in Deutschland die Entwicklung dieses Gebietes stark beschleunigte. Im Vordergrund standen Kunstfasern zur Textilienproduktion. Der Wiedergewinnung von Rohstoffen wurde in dieser Zeit bereits, propagandistisch unterstützt, größere Aufmerksamkeit geschenkt und in zwei Beiträgen angesprochen („Sonstiges“). Die Rohstofffrage war schon in der Weimarer Zeit ein zentrales wirtschaftspolitisches Thema. Dies spiegelt sich z. B. in den jährlich erschienenen statistischen Angaben zu wichtigen Energierohstoffen, Erzen, Salzen u. a. wider.

Der Themenkomplex Kampfstoffe erfuhr während der Kriegs- und Vorkriegszeiten (in nationalsozialistischer Zeit) größte Aufmerksamkeit. Während der Weimarer Zeit wurden einige Beiträge über Sprengstoffe veröffentlicht.

Tab. 2 : Artikel über chemische Sachgebiete an Volksschulen

	Zeitraum				
	1900 - 1918	**1919 - 1932**	**1933 – 1945**	**Gesamt**	
Themenbereiche	N	N	N	N	%
Anorganik	8	3	0	11	9
Organik	1	2	0	3	3
Biochemie	7	5	1	13	11
davon Lebensmittel	6	4	1	11	9
Allg. und physik. Chemie	5	1	0	6	5
Elektrochemie	1	1	0	2	2
Analytik	3	0	0	3	3
Technik	6	2	4	12	10
Radiochemie	2	1	0	3	3
Umwelt	2	8	4	14	12
Haushalt	5	6	3	14	12
Chemiegeschichte	8	1	0	9	8
Roh-, Werk- und Feststoffe	4	4	4	12	10
Kampfstoffe	2	0	2	4	3
Sonstiges	1	7	3	11	9
Gesamt				117	100

Geologische und mineralogische Themen (in „Feststoffe“) als Lehrplaninhalte des Chemieunterrichts stellten Verbindungen zum Geographieunterricht her.

Die organische Chemie (1 %) wurde deutlich weniger beachtet als die anorganische Chemie (5 %). Der traditionell hohe Stellenwert analytischen Arbeitens mag dazu beigetragen haben. Ein gewisser Ausgleich wurde durch die stärkere Beachtung biochemischer Themen (7 %) erreicht. (Hier wurden z. B. Duftstoffe angesprochen.) Darin zeigen sich Bestrebungen, die fachlichen Grenzen aufzuweiten.

Obwohl eine Konzentration auf Themen der allgemeinen und physikalischen Chemie erkennbar wird, besaßen anwendungsbezogene (Technik, aber auch Kunststoffe, Werkstoffe) bzw. fachaufweitende (Geschichte der Chemie) Themen eine große Bedeutung.

Wegen der geringen Zahl von Beiträgen im Volksschulbereich (vgl. Tab. 2) erscheinen Prozentangaben nur auf den Gesamtzeitraum bezogen sinnvoll. Verglichen mit den Gewichtungen an der höheren Schule, zeigt sich eine deutliche Verlagerung von fachlichen Themen zu anwendungsbezogenen Themen. Gegenüber Themen zur allgemeinen und physikalischen Chemie mit einem Anteil von nur 5 % stehen die Themenbereiche Haushalt (12 %), Technik (10 %), Umwelt (12 %) und Lebensmittel (9 %) deutlich im Vordergrund. Diese Tendenz wird noch deutlicher nach Ende des 1. Weltkrieges. Stoffchemische Themen anorganischer und organischer Chemie, die in der Kaiserzeit stark berücksichtigt wurden, verschwinden fast. Forderungen, den Unterricht schülerorientiert zu gestalten und fachliche Prinzipien zurückzustellen, schlugen sich in den Veröffentlichungen zum Chemieunterricht deutlich nieder.

2.5.7.1 Wirtschaft / Technik / Alltagsthemen

Die gesellschaftlichen und wirtschaftlichen Entwicklungen in Deutschland hatten Einfluß auf die im Chemieunterricht behandelten Themen. Während des 1. Weltkrieges und in der Weimarer Zeit wurde im Zusammenhang mit der Rohstoffknappheit und mit den volkswirtschaftlichen Schwierigkeiten vermehrt auf die Behandlung volkswirtschaftlicher Fragen im Chemieunterricht hingewiesen. Sie seien im Chemieunterricht stärker zu berücksichtigen (MAURER 1917). Bei der Auswahl des Unterrichtsstoffs wurde von LEISERING u. a. seine Bedeutung für den Menschen und die Volkswirtschaft angeführt (POSKE 1925). So wurden die Behandlung der volkswirtschaftlichen Grundlagen der Volksernährung im naturwissenschaftlichen Unterricht dargestellt (TRINKWALTER 1916) und im Zusammenhang mit der Ernährung des Menschen die für die Volksernährung wichtigsten Nahrungsmittel (Kartoffel, Zuckerrübe) in den Lehrplan aufgenommen (JUNGE 1919).

Kenntnisse über Landwirtschaft und Technik müßten im naturwissenschaftlichen Unterricht wegen der großen Bedeutung für die Entwicklung Deutschlands nach dem Krieg viel stärker als zuvor vermittelt werden. Deshalb sei der Chemieunterricht regelmäßig für volkswirtschaftliche Erörterungen zu nutzen (OESTREICH 1919). Im Zusammenhang mit der Rohstoffproblematik wurde auf die Bedeutung der mineralischen Brennstoffe als einem der wichtigsten Träger der Volkswirtschaft hingewiesen (MARKFELDT 1917). In zahlreichen fachlichen Beiträgen wurde auf Vorkommen, Nutzung und Versorgung mit Rohstoffen wie Kohle, Erdöl, Salze u. a. eingegangen. In der „Zeitschrift für den physikalischen und chemischen Unterricht" stellte HOFMANN (1926; 1927; 1928; u. f.) regelmäßig statistische Daten über wichtige Rohstoffe und die industrielle Produktion zusammen.

Schon in der Zeit vor dem 1. Weltkrieg wurde, wegen der gewaltigen Entwicklung der chemischen Technik und ihrer großen volkswirtschaftlichen Bedeutung für Deutschland, die Behandlung der chemischen Technologie in der Schule gefordert (SCHEID 1902). Das Interesse der Menschen erforderte die Beantwortung der Frage, woher etwas stammt und wie es geworden ist. Hier sollte der Chemieunterricht Antworten geben bezüglich der im Alltag verwendeten Gegenstände wie Metalle, Seife, Soda, Bier, Spiritus, Brot, Farben usw. (HALLER 1910/11).

In der Weimarer Zeit verstärkte sich, bekräftigt durch die Forderungen nach mehr Alltagsbezug im naturwissenschaftlichen Unterricht, die Behandlung technischer Themen im Chemieunterricht. WINDERLICH und zahlreiche andere Autoren wiesen auf die Bedeutung technischer Inhalte im Chemieunterricht hin und gaben Beispiele aus der Unterrichtspraxis. Als Auswahlkriterien für Themen aus dem Bereich der Technik wurden die Heimatnähe, die volkswirtschaftliche Bedeutung, die Vermittelbarkeit der theoretischen Grundlagen und die Beispielhaftigkeit angeführt (ZEITLER 1924).

In der Zeit der nationalsozialistischen Herrschaft vermehrten sich, ideologisch bedingt, die Beiträge zum Bereich chemische Technik/Wirtschaft und zur Alltagschemie deutlich. Technischen Themen wurde ein zentraler Platz im Chemieunterricht eingeräumt. An den höheren Schulen sollten im Chemieunterricht solche Gebiete behandelt werden, die ein Verständnis für die Rohstoffversorgung Deutschlands, für die wirtschaftliche und politische Bedeutung der chemischen Technik, der chemischen Forschung und ihre praktischen Anwendungen vermitteln (FRANCK 1934). Die wichtigsten technischen Verfahren wurden ausführlich behandelt, wobei die chemischen Prozesse eingebunden wurden in die ausführliche Darstellung über die Zusammensetzung und Gewinnung der Ausgangstoffe. Angaben über Produktion, Standortfragen, Rentabilität und Verbindungen zu anderen Industriezweigen schlossen sich an (FRANCK 1934; BEIER 1934).

Zur Behandlung technischer Verfahren im Unterricht wurden häufig die entsprechenden Reaktionen im Labormaßstab als Demonstrationsexperiment durchgeführt. Zum Beispiel wurden die Darstellung von Metallen (ZEITLER 1937; SCHARF 1936; u.a.), die Herstellung wichtiger Grundstoffe der chemischen Industrie (KINTTOF 1937; GRUBER-REHENBURG 1939; KINTTOF 1942) und der Crackprozeß (KINTTOF 1938a; DOERMER 1939) behandelt.

Der Aufschwung der deutschen Kunststoffindustrie infolge der angestrebten Unabhängigkeit von ausländischen Rohstoffen und die Entwicklung zahlreicher neuer Kunststoffe (SCHMIDT 1939) schlugen sich in einer zunehmenden Zahl von Beiträgen zu diesem Thema und zur Durchführung von Experimenten zur Herstellung von Kunststoffen, z. B. von Kunstfasern, nieder (SCHNEEWEISS 1937; LINDNER 1935).

Lebensweltlich orientierte Unterrichtsvorschläge und -planungen sowie Unterrichtsexperimente waren in nationalsozialistischer Zeit zahlreicher als in der Weimarer Zeit, denn der naturwissenschaftliche Unterricht sollte aus dem Leben der Schüler erwachsen (BRETTAR 1938). Planungen, die von Reaktionen oder Dingen aus dem Alltag ausgingen, wurden von KINTTOF (1936) vorgestellt. Vielfach wurden diese Themen in Verbindung mit Schülerversuchen behandelt, wie die Untersuchung von Waschmitteln und Seife (FLÖRKE 1938a; FLÖRKE 1939a; STABER 1939) und die Unterrichtung der Themen Zellstoff (SCHARF 1938) und Papierherstellung (FLÖRKE 1939b). Im Volksschulunterricht wurden aus der Lebenswelt der Schüler zum Beispiel der Nachweis von Sauerstoff in PERSIL (REINHARDT 1933), das Kalken des Ackerbodens (PIETSCH 1933) und „der Kunstdünger" (DUIS 1934) behandelt.

2.5.7.2 Kriegsbedingte Themen

Zur Zeit des 1. Weltkriegs und während der nationalsozialistischen Zeit wurden Themen aus dem Bereich von Kriegstechnik, Luftschutz und zur Wehrbereitschaft in den Unterricht aufgenommen. Der große Anteil, den die Naturwissenschaften an der Kriegsführung hätten, dürfe von der Schule nicht und noch weniger in der seminaristischen Ausbildung der Volksschullehrer übergangen werden (BRINKMANN 1918). Der Chemieunterricht der Oberstufe sollte an die Ereignisse der Zeit anknüpfen. Damit würde er sich lebendig erhalten. Er sollte dem Inhalt nach „kriegsmäßig" betrieben werden (SCHEID 1914). Für die Lehrerausbildung im Seminar wurde für die naturkundlichen Fächer ein Stoffplan vorgestellt, der die Stoffanordnung nach Kriegsrücksichten vornahm, indem er neun kriegskundliche Gruppen unterteilte (BRINKMANN 1918). Im Volksschulbereich wurden die Lehrpläne geändert, indem mit dem Krieg zusammenhängende Themen bevorzugt bzw. neu aufgenommen wurden (WURTHE 1915a). Für den Chemieunterricht an den höheren Schulen wurde die Aufgabe des naturwissenschaftlichen Unterrichts in dieser Zeit darin gesehen, ein Verständnis für Sprengstoffe und die Kriegstechnik allgemein zu vermitteln (TIMERDING 1915; FRANZ 1915). Es wurde über Schriften berichtet, die sich zur Bedeutung der Chemie im Kriege äußerten und für unterrichtliche Zwecke dienlich erschienen. Im Mittelpunkt standen die Chemie und die Anwendung von Explosivstoffen sowie Experimente zu diesem Thema (OHMANN 1915b). Es sollte aber auch auf den Kriegsbedarf an Metallen eingegangen werden und auf Themen, die im weiteren Sinne mit den Kriegsereignissen verbunden waren: Ammoniak zur künstlichen Düngung, Ersatzstoffe für Benzin, die Produktion der chemischen Industrie (organische Stoffe, Medikamente), die Frage der Volksernährung (SCHEID 1914; FRANZ 1915).

Das Interesse an der Kriegschemie sollte wachgehalten werden. Im Chemieunterricht müsse mehr auf entsprechende Teile der angewandten Chemie eingegangen werden, denn aus der Behandlung von Kriegsthemen im Chemieunterricht könnte ein nachhaltiger Gewinn in der Friedenszeit herausspringen. Z. B. hätte die Behandlung der Sprengstoffe auch Bedeutung für die Verkehrstechnik, wie Sprengungen beim Tunnelbau oder beim Bau des Panamakanals gezeigt hatten (OHMANN 1917a).

In der Zeit nationalsozialistischer Herrschaft kehrten die mit dem Krieg verbundenen Themen in die Zeitschriften zurück. Bei der Erziehung der Jugend zur Wehrhaftigkeit wurde den Naturwissenschaften und speziell dem Chemieunterricht eine besondere Aufgabe zugewiesen. So sollten Grundlagen zur Beurteilung der wirtschaftlichen und wehrpolitischen Lage des deutschen Volkes gelegt werden, wobei der Rohstofffrage breiter Raum zu geben war, die richtige Behandlung von Munitionsfunden gelernt und Experimente zur Zersetzung von Sprengstoffen durchgeführt werden sollten. Zur wichtigsten Aufgabe des Chemieunterrichts wurde die Aufklärung über den Gasschutz erklärt, die ebenfalls experimentell erfolgen sollte (LEONHARDT 1933; MARTENS 1936; SCHARF 1934). Der Chemieunterricht wurde also in dieser Zeit, wie anderer Unterricht auch, zur Kriegsvorbereitung eingesetzt. Kulturgeschichtliche Fragen sollten unter Berücksichtigung von wehrwissenschaftlichen Überlegungen im Unterricht, am besten im Chemieunterricht, behandelt werden (WOLFF 1935).

2.5.8 Mädchenschulen

Schon zu Beginn des 20. Jahrhunderts bestanden Bestrebungen, die naturwissenschaftliche Bildung der Mädchen zu vertiefen (SCHMID 1906). Die Lehrpläne für die naturwissenschaftlichen Fächer in Preußen verlangten, die Verstandesbildung und Erziehung zu selbständiger Beurteilung der Wirklichkeit zu fördern (POSKE 1909a).

Legitimiert wurde der naturwissenschaftliche Unterricht an Mädchenschulen mit der Bedeutung naturwissenschaftlicher Kenntnisse für die Hygiene und sonstige Tätigkeiten der Hausfrau und Mutter im Haushalt (SCHMID 1906; RABINOWITSCH-KEMPNER in SCHOTTEN 1905).

Mit den unterschiedlichen Veranlagungen von Mädchen und Jungen wurde eine differenzierte Auswahl des Lehrstoffs im Chemieunterricht für Mädchen begründet (GUTZMER 1906b; vgl. 2.2.6). Eine zentrale Stellung nahmen die hauswirtschaftlichen Themen bzw. der Haushaltsunterricht ein (BONGARDT 1909). Die Unterrichtskommission der Gesellschaft Deutscher Naturforscher und Ärzte forderte, die Eigenart des weiblichen Geschlechts im mathematisch-naturwissenschaftlichen Unterricht an Mädchenschulen zu berücksichtigen. Im Chemieunterricht sollten zunächst im Anfangsunterricht wie bei den Jungen Grundlagen gelegt werden, indem eine Einführung in das Wesen chemischer Vorgänge und die Entwicklung der fundamentalen chemischen Begriffe erfolgte. Theoretisches sollte eingeschränkt, chemische Formeln nur wenig verwendet, dagegen praktische Anwendungen vermehrt werden. Auch die organische

Chemie sollte betont werden, soweit sie für den Haushalt (Hygiene, Nahrungsmittel) wichtig war (GUTZMER 1906b; SCHMID 1906).

An der bayerischen Mädchenmittelschule waren statt wissenschaftlicher Lehrziele und eingehender Behandlung von Physik und Chemie, wie an den höheren Mädchenschulen, praktische Lernziele und Haushaltskunde, Nahrungsmittellehre und Erziehungskunde vorgeschrieben (HEDENUS 1916).

Auch an der Volksschule waren für Jungen und Mädchen unterschiedliche Arbeitsbereiche vorgesehen. Während nach der Auffassung KERSCHENSTEINERs (N.N. 1909, S. 39) die Jungen ihre bereits gewonnenen Erfahrungen in der ländlichen Werkstatt vertiefen sollten, wurde für die Mädchen die Arbeit in Schulküche, Gemüse- oder Blumengarten empfohlen. Nach dem „Grundlehrplan für die Volksschulen Groß-Berlins" wurde im Naturlehreunterricht der Oberstufe bei den Mädchen mehr die hauswirtschaftliche Seite betont (N.N. 1916). In der Zeit des Umbruchs zur nationalsozialistischen Herrschaft wurde die naturkundliche Bildung der Mädchen auf der Oberstufe als nicht befriedigend angesehen. Der Hausfrau als Auftraggeberin für die Wirtschaft, Mutter und Hüterin des Hauses sollte eine angemessene Sachkunde der häuslichen Umwelt vermittelt werden. Dazu wurde eine Zusammenfassung von Physikunterricht und Haushaltsunterricht zur Arbeitskunde für Mädchen angestrebt. Der Stoffplan war durch physikalische Themen stark akzentuiert (JOHN 1933). Später wurde der Unterricht der Mädchen im Wesentlichen auf die spätere Rolle der Frau als Mutter und Hausfrau ausgerichtet (MATTHÄUS 1940).

2.6 Unterrichtsmethoden

2.6.1 Darbietende Unterrichtsform

Der Lehrervortrag hatte den naturwissenschaftlichen Unterricht im 19. Jahrhundert bestimmt, bis die Reformbewegung methodische Änderungen initiierte. Die mit dem Lehrervortrag verbundene Wissensvermittlung und die passive Haltung der Schüler sollten aufgegeben werden. Der dann eingeführte Demonstrationsunterricht, der in Form des entwickelnden Verfahrens erteilt werden sollte, verführte den Lehrer leicht, die geistige Mitarbeit der Schüler zu vernachlässigen. „Befehl und Frage vom Katheder aus" beherrschten zu Beginn der Weimarer Zeit noch immer den Alltag aller Schularten und Schulstufen (ZIEHEN 1921).

An den Oberstufen der höheren Schulen wurde der Demonstrationsunterricht neben den Schülerübungen beibehalten. Er wurde als eine dem Alter der Schüler angemessene Unterrichtsform angesehen (BREMER 1916; OHMANN 1916a; vgl. 2.7.2).

2.6.2 Induktives und deduktives Vorgehen

Das induktive Vorgehen bestimmte während Kaiserzeit und Weimarer Zeit die Vorstellungen über idealen naturwissenschaftlichen Unterricht an höheren Schulen. Es wurde als wichtigstes Verfahren in der Schule der Logik herausgestellt. Der Chemieunterricht wurde als besonders geeignet angesehen, die Schüler mit der Induktion bekannt zu machen. KRUG (1902) zeigte, wie die verschiedenen Stufen der Induktion im Chemieunterricht vermittelt werden können. Auch nach Einführung der Schülerübungen in den Chemieunterricht wurde das induktive Vorgehen bevorzugt, indem in den Schülerübungen eine Stoffsammlung aus Einzeltatsachen zusammengestellt wurde und im nachfolgenden Klassenunterricht Verallgemeinerungen erarbeitet wurden (OHMANN 1913b). In einem Lehrgang, der Elemente aus der Geschichte der Chemie verwandte, wurden induktive Denk- und Arbeitsweisen herausgearbeitet (WINDERLICH 1917c). Die wichtigsten chemischen Gesetze ließen sich aus quantitativen Experimenten induktiv ableiten (KLEIN 1915).

Gegen ein dogmatisch induktives Vorgehen regte sich jedoch Widerstand. Wo der Unterrichtsstoff und der geistige Standpunkt der Schüler es erforderten, sollte auch deduktiv vorgegangen werden. Theorie und Experiment sollten in der Schule, wie in der wissenschaftlichen Forschung, ineinandergreifen. Dies wäre die beste Methode in der Schule (MUTHESIUS 1900; STEINRIEDE 1902; BAVINK 1925b; vgl. 2.7.1.5).

2.6.3 Sozialformen

Der Klassenunterricht, verbunden mit Demonstrationsexperimenten, wurde in Form des Frontalunterrichts durchgeführt. Über eine Auflockerung dieser Struktur, z. B. in eine Kreisform, wurde nicht berichtet. Nur in einigen Versuchsschulen war es üblich, die Sitzplätze so anzuordnen, daß die Schüler sich beim Gespräch ansahen, z. B. in Form eines U (HOMBURG 1923). Im Übungsunterricht und in den Praktika der höheren Schulen wurde gelegentlich auf der Oberstufe Gruppenunterricht durchgeführt (vgl. WINDERLICH 1929). Wenn Schüler zusammen arbeiteten, wurden im Chemieunterricht meistens Zweiergruppen gebildet (vgl. OESTREICH 1916). Es überwog aber deutlich, im Gegensatz zum Physikunterricht, die Einzelarbeit. Als positiven Effekt der Gruppenarbeit wurde über die Steigerung des Gemeinschaftsgefühls berichtet (END 1913). Einzelunterricht in Form von Stillarbeit wurde an der Volksschule zu Beginn der 30er Jahre propagiert. Sie wurde vornehmlich in den Landschulen mit sehr unterschiedlichen Jahrgängen in einer Klasse (THYEN 1932a) und in überfüllten Volksschulklassen als geeignete Unterrichtsform eingesetzt.

2.6.4 Interaktions- und Kommunikationsstrukturen

Die durch die Reformbewegung initiierten Unterrichtsformen des fragend-entwickelnden Vorgehens im Chemieunterricht und der Schülerübungen, überwiegend in gleicher Front, gelegentlich „auf Kommando“, deuten auf einen vorherrschend stark lehrerzentrierten Unterricht hin. Das fragend-entwickelnde Vorgehen wurde kurzschrittig mit einem stark lenkenden Charakter durchgeführt, das den Schülern wenig Möglichkeiten zu eigenem Nachdenken ließ (vgl. 2.6.7.3). Der nicht von der Reformbewegung beeinflußte Unterricht dürfte als darbietende Wissensvermittlung erfolgt sein (vgl. 2.6.1). Aus Berichten über Arbeitsgemeinschaften und Praktika der Oberstufe der höheren Schulen und Exkursionen (vgl. 2.6.6) geht gelegentlich hervor, daß die Unterrichtsgestaltung dort einen ungezwungeneren Charakter besaß und mehr Schüleraktivitäten zuließ. Im Arbeitsunterricht wurde eine vermehrte Kommunikation der Schüler untereinander angestrebt (vgl. 2.6.7.2).

2.6.5 Projekte

Über Projektunterricht wurde kaum berichtet. In Arbeitsgemeinschaften war stärker an den Interessen der Schüler orientiertes und freieres Arbeiten als im üblichen Unterricht möglich. In wenigen Aufsätzen wird über projektartiges Vorgehen berichtet. Die chemische Untersuchung von Wasser verschiedener Brunnen der Schulumgebung wurde zu Kartierungen des Verlaufs der unterirdischen Wasseradern verwendet (VALENTIN 1932). Eine naturwissenschaftliche Arbeitsgemeinschaft von Schülerinnen einer Volksschule entwickelte vielfältige Aktivitäten vom Museumsbesuch über Beobachtungen in der Natur bis zur Durchführung von Versuchsreihen zum Verhalten von Keimlingen gegenüber unterschiedlichen Salzen (BOGEN 1915). Der Gesamtunterricht der Volksschule konnte Projektcharakter annehmen, wenn ein die Schüler interessierendes „Vorhaben" erarbeitet wurde, das die Vollendung eines Werkes zum Ziele (Anlage eines Schulgartens, Erkundungen oder Erforschungen der heimatlichen Umwelt) hatte (O. HAASE 1932). Auch Exkursionen und Lehrwanderungen hatten Projektcharakter.

Einzelnen Schülern oder kleinen Gruppen wurden im praktischen Unterricht sich aus dem Unterricht ergebende Aufgaben übertragen. So untersuchte ein Primaner auf Anregung des Lehrers das Ausmaß der Wasserverschmutzung durch die Hüttenwerke und Fabriken an der Saar (LOESER 1924). Schon zu Beginn des 20. Jahrhunderts wurden chemische Untersuchungen in der Umwelt vorgenommen. Das Wasser aus Elbe, Spree, Brunnen und Teich und getauter Schnee wurden auf Schwefelsäure untersucht. Beim Baden in einem See wurde Sumpfgas aufgefangen und anschließend seine Brennbarkeit untersucht (BEYER 1902).

In der Zeit des Nationalsozialismus wurde über regelmäßige naturwissenschaftliche (in erster Linie biologische) Untersuchungen von Gebieten in der Umgebung der Schule berichtet. Unter anderem wurden einfache chemische Untersuchungen des Bodens und der Gewässer vorgenommen. In Verbindung mit menschenkundlichem Unterricht wurde auf Fragen der Ernährung, Landwirtschaft und des Feldbaus eingegangen. Infolge der Untersuchungen von Tieren, Pflanzen und der Ökologie würden Heimat- und Naturschutz nicht intellektuelle Begriffe bleiben, sondern ihre Notwendigkeit könne von Schülern erfühlt und erkannt werden (STENGEL 1937).

2.6.6 Betriebsbesichtigungen und Lehrausflüge

Im Zusammenhang mit Bemühungen, den naturwissenschaftlichen Unterricht anschaulicher zu gestalten, wurde die Forderung erhoben, technologische Betriebsbesichtigungen und Ausflüge durchzuführen (GUTZMER 1905). Während die Betriebsbesichtigungen vornehmlich in den Fächern der Naturlehre für wichtig gehalten wurden (SCHWALBE 1901), spielten Ausflüge für den Biologieunterricht, für Geologie und landeskundliche Zwecke (KREBS 1901) eine entscheidende Rolle.

2.6.6.1 Betriebsbesichtigungen

Die Möglichkeit, die Herstellung der Dinge für den Alltagsgebrauch direkt zu beobachten, war in den Städten weitgehend verloren gegangen, seitdem große Fabriken kleine Handwerksbetriebe verdrängt hatten, in denen die Jungen früher am Produktionsprozeß zumindest als Beobachter und durch kleine Handreichungen teilgenommen hatten (HOEFKE 1931). Als Möglichkeit, diesen Mangel etwas auszugleichen, wurde die Besichtigung von technischen Betrieben angesehen. Besichtigungen von Hütten und industriellen chemischen Betrieben dienten auch dazu, den Erfolg des Unterrichts, der den technischen Aspekt in den Mittelpunkt stellte, zu fördern (BRÜSCH 1902). So werde das Verständnis für technische Prozesse erleichtert. Besichtigungen seien wichtig, um eine realistische Vorstellung über die Vorgänge im Betrieb zu entwickeln. Dann wird der Unterschied der Geräte und Arbeitsmethoden im praktischen Betrieb von den Verhältnissen im Laboratorium erst richtig deutlich. Eindrucksvoller als Wort und Bild in der Klasse seien Besuche technischer Betriebe. Der starke Eindruck, den Hochofenwerke hinterließen, könne durch Experimente in der Schule nicht erreicht werden (WINDERLICH 1917b; WINDERLICH 1926c; WEINREICH 1928). Deshalb sollte die Behandlung technologischer Fragen oder technischer Anwendungen im Chemieunterricht mit Besichtigungen in entsprechenden Betrieben oder Fabriken verbunden werden (HÖCK 1910; OHMANN 1922b). Angestrebt wurde, Besichtigungen systematisch in den Unterrichtsbetrieb zu integrieren (HOEFKE 1931).

OHMANN (1913c) wies darauf hin, daß erste Exkursionen schon von WÖHLER in den 20er Jahren des 19. Jahrhunderts in seinem Chemieunterricht an der „Städtischen Gewerbeschule" in Berlin, später „Friedrichs-Werdersche Oberrealschule" durchgeführt worden waren.

Überwiegend wurden Betriebsbesichtigungen an den höheren Schulen mit Schülern der Oberstufe durchgeführt. Diese Praxis stand in Übereinstimmung mit der Auffassung, daß die Schüler erst im Pubertätsalter für kausalmechanische Zusammenhänge reif werden. Bei Untersekundanern könne aber Verständnis für die Besichtigung eines Gaswerkes, von Braun- oder Steinkohlegruben erwartet werden (HOEFKE 1931).

Neben der Beantwortung naturwissenschaftlich-technologischer Fragen wurde die Bedeutung von Lehrausflügen darin gesehen, daß hier kaufmännisch und volkswirtschaftlich interessierte Schüler angeregt werden. Praktisch veranlagte Schüler erfahren eine Förderung ihres anschaulichen Denkens, indem sie die Dinge ineinandergreifen sehen (WINDERLICH 1917b). Das Verständnis für soziale und hygienische Einrichtungen würde gefördert, indem Fragen des Arbeitsschutzes, z. B. gesetzliche Maßnahmen zum Schutz vor gesundheitlichen Schäden und der Arbeiterfürsorge, behandelt würden (DIEROFF 1921; KRÜGER 1931). Organisatorische, ethische und weltanschauliche Fragen würden berührt. Das Leben selbst würde den Schülern die Probleme vorlegen. Exkursionen führten somit zu wertvoller Belehrung und Erziehung (WEINREICH 1928). Durch die Zusammenführung der Schüler mit dem „pulsierenden Leben“ würde ihr Interesse am Unterricht wachgehalten (HOEFKE 1931). Durch Betriebsbesichtigungen „wird es auch möglich, eine Konzentration zu erreichen, weil die verschiedenen Naturwissenschaftlichen Gebiete in der praktischen Anwendung einander überschneiden." (WINDERLICH 1926c, S. 6)

Bei der Auswahl der Betriebe sollte das Heimatprinzip berücksichtigt werden. Lehrausflüge dienten der Heimaterziehung (KÖLZER 1931). Das bedeutete im Volksschulbereich, den Unterrichtsstoff an den heimatlichen Gegebenheiten zu orientieren. In einer Gegend, die vom Zuckerrübenanbau geprägt war, wurde Zucker zu einem wichtigen Unterrichtsthema, in dessen Rahmen eine Besichtigung einer Zuckerfabrik in der Umgebung durchgeführt wurde (BROHMER 1912).

Für die erfolgreiche Durchführung von Betriebsbesichtigungen wurden eine gründliche Vorbesprechung und eine Nachbereitung für wichtig gehalten (FRANCK 1923a). Um Besichtigungen erfolgreich zu gestalten, wurde die Teilnehmerzahl auf maximal zehn Schüler beschränkt (DIX 1911/12). Ein theoretischer Unterrichtsabschnitt zur geistigen Vorbereitung sei unbedingt erforderlich, damit die Schüler der gewaltigen Menge an neuen Eindrücken nicht hilflos ausgeliefert werden (BROHMER 1912). Die Vorbereitungen dürften jedoch nicht zu allgemein gehalten werden, sondern müßten auf den speziellen Betrieb ausgerichtet sein. Die wissenschaftlichen Grundlagen eines Industriezweiges sollten dargelegt werden. An Hand einfacher Schülerversuche sollten Probleme der Übertragung vom Labor in den technischen Fabrikationsbetrieb erkennbar werden (HOEFKE 1931). Vor der Besichtigung einer Zuckerfabrik wurden sehr ausführlich biologische, physikalische und chemische Kenntnisse des Zuckers vermittelt. Die künstliche Düngung, Theorie der Düngung, Düngemittel, die Chemie des Zuckers u. a. wurden besprochen. Die chemischen Eigenschaften wurden auf der Grundlage der funktionellen Gruppen des Zuckers und der Kenntnisse über Eigenschaften von Alkoholen, Aldehyden und Ketonen verständlich gemacht. Die Besichtigung bildete dann den Ausgangspunkt für volkswirtschaftliche Belehrungen und die Besprechung sozialer Fragen (BROHMER 1912).

Zur besseren Veranschaulichung wurden unterschiedliche Medien eingesetzt. Räumliche Modelle dienten der Veranschaulichung technischer Abläufe (SCHWANTKE 1925). Der Film bot die Möglichkeit, Einzelheiten genauer zu beobachten als während der Besichtigung und die unmittelbare Anschauung zu ergänzen, z. B. durch eine Übersicht über die gesamte Anlage eines Kohlenmeilers (MEYER 1939). Es wurden Dias eingesetzt, die beim vorherigen Besuch des Betriebes aufgenommen worden waren (DIEROFF 1921). Gute Hilfestellungen boten auch schematische Darstellungen der Produktionsabläufe im Betrieb, wie die Erfahrungen bei der Besichtigung der technischen Anlagen eines Schlachthofes zeigten. Die mit Unterstützung schematischer Zeichnungen, angefertigt durch Schüler, vorbereitete Exkursion verlief wesentlich befriedigender als die erste Besichtigung des Schlachthofs ohne diese Vorbereitung (DIX 1911/12).

Der Hinweis, daß sich Lehrer über den zu besuchenden Betrieb gut unterrichten sollten, am besten durch einen eigenen vorherigen Besuch (NOLTE 1919), wird aus neunjähriger Erfahrung mit Betriebsbesichtigungen bestätigt. Die oft mangelhaften oder wegen der Verwendung von Fachausdrücken unverständlichen Erläuterungen der Führer müßten durch Erklärungen des Lehrers und Beantwortung von Schülerfragen ergänzt werden (DIEROFF 1921). Andererseits wurde die Erfahrung gemacht, daß bei interessierten Schülerfragen die anfangs manchmal mürrischen Führer Freude an der Aufgabe bekamen und den Betrieb in allen Einzelheiten zeigten und daß durch geschickte Zwischenfragen alles Interessierende erfahren werden konnte (HOEFKE 1931). Herrschte in dem Betrieb großer Lärm, hatte sich die Mitnahme einer Tafel und Kreide zur Übermittlung wichtiger Informationen bewährt (STABER 1942). Während der Besichtigung mußten sich die Schüler kurze Notizen machen (HOEFKE 1931).

Bei der Nachbereitung stellte sich heraus, daß die Besichtigung viele neue Fragen aufgeworfen und das Interesse der Schüler geweckt hatte. In den folgenden Unterrichtsstunden zeigte sich im gemeinsamen Klassengespräch eine erfreulich eifrige und rege Mitarbeit der Schüler. Zur Vertiefung wurden Spezialliteratur über Naturwissenschaft und Technik, Wirtschafts-Zeitschriften und Statistiken herangezogen und zur Lektüre des Wirtschaftsteiles der Tageszeitungen angeregt. Häufig entschlossen sich einige Schüler freiwillig zur Übernahme von Vorträgen. Als „Krönung" der Exkursion wurden die ausführlichen Protokolle der Schüler bezeichnet (HOEFKE 1931).

Das große Interesse von Schülern an Betriebsbesichtigungen zeigte sich in Mitteilungen ehemaliger Schüler, daß solche Besichtigungen „mit das Beste gewesen seien, was ihnen die Schule überhaupt mit auf den Weg gegeben habe" (WEINREICH 1928, S. 245).

Für die Besichtigung geschlossener Industriegebiete wurde die Durchführung von Studienfahrten empfohlen. An der organisatorischen Vorbereitung wurden die Schüler beteiligt. Um kulturkundliche Aspekte nicht zu vernachlässigen, wurde die Teilnahme eines fachkundigen Kollegen angestrebt. Neben dem fachlichen Gewinn wurde als höchster Wert die Pflege des Gemeinschaftsgefühls herausgestellt (HOEFKE 1931).

2.6.6.2 Lehrausflüge

Sie boten die Möglichkeit, den Konzentrationsgedanken zu verwirklichen, indem naturwissenschaftliche, historische und naturgeschichtliche Aspekte berücksichtigt wurden (FLATT 1904). Auf gemeinsamen Lehrausflügen, die von einem Naturwissenschaftler und einem Lokalhistoriker geführt wurden, konnten Fragen aus der Geologie, Prähistorie, Wirtschafts- und Kulturgeschichte behandelt werden (LOESER 1924). Das ganzheitliche Erleben der Natur spielte eine große Rolle, wobei in erster Linie biologische, geographische und geologische Aspekte Berücksichtigung fanden.

Sowohl bei Exkursionen als auch bei Lehrausflügen wurde häufig auf den ungezwungenen Kontakt zwischen Lehrer und Schülern und das bessere Kennenlernen der Schüler durch den Lehrer als wichtiges Ergebnis hingewiesen (FLATT 1904).

Als Vorzüge von Klassenausflügen wurden angeführt (FLATT 1904):

- Unterrichtsthemen ergeben sich spontan und unmittelbar,
- Möglichkeit der Einführung in eine umfassende Naturbeobachtung,
- die Schärfe der Sinne kann ausgebildet werden,
- es resultiert ein kleiner Ausgleich des Mangels an körperlicher Bewegung,
- naturwissenschaftliche, historische und naturgeschichtliche Belehrung können vereinigt werden (Konzentrationsgedanke),
- Lehrer und Schüler kommen sich persönlich näher, Lehrer lernen ihre Schüler besser und von verschiedenen Seiten kennen, ein ungezwungenerer Kontakt und besseres Verstehen werden möglich.
- Das hat positive Auswirkungen auf das Interesse der Schüler am nachfolgenden Klassenunterricht und führt zu größerem Lernerfolg,
- naturwissenschaftliche Erkenntnisse werden durch eigene Beobachtung gewonnen,
- Schüler werden zu selbständiger Forschung angeregt.

2.6.7 Unterrichtsverfahren

2.6.7.1 Fachliche (systematische) Konzepte

Zu Beginn des 20. Jahrhunderts war fachsystematischer naturwissenschaftlicher Unterricht, der sich am Fachsystem der Wissenschaften orientierte, an den höheren Schulen weit verbreitet. Im naturkundlichen Unterricht herrschte das System, das nur allmählich durch Veranschaulichung und Berücksichtigung des Prozeßhaften der Natur ersetzt wurde (REMUS 1904). Als Ursache für das lange Vorherrschen des systematischen Unterrichts wurde die starke Ausrichtung am Vorbild Universitätsunterricht angegeben (LÖWENHARDT 1906). Der Chemieunterricht an der höheren Schule nahm sich häufig den Hochschulunterricht zum Vorbild. „Viel zu systematisch, ertrinkt er dann in der Fülle des Stoffes, ohne Wichtiges und Unwichtiges zu trennen..." Er sei wenig geeignet, in Schülern Freude und Begeisterung für die Chemie zu wecken (STOCK 1919a).

Die Reformbewegung bemühte sich um eine „methodische" Unterrichtsgestaltung. Das entwickelnde Vorgehen und der heuristische Unterricht (vgl. 2.6.7.3) wendeten sich vom alten systematischen Unterricht ab, behielten aber meistens die Orientierung an der Fachwissenschaft aufrecht.

Als zu Beginn der Weimarer Zeit die Forderung erhoben wurde, statt der immer noch verbreiteten systematisch-wissenschaftlichen Behandlung der Chemie den Chemieunterricht am praktischen Leben zu orientieren (STOCK 1919a; vgl. 2.6.7.7), trat dieser ein großer Teil der Vertreter des Chemieunterrichts an den höheren Schulen entgegen. Auf der Unterstufe könne nicht vollständig von der Behandlung von Theorien abgesehen werden (WINDERLICH 1920). Auf der Oberstufe müsse Chemie gründlich und in wissenschaftlichem Geist betrieben werden (KLATT 1920). Eine wissenschaftlich vertiefte Behandlung sei im Chemieunterricht ebenso notwendig wie in den viel stärker theoretisch geprägten Fächern Mathematik und Physik (BRÄUER 1922).

Lehrbücher und der Unterricht orientierten sich seit Beginn der Weimarer Zeit stärker an der chemischen Technik. Dabei wurden technische Vorgänge oft sehr ausführlich behandelt und Einzelheiten detailliert dargestellt (MANNHEIMER 1923b; vgl. 2.6.7.5). Dies wurde kritisiert (vgl. 2.6.7.7). Statt viele Einzeltatsachen zu behandeln, müsse eine stärkere Berücksichtigung der physikalischen und der allgemeinen Chemie, entsprechend der Entwicklung der Fachwissenschaft Chemie, eintreten (BAVINK 1925b). Chemieunterricht sollte so wie der Physikunterricht mehr theoretischen Betrachtungen Raum geben, weniger beschreibend vorgehen. Der Wert des Physikunterrichts bestehe darin, daß auf einer festen experimentellen Grundlage das allgemeine Gesetz die Betrachtungen kröne (BARTH 1925; vgl. 2.5.4).

Damit wurden in der Weimarer Zeit Forderungen aus der Zeit zu Beginn des 20. Jahrhunderts aufgegriffen. WAGNER (erster Inhaber eines Lehrstuhles für Pädagogik der Chemie an der Universität Leipzig) hatte gefordert, die physikalische Chemie zum Ausgangspunkt und Hauptlehrstoff des Chemieunterrichts zu machen. Physikalische Grundlagen der Chemie sollten vor der Stoffchemie behandelt werden. Im wesentlichen sollte Allgemeine Chemie gelehrt werden. Dies wurde jedoch von Lehrern abgelehnt (OHMANN 1905; POSKE 1906; vgl. SCHIFF 1903). OHMANN befürchtete, „es wird etwas zu Formales, Abstraktes, die Denkkräfte des Schülers zu einseitig und zu stark Anspannendes - ein Skelett ohne lebendiges Fleisch" (1905, S. 53).

Mit den Forderungen nach einer Betonung des theoretischen Moments im Chemieunterricht (vgl. 2.5.4) wurde häufig eine stark fachwissenschaftliche Ausrichtung des Chemieunterricht verbunden. Diese Einstellug repräsentierte BAVINK. Auf der Grundlage von Tatsachen und phänomenologischen Gesetzen sollte das ganze Material mit Hilfe der erklärenden Gesetze zu einem umfassenden Bild des damaligen Forschungsstandes zusammengefaßt werden. Er kritisierte das dogmatisch betriebene induktive Vorgehen im Chemieunterricht. Theorie und Experiment sollten in der Schule, so wie in der wissenschaftlichen Forschung, ineinandergreifen. Dies wäre die beste Methode in der Schule. Das logische Verhältnis von experimenteller Grundlage und theoretischer Folgerung sollte nicht ohne weiteres zu einem didaktischen Nacheinander umgedeutet werden. An vielen Stellen sei das deduktive Vorgehen methodisch sinnvoller. Er forderte, in der organischen Chemie stets mit der Theorie zu beginnen, d. h. mit der Darlegung des strukturchemisch Denkbaren, und die Einzelstoffe in das fertige Schema einzuordnen (BAVINK 1925b).

Nach den amtlichen Lehrplänen der Zeit vor 1925 und den meist verwendeten Lehrbüchern orientierte sich Chemieunterricht auf der Oberstufe aber an der fachlichen Systematik. Ein einjähriger Kurs der organischen Chemie bildete an den meisten deutschen Oberrealschulen den Schlußstein eines zumeist systematisch orientierten Lehrgangs der Oberstufe. Einzige methodische Leitlinie sei das Periodensystem der Elemente (MANNHEIMER 1923a,b). SCHINDEHÜTTE (1923) vertrat die Auffassung, daß auf der Oberstufe der systematische Unterricht nicht abgeschafft werden dürfte. Ein Verzicht auf die Durchnahme der Elemente und ihrer Verbindungen in systematischer Reihenfolge sei ein Rückschritt. Um den Unterricht auf der Oberstufe rationeller zu gestalten, forderte er, in Anlehnung an Methodiker der Hochschulchemie, einen auf dem Periodensystem der Elemente (PSE) basierenden Unterricht. Um den Lehrgang zu strukturieren und ihm ein Ziel zu setzen, sollte es frühzeitig, bereits in der Obersekunda, in den Unterricht eingeführt werden. Das erarbeitete Wissen sollte immer wieder durch Zusammenfassungen gesichert und in das Gerüst des PSE eingeordnet werden, „das dem Ganzen Halt gibt“. In Obersekunda sollten die einzelnen Elemente, nach Gruppen geordnet, entsprechend ihrer Anordnung im PSE, behandelt werden. In Unterprima sollten die Verbindungen der Elemente, beginnend mit denen der VII. Gruppe, besprochen werden und schließlich in der

Oberprima die Verbindungen der IV. Gruppe, so daß die organische Chemie und die Silikatchemie den Abschluß des Gesamtlehrgangs bilden (SCHINDEHÜTTE 1931). Unterstützung fand er bei BAVINK (1925b), der das PSE als einzig brauchbaren Leitfaden im Chemieunterricht der Oberstufe bezeichnete, weil es die Vielzahl von verwirrenden Tatsachen sinnvoll ordne. Durch eine frühe Einführung im Unterricht, sobald der Begriff des Atomgewichts bekannt sei und ein oder zwei Gruppen ähnlicher Elemente behandelt wurden, würde es den Schülern etwas von der großen Gedächtnisarbeit abnehmen (SCHINDEHÜTTE 1932). Die Wertschätzung für den frühen Einsatz des PSE im Chemieunterricht wurde von vielen der jungen Kollegen geteilt (RIEDEL 1931).

Gegen diese Haltung sprachen sich mehrere der bedeutendsten Didaktiker der „mittleren" Generation aus. Anstatt das PSE als „Mittel zur Katalogisierung" des Wissensstoffs zu verwenden, sollte es in der Oberstufe allmählich vor den Schülern entstehen, sonst fehle die breite anschauliche Basis zum Verständnis. Der junge Obersekundaner sei aufgrund seiner noch geringen Kenntnisse aus der Untersekunda nicht in der Lage, die Konstruktion des PSE zu durchschauen (MANNHEIMER 1931b). Bei frühzeitiger Einführung bestehe die Gefahr voreiliger Schlußfolgerungen bzw. des Aufkommens von Unzufriedenheit bei nachdenklichen Schülern wegen der „unleugbaren Unstimmigkeiten" und vieler Verständnisschwierigkeiten. Es sei voreilig und unzulässig, aus den Eigenschaften zweier Stoffe auf das Verhalten der ganzen Gruppe zu schließen und von den auf dieser Grundlage formulierten allgemeinen Sätzen deduzierend weiterzugehen (WINDERLICH 1931b). Die Gefahr eines frühen Einsatzes des PSE in der geschilderten Form, die das System als Leitlinie für den Unterricht und als Grundlage für die Stoffauswahl verwende sowie einen Überblick über das ganze System anstrebe, bestehe in der Vermehrung des Stoffs, um der Systematik genüge zu tun. Das wäre eine Rückkehr zum Enzyklopädismus (FRANCK 1931). Die Trennung der Behandlung der chemischen Elemente von der ihrer Verbindungen würde es unmöglich machen, die Wege der Stoffumwandlung in der Technik aufzuzeigen oder die Stoffkreisläufe in der Natur zu besprechen (MANNHEIMER 1931b).

Auch an der Volksschule hatte sich der naturwissenschaftliche Unterricht zunächst vielfach in der alten systematischen Form erhalten (CONSTEN 1908), die sich an der wissenschaftlichen Systematik und damit an den „höheren Arbeitsbeitsformen" im Sinne SEYFERTs orientierte. Der Volksschulunterricht sollte sich auf der „unteren Arbeitsstufe" bewegen, die in einem innigen Zusammenhang mit dem bürgerlichen, praktischen Leben steht (SEYFERT 1909). Veröffentlichungen zum Chemieunterricht an der Volksschule zeigten erst zu

Beginn des zweiten Dezeniums eine Abkehr von der alten Unterrichtsform, indem sie den Unterricht nach Gesichtspunkten des praktischen Lebens zu gestalten trachteten (OHMANN 1913b). Die fachlich-systematische Gestaltung des Unterrichts scheint jedoch weiterhin verfolgt worden zu sein. So zeigen die chemischen Lehrgänge von WURTHE (1916; 1920) neben lebensweltlichen Aspekten (vgl. 2.6.7.7), indem sie Eigenschaften, Vorkommen, Gewinnung und Verwendung des jeweiligen Metalls nacheinander abhandeln, einen deutlich systematischen Aufbau. Nur im Gesamtunterricht bei der Behandlung von Themen wie Ernährung, Haushalt oder Waschen wurde die Orientierung an der Fachstruktur aufgegeben zugunsten der Erklärung der Lebenswelt der Schüler (vgl. 2.6.7.7; vgl. 2.6.7.9).

2.6.7.2 Arbeitsunterricht

Mit „Arbeitsunterricht" wurden Unterrichtskonzepte bezeichnet, die eine selbständige manuelle und geistige Betätigung der Schüler im Unterricht verwirklichten. Das methodische Prinzip der Selbsttätigkeit sollte die Schüler zur Selbständigkeit führen. Die Schüler sollten nicht mehr als Objekte des Unterrichts behandelt werden, sondern als Subjekte den Unterrichtsverlauf mitbestimmen. Vom Lehrer wurden völlig neue Kenntnisse und Verhaltensweisen auf methodischem und experimentellem Gebiet verlangt. Eine veränderte Ausbildung wurde erforderlich.

Das Konzept der „Arbeitsschule" wurde zunächst für den Bereich der Volksschule entwickelt und auch praktisch in der Münchner Volksschule umgesetzt (vgl. N.N. 1909a). Der Gedanke verbreitete sich schnell und wurde in der Volksschuldidaktik lebhaft diskutiert (vgl. N.N. 1910a; vgl. N.N. 1910b). Im naturwissenschaftlichen Unterricht der höheren Schule wurde der Begriff aufgenommen und bezeichnete Unterrichtsformen, die den theoretischen Unterricht mit Schülerübungen verbanden. Spätestens in der Weimarer Zeit wurde der Arbeitsunterricht zum neuen Leitbild in der allgemeinen Pädagogik (KARSTÄDT 1920), in der Volksschule zur offiziell in den Lehrplänen vorgegebenen Unterrichtsform. Auch im naturwissenschaftlichen Unterricht der höheren Schulen forderte die Didaktik allgemein den Arbeitsunterricht, mit der Folge, daß er in den amtlichen Lehrplänen der deutschen Länder als Grundlage der Erziehung seinen Niederschlag fand (POSKE 1924). Während nationalsozialistischer Herrschaft wurde der Arbeitsunterricht mehr und mehr kritisch diskutiert (ECKHARDT 1934) und verschwand fast ganz aus dem Vokabular im Unterrichtswesen.

Die sich entwickelnden unterschiedlichen Unterrichtsverfahren waren mit der Durchführung von Schülerübungen verbunden und damit zugleich mit dem Arbeitsschulgedanken (vgl. 2.6.7.3; vgl. 2.6.7.4; vgl. 2.6.7.7; vgl. 2.6.7.8; vgl. 2.6.7.9; vgl. 2.6.7.10).

Als eigentlicher Urheber des Arbeitsschulunterrichts wurde KERSCHENSTEINER angesehen. Er knüpfte mit seinen Ideen an Gedanken u. a. von ROUSSEAU, PESTALOZZI und FRÖBEL an, die bereits die Bedeutung der Ausbildung der Hand und der praktischen Arbeit als eigenständigen Wert und für die Geistes- und Gemütsbildung gesehen hatten (WOLFF 1923; TEUSCHER 1914; PRÜFER 1914).

Ausgangspunkt war die Unzufriedenheit mit der damaligen Unterrichtspraxis. Den bestehenden Schulen fehlte es an der Ausbildung der Schüler zur Selbständigkeit sowie Unternehmungslust, Neues und Ungewohntes anzugreifen. Es fehlte die Möglichkeit zu beobachten, zu prüfen und den anderen Schülern gegenüber hilfsbereit zu sein. KERSCHENSTEINERs Vision war, den Arbeitsraum der Schule zur Zentralwerkstatt der Aktivitäten des Schülers zu machen, aus der er gern in die Lernräume der Schule geht, um „mit neuen, selbstverlangten Schätzen" in die Arbeitsräume zurückzukehren. Aus der Lernschule sollte eine Arbeitsschule werden, in der durch Spielen, Gestalten, Schaffen und Handeln in stufenweisem Aufbau zu selbständigem Erarbeiten von Kenntnissen und Erkenntnissen angeleitet wird (KERSCHENSTEINER in N.N. 1908b).

Die Tätigkeiten der Schüler gaben dem Lehrer deutlichere Auskunft über Anlagen und Neigungen der Schüler (vgl. JUNGBLUTH 1924b), auch hinsichtlich des Bildungsgangs und der Berufswahl als bloßes Lernen.

Das Prinzip der selbständigen Betätigung, das schon HERBART vertreten hatte und das aus den angelsächsischen Ländern in den naturwissenschaftlichen Unterricht der höheren Schulen in Form der Schülerübungen Eingang gefunden hatte, wurde im Volksschulbereich zum zentralen Gedanken der Arbeitsschule. Die manuelle Betätigung wurde als notwendige Grundlage für die Entwicklung der weitaus größten Zahl aller Menschen angesehen (KERSCHENSTEINER in N.N. 1908b).

Über den Inhalt des Arbeitsschulgedankens gab es unterschiedliche Auffassungen. Die manuelle Betätigung wurde in der „Produktionsschule", in der die

Schüler für die Gesellschaft nützliche Dinge produzierten (Gebrauchsgegenstände), in den Mittelpunkt gerückt, oder es wurde dem Werkunterricht zur Ausbildung der Hand eine zentrale Stellung im Unterricht eingeräumt. Solche werkunterrichtlichen Bestrebungen, verbunden mit dem Ziel, die manuelle Geschicklichkeit zu verbessern, wurden gelegentlich in Form der Herstellung von Geräten oder Sachmodellen für den naturwissenschaftlichen Unterricht aufgegriffen (OHMANN 1916b; vgl. EHRHARDT 1912).

Die Arbeitsschule auf der Grundlage von KERSCHENSTEINER und GAUDIG räumte der manuellen Betätigung eine wichtige Hilfsfunktion zur Erreichung der Erziehungsziele bzw. für die geistigen Vorgänge ein. KERSCHENSTEINER wies der manuellen Betätigung eine unterstützende Funktion für den Ablauf geistiger Prozesse und für das Ziel, die Schüler zu Staatsbürgern zu erziehen, zu. GAUDIG dienten die manuellen Betätigungen (motorischen Vorgänge) der Schüler dazu, die Denk-, Willens-, Phantasie- und Gemütsvorgänge anzuregen und auszulösen (JUNGBLUTH 1924a; HERDING 1911/12). Es wurden also sowohl kognitive als auch psychomotorische und affektive Aspekte angesprochen.

Bezogen auf die Unterrichtspraxis wurden zwei Gruppen methodisch unterschiedlich vorgehender Arbeitsschulpädagogen gegenübergestellt (HERDING 1911/12):

- Es wurde Demonstrations- und Vortragsunterricht durchgeführt und davon getrennt praktische Übungen im Laboratorium. Bei der praktischen Arbeit ging es um Selbst- und Mitarbeit bei der Lösung praktischer Aufgaben, zur Schulung der Handgeschicklichkeit, zur Entwicklung der geistigen Kräfte und Kenntniserweiterung. Gingen die Schülerübungen dem Klassenunterricht voran, so dienten sie als Einführung in die Thematik. Folgten sie dem theoretischen Unterricht nach, so hatten sie die Funktion der Vertiefung und Ergänzung.
- Der Laboratoriumsbetrieb diente dagegen der Gewinnung naturwissenschaftlicher Erkenntnisse mit Hilfe von Schülerversuchen. Demonstrationsexperimente wurden nur dort eingesetzt, wo sie unumgänglich schienen.

Der Betrieb der Schülerübungen an den höheren Schulen kannte ein Nebeneinander von Übungs- und Klassenunterricht, dem das „verwebende" Verfahren, mit einem Ineinandergreifen von theoretischen Erörterungen und Schülerversuchen, gegenüberstand (OHMANN 1908; vgl. 2.7.4.4). Die amtlichen Einstellungen zum Inhalt des Arbeitsschulgedankens zeigten ebenfalls unterschiedliche Auffassungen (JUNGBLUTH 1924a).

Der Arbeitschulgedanke beschränkte sich jedoch nicht auf die Durchführung von Schülerübungen in Verbindung mit Klassenunterricht, so wie er im allgemeinen bezogen auf den Unterricht der höheren Schulen dargestellt wurde. Kennzeichen und Grundsätze der Arbeitsschule für den Volksschulunterricht sind nach KERSCHENSTEINER und GAUDIG (N.N. 1904b; N.N. 1908b; N.N. 1909b; KETTEL 1920; ZIEHEN 1921):

- Bedeutung der Handarbeit für die Selbstbetätigung der Schüler, auf dem Hintergrund psychologischer Erkenntnisse, mit dem Ziel, sie zu selbständigem Arbeiten zu befähigen (vgl. 2.2.1.1; vgl. 2.6.8.1).
- Erarbeitung des Lehrstoffs statt Lernen.
- Auf die thematischen Interessen der Schüler eingehen.
- Abkehr von der Fachsystematik der Fachwissenschaften.
- Hinwendung zur Alltagswelt der Schüler (volkskundliche Bildung: SEYFERT).
- Gesamtunterricht bzw. fachübergreifender Unterricht.
- Berücksichtigung des Heimatprinzips.
- Der Lehrer fungiert als Berater und Helfer.
- Förderung des Könnens (statt des Wissens).
- Staatsbürgerliche Erziehung (KERSCHENSTEINER).

Der Arbeitsschulgedanke schloß also schon von der Idee her vielfältige Bestrebungen neben der Selbsttätigkeit der Schüler ein. Den Interessen der Schüler wurde in Form des Gelegenheitsunterrichts (vgl. 2.6.8.1), mit dem Eingehen auf die Schülerinteressen im Verlauf des Unterrichts (HERDING 1911/12) und in der Themenwahl entsprochen. Diese Bestrebungen aufgreifend wurden bereits in der Weimarer Zeit, besonders im Bereich der Volksschulpädagogik, unterschiedliche Unterrichtskonzeptionen ausgearbeitet. So wurde der Gedanke, die Arbeitsgebiete der Schule mit dem wirtschaftlichen oder häuslichen Arbeitskreisen der Eltern und der dörflichen Kultur zu verbinden, um die Fäden, die von der Schule gesponnen werden, nicht täglich abzureißen (KERSCHENSTEINER in N.N. 1908b), in Form des landwirtschaftlich ausgerichteten Unterrichts in der Landschule realisiert und indem Schüler und Lehrer mit Unterstützung der Eltern Schulgärten anlegten und als Mustergarten für ihr Dorf gestalteten (vgl. 2.6.7.9). Das Heimatprinzip besaß im Volksschulunterricht eine große Bedeutung und wurde auch im naturwissenschaftlichen Unterricht der höheren Schulen berücksichtigt. So wurde die landwirtschaftliche Prägung der Landschaft im Unterricht aufgegriffen, indem der Zuckerrübenanbau in seinen wirtschaftlichen, chemischen, biologischen Aspekten thematisiert wurde oder die Landschaften (Wald, Felder, Wiesen) in der Schulumgebung die Grundlage des Lehrplans abgaben (vgl. 2.6.7.9). Die Behandlung chemischer Technik sollte die heimatlichen Gegebenheiten berücksichtigen. Damit sind zugleich die gesamtunterrichtlichen Bestrebungen berührt, die in der Weimarer Zeit besonders im Volksschulbereich zu zahlreichen Unterrichtsentwürfen führten (vgl. 2.6.7.9).

In der Praxis wurden Prinzipien der Arbeitsschule umgesetzt, wie Berichte aus dem Unterricht zeigen. Im allgemeinen wurde die selbständige Tätigkeit der Schüler herausgestellt (HEMPRICH 1920; DOERMER 1925; EHRHARDT 1912). Sie experimentierten selber und versuchten, Fragen selbst, mit Hilfe des Lehrers, aus Buch, Zeitung, Atlas und Lexikon zu klären (KNEUSE 1931). Bei der Themenwahl und Unterrichtsgestaltung wurde auf die Interessen der Schüler und Schülerinnen eingegangen (ROSIN 1931; HERDING 1911/12). Wie weit solche Praxis an Volksschulen verbreitet war, ist schwer abzuschätzen. Über das Prinzip der „freien geistigen Tätigkeit“ (GAUDIG) wurde gesagt, daß es allgemeine Anerkennung fand und sehr schnell in die Unterrichtspraxis übernommen wurde. Es wurde jedoch auf die große Gefahr der rein technischen Umsetzung des Prinzips hingewiesen, denn „eine methodische Technik ohne eine gediegene didaktische Begründung“ würde hohl werden und zum „methodischen Handwerk“ reduziert. So wurden bereits die „Stundenbilder“, in denen die Einstellung auf die Freitätigkeit „rezeptartig oder imperativmäßig“ veranschaulicht war, sehr rege nachgefragt (MAHLOW 1929). In der Aussprache zur Arbeitsschulidee auf der Hauptversammlung des Fördervereins, 1924, wurde auf die Gefahren der Überbürdung und der Oberflächlichkeit infolge vorschneller Urteile und mangelnder Gründlichkeit hingewiesen. Es wurde über die Klagen von Eltern über nervöse und altklug gewordene Kinder berichtet, die nach GAUDIG unterrichtet wurden (N.N. 1924b).

Auch die Klagen über die schlechten Schulleistungen der Abgänger von der Volksschule zum Ende der Weimarer Zeit, die der Methode des Arbeitsunterrichts angelastet wurden (KARSTÄDT 1929; KANTHER 1929; REINIGER 1929), zeigen, neben dem Unverständnis für die eigentlichen Ziele des Arbeitsunterrichts, ganz sicherlich die häufig mangelhafte, weil eher rezeptartige Umsetzung (vgl. MAHLOW 1929) der Prinzipien der Arbeitsschule in die Unterrichtspraxis. Zwischen Theorie und praktischer Umsetzung des Arbeitsunterrichts in der Schule bestanden noch große Differenzen (BÖTTGER 1926).

Mit der Realisierung des Arbeitschulgedankens verbanden sich die Einrichtung von Werkstätten, Küchen, Laboratorien für naturwissenschaftlichen Unterricht, Schulgärten und die Idee der Gartenarbeitsschule (N.N. 1909a; WOLFF 1920; MEHLAN 1928). Das Realienbuch sollte neu gestaltet werden, so daß es den Schülern vielfältige Anregungen zu selbständiger und „forschender" Betätigung gab (BOGEN 1920).

In den verschiedenen Versuchsschulen, die in der Weimarer Zeit entstanden und freiere Arbeitsformen erprobten, wurden ebenfalls Prinzipien der Arbeitsschule umgesetzt (vgl. SCHODER 1923).

2.6.7.3 Entwickelndes und heuristisches Unterrichtsverfahren

Zu Beginn des 20. Jahrhunderts trat das entwickelnde Unterrichtsverfahren mehr und mehr in den Vordergrund (POSKE 1906). Die Bezeichnung „fragend-entwickelnd" bezog sich auf das Frage-Antwort-Verhalten, das wohl meistens angewendet wurde. Entsprechend dem wissenschaftlichen Vorgehen sollte der Unterricht so eingerichtet werden, daß der Werdegang des naturwissenschaftlichen Erkennens sich auch im Geist der Schüler vollzieht. Der Lehrstoff sollte in fortgesetzter Denkarbeit erarbeitet werden. An Hand der beobachteten Tatsachen sollten Begriffe gebildet und mit Hilfe dieser Begriffe die Tatsachen zu Gesetzmäßigkeiten verknüpft werden. Es sollte nicht dogmatisch übermittelt werden. Die induktive Methode sollte im Schulunterricht nicht nur angewendet, sondern in ihrer Bedeutung für die wissenschaftliche Forschung bewußt gemacht werden. In der wissenschaftlichen Verfahrensweise von Physik und Chemie sah POSKE im Anschluß an HÖFLER den eigentlichen Bildungswert dieser Fächer an der Schule (METZNER 1927; POSKE 1901c).

Das gedankliche Nachvollziehen naturwissenschaftlicher Erkenntnisgewinnung wurde auch als heuristisches oder erforschendes Verfahren bezeichnet. Da es hierbei häufig um die Lösung naturwissenschaftlicher Probleme ging, war hier ein Aspekt problemorientierten Unterrichts enthalten (vgl. 2.6.7.4).

Die Begriffe „entwickelnd“ und „heuristisch“ wurden nicht immer streng unterschieden. Während es im entwickelnden Unterricht auf die (vom Schüler nachvollziehbare) logische Aufeinanderfolge der Erkenntnisschritte ankam, wurde im heuristischen Vorgehen das Schwergewicht auf den eher selbständigen (logischen) Denkprozeß des Schülers gelegt.

Für den Bereich des Chemieunterrichts wurden ARENDT und WILBRAND als wichtige Wegbereiter der entwickelnden (ARENDT) und heuristischen (WILBRAND) Vorgehensweise angesehen (POSKE, ZphchU, 1914). ARENDTs „Methodischer Lehrgang der Chemie“ aus dem Jahre 1887, der von vielen Fachvertretern als vorbildlich für den damaligen Chemieunterricht bezeichnet wurde, gibt die Anleitung eines entwickelnden Verfahrens (LÖWENHARDT 1912). In Anlehnung an lernpsychologische Beschreibungen des Unterrichtsprozesses bei HERBART wird der Chemieunterricht von ARENDT in Stufen eingeteilt. Den Ausgangspunkt bilden Anschauung, Beobachtung und Begriffsbildung am Experiment. Über die Verknüpfung der neuen Anschauungen und Begriffe auf der Grundlage des bereits vorhandenen Wissens führt der Unterricht zur Bildung von Gesetzmäßigkeiten. Dabei nehmen Experiment und Hypothesenbildung eine zentrale Stellung ein (vgl. JUST 1989).

Im Bereich des Chemieunterrichts verfolgte OHMANN den entwickelnden Gedanken. Streng entwickelnd vorgehende Lehrgänge waren so aufgebaut, daß kein Stoff aus einem späteren Lehrgang vorweggenommen wurde, jeder Schritt folgerichtig auf dem vorhergehenden aufbaute und die Schüler jeden Schritt mitvollziehen konnten (GRUBER 1918). Dabei war auf die Anpassung des Lehrstoffs an die jugendliche Psyche zu achten (OHMANN 1922a). Die Fortentwicklung dieser Unterrichtsform sah er als wichtige Aufgabe der Didaktiker an (OHMANN 1901; OHMANN 1908; OHMANN in REIN 1921c). Ein vorgestellter Lehrgang zur chemischen Untersuchung des Wassers (OHMANN 1901) zeigt, daß dieser Unterricht deutlich lehrerzentriert durchgeführt wurde und wahrscheinlich wenig Raum für Eigeninitiativen der Schüler ließ.

Während ARENDT in seinem entwickelnden Verfahren den Akzent auf die darbietende Unterrichtsform legte, plädierte WILBRAND für eine induktiv-heuristische Vorgehensweise (ROEDEL 1920). Im heuristischen Unterricht wurde der Aspekt des selbständigen Nachdenkens der Schüler betont. Der Lehrer bemühte sich, das Charakteristische eines Naturgegenstandes bzw. die naturwissenschaftlichen Gesetzmäßigkeiten aus den Schülern durch Fragen im Zwiegespräch herauszubekommen bzw. durch entsprechende Denkanstöße, so weit wie möglich durch eigenes Nachdenken gewinnen zu lassen (OHMANN 1908; BÜNNING 1931).

Eine Unterrichtsplanung, die ein als entwickelnd bezeichnetes Verfahrens anwendete, um die Ionentheorie zu erarbeiten, zeigte jedoch eher Kennzeichen des heuristischen Vorgehens. Bei geschickter Führung sollte sich der Schüler die Ionen-Hypothese Schritt für Schritt durch logische Schlüsse aus bekannten Tatsachen und experimentellen Ergebnissen selbst aufbauen können (JUNGBLUTH 1912).

Für den Naturlehreunterricht der Volksschule wurde ein fragend-entwickelnder Unterricht vorgestellt, der den Unterricht in drei methodische Stufen unterteilte (ZEIßIG 1910):

1. Anschauung: Der Unterricht geht von Beobachtungen der unmittelbaren Wirklichkeit als Grundlage der Erkenntnis aus, möglichst aus der Erfahrungswelt der Kinder.
2. Denkende Erfassung: Ursachen oder Wirkungen der Erscheinungen werden in kindverständlicher Weise vorgenommen. Besonders hier kommt das fragend-entwickelnde Verfahren zur Anwendung. Für chemische Sachverhalte werden, wenn erforderlich, Experimente, vorwiegend Lehrer-Experimente, zur Verdeutlichung und Aufklärung eingesetzt.
3. Anwendung.

Die Praxis des fragend-entwickelnden Vorgehens wurde von GAUDIG und seinen Anhängern kritisiert, die meinten, daß eine Selbsttätigkeit der Schüler nur vorgetäuscht würde. Den Ausgangspunkt der Kritik bildete die Auffassung, das Kind würde seinen Geist **von sich aus** in Betätigung setzen. Das kurzschrittige Vorgehen würde dem Schüler keine Zeit zum selbständigen Nachdenken lassen und die Fragen den Schüler bereits sehr stark in Richtung der Antwort, zu den erwarteten Schlüssen und Urteilen lenken. Der Lehrer sollte sich statt dessen im Unterricht so weit wie möglich zurücknehmen, nur ganz wenige Fragen stellen und dem Schüler die Zeit gewähren, Ziel und Wege selbst zu finden (SCHEIBNER 1903; KARSTÄDT 1921; JUNGBLUTH 1924a; REINIGER 1928).

Praktisch-heuristisches Verfahren

Ein wesentlicher methodischer Entwicklungsschritt wurde mit der **Einführung der Schülerübungen** in den naturwissenschaftlichen Unterricht vollzogen. Über die selbständige Durchführung von Experimenten sollte der Schüler zum gedanklichen Erarbeiten des Unterrichtsstoffes veranlaßt werden (vgl. 2.6.8.1). Die Verbindung von Schülerübungen mit theoretischem Klassenunterricht wurde auch als Arbeitsunterricht bezeichnet (vgl. 2.6.7.2).

Von DANNEMANN wurde der Unterricht, in dem er die praktische Betätigung der Schüler in den Mittelpunkt stellte, als praktisch-heuristisches Verfahren (1914) bezeichnet. Dabei sollten die Schülerübungen zum Ausgangspunkt und ständigen Begleiter des naturwissenschaftlichen Unterrichts gemacht werden. Die von den Schülern nach einer schriftlichen „heuristischen Anleitung" durchgeführten Versuche sollten sie dazu anhalten, möglichst selbständig Beobachtungen anzustellen, zu vergleichen und Schlüsse zu ziehen. Die Ergebnisse der praktischen Arbeit wurden im anschließenden Klassenunterricht vertieft (POSKE 1908; DANNEMANN 1920a). Kritisiert wurde, daß der von DANNEMANN dargestellte Lehrgang entwickelndes Vorgehen nicht konsequent verfolgte (OHMANN 1908).

Ein entwickelndes, auf die Selbstbetätigung der Schüler bei Planung und Durchführung der Experimente aufgebautes System für den naturwissenschaftlichen Unterricht wurde von KERSCHENSTEINER (1913) ausgearbeitet. Danach gliederte sich der Denkprozeß in vier Stufen:

1. Aus der Beobachtung einer Tatsache stellt sich ein Problem oder eine Frage.
2. Es werden vorläufige Antworten, Vermutungen zur Lösung der Fragestellung entwickelt.
3. Die Vermutungen werden mit Hilfe der bereits bekannten Tatsachen, Regeln, Gesetze weiter verfolgt. Aus der glaubhaftesten Vermutung werden Folgerungen gezogen.
4. Die Folgerungen werden durch Experimente auf ihre Richtigkeit überprüft, so daß sich daraus eine Bestätigung oder Widerlegung der Vermutung ergibt.

Dieser Unterricht sollte die Eigentätigkeit der Schüler betonen. Als wesentliches Charakteristikum wurde die selbständige Erarbeitung der Erkenntnisse herausgestellt, die das Begehen und Korrigieren von Irrtümern als wichtigen Bestandteil des Lernens notwendig beinhaltet (KERSCHENSTEINER 1913; vgl. 2.2.1.4). Daneben war besonders die Zusammenarbeit der Schüler wichtig, um sie zu gesellschaftlichem Arbeiten zu führen (JUNGBLUTH 1924).

Der Aspekt des Forschens charakterisierte schon das von KERSCHENSTEINER entwickelte Verfahren und wurde auch im Unterricht zu verwirklichen versucht. In chemischen Schülerübungen arbeiteten Schülerinnen in Zweiergruppen im „geistigen Arbeitsunterricht" (WILLERS 1931). Aus dem Unterrichtsgespräch mit dem Lehrer, nicht auf seine Anweisung hin, ergaben sich die durchzuführenden Experimente. Die Schülerinnen sollten selbst entscheiden, wie experimentell vorgegangen werden sollte, um z. B. die Klärung der Eigenschaften eines Stoffes herbeizuführen oder um die Bestätigung einer hypothetischen Deduktion zu erreichen. Die Versuchsapparate mußten sie sich selbst aus genormten Geräteteilen zusammenstellen. Sehr häufig wurden Experimente erforderlich, die der Lehrer in seiner Planung der Stunde nicht vorgesehen hatte. Ähnlich wurde in Arbeitsgemeinschaften „Forschungsunterricht" durchgeführt, in dem die zahlreich sich ergebenden Fragen auf experimentellem Weg zu klären versucht wurden. Als „Hausarbeit", durchgeführt im Übungsraum der Schule, ermittelte eine Gruppe von Schülerinnen die Elemente Kohlenstoff und Chlor als Bestandteil des Chloroforms. Wasserstoff wurde nicht gefunden (WILLERS 1928). Im physikalischen Oberstufenunterricht der höheren Schule wurde ein „Forschungsunterricht" vorgestellt, bei dem ein in der wissenschaftlichen Literatur noch nicht in dieser Weise behandeltes Problem, so wie es sich im Unterricht ergeben hatte, zum Ausgangspunkt des Unterrichts genommen wurde. Lehrer und Schüler versuchten gemeinsam, die Aufgabe experimentell und theoretisch zu lösen (GÜNTHER 1922). Für den Mathematikunterricht wurde die „forschende Methode" von JUNGBLUTH beschrieben (STRATMANN 1925).

Ein forschender Unterricht, der neben fachlicher Erkenntnisgewinnung den Alltag der Schüler im Auge behielt, wurde von HERDING (1911/12) vorgestellt. Der Unterrichtsverlauf war offen und wurde vom Interesse der Schüler abhängig gemacht, so daß ein Planungsvorschlag zum Thema „Verbrennung" nur als Möglichkeit gedacht war. Er mußte immer die Möglichkeit zur Anpassung an die momentanen Notwendigkeiten offenlassen. Die Arbeit der Schüler wurde vom Lehrer unmerklich derart geleitet, daß sie keinen wichtigen Punkt ausließen. Am Ende waren die wichtigen Kenntnisse zur Erforschung des Verbrennungsvorgangs gewonnen, mit allen Möglichkeiten, sie im täglichen Leben zu verwenden und auf Vorgänge in der Umwelt anzuwenden.

Aus Untersuchungen zum Interesse der Schülerinnen am Chemieunterricht und Beobachtungen im eigenen Unterricht wurde die Erkenntnis gewonnen, daß der Übergang vom entwickelnden zum forschenden Unterricht, mit der Möglichkeit zu vermehrter Selbsttätigkeit und Selbstdenken der Schülerinnen, eine starke Steigerung des Interesses bewirkt (vgl. 2.2.4).

2.6.7.4 Problemorientierung im Unterricht

Von Problemsituationen wurde im naturwissenschaftlichen Unterricht der höheren Schulen und im Naturlehreunterricht der Volksschule ausgegangen. Problemstellungen und problemlösendes Vorgehen wurden in fachlich, alltags- und technikorientiertem Unterricht eingesetzt.

Problemstellungen wurden im entwickelnden Unterricht (vgl. 2.6.7.3) und, wenn dieser mit Schülerübungen verbunden wurde, im Arbeitsunterricht (oder praktisch-heuristischen Verfahren), so wie von POSKE, HAHN oder KERSCHENSTEINER dargestellt, zum Ausgangspunkt des Unterrichts genommen. Auch im sokratischen Unterricht wurde von einer Problemstellung ausgegangen (vgl. 2.6.7.10). Als Weg zur Problemlösung wurde gelegentlich geschichtliches Vorgehen, in Anlehnung an den historischen Gang der Forschung, vorgeschlagen (FACK 1907; METZNER 1927; vgl. 2.6.7.8).

Problemlösendes Vorgehen im Unterricht wurde in den an KERSCHENSTEINERs Darstellung des Denkprozesses (vgl. 2.6.7.3) angelehnten Strukturierungen des Unterrichts von THYEN und POSKE beschrieben.

POSKE vertrat die Auffassung, daß physikalisches Denken hauptsächlich in der Lösung von Problemen besteht, die durch die Vorgänge in der Natur gestellt werden. Er empfahl, solche Problemlösungen zum Gegenstand des Unterrichts zu machen (METZNER 1927). Er formulierte ein Verfahren entsprechend dem Vorgehen in der naturwissenschaftlichen Forschung: Fragestellung, Aufstellung von Vermutungen, Prüfung der Vermutungen auf ihre Richtigkeit, Verifikation der als am wahrscheinlichsten erkannten Vermutung (POSKE 1913c; vgl. METZNER 1927).

Im Naturlehreunterricht der Volksschule wurde, ausgehend von einer Problemstellung, die sich bei naturwissenschaftlicher Beobachtung ergab, der Unterricht entsprechend dieser Struktur gestaltet (THYEN 1933a):

1. Klarstellung der Tatsachen (bei Beobachtung der Erscheinungen) und der Probleme, die diese Tatsachen dem Beobachter aufgeben.
2. Prüfung der Vermutungen zur möglichen Lösung der Probleme, durch Denken und Experimentieren.
3. Klare Herausstellung der Lösung, die sich als richtig erweist, weil sie mit den beobachteten Tatsachen und früheren Erfahrungen in Übereinstimmung ist.
4. Verifikation: Heranziehen ähnlicher Tatsachen zur Überprüfung der Lösung auf ihre Richtigkeit.

Die bewußte Schaffung von Problemsituationen bzw. problemlösendes Vorgehen wurden selten dargestellt. Im Chemieunterricht wurde den Schülern ein Stück Gips vorgelegt. Sie waren auf der Grundlage ihrer Vorkenntnisse aufgefordert, die chemische Zusammensetzung zu finden. Vor dem Experimentieren wurde das Vorgehen geplant, wurden Vermutungen aufgestellt und Möglichkeiten zur Überprüfung erörtert. Die Schulung des logischen Denkens trat gegenüber der Kenntnisvermittlung deutlich in den Vordergrund. Die Schüler sollten Fähigkeiten entwickeln, die sie auch in anderen Problemfällen verwenden können (MEINKE 1922). Die selbständige Untersuchung von Mineralien oder Gips, um herauszufinden, woraus die vom Lehrer mitgebrachten „Steine" bestehen, motivierte die Schüler zur Arbeit (R. FISCHER 1909/10).

Wie in diesem Beispiel und wie aus den Ausführungen POSKEs hervorgeht, wurden Problemstellungen eher in fachlich orientiertem Unterricht vorgenommen, insbesondere im naturwissenschaftlichen Unterricht der höheren Schulen.

Ein vom Lehrer stark gelenkter, entwickelnder Unterricht, der von einer Fragestellung ausging, wurde für die Volksschule beschrieben. Zur Behandlung des Schießpulvers sollte an die Erfahrungen der Schüler angeknüpft und die Frage aufgeworfen werden, wie seine Wirkung zu erklären sei. Mit Hilfe von Experimenten, die sich zunächst auf die Feststellung der Bestandteile des Schießpulvers und daran anschließend auf die Untersuchung des Verhaltens dieser Bestandteile beziehen, wurde die Wirkungsweise erarbeitet (WURTHE 1915a).

Über den engen fachlichen Bereich hinausgehende Problemstellungen gingen auf Naturerscheinungen und Einrichtungen aus der Alltagswelt der Schüler ein (CONRAD 1909). Wirtschaftliche und technische Fragestellungen wurden zum Ende der Weimarer Zeit und in der nationalsozialistischen Zeit im naturwissenschaftlichen Unterricht aufgegriffen. Das Stickstoffproblem wurde als Existenzfrage für Deutschland mit seinen technischen und wirtschaftlichen Dimensionen behandelt (MANNHEIMER 1923b). In ländlichen Volksschulen wurden Erfahrungen und Probleme des täglichen Lebens der Schüler im Dorf zum Ausgangspunkt des Naturlehreunterrichts genommen. Meistens sahen die Kinder die Probleme nicht selbst, sondern sie mußten ihnen im Gespräch mit dem Lehrer zum Bewußtsein gebracht werden. Zum Thema „Der Ofen“ wurden die Schüler auf den Einfluß der Luftzufuhr auf den Brennprozeß aufmerksam gemacht und daran die Untersuchung der Luft und des Verbrennungsvorgangs angeschlossen (THYEN 1932a). Die Anfrage einer Mutter, ob „Persil“ Sauerstoff enthält und welche Rolle er beim Reinigungsprozeß spielt, wurde zum Ausgangspunkt klärender Untersuchungen im Unterricht genommen (REINHARDT 1933). In nationalsozialistischer Zeit galt im Naturlehreunterricht der Grundsatz, von technischen Problemen und naturwissen-schaftlichen Erscheinung auszugehen, um von dort zum Gesetz zu gelangen (LEßMANN 1940). Als Problemstellung aus der technischen Kalisalzgewinnung wurde auf die Gewinnung von Magnesium aus Abwässern eingegangen (CUNY/VOELKNER 1942).

2.6.7.5 Technik und produktionsorientierte Ansätze

Die Behandlung der Technik wurde schon zu Beginn des Untersuchungszeitraumes thematisiert. In den Leitsätzen des Fördervereins zum Chemieunterricht an den Realanstalten von 1912 wurde gefordert, aus der chemischen Technologie einige zusammenhängende und besonders bedeutsame Kapitel gründlich zu behandeln (DOERMER 1912a). Der einheitliche Lehrgang dürfe durch technologische Notizen aber nicht in den Hintergrund gerückt werden. Technologie dürfe nicht im Mittelpunkt des Unterrichts stehen, da sie nicht das einzig Wesentliche, sondern nur Wichtiges unter anderen wichtigen Tatsachen sei (SCHEID 1902; WINDERLICH 1922).

Technische Themen wurden häufig isoliert von gesellschaftlichen oder sozialen Zusammenhängen dargestellt und an den fachlichen Teil des Unterrichts angehängt. Das Herstellungsverfahren eines Stoffes sollte an die Behandlung des entsprechenden chemischen Elements angeschlossen werden, so wie die Schwefelsäureproduktion an das Thema Schwefel oder die Kochsalzgewinnung und

Sodafabrikation im Anschluß an die Behandlung der Natriumverbindungen (HALLER 1910/11). Um Zusammenhänge der verschiedenen Industrien untereinander besser darstellen zu können, wurde die zusammenfassende Behandlung der Kapitel der angewandten Chemie am Ende der Organischen bzw. Anorganischen Chemie empfohlen (NOLTE 1919).

Es wurde aber auch die Gelegenheit genutzt, technische Themen in einem größeren Zusammenhang darzustellen. So wurde die gewerbliche Entwicklung Deutschlands nachgezeichnet (SCHEID 1902), die Technik in den historischen Kontext der Entwicklung der Chemie gestellt (WINDERLICH 1926c), wobei die Schüler die Ideen der Forscher gedanklich nachvollziehen sollten (SCHEID 1902; METZNER 1927), um aus deren Arbeitsweise und Lebensschicksal wichtige Einsichten zu gewinnen (ACKERMANN 1914). Insbesondere Exkursionen ermöglichten, die Bedingungen technischer Arbeitsprozesse kennenzulernen, auf soziale Aspekte in der Arbeitswelt einzugehen (ZEITLER 1924) und darüber hinaus wissenschaftliche, volkswirtschaftliche, hygienische, ethische und weltanschauliche Fragestellungen zu erörtern (WEINREICH 1928; vgl. 2.6.6.1).

Die unterrichtliche Behandlung der Technik wurde mit der großen volkswirtschaftlichen Bedeutung der chemischen Technik (HALLER 1910/11; WINDERLICH 1922) und der führenden Stellung Deutschlands auf diesem Gebiet legitimiert (ZEITLER 1924). Wirtschaftliche Zusammenhänge, insbesondere wichtige praktische Anwendungen der Technik, seien zur Vorbereitung auf den Alltag und im Hinblick darauf, daß die ganz überwiegende Zahl der Schüler ins praktische Leben geht und kein Chemiestudium ergreift, besonders wichtig (HALLER 1910/11; NOLTE 1919; WINDERLICH 1926c). In erzieherischer Hinsicht wurde die vorbildliche Haltung der großen Männer aus Technik und Industrie angeführt. Durch die Beschäftigung mit ihrem Lebenslauf und Lebenswerk erfuhren die Schüler von den positiven Charaktereigenschaften dieser Männer (WEINREICH 1928; ERPELT 1928). Da sich Technik (Praxis) und Theorie im Verlauf der Geschichte wechselseitig befruchtet hätten, sollte der Chemieunterricht eine innige Verbindung zwischen beidem pflegen (WINDERLICH 1926c).

Wegen des großen Interesses der Schüler an technischen Sachverhalten wirkte sich die Behandlung technischer Themen motivierend im chemischen Unterricht aus (BRÜSCH 1902; WEINREICH 1928; vgl. HALLER 1910/11).

Während des 1. Weltkrieges rückten die Leistungen der Technik in den Mittelpunkt des öffentlichen Interesses. Die Schüler waren an allem, was mit dem Krieg zusammenhing, sehr interessiert. Dies sollte im naturwissenschaftlichen Unterricht genutzt werden (POSKE 1915a). So sollten die Anwendungen der Militärtechnik auf allen Gebieten des naturwissenschaftlichen Unterrichts vermehrt und konkreter dargestellt sowie das Verständnis für Sprengstoffe und die Kriegstechnik vermittelt werden (RETTBERG 1915; TIMERDING 1915). Zahlreiche Beiträge zur Militärtechnik, zu Sprengstoffen (OHMANN 1915b; WURTHE 1915a; WIELAND 1915) und zu anderen Gebieten, die mit den Kriegsereignissen und der Wohlfahrt des deutschen Volkes zusammenhingen (WURTHE 1915b), insbesondere der Ernährungslage und Landwirtschaft, erschienen in dieser Zeit.

Neben der isolierten Behandlung technischer Themen (HALLER 1910/11; NOLTE 1919) wurde ein Verweben der angewandten Chemie mit dem allgemeinen Lehrgang angestrebt (FRANCK 1923). Aber die chemische Technik könne auch in ein Stoffgebiet einführen oder als Anwendung des wissenschaftlichen Lehrstoffs, z. B. von chemischen Gesetzmäßigkeiten, behandelt werden (WINDERLICH 1922; SCHWANTKE 1925). An praktischen Beispielen könnten die Fortschritte der wissenschaftlichen Erkenntnis erläutert werden (WINDERLICH 1926b). Als entscheidende Auswahlkriterien technischer Themen wurden genannt (ZEITLER 1924):

- Heimatnähe,
- volkswirtschaftliche Bedeutung,
- Vermittelbarkeit der theoretischen Grundlagen,
- Beispielhaftigkeit.

Im Zusammenhang mit der Darstellung der technischen Verfahren wurde häufig die Durchführung von Exkursionen angeraten, um den Unterschied hinsichtlich der Geräte und Arbeitsmethoden zwischen Schulversuchen und ihrer Realisierung in der Technik zu demonstrieren (WINDERLICH 1926c; NOLTE 1919; BRÜSCH 1902) und um fachübergreifende Inhalte zu integrieren (vgl. 2.6.6.1).

Im Chemieunterricht sollten keine technischen Einzelheiten aneinandergereiht werden, sondern dem Schüler sollte gezeigt werden, wie die im Schulversuch beobachteten Reaktionen in der Technik im großen Maßstab abliefen. Er sollte verstehen, wie Gebrauchsgegenstände des täglichen Lebens und Waren aus einer geringen Zahl von Rohstoffen hergestellt werden. Dabei sollten das Zusammenwirken der Einzelprozesse und Industrien, die Weiterverarbeitung von Halbprodukten und Abfallstoffen und das Bestreben, nicht mehr verwertbare Abfallstoffe zu minimieren, berücksichtigt werden (NOLTE 1919). Auf die wirtschaftliche Realisierbarkeit technischer Verfahren sollte eingegangen werden (WINDERLICH 1926c). An technischen Beispielen könne gezeigt werden, daß bei der praktischen Realisierung theoretischer Einsichten diese in Widerstreit geraten können mit anderen grundlegenden theoretischen oder praktischen Forderungen und ein Ausgleich gefunden werden müsse (STAHLBERG 1915).

In der Unterrichtspraxis, so die Folgerung aus einer Lehrbuchanalyse, wurden technische Verfahren oft detailliert und ausführlich behandelt (MANNHEIMER 1925b), auf übergeordnete bzw. grundlegende Zusammenhänge wurde wahrscheinlich wenig eingegangen. Es wurde kritisiert, daß utilitaristischen, die Naturwissenschaft zu einer Dienerin der Technik machenden Darstellungen Vorschub geleistet werde. Alles theoretische Erklären technischer Einzelheiten habe nur untergeordneten Wert, sei oft nur beschreibend, aber nicht eigentlich erklärend. Es bestehe die Gefahr, lediglich Wissensstoff anzuhäufen und Einzeltatsachen aneinanderzureihen (BAVINK 1925b).

Unter nationalsozialistischer Herrschaft wurde die technische Seite des Chemieunterrichts stark betont, allerdings nur an den Jungenschulen, denn an den Mädchenschulen stand die Hauswirtschaft im Mittelpunkt. Die Aufgabe, die Schüler für die Betätigung im Gemeinschaftsleben tauglich zu machen, werde nicht von den Wissenschaften bestimmt, sondern die Schularbeit schöpfe aus den realen Lebenszusammenhängen, also aus Heimat und Umwelt, in die sie eingebunden sei (THYEN 1933c). Der Chemieunterricht an den höheren Schulen sollte u. a. das Interesse für die soziale und die volkswirtschaftliche Frage wecken. Die Technik spielte dabei eine bedeutende Rolle. Zur Hebung des Nationalbewußtseins sollten Arbeiten deutscher Forscher in ihren Auswirkungen für die Allgemeinheit zeigen, wie ihre Erfindungen die deutsche Wirtschaftslage verbesserten (LEONHARDT 1933).

Der Lehrplan von 1938 verlangte nicht nur, die wirtschaftliche und politische Bedeutung der angewandten Chemie zu vermitteln, sondern „die stofflichen Vorgänge in den großen Rahmen des Gesamtgeschehens einzuordnen" (FRANCK 1938). Es wurde kein systematischer Lehrgang angestrebt, sondern eine Beschränkung auf die wesentlichen volkswirtschaftlich wichtigen Stoffe der organischen und anorganischen Chemie, ihre Gewinnung und Verarbeitung gefordert. Zum Beispiel sollte die Behandlung der Metalle, die sich auf wenige Gebrauchsmetalle beschränkte, zu einem einheitlichen Lehrgang über Deutschlands Hüttentechnik und Metallwirtschaft zusammengefaßt werden. Den wesentlichen Inhalt der Stickstoffchemie sollte die deutsche Stickstoffindustrie mit ihren geschichtlichen, politischen und wirtschaftlichen Aspekten ausmachen (FRANCK 1938). In diesem Sinne wurden zahlreiche Beiträge in den Fachzeitschriften veröffentlicht (vgl. KINTTOF 1938b).

Auch im Naturlehreunterricht der Volksschule spielten technische Themen eine wichtige Rolle, denn er bezog sich nicht nur auf Vorgänge der unbelebten Natur, sondern auch auf Bau und Funktion der umgebenden technischen Welt. Das Erkennen und die Aneignung der Dinge aus der Erfahrungswelt der Kinder standen im Mittelpunkt. Grundlegende Gesetzmäßigkeiten sollten durch selbständiges Experimentieren, mit Hilfe schriftlicher Anweisungen, erarbeitet werden. Geschichtliche und wirtschaftliche Vertiefungen in Form der „Fremdbelehrung" stellten die Dinge im Lebenszusammenhang dar. Die Technik sollte immer in ihrer Verbundenheit mit dem Menschen gezeigt werden, weil sie erst dadurch ihren Sinn erhielt (THYEN 1933c). Ein Grundsatz des Naturlehreunterrichts bestand darin, vom technischen Problem oder praktischen Gerät ausgehend zum chemischen Gesetz zu gelangen (LEßMANN 1940).

2.6.7.6 Spielelemente im Unterricht

Auf die Bedeutung des Spiels in der Entwicklung der Menschen hatte schon FRÖBEL hingewiesen. Mit dem Arbeitsschulgedanken, der daran anknüpfte, wurde diese Überzeugung von Reformpädagogen in die Schule getragen (BAEGE 1915), wo sie jedoch nur sehr zurückhaltend in die Praxis umgesetzt wurde. Vereinzelt wurde von Bemühungen, den lernpsychologischen Effekt des spielerischen Elements im Unterricht zu nutzen, berichtet. Die vorgefundenen Beispiele beziehen sich auf den Anfangsunterricht an den höheren Schulen bzw. auf den Volksschulunterricht. Belege für die Durchführung von Spielen im naturwissenschaftlichen Unterricht fanden sich in der untersuchten Literatur nicht.

Bei aller Unterschiedlichkeit zwischen Kindheit und Jugendalter sei das Spiel sowohl für die Kindheit als auch die Jugend angebracht (SCHMIDKUNZ 1900). Zur Verknüpfung der einzelnen sich entwickelnden Anlagen seien das Spiel und die Selbsttätigkeit von großer Bedeutung (ELSENHANS 1914). In der Schule sollte eine Brücke geschlagen werden vom Spiel der Kinder zum Ernst des Lebens. An die Stelle der spielenden Beschäftigung, wie sie in der Unterstufe angebracht sei, solle in der Oberstufe der Volksschule mehr und mehr die ernste Arbeit treten (KRAHE 1911).

Wiederholt wurde auf das Spielbedürfnis der jüngeren Schüler hingewiesen. Der Spieltrieb der Jugendlichen auf der Unterstufe der höheren Schule sei geblieben. Sie würden lieber Räuber und Gendarm spielen als Beobachtungen anstellen (HOEFKE 1931). Auch auf der Unterstufe der Volksschule wurde der Spieldrang der Schüler beobachtet (EGER 1912). Solche Feststellungen führten jedoch nicht dazu, das Spiel in den Unterricht zu integrieren, sondern sie wurden zur Begründung der Durchführung von Exkursionen oder von Schülerübungen legitimatorisch genutzt (VOLKE 1920). Mit dem Hinweis auf das vorwiegend naturwissenschaftliche Spielen und Beschäftigen der Kinder im Vorschulalter und in der Freizeit außerhalb der Schule und auf das häufige Abtöten dieses Interesses in der Schule wurde die Forderung, auf die natürlichen Interessen der Kinder schon im „elementarsten" Unterricht einzugehen, begründet (GRIMSEHL 1904). Im Anfangsunterricht des Chemie- und Physikunterrichts sollten die Experimente den Interessen der Schüler entsprechend eher qualitativ und „glänzend, einfach und soweit als möglich in den Ausdrucksformen des knabenhaften Spiels ..." (WUNDER 1913, S. 44) gestaltet werden (BREMER 1916).

Über den Einsatz von Spielen bzw. von Spielzeug im Unterricht wurde nur aus dem Physik-, aber nicht aus dem Chemieunterricht berichtet. Zur Übung des physikalischen Denkens wurden die Mechanismen von Spielsachen untersucht. Bei Beobachtungen sollte das Wesentliche, das die Ursache der Erscheinungen erklärt, herausgefunden werden (STAHLBERG 1915). Als Anwendungsbeispiel mechanischer Phänomene aus Sport und Spiel wurde die Bewegung einer Kugel auf der Kegelbahn (Kugelrücklaufvorrichtung) behandelt (HOLM 1932). Auch in den USA war bereits, im Zusammenhang mit Bemühungen, den naturwissenschaftlichen Unterricht kindgemäßer zu gestalten, die Frage des Einsatzes von Spielzeug in den physikalischen Schülerübungen erörtert worden (K. T. FISCHER 1907).

Für den Naturlehreunterricht der (ländlichen) Volksschule wurde gefordert, auf die kindlichen Verhaltensweisen stärker einzugehen. Dabei sei das Spielen mit und an den Dingen in Entdeckerabsicht und Entdeckerfreude eine der wichtigsten Formen (THYEN 1932a). Kinder würden ihr Wissen oft im Spiel erwerben (THYEN 1933c). Zur Unterstützung der Knochensammlung in der Schule in nationalsozialistischer Zeit (vgl. 2.6.7.7) wurde ein Reimwettbewerb „Was reimt sich auf Knochen?" durchgeführt (EGGESTEIN 1937). Der Einsatz didaktischer Spiele, wie Lotto oder Quartett, wurde erwähnt. Sie eigneten sich vor allem für Übungsphasen (THYEN 1933a).

Im allgemeinen wurde aber wohl auf den höheren Schulen alles Spielerische als Gefahr für den Unterricht angesehen. Einem der ganz wenigen Beiträge zur Bedeutung des Spielerischen im naturwissenschaftlichen Unterricht folgte unmittelbar die warnende Anmerkung, daß die Schule die Aufgabe habe, den Spieltrieb nach und nach in festere Bahnen zu lenken (POSKE 1913e). Gegen die Gefahr, der Unterricht in den chemischen Schülerübungen könnte der Kontrolle des Lehrers entgleiten, wurde vorgegangen: „... der Raum zum Spielen soll genommen, bloßes Tasten und vages Hantieren, alles Flattrige und Fahrige in Betätigung der Hände und Sinne unterbunden, dafür aber ernstes, zielbewußtes Arbeiten ermöglicht werden." (GREINER 1915)

In nationalsozialistischer Zeit war die große Bedeutung des Spiels erkannt worden. Es wurde genutzt für die Absicht, die Jugend für die Ziele der nationalsozialistischen Ideologie zu gewinnen. Das Spiel, als Grundform volkhafter Belehrung, sollte gerade im Naturlehreunterricht zu einer wesentlichen Form des Lernens durch Selbsttätigkeit werden (THYEN 1933c). Neben dem Spiel wurden als Grundformen der Bildung Arbeit, Lehrgang und Feier angeführt (BÜHNEMANN 1934; THYEN 1933c).

2.6.7.7 Alltagsorientierter Chemieunterricht

Forderungen nach lebensnahem Chemieunterricht wurden seit Beginn des 20. Jahrhunderts erhoben. Sie wurden in zwei Punkten zusammengefaßt (KÖLZER 1931; vgl. CLEMENZ 1914, für den Volksschulunterricht):

- Der Chemieunterricht sollte **aus dem Leben schöpfen**, indem er an Beispiele aus dem täglichen Leben und an die Erfahrungswelt der Schüler anknüpft (Haushalt, Bauwesen, Technik usw.). An diesen Beispielen sollten die Grundbegriffe der Chemie erläutert werden. Insbesondere im Anfangsunterricht sollten nur solche Themen behandelt werden, für die Schüler wirkliches Interesse haben (Lebensvorgänge, Mineralien, Verwitterung und dgl.) (CONRAD 1903; HÜCKEL 1928).
- Der Chemieunterricht sollte **auf das Leben vorbereiten**. Er sollte Kenntnisse vermitteln, die praktisch verwertbar sind, und Verständnis für chemische

> Vorgänge vermitteln, die im täglichen Leben wichtig sind. Wegen der Bedeutung der chemischen Technik sollte bei jeder Gelegenheit ein Zusammenhang zwischen Industrie und Schule gesucht werden. Dem Heimatprinzip folgend, sollte der Unterricht um Erfahrungen der Schüler aus der örtlichen Industrie gruppiert werden. So sollten die Schüler einen Einblick in Wesen und Bedeutung der Industrie und Wirtschaft erhalten. Darüber hinaus sollten sie für viele Bereiche des täglichen Lebens, der Naturkunde, der Technik, der Landwirtschaft usw. Verständnis erlangen (vgl. DOERMER 1912a; vgl. WINDERLICH 1926c).

Damit fanden für den Chemieunterricht der höheren Schulen wie für den Realienunterricht der Volksschulen sowohl der lernpsychologische Aspekt als auch die Bezugnahme auf das zukünftige Leben der Schüler Berücksichtigung.

Den Anlaß für lebensnah gestalteten Chemieunterricht bildeten fehlende Freude und Begeisterung am Chemieunterricht, die wohl zumindest teilweise, im Gegensatz zu den Ergebnissen einer Untersuchung zur Beliebtheit naturwissenschaftlichen Unterrichts (vgl. 2.2.5), auf der Oberstufe festzustellen waren (NELKENBRECHER 1925). Sie wurden auf die Vernachlässigung der Bedeutung der Chemie für Kultur, Industrie, Wirtschaftsleben und für alle Naturvorgänge (STOCK 1919, S. 26) und auf zu geringes Eingehen auf Interessen der Schüler (NELKENBRECHER 1925) zurückgeführt. Das Interesse der Schüler sollte genutzt werden, indem „gesellschaftliche Moden“ im Unterricht aufgegriffen wurden, insbesondere solche, die sich im Alltagsleben der Schüler großer Beliebtheit erfreuten, wie beispielsweise die Photographie (GEISSLER 1903).

Legitimiert wurde alltagsorientierter Unterricht mit Hinweis auf die Tatsache, daß der ganz überwiegende Teil der Schüler ins praktische Leben eintritt und nicht Chemie studiert. Deshalb seien den Schülern Kenntnisse zu vermitteln, die praktisch verwertbar sind und die wirtschaftliche Bedeutung der Chemie betreffen. Für Studenten, die später als Richter oder Gesetzgeber tätig werden, wäre dieses Wissen ebenfalls unbedingt nötig (NOLTE 1919). Es wurde die Meinung vertreten, „... daß die Kenntnis wirtschaftlich wichtiger Dinge für die Allgemeinheit nötiger ist als das Prinzip vom beweglichen Gleichgewicht nach LE CHATELIER“ (WINDERLICH 1926a). Das Ziel, Schüler denken zu lehren, könnte in den angewandten Naturwissenschaften genauso gut erreicht werden wie in rein theoretischem Unterricht (WINDERLICH 1926c). Nützliches, im praktischen Leben verwertbares Können und Wissen gehöre wesentlich zur Allgemeinbildung der Abiturienten der Realanstalten (DOERMER 1912a). Es wurde auf den motivierenden Effekt beim Umgang mit Alltagsstoffen (GIENAPP 1926b) und die Bevorzugung nützlicher Dinge durch die Schüler hingewiesen (WUNDER 1907).

An der Volksschule wurde vor dem 1. Weltkrieg begonnen, im Chemieunterricht arbeitsschulische Prinzipien zu verwirklichen und damit das praktische Leben stärker zu berücksichtigen (OHMANN 1913b). In der Weimarer Zeit wurde das Prinzip der Lebensnähe in die Lehrpläne der höheren Schule aufgenommen. STOCK vertrat die Auffassung, in der Schule sei eine „Chemie des praktischen Lebens" zu lehren (STOCK 1920a; REIN u. a. 1919). Der Lehrstoff des Chemieunterrichts sei nicht vom Standpunkt der Wissenschaft, sondern von dem der „allgemeinen Bildung" zu bestimmen. Es sollten praktisch wichtige Stoffe behandelt werden, wie Wasser, Luft, Soda, Ammoniak, Holz, Petroleum, Baustoffe, Färberei, chemische Grundlagen der Ernährung, Landwirtschaft, Lebensvorgänge usw. (STOCK 1919a). Von anderer Seite wurde neben der Behandlung der wichtigsten Gegenstände des täglichen Bedarfs und der Erzeugnisse von Industrie und Bergbau Deutschlands auch das Eingehen auf grundlegende und zum Verständnis notwendige Gesetze und Theorien, einiges aus der physiologischen Chemie des Menschen und der Pflanzen und neue kulturell wichtige Entdeckungen gefordert. Obwohl die wissenschaftliche Vertiefung als notwendig angesehen wurde, sei das Hauptziel die staatsbürgerliche und sozial-ethische Seite des Chemieunterrichts (FRANCK 1923b; FRANCK 1925).

Im Chemieunterricht der Volksschule sollten die Beziehungen der Chemie zu Haushalt (Heizung und Beleuchtung, Waschen und Bleichen, Nahrungsmittelchemie, Küche) und Hausbau vermittelt werden (GIENAPP 1926b). Der am Alltag der Schüler orientierte Unterricht wurde vielfach in Form des Gesamtunterrichts (vgl. 2.6.7.9) durchgeführt. Wie im Anfangsunterricht der höheren Schulen sollte vom Erfahrungskreis des Kindes ausgegangen werden, ein Prinzip, dem der naturwissenschaftliche Unterricht in nationalsozialistischer Zeit grundsätzlich folgen sollte. Die Dinge sollten im Unterricht in ihrer natürlichen Gestalt und in ihrem natürlichen Zusammenhang gezeigt werden (KRETSCHMER 1933). Der Unterrichtsstoff sollte „lebensvoll" sein und an das praktische Leben anknüpfen. Die Arbeitsschule verlangte, die Orientierung an der systematischen Wissenschaft aufzugeben, damit die Stoffe allseitig und in dem vom Leben gebotenen Zusammenhang behandelt werden konnten (SAUPE 1912). SEYFERT (1909) forderte eine volkstümliche Bildung, die sich an der Kultur des breiten Volkes orientiert. Diese Idee wurde in nationalsozialistischer Zeit aufgegriffen (KEUCHEL 1933). Zum Ende der Weimarer Zeit wurde die Auffassung vertreten, die naturwissenschaftlichen Fächer auf der Oberstufe der

Volksschule als Gegenwartskunde zu betreiben, indem sie als Dienerin zum Klären, Aufschließen und Bereichern der Wirklichkeit genutzt würden (SCHWARZ 1931; vgl. MASCHECK 1931).

Für die ländlichen Volksschulen wurde die Behandlung gartenkundlicher und landwirtschaftlicher Themen angeraten (KEUCHEL 1927). Die persönlichen Erfahrungen der Schüler und die wirkliche Welt sollten zur wichtigsten Quelle der Bildung werden und im Unterricht genutzt werden. Die Umwelt der Kinder sollte den Lehrplan bestimmen. Ein Beispiel stellte RIFFEL (1924) vor. In dem Maße, wie Land- und Hauswirtschaft industrialisiert wurden, rückten auch Physik und Chemie stärker in den Blickpunkt des Unterrichts (KEUCHEL 1927). Im Naturkundeunterricht der Oberstufe wurde die Behandlung technischer Themen und damit eine Hinwendung zum heutigen Leben vermißt (KRAULEDAT 1930).

Die Befürworter eines alltagsorientierten Chemieunterrichts an den höheren Schulen wollten keine Stoffchemie betreiben. Es sollte die Abhängigkeit des individuellen und staatlichen Lebens von der Welt der Stoffe und der Möglichkeit der Stoffverwandlung gezeigt werden (FRANCK 1925). Die chemische Wissenschaft müsse immer wieder mit dem täglichen Leben verknüpft werden, indem die Anwendungen chemischer Forschung in der Landwirtschaft, im Gesundheitswesen, in der Technik usw. und die wirtschaftlichen Zusammenhänge aufgezeigt werden, wenn die Schüler sich im Alltag zurechtfinden sollten (WINDERLICH 1926c). Die Frage, woher die Dinge des Alltags wie Metalle, Seife, Brot, Farben usw. kommen und wie sie hergestellt werden, sollte beantwortet werden (HALLER 1910/11). Der Chemieunterricht sollte als Herstellungs- und Verbrauchskunde für die breite Allgemeinheit gestaltet werden (REINDL 1927). Es ging also (in erster Linie) um allgemeinbildende Zielsetzungen, um nützliches, im praktischen Leben verwertbares Können und Wissen (DOERMER 1912a).

In der Weimarer Zeit machte der Chemieunterricht an den höheren Schulen eine Richtungsänderung durch, indem er sich stärker der „Chemie des täglichen Lebens" (LASSAR-COHN) zuwandte (FRANCK 1923b). Auch in der Oberstufe wurde stärker als früher auf Dinge des täglichen Lebens und der angewandten technischen Chemie eingegangen (MANNHEIMER in DOBERS 1925a). Dabei scheint eher beschreibend, denn wissenschaftlich vertiefend vorgegangen worden zu sein. Zumindest weist wiederholt vorgetragene Kritik an übertriebenen Darstellungen technischer Einzelheiten im Unterricht (MANNHEIMER in

DOBERS 1925a; vgl. 2.6.7.5) in diese Richtung. Befürworter eines an der allgemeinen Chemie orientierten Unterrichts wendeten sich gegen das Vordringen praktisch verwertbarer Themen, weil sie befürchteten, die Vermittlung allgemeiner chemischer Zusammenhänge würde vernachlässigt (BAVINK 1925). Aber auch Vertreter des alltagsorientierten Chemieunterrichts selbst warnten davor, die angewandte Chemie nur als Warenkunde oder beschreibende Technologie zu betreiben (FRANCK 1923b).

Der Eindruck einer amerikanischen Besucherin deutscher Schulen, der Stoff stehe im Vordergrund des naturwissenschaftlichen Unterrichts und nicht die Entwicklung des schöpferischen Denkens der Schüler, weist in die gleiche Richtung. Ein wichtiges Ziel des alltagsorientierten Unterrichts wurde offenbar nicht an allen Schulen erreicht, wenn die Beobachtung zutraf, daß im Vergleich zu amerikanischen Verhältnissen deutsche Schulen die Beziehung zum täglichen Leben vernachlässigten, so daß die Schüler weniger Beziehung zur Wirklichkeit besäßen und dem Leben hilfloser gegenüber stünden (SCHWARZ 1930).

In den Zeitschriften vorgestellte alltagsorientierte Lehrgänge aus den höheren Schulen und teilweise auch aus dem Volksschulbereich stellten eher fachliche Ziele in den Mittelpunkt des Unterrichts. Der Chemieunterricht MANNHEIMERs, der den Lehrstoff in der Oberstufe in „genetischen Lehrgruppen" anordnete, zeigt lebensweltliche Bezüge. Die Leitlinien des Unterrichts orientierten sich jedoch an der Allgemeinen Chemie (MANNHEIMER 1925a; vgl. 2.6.7.9). Von WURTHE beschriebene Lehrgänge besitzen lebensweltliche Aspekte. Zink sollten die Schüler kennenlernen als Metall, aus dem Badewannen, Dachrinnen und viele Gegenstände in Küche und Haus gefertigt sind (WURTHE 1918), Nickel in seiner Bedeutung als „Kriegsmetall" (WURTHE 1916). Indem die Lehrgänge Eigenschaften, Vorkommen, Gewinnung und Verwendung des jeweiligen Metalls nacheinander abhandeln, bleiben sie aber dem systematischen Aufbau stark verhaftet (WURTHE 1916; WURTHE 1920; vgl. 2.6.7.1).

Ein Lehrgang zum Thema Milch auf der höheren Schule folgte den Prinzipien der Arbeitsschule (NELKENBRECHER 1925) und ging auf die Zusammensetzung der Milch, die Bestimmung des Fettgehaltes, die Verfälschung der Vollmilch und auf biologische Eigenschaften der Milch ein. Auch das Thema „Die Ackererde" (NELKENBRECHER 1929) war lebensweltlich orientiert. Der Chemieunterricht der Oberrealschule an der Uhlenhorst stützte sich auf Schülerübungen. Dort wurde Wasser unterschiedlicher Herkunft (Fluß-, Leitungs-, Regen- und Schneewasser) analysiert, zum Thema Ammoniak verschiedene technische Darstellungsverfahren, die Entstehung von Ammoniak bei der Verwesung im Boden und die reinigende Wirkung des Ammoniaks thematisiert, zum Thema Zink eine Taschenlampenbatterie untersucht und anderes behandelt (FRANCK 1923b). In einer Prima wurde das Thema Kolloidchemie ein halbes Jahr lang in einem besonderen Lehrgang, der neben dem Kernunterricht herlief, mit viel Freude bei allen Beteiligten behandelt. Es wurde an Erfahrungen aus dem häuslichen Leben (Experimente mit Wasserglas und Tee) angeknüpft, die wirtschaftliche und technische Bedeutung sowie die Eigenschaften kolloider Systeme behandelt (WINDERLICH 1925a).

In diesen Beispiele wurden lebensweltliche Bezüge nicht nur als „Aufhänger“ für einen dann im wesentlichen fachlichen Chemieunterricht benutzt. Im Volksschulbereich wurde alltagsorientierter Unterricht, der sich durchgängig einem Alltagsthema annahm und chemische Fragestellungen aus diesem Thema heraus beantwortet, noch konsequenter verfolgt. Einige Lehrgänge, die als Gesamtunterricht durchgeführt wurden, verzichteten weitgehend auf fachstrukturelle Bezüge (vgl. 2.6.7.9), zum Beispiel zum Thema „Milch“ (SCHULZE 1922). Eiweiß wurde im Rahmen des Gesamtunterrichts „Arbeitskunde“ von Schülern untersucht (vgl. 2.6.7.9). Nach Feststellung seiner Eigenschaften wurden verschiedene Lebensmittel auf ihren Eiweißgehalt in Gruppenarbeit untersucht, ein Exkurs zum Kochen von Fleisch und Herstellung von Brühe unternommen, die Qualität von Eipulver untersucht und die Verdauung von Eiweiß im Modellversuch veranschaulicht (BÜNGER 1921c). Es wurde also bereits versucht, die Schüler für die Qualität von Lebensmitteln zu sensibilisieren. Die Behandlung des Waschens im Unterricht ging von den Erzählungen der Kinder über den Waschtag zu Hause aus. Anschließend wurden die Wasserleitung, Geräte zum Waschen und der Waschvorgang besprochen (HEYWANG 1931). Die mit der Anlage von Schulgärten bzw. eines Mustergartens für das Dorf verbundenen Lerntätigkeiten der Schüler zeigten die Verbindung zum praktischen Leben besonders deutlich (vgl. 2.6.7.9).

Es wurde, von subjektiven Erfahrungen und Vorstellungen der Schüler ausgehend, versucht, zur fachlichen Ebene zu gelangen (vgl. LEßMANN 1940). Ausgangspunkt und Mittelpunkt des Naturlehreunterrichts sollten die den Schülern aus dem Leben mehr oder weniger bekannten Vorgänge (Gärung) oder komplexe Lebensgebiete (Ernährung, Heizung, Kleidung usw.) sein, die entwickelnd, unter Zuhilfenahme der Erfahrungen der Schüler und von Experimenten, verständlich gemacht und erklärt wurden (ZEIßIG 1910; vgl. CONRAD 1909). Bei Behandlung des Schwarzpulvers während des 1. Weltkrieges sollten, von den Erfahrungen und Beobachtungen der Schüler über seine Beschaffenheit, Wirkung und Verwendung ausgehend, seine chemischen Bestandteile analysiert, Schwarzpulver hergestellt und seine Wirkungsweise erklärt werden (WURTHE 1915a).

Die Resultate des Unterrichts auf der Oberstufe der Volksschule waren unbefriedigend. Die Schüler konnten nur wenig aus dem Unterricht ins Leben mitnehmen oder auf andere Fächer übertragen (SCHWARZ 1930, 1931). Eine Gefahr der Unterrichtspraxis im Unterstufenunterricht wurde darin gesehen, daß wie im fachsystematisch orientierten Unterricht vom Stoff ausgegangen wurde, dieser in den Mittelpunkt des unterrichtlichen Geschehens gestellt und darüber die Interaktion mit den Schülern vernachlässigt wurde (vgl. 2.6.7.9). Um Lebensnähe zu erreichen, müßten an der Volksschule kindliche Verhaltensweisen berücksichtigt werden. Das Handeln, z. B. in Form von Experimentier- und Bastelaufgaben, müßte stärker in Betracht gezogen werden (THYEN 1932a).

Mit Beginn der nationalsozialistischen Herrschaft verschwanden Veröffentlichungen über unterschiedliche Unterrichtskonzepte. Das Prinzip der Lebensnähe wurde aber weiterhin berücksichtigt, erhielt sogar noch mehr Gewicht. Davon zeugen vielfältige Unterrichtsvorschläge zu Themen aus der Alltagswelt in dieser Zeit, wie zu Waschmitteln und Seife, Zellstoff, Papierherstellung, Kunststoffen u. a. (vgl. 2.5.5). An den höheren Mädchenschulen sollten Themen wie Gärung und Gärungsgewerbe, die Verhütung von Gärung und Fäulnis, Reinigung, Nahrungsmittelchemie, Chemie der Faserstoffe usw. behandelt werden (FRANCK 1938).

An den Oberschulen für Jungen blieb der Chemieunterricht nach dem Lehrplan von 1938 sehr stark technologisch geprägt (vgl. 2.6.7.5; vgl. 2.3.4.1). Im Anfangsunterricht sollte der Unterrichtsstoff aus der engeren Umgebung der Schüler ausgewählt und an seine Erlebnis- und Vorstellungswelt angeknüpft werden. Erst anschließend sollten die Rohstoffversorgung Deutschlands und die wirtschaftliche und politische Bedeutung der chemischen Technik vermittelt werden (FRANCK 1934b; BRETTAR 1938). Für die Arbeit in den Arbeitsgemeinschaften, die den Hauptteil des Chemieunterrichts ausmachten, sollten praktische Aufgaben ausgewählt werden, die lebensnah und für das Gemeinschaftsleben von Wert waren (ZEITLER 1940a). Vom Thema „Knochen als Rohstoff“ wurde erwartet, daß es bei den Schülern Interesse für die Rohstofffragen erzeugt und ein tieferes Verständnis volkswirtschaftlicher Probleme. Die Schüler sollten an der Bewältigung der gesamtgesellschaftlichen Aufgaben mitwirken (BRETTAR 1938). Sie sollten zu erhöhtem Sammeleifer für die Knochensammlung der

Schule angeregt werden, aber auch zum Weitertragen der Problematik durch Vorträge, Ausstellungen und Experimente an andere Schüler und Eltern. Ausgehend von wirtschaftsgeographischen Betrachtungen wurden biologische und chemische Untersuchungen durchgeführt, Leim hergestellt usw. (ZEITLER 1940a,b).

2.6.7.8 Das historische Element im Chemieunterricht

Die Behandlung geschichtlicher Elemente bzw. das Nachvollziehen der historischen Entwicklung der Chemie wurde in erster Linie für den Chemieunterricht der höheren Schulen erwogen, es wurde aber auch für den chemischen Volksschulunterricht vorgeschlagen.

Die Beschäftigung mit der Geschichte der Chemie wurde als anregend, in hohem Grad allgemeinbildend und unerläßlich für das Verständnis des wissenschaftlichen Erkenntnisstandes angesehen. Wichtige chemische Erkenntnisse sollten im Zusammenhang mit ihrer historischen Bedeutung vermittelt werden (OHMANN 1922a). Die Gliederung des Lehrstoffs einzig nach geschichtlichen Gesichtspunkten empfehle sich aber nur dort, wo sie zwanglos durchführbar sei (DOERMER 1912a). Übereinstimmend wurde in allen Äußerungen während des Untersuchungszeitraums die Meinung vertreten, daß nicht der gesamte Chemieunterricht entsprechend der historischen Entwicklung der Chemie erteilt werden könne. Ein entwickelnder Unterricht könne nur phasenweise dem historischen Verlauf der chemischen Forschung zwanglos folgen (WINDERLICH 1917c).

Die Meinungen über Ausmaß und Schwerpunkte einer geschichtlichen Gestaltung des Unterrichts gingen auseinander. Einerseits wurde verlangt, daß der naturwissenschaftliche Unterricht in großen Zügen dem Entwicklungsgang der Forschung folgen müßte (HARTLEB 1920) bzw. daß die Geschichte der Chemie den Chemieunterricht mit ihrem Geiste durchdringen sollte (WINDERLICH 1916a). Aus den DAMNU-Lehrplänen (vgl. 2.3.1.2; vgl. 2.4.9) wurde eine Betonung der Geschichte der Chemie für den Chemieunterricht abgelesen (PAETZ 1926). Andererseits sollte der Einsatz historischer Elemente auf charakteristische Beispiele beschränkt werden. Für den Realschulunterricht wurde empfohlen, die Geschichte ganz weniger grundlegender Probleme herauszugreifen und gründlich durchzuarbeiten (DOERMER 1912a). An einzelnen Beispielen sollten die Entwicklung einer wichtigen Erkenntnis, das Wirken einer Persönlichkeit und die Entwicklung eines technischen Verfahrens herausgearbeitet werden

(FRANCK 1923a). Einige wenige Entdeckungen und Erfindungen sollten die Schüler „miterleben" und in ihren weiteren Konsequenzen verfolgen (DIERGART 1922).

Legitimiert wurde historische Orientierung im Chemieunterricht durch die Auffassung, daß nur auf diesem Wege ein vertieftes Verständnis für die Zusammenhänge chemischer Erkenntnisse möglich sei. Darüber hinaus biete der geschichtliche Einschlag im naturwissenschaftlich Unterricht eine geeignete Grundlage, um wissenschaftliche, technische, wirtschaftliche und sozialethische Probleme schärfer zu durchdenken als im Experimentalunterricht (s. u.). Die Geschichte bringe die Einzelgebiete der Natur-wissenschaft zwanglos in einen natürlichen Zusammenhang, wirke damit einer zu frühen Spezialisierung entgegen (WINDERLICH 1929; WINDERLICH in REIN 1928). Als methodische Alternative sollte die Geschichte der Chemie eingesetzt werden, wenn andere Mittel versagten, insbesondere wenn die Durchführung von Experimenten nicht möglich war (WINDERLICH 1916a; WINDERLICH 1929).

Historischem Chemieunterricht wurden motivierende Effekte zugesprochen, insbesondere der unmittelbaren Begegnung der Schüler mit Originalschriften. Sie würden „auf den jugendlichen Geist einen tiefen Eindruck machen und das Interesse für den behandelten Gegenstand in hohem Grade beleben" (DANNEMANN 1920b). Das hatte WINDERLICH bereits in seiner Unterrichtspraxis genutzt. Schülern, die für praktische Arbeit wenig begabt waren, wurden historische Themen zur Bearbeitung gegeben, die nach ihren besonderen Interessen ausgesucht waren. Ausarbeitung und Vortrag kurzer Referate ermöglichten mehr sprachlich, wirtschaftlich oder philosophisch begabten Schülern selbständiges Arbeiten im Chemieunterricht (WINDERLICH 1917a):

- sprachlich interessierte Schüler: Entwicklung der Namengebungen und der Zeichensprache,
- philosophische Köpfe: geistiger Gehalt einzelner Theorien,
- volkswirtschaftlich interessierte Schüler: Entwicklung einzelner Industrien.

Der Beschäftigung mit bedeutenden Naturwissenschaftlern im Unterricht wurde eine große Bedeutung beigemessen. Die Persönlichkeit großer Naturwissenschaftler sollte in den Mittelpunkt des Unterrichts gestellt werden, um an ihnen zu zeigen, wie naturwissenschaftliche Erkenntnis erworben wird (GÜNTHER in WITTING 1913). Die Schüler vollziehen dann in intensiver Arbeit die Gedanken schöpferischer Forscher nach und können durch diese Beschäftigung die

Bedeutung des Geistes für naturwissenschaftliche Erkenntnisse erfahren (WINDERLICH 1929; WERNER 1924). Von der Beschäftigung mit der geistigen und sittlichen Selbstzucht (Fleiß, Ausdauer, Wahrheitsliebe, Anspruchslosigkeit u. a.) der großen Forscher wurde erhofft, die Schüler zu einem entsprechenden Idealismus erziehen zu können (DANNEMANN 1920b).

SCHWALBE benutzte die Geschichte im Physikunterricht aus methodischen Überlegungen, um komplizierte Maschinen wie z. B. die Dampfmaschine besser verständlich zu machen. Dazu ging er von sehr einfachen ersten Konstruktionen aus, die in Versuchen und durch Modelle dargestellt wurden (BOHN 1901).

Aus dem Chemieunterricht wurden gelegentlich Planungen vorgestellt, in denen der Unterricht dem geschichtlichen Verlauf folgte. Die Einführung ins Thema Sprengstoffe konnte nahezu der historischen Entwicklung folgen (OHMANN 1917a). Als erprobtes Beispiel, wie sich Geschichte mit sachlichen Inhalten verbindet und induktive Arbeits- und Denkweisen herausgearbeitet werden, wurden SCHEELEs Entdeckung des Chlors bei der Untersuchung des Branntweins und die anschließenden Forschungen zu Wesen und Eigenschaften des Chlors vorgestellt. Der Unterricht läßt sich wohl als entwickelnd und lehrerzentriert charakterisieren. Als Elemente des Unterrichts sind Lehrervortrag, Demonstrationsexperimente und Schülerversuche zu erkennen (WINDERLICH 1917c). In historischer Literatur aufgespürte Überlegungen zur Herstellung von Ammoniumchlorid wurden aufgegriffen und wegen ihrer aktuellen technischen Bedeutung als praktische Aufgabenstellung genutzt (WINDERLICH 1931a).

Im Volksschulbereich erfolgte bereits vor dem ersten Weltkrieg die Anregung, die Lösung naturwissenschaftlicher, insbesondere wissenschaftlich-technischer Probleme historisch zu verfolgen (GEWOLF in OHMANN 1913b). Als Beispiel aus dem Chemieunterricht wurde die historische Entwicklung der Reduzierung von Eisenerzen angeführt (FACK 1907). Die Darstellung läßt auf einen lehrerzentrierten Unterricht schließen, bei dem die Schüler den vom Lehrer dargestellten Problemen und ihren Lösungen gedanklich folgen sollten. In einer Reihe kurzer Beiträge in der Zeitschrift „Natur und Unterricht" wurden Abrisse der Entdeckungsgeschichte wichtiger Stoffe wie Sauerstoff, Stickstoff und Kohlensäure sowie die Beschreibung dazugehöriger Experimente in Form darbietenden Unterrichts vorgestellt (PAUL 1912/13a,b,c,d,e,f).

Geschichtlich orientiertem Chemieunterricht wurde verschiedentlich entgegengetreten. Abzulehnen sei der historische Weg, wenn er, wie am Beispiel der Einführung in die Atomistik gezeigt wird, im Gegensatz zu den logischen Zusammenhängen steht und dadurch zu Unverständnis führt (BAVINK 1925b). Am Beispiel der Einführung in die Ionentheorie wurde ein historisches Vorgehen erwogen, aber, wegen der zu starken physikalischen Gewichtung und einer Überbetonung der Elektrolyse, gegenüber einem Vorgehen, das von den Erscheinungen ausgeht, verworfen (JUNGBLUTH 1912). Aus Befürchtungen, anwendungsbezogener Unterricht könnte zurückgedrängt werden, wurde vor einer zu starken Betonung des Geschichtlichen im Chemieunterricht gewarnt (DANNEMANN 1920b). Das starke Interesse der Schüler an der Geschichte der Chemie wurde bezweifelt, da geschichtliches Interesse an einem Fachgebiet erst dann entstünde, wenn man ein gutes Stück in ihm vorgedrungen sei, weiter, als Schüler das im allgemeinen sein könnten (FRANCK 1923a).

Problemorientiertes Vorgehen

Die Verbindung von problemorientierter Vorgehensweise mit geschichtlichen Elementen wurde in einigen Artikeln vorgeschlagen. Das praktisch-heuristische Unterrichtsverfahren (vgl. 2.6.7.3) sollte mit historischer Betrachtungsweise verbunden werden und wurde dann als praktisch-heuristisch-genetisches Unterrichtsverfahren bezeichnet (DANNEMANN 1920a).

DANNEMANN (1907) strebte an, die Methoden und Denkweisen der Naturwissenschaften zu vermitteln (vgl. 2.4.8). Um diese Zielsetzung zu erreichen, sah er die von den Schülern in den praktischen Übungen (Durchführung von Schülerversuchen zur Klärung naturwissenschaftlicher Probleme) erarbeiteten Erkenntnisse als nicht ausreichend an. Zur Vertiefung der praktisch gewonnenen Erkenntnisse wurde der Bezug auf die Geschichte der Naturwissenschaft als besonders geeignet angesehen (DANNEMANN 1918). Sie eigne sich gerade zur gründlichen philosophischen Vertiefung des Unterrichts, da sich aus dem Verfolgen der fortschreitenden Wissenschaft Einblicke ins Werden der Erkenntnis und ein Verständnis für die Wege der Forschung ergeben (WINDERLICH 1917a).

Es sollte gezeigt werden, wie sich mit zwingender Notwendigkeit eine Erfindung oder Entdeckung aus den vorhergehenden entwickelt und auf ihnen aufgebaut hat. Der Schüler wird dabei zu der Einsicht geführt, daß jede wissenschaftliche Erkenntnis, jedes abgeschlossene, scheinbar fertige Wissen nur relativen Wert besitzt (DANNEMANN 1920b). Im Volksschulunterricht sollte verdeutlicht werden, daß zur Lösung eines wissenschaftlich-technischen Problems häufig viele Schritte nötig waren und viele Versuche unternommen werden mußten, ehe das Endziel erreicht wurde. Dabei sollten Irrwege nicht verschwiegen werden (FACK 1907).

Historische Quellen wurden von DANNEMANN und WINDERLICH als Ergänzung und Vertiefung bereits erarbeiteter Erkenntnisse eingesetzt. Der Lehrer vollzog mit seinen Schülern gemeinsam die Gedanken der Forscher nach (DANNEMANN 1920a). Dazu wurden im Klassenunterricht oder zu Hause ausgewählte historische Originaltexte von Naturforschern gelesen. Die Auswahl sollte auf leicht verständliche, aber wichtige Abschnitte aus den Werken großer Forscher fallen. Durch Vergleich der Versuchsergebnisse aus den praktischen Übungen mit den Gedankengängen und Forschungsergebnissen der Naturwissenschaftler sollten die Schüler zu tieferer Einsicht geführt werden (DANNEMANN 1907). DANNEMANN hatte für diesen Zweck eine Quellensammlung historischer Texte zusammengestellt (vgl. 2.8.2).

2.6.7.9 Gesamtunterricht und Konzentration

Im Untersuchungszeitraum kennzeichneten die Begriffe „Konzentration" und „Gesamtunterricht" die Bestrebungen, den Unterricht eines Faches über die engen fachlichen Grenzen auszudehnen und mit anderen Fächern und Inhalten zu verbinden. Mit „Konzentration" war im allgemeinen fachübergreifender, aber auch fächerverbindender Unterricht gemeint. Gesamtunterricht als fächerverbindender Unterricht wurde an der Volksschule verwirklicht.

Fächerverbindende Ideen wurden bereits zu Beginn des 20. Jahrhundert und sogar noch früher geäußert. Es sollte der durch die Fächerung bedingten Zersplitterung der Wirklichkeit entgegengewirkt werden. Eine Zusammenschau der naturwissen-schaftlichen Disziplinen zu einer in sich geschlossenen Naturauffassung sollte zum Abschluß des naturwissenschaftlichen Unterrichts auf der Prima als „allgemeine Naturkunde" oder „allgemeine Naturgeschichte" erfolgen (SCHMID 1920; BROHMER 1921). Durch philosophische Vertiefung der bereits bekannten naturwissenschaftlichen Tatsachen sollten bestimmte übergeordnete Probleme von Seiten der Einzeldisziplinen betrachtet werden. Auch eine historische Herangehensweise wurde als methodischer Weg vorgeschlagen, wobei Verknüpfungen mit zeitgenössischer Philosophie oder modern-philosophischen Problemen vorgenommen werden sollten (BROHMER 1921). Es wurde auf die Bedeutung der Naturwissenschaften für die Entwicklung der Kultur hingewiesen. Der Unterricht im Fach Naturkunde sollte kulturkundlich betrieben werden, indem Grundlagen und Zusammenhänge der Kultur erarbeitet würden (TIEDGE in N.N. 1922; TIEDGE 1924). Um die Natur in der Schule als Ganzes zu erfassen, waren bereits zum Ende des 19. Jahrhunderts Vorschläge zur Zusammenlegung der naturwissenschaftlichen Fächer, teilweise auch mit anderen Fächern, entwickelt worden (STEINRIEDE 1902).

An den Volksschulen wurde fächerverbindender Unterricht in verschiedenen Formen durchgeführt. In Verbindung mit dem Gedanken des Arbeitsunterrichts bezog er sich auf die Alltagswelt der Schüler und folgte dem Heimatprinzip.

SEYFERT (N.N. 1909b) forderte einen nach volkstümlichen Gruppierungen (häusliches Leben, Ernährung, Kleidung, Familie, Gemeinde, Volk usw.) gegliederten volkstümlichen Unterricht, der sich an den Denk- und Ausdrucksformen der breiten Volksmasse und an deren praktischem bürgerlichem Alltagsleben orientierte, da die Schüler aus dem Volk seien und nach Schulabschluß ganz überwiegend einen praktischen Beruf ergriffen.

Die Erfahrungen der Leipziger Reformbewegung aus dem ersten Jahrzehnt des 20. Jahrhunderts mit Gesamtunterricht, der den Stoff aller Fächer vereinigte und nach Sacheinheiten gliederte (HENKEL 1913; WOLFF 1921), wurden in der Weimarer Zeit aufgegriffen. In einem heimatkundlichen Anschauungsunterricht in den ersten beiden Klassen der Volksschule wurde die nähere Erfahrungswelt der Kinder, wie Haus, Hof, Garten, Schule, Gewerbe, Landwirtschaft, Wald, Feld usw., erkundet (KÖRNER 1922b). Die Aufnahme der naturwissenschaftlichen Fächer zusammen mit anderen Fächern in einen Gesamtunterricht wurde auch für die Oberstufe gewünscht, um alles, was die Schüler an Dingen und Erlebnissen mit in die Schule bringen, zum Ausgangspunkt und Gegenstand des Unterrichts zu machen (vgl. 2.6.8.1). Erfahrungen hätten gezeigt, wie die Schüler in einem in dieser Weise gestalteten Unterricht auflebten (BOCKEMÜHL 1921). Für die Landschulen wurde in nationalsozialistischer Zeit in einem Entwurf eines Erziehungs- und Bildungsplanes der Naturkundeunterricht mit Erdkunde und Geschichte zum Sachkundeunterricht zusammengefaßt. Dieser sollte möglichst ohne fachliche Bindungen aus der Wirklichkeit des dörflichen bzw. deutschen Lebensraums hervorgehen (BÜHNEMANN 1934).

Der Naturkundeunterricht in den vier oberen Klassen der Volksschule (Oberstufe) konnte seit 1922 als fächerverbindender Unterricht gestaltet werden (UFER 1922). Diese Möglichkeit wurde von der Mehrzahl der Schulen nicht genutzt (vgl. 2.3.3). Für Landschulen wurde eine landwirtschaftlich betonte Naturkunde empfohlen, wobei dem Chemieunterricht eine besondere Bedeutung zukam. In einem Plan wurde aufgezeigt, welche Inhalte aus Naturgeschichte und Chemie den Anschluß an landwirtschaftliche Fragen ermöglichten (MEYER 1925). Ein anderer Vorschlag sah eine Vereinigung der Fächer Physik, Chemie, Biologie, Mineralogie, Anthropologie unter Führung der Biologie zu einer einheitlichen Naturkunde vor. Zur Realisierung wurde, ausgehend vom praktischen Arbeitsprinzip, der Schulgarten als Mittelpunkt gewählt (PIETSCH 1931). Zwei Beispiele zeigen die Einrichtung von Schulgärten und wie dort sämtliche Arbeiten, vom Umgraben des Bodens über die Planung und Zeichnung des Grundrisses, Ausmessen der Beete bis zum geschäftlichen Verkehr zur Beschaffung von Pflanzen, Geräten usw., von den Schülern ausgeführt sowie Düngung, Nährstoffaufnahme u. a. erklärt und im Versuch beobachtet wurden (KRAHE 1911; GERDES 1927; vgl. KLOOS 1928).

In einem Beispiel zur Gestaltung des Naturkundeunterrichts in der ein- bis vierklassigen Landschule (RIFFEL 1924) sollte die Behandlung der naturwissenschaftlichen Fächer zusammengefaßt werden unter dem Gesichtspunkt, die nähere Umgebung der Schüler (Wald, Feld und Wiese, Haus und Garten) gründlich und allseitig zu erfassen. Jeder der drei Bereiche sollte ein Jahr lang Unterrichtsthema sein, gegliedert nach den vier Jahreszeiten. Z. B. wurde im zweiten Jahr (Feld und Wiese) im Frühling die Düngung behandelt (natürliche und künstliche Düngemittel, ... Sauerstoff und Stickstoff, Untersuchung der Bodenarten mit Salzsäure und Schwefelsäure, Ammoniak, Kali, Phosphor, ...).

An konkreten Lehrplanvorschlägen für den Gesamtunterricht in Naturkunde wurde die Künstlichkeit des Aufbaus kritisiert, der zum großen Teil durch viel zu umfassende Unterrichtsthemen bedingt sei. So sei der gebotene Aufbau der Unterrichtsstoffe dem kindlichen Denken genauso fremd wie das facheigene System der Naturwissenschaften, das überwunden werden sollte. Die Planungen würden zu sehr vom Stoff her bestimmt sein und zu wenig den kindlichen Verhaltensweisen den Dingen gegenüber gerecht werden (THYEN 1932a).

Gesamtunterrichtliche Konzepte im Volksschulbereich, die über den Rahmen der Naturkunde hinausgingen, verbanden Themen aus der Lebenswelt miteinander und häufig mit geographischen Einheiten oder bezogen sich auf die Heimat.

Im Gesamtunterricht „Arbeitskunde" bildeten die behandelten Gebiete eine Vorbereitung oder Vertiefung der übrigen Stoffe. Die Seifenherstellung diente zur Vorbereitung der Untersuchungen über Fett, indem die Schüler bei der Behandlung Hollands selbst auf die ausgedehnte Seifenindustrie schließen konnten. Zugleich war sie eine notwendige Voraussetzung für das vertiefte Verständnis des Verdauungsvorganges. Die Besprechung der Verdauung veranlaßte die Untersuchung der wichtigsten Nahrungsmittel, die Behandlung der Atmung veranlaßte Versuche mit Kohlensäure. Chemische Unterrichtsabschnitte wurden immer auf Schülerexperimente, strukturiert durch freie Aussprache, Zusammenfassungen und praktische Anwendungen, gegründet (BÜNGER 1921c; vgl. BÜNGER 1921a,b).

In einem Arbeitsplan für das fünfte Schuljahr wurde der Stoff in „Unterrichtspolen" konzentriert, denen dazu neigende Inhalte aus anderen Fächern zugeordnet wurden. Der Naturkundeunterricht wählte seine Unterrichtspole aus Lebensgemeinschaften aus der Umgebung. Chemische und physikalische Begriffe wurden anhand der Pole „Wohnung", „Heizung" und „Nahrungsmittel" behandelt. Dem naturkundlichen Pol „Die Kartoffel" waren neben Inhalten der Fächer Rechnen, Deutsch und Geschichte Chemie (Nährstoffe der Kartoffel, Stärke) und Handbetätigung (chemische Experimente) zugeordnet (OESAU 1929). Im „wachstümlichen Unterricht in Lebenskreisen" sollten auf der Grundlage von Heimat und Erdkunde die naturhaften, völkischen, ethischen und religiösen Erscheinungen in ihrem Zusammensein und Zusammenwirken erarbeitet werden. Chemische Inhalte spielten nur eine sehr untergeordnete Rolle. Innerhalb des Themas die „pyrenäische Halbinsel" wurde „Quecksilber" in seiner Wortbedeutung sowie seine Eigenschaften, Verbindungen und Verwendung behandelt (HILLER 1924a; HILLER 1924b).

Realisierbarer als die Einführung eines neuen Faches erschienen Konzentrations-bestrebungen in den einzelnen naturwissenschaftlichen Fächern, da Voraussetzungen wie entsprechend ausgebildete Lehrer und Lehrveranstaltungen der Hochschulen, die eine zusammen-fassende Darstellung aller naturwissenschaftlicher Disziplinen geboten hätten, fehlten.

Zunächst gingen Konzentrationsbestrebungen dahin, Inhalte der anderen naturwissenschaftlichen Fächer in den Chemieunterricht zu integrieren. Konzentrationsbestrebungen in Richtung des Physikunterrichts gingen von Vertretern eines stärker in Richtung der allgemeinen Chemie ausgerichteten Chemieunterrichts aus. Sie vertraten zugleich ein eher fachliches Konzept des Chemieunterrichts (vgl. 2.4.8; vgl. 2.5.4; vgl. 2.6.7.1). Entsprechend der gewachsenen Bedeutung der Physik für die Fachwissenschaft Chemie sollten physikalisch-chemische Themen eine stärkere Berücksichtigung finden (BRÄUER 1925). Von den allgemeinen Gesetzmäßigkeiten als Mittelpunkt des Chemieunterrichts aus wollte BAVINK eine philosophische Vertiefung erreichen, die in Richtung einer Verknüpfung aller naturwissenschaftlichen Fächer gedacht war (DOBERS 1925a). Eine stärkere Annäherung von Physik- und Chemieunterricht wurde als natürlich angesehen (BRÄUER 1922). Schon zu Beginn des 20. Jahrhunderts war für die Oberrealschule die Zusammenlegung der je drei Stunden Physik- und Chemieunterricht zu insgesamt sechs Stunden Naturlehre verlangt worden (MAURER 1906). Für die Behandlung der Ionentheorie, bei der chemische und physikalische Aspekte zusammenwirken, wurde ein Konzentrationsunterricht als ideal angesehen (GEORGES 1930).

Zur Verbindung des Chemie- mit dem Biologieunterricht wurde die Organische Chemie als besonders geeignet angesehen (LANDSBERG 1903). In Form des Arbeitsunterrichts wurden die Grenz- und Anwendungsgebiete von Chemie und Biologie im Unterricht behandelt (GIERS 1929a). Als Beispiele konkreter Lehrgänge für die höhere Schule können das Thema „Die Milch“ (NELKENBRECHER 1925) und die Behandlung der Zellulosegärung und ihrer Bedeutung in der Natur (ZEITLER 1929) angeführt werden.

Fachübergreifende Themen, die über den Rahmen naturwissenschaftlicher Inhalte hinausgingen und sich stärker technisch-wirtschaftlichen und anwendungsbezogenen Inhalten zuwendeten, bezogen sich stärker auf Schülerinteressen (vgl. 2.6.7.7). MANNHEIMER (1923b; 1925b) griff den Gedanken einer allgemeinen Naturgeschichte für den Chemieunterricht auf der Oberstufe auf (s. o.) und vertrat die Auffassung, daß die allgemeinen chemischen Gesetzmäßigkeiten gelehrt werden müßten als Grundlage für einen ordnenden Überblick über die Einzeltatsachen und für das Verständnis des Werdens und Vergehens in der Natur. Zum Thema Stickstoff wurden in einer mehrwöchigen eingehenden Besprechung, ausgehend von den natürlich vorkommenden Verbindungen (Luft-, Kohle-, Salpeter-Stickstoff), die Wege wichtiger Stickstoffverbindungen in der Technik behandelt und die Einsicht in große technische und wirtschaftliche Zusammenhänge gefördert. Die in der Natur sich abspielenden chemischen Prozesse des Auf- und Abbaus dieser Verbindungen sollten ihre Bedeutung im Naturganzen erhellen. Das Stickstoff-Problem wurde als Grundlage des Ernährungsproblems, als wirtschaftliche und weltpolitische Frage und schließlich im Rahmen der organischen Chemie als Lebensfrage erörtert.

Die Behandlung der Technik bot die Möglichkeit, den Gedanken der Konzentration zu verwirklichen, da sich die verschiedenen naturwissenschaftlichen Gebiete in der praktischen Anwendung einander überschneiden, so daß eine Gesamtnaturwissenschaft entsteht, in der die Einzeldisziplinen aufgehen. Für das Thema „Die Technik des Messens" wird dies beispielhaft in einem knappen Abriß dargestellt, wobei die kulturgeschichtliche Bedeutung der Entwicklungen verdeutlicht wird (WINDERLICH 1926c). In einem Chemieunterricht, der sich als Herstellungs- und Verbrauchskunde für die breite Allgemeinheit verstand, sollte die Trennung von Physik, Chemie und Mineralogie aufgehoben werden und eine angewandte Naturlehre entstehen (REINDL 1927). Auch die Behandlung der Geschichte der Naturwissenschaften wurde als geeignet angesehen, den Zusammenhang der Fächer zu vermitteln (REINDL 1926).

Der Konzentrationsgedanke wurde gefördert durch den eng begrenzten Zeitrahmen, der dem naturwissenschaftlichen Unterricht an den höheren Schulen gesteckt war und der in der Weimarer Zeit noch enger wurde (vgl. 2.2.9.1). Am humanistischen Gymnasium mit nur einem einjährigen Kursus im Chemieunterricht wurde der Konzentrationsgedanke besonders betont (DAHMEN 1928b).

Gesamtunterricht und Konzentrationsbestrebungen wurden an den höheren Schulen vornehmlich außerhalb des regulären Unterrichts der staatlichen Schulen realisiert. Im Landerziehungsheim, in dem mehr Freiräume als an den staatlichen Schulen bestanden, wurde der Stundenplan so organisiert, daß der naturwissenschaftliche Unterricht an einem Vormittag der Woche in fünf Unterrichtsstunden hintereinander durchgeführt wurde. Ein Thema konnte danach in seiner biologischen, chemischen und physikalischen Richtung theoretisch und in praktischen Schülerübungen behandelt werden. Zum Thema „Darmkanal und Verdauung" wurden der Bau des Darms, die Struktur eines Muskels, Diffusion und Osmose, Kapillarität, chemische Verdauungsversuche mit Pepsin, Versuche über Leim- und Eiweißstoffe, Gerinnen und die Wirkung des Alkohols behandelt. Obwohl Lehrer und Schüler den Unterricht in dieser Form gegenüber der vorhergehenden Zersplitterung als einen „Genuß" empfanden, wurde nach einiger Zeit wieder davon abgegangen, da sich nicht der gesamte Stoff der naturwissenschaftlichen Fächer (Biologie einschließlich Hygiene, Chemie, Physik und Geologie) zwanglos in solche Themen zusammenfassen ließ (WUNDER 1907).

Betriebsbesichtigungen und Lehrausflüge ermöglichten die Begegnung mit der realen natürlichen oder technisch-kulturellen Umwelt, die in der Schule getrennten Zweige der Naturwissenschaften zusammenzufassen und das Naturbild im Zusammenhang darzubieten und es ganzheitlich zu erfassen (HANSTEIN 1910; HOEFKE 1931; vgl. 2.6.6).

Schullandheimaufenthalte wurden genutzt, um Unterricht fächerverbindend, heimat- und naturverbunden auf Anschauung, Erlebnis, Selbstbetätigung aufbauend zu gestalten. Zum Thema „das Werden des Brotes“ wurde ein Bogen von der Beobachtung der verschiedenen Getreidearten auf dem Feld bis zum Backen des Brotes geschlagen (SAHRHAGE 1932). Weitere Möglichkeiten, übergreifende naturwissenschaftliche Zusammenhänge zu erfahren, stellten die Durchführung von Projekten (vgl. 2.6.5) und die von KREBS empfohlene Beteiligung der Schulen an der landeskundlichen Forschung dar, wobei alle Fächer zusammenwirken könnten (PEERENBOOM 1900).

An Volksschulen wurde die Bildung von Arbeitsgemeinschaften empfohlen, weil durch die Zusammenfassung der Schulfächer zu einem Arbeitsgebiet am besten unmittelbar an das tägliche Leben angeknüpft werden könne (GIENAPP 1926a). In nationalsozialistischer Zeit wurde Gesamtunterricht an der Volksschuloberstufe in Form von „Arbeitsvorhaben“ in die Fächer hereingeholt. Ungefächerter Gesamtunterricht könne streng genommen nur in der einklassigen Schule ganz verwirklicht werden (KARSTÄDT 1940).

Eine Zusammenarbeit zwischen Chemieunterricht und nicht-naturwissenschaftlichen Unterrichtsfächern fand bereits zu Beginn des 20. Jahrhunderts statt. Eine besondere Bedeutung besaß zu dieser Zeit der Zeichenunterricht, der wiederholt als wichtiger Bestandteil des naturwissenschaftlichen Unterrichts angesprochen wurde. Die Anfertigung von Skizzen, z. B. von Versuchsaufbauten erleichterte die Trennung des Wesentlichen vom Unwesentlichen, förderte eine scharfe Auffassung der Einzelheiten und die Ausbildung des Formensinns. Für den Lehrer wurde sie zur Kontrolle des Lernerfolgs und der Auffassungsgabe der Schüler genutzt (STEINRIEDE 1902; KREBS 1903). Auch Inhalte der Fächer Deutsch und Fremdsprachen wurden in den Chemieunterricht einbezogen (GALL 1931).

Im Zusammenhang mit der Durchführung von Exkursionen wurde auf den Vorteil des Klassenlehrersystems der Volksschulen für die Konzentration des Unterrichts gegenüber dem auf den höheren Schulen herrschenden Fachlehrersystem, mit seiner fachlich isolierten Ausbildung, hingewiesen (FLATT 1904). In jedem Fall hätten unerfahrene Lehrer Schwierigkeiten, die Vereinigung der Gebiete nicht nur formal zu vollziehen (UFER 1922).

Zum Ende der Weimarer Zeit wurden der Arbeitsunterricht und der Gesamtunterricht zunehmend kritisiert. Auch von den Befürwortern dieser Unterrichtsformen wurden eine verbindende Idee und ein Zielpunkt für den Unterricht der Volkschuloberstufe vermißt, so wie sie für den Grundschulunterricht in der Heimatkunde gefunden worden waren. In einigen Beiträgen wurde angeregt, die Erziehung des deutschen Menschen zum allgemeinen Ziel des Unterrichts zu machen (FRIESE 1931). Die deutschkundlichen Ideen als immanentes Prinzip zur Verbindung zwischen den Fächern hätten den Vorzug, daß keine Disziplin auf das Erreichen ihrer eigenen fachlichen Ziele zu verzichten brauchte. Die Naturgegenstände und -vorgänge sollten in wesentlich stärkerem Maß als bisher auf Heimat, Volksbrauch und Wirtschaftsleben bezogen werden (BROHMER 1930).

2.6.7.10 Sokratisches Verfahren

Schon 1907 wurde das sokratische Verfahren erwähnt. Die Durchführung einer Pädagogischen Woche der „Freunde der sokratischen Methode" (BÜNNING 1931) zeigt, daß dieses Verfahren eine größere Anhängerschaft besaß. In einer französischen Veröffentlichung wurde ihm zusammen mit dem heuristischen Verfahren (vgl. 2.6.7.3) der Verdienst zugeschrieben, daß die einst so „verwünschten Stunden" des naturkundlichen Unterrichts in Deutschland nun zu den beliebtesten gehörten (NATH 1907).

Das sokratische Verfahren baute auf reine Vernünftigkeit und nicht auf sinnliche Erfahrungen auf. Deshalb war die Anwendung sokratischen Vorgehens überall dort im naturwissenschaftlichen Unterricht möglich, wo es um denkende Arbeit ging:

- die Erarbeitung der eigentlichen Problemstellung,
- die Auswahl der Fragen, die an die Natur in Form von Experimenten zu stellen waren,
- die Zergliederung der Gedanken vor Durchführung des Experiments.

Die Einzelurteile wurden zergliedert, um durch die Abstraktion die darin enthaltene allgemeine Wahrheit zu finden (WEINREICH 1927b). Wichtig war das beharrliche Selbstdenken der Schüler, denn nur die eigene Einsicht ließe die Wahrheiten erkennen (WEINREICH 1927a). Dies deckt sich mit Überzeugungen der Vertreter der Arbeitsschule (vgl. 2.6.7.2; vgl. 2.6.7.3; vgl. 2.6.8.1).

Die Gefahr des sokratischen Verfahrens wurde darin gesehen, daß sich das Gespräch zwischen Schülern und Lehrer zu weit vom Unterrichtsgegenstand entfernt. Deshalb sollten „törichte“ Fragen von Schülern „unterdrückt“ werden (NATH 1907).

2.6.8 Einzelelemente

2.6.8.1 Didaktische Prinzipien

Veranschaulichung

Dieses Prinzip war für die Reformbewegung grundlegend, denn es ging ihr darum, den vom Lehrervortrag bestimmten Unterricht in einen von den naturwissenschaftlichen Phänomenen ausgehenden Unterricht zu verwandeln. Sie fußt damit auf den Vorstellungen ARENDTs, der schon im 19. Jahrhundert den Begriff des Anschauungsunterrichts geprägt hatte, den er im wesentlichen in den unteren Klassen eingesetzt sehen wollte (vgl. JUST 1989, S. 68).

Vom Anschauen der naturwissenschaftlichen Phänomene sollte ausgegangen werden. Der Unterricht stützte sich also zunächst auf die äußeren Anschauungen. Denn die lebendige Vorstellung einer Sache übermittelt sich nicht ohne weiteres beim mündlichen Vortragen. Die mit Hilfe der Sinne erworbenen Anschauungen besitzen eine größere Helligkeit, Frische und Kraft. Davon unterschieden wurden die inneren Anschauungen, die durch die apperzipierende Tätigkeit der Seele entstehen (HENKEL 1913; STAHLBERG 1915).

Die Pflege der Anschauung wurde als wichtigste Aufgabe der naturwissenschaftlichen Fächer angesehen (STAUTZ 1922b). Es sollte Anschluß an die in der freien Natur ablaufenden Vorgänge gesucht werden. Als wichtigstes Anschauungsmittel wurden die Gegenstände der Natur selbst angesehen (N.N. 1904a), im Chemieunterricht repräsentiert durch den planvoll angelegten Versuch. Die Forderung der Reformbewegung, davon ausgiebig Gebrauch zu machen, wurde in Lehrplänen aufgegriffen (N.N. 1905b; FRANCK 1923a; KÖLZER 1932). Daneben wurden zur Veranschaulichung verschiedene Medien eingesetzt (STAUTZ 1922b, vgl. 2.8.4). Mit zunehmender Aufnahme von theoretischen Inhalten in den Chemieunterricht nahm ihr Einsatz deutlich zu.

Im Idealfall sollte die Natur selbst beobachtet werden. Dazu bot der Biologieunterricht reichlich Gelegenheit, indem Pflanzen und Tiere der Umgebung thematisiert wurden. Im Chemieunterricht war im wesentlichen die Anwendung chemischer Erkenntnisse, in Form der industriellen Produktion, der direkten Beobachtung zugänglich. Betriebsbesichtigungen wurden daher im Zusammenhang mit technischen Themen angestrebt und durchgeführt (vgl. 2.6.6.1).

Die Anschauung in Form des chemischen Experiments sollte den Ausgangspunkt des Unterrichts bilden (LÖWENHARDT 1912a). Zahlreiche Vorgänge aus dem natürlichen und technischen Erfahrungskreis des Schülers müßten anschaulich erklärt werden (REMUS 1904). Chemische Erkenntnisse sollten mehr aus experimenteller Anschauung als aus der Theorie gewonnen werden. In ganz besonderem Grade galt dies für den Anfangsunterricht (vgl. 2.6.8.6). Um den Unterrichtsstoff dem Entwicklungsstand der Schüler anzupassen, muß die Anschauung am Beginn, abstraktes Denken am Ende des Schulunterrichts stehen (STEINRIEDE 1902; OHMANN 1906).

Das richtige Sehen, der Gebrauch der Sinnesorgane, das Anschauen und Beobachten müssen geschult und entwickelt werden (WINDERLICH 1917b; KERSCHENSTEINER 1913).

Selbständigkeit

Das Prinzip der Selbständigkeit wurde zu einem der zentralen Begriffe in der Reformbewegung des naturwissenschaftlichen Unterrichts seit der Zeit vor dem 1. Weltkrieg. Im Zusammenhang mit der Einführung der Schülerübungen und als integraler Bestandteil des Arbeitsschulgedankens setzte sich die Selbsttätigkeit durch und trug zu einer wesentlichen Bereicherung des Erziehungswesens bei (REINIGER 1918). Sowohl in den Oberschulen als auch in den Volksschulen war es ein immer wieder in Lehrplänen und von Vertretern des naturwissenschaftlichen Unterrichts genanntes Prinzip (vgl. 2.3.1; vgl. 2.3.3; STEINRIEDE 1902).

Schon der von der HERBARTschen Schule geprägte Unterrichtsbetrieb, der dem Lehrverfahren der „Formalstufen“ folgend entwickelnd vorging, hatte das Ziel, ein selbständiges Denken und ein zielbewußtes Wollen der Schüler anzubahnen (MAHLOW 1929). Der Schüler sollte sich sein chemisches Wissen selbständig, vom Lehrer geleitet, erarbeiten (PFUHL 1900). In der Praxis sei das

Ziel der Selbständigkeit der Schüler aber nicht erreicht worden (MAHLOW 1929). Insbesondere GAUDIG kritisierte die starke Beeinflussung der Schüler durch den Lehrer im fragend-entwickelnden Unterricht (vgl. 2.6.7.3).

Die Arbeitsschulbewegung gründete ihre Unterrichtsmethode in Abkehr von der „Lernschule", die sich auf Zuhören und Lernen konzentrierte, auf die Selbstbetätigung der Schüler. Die eigene selbständige Arbeit sollte zum grundlegenden Prinzip der neuen Schule werden (MÜLLER 1925). Gestützt wurde die Notwendigkeit der praktischen Tätigkeit durch Forschungsergebnisse der Psychologie und durch pädagogische Erkenntnisse in der Vergangenheit. Die psychologische Forschung hatte ergeben, daß die Ausbildung des Gehirns nur unter Mitwirkung der Sinne und der körperlichen Betätigung des Kindes erfolgt. Handarbeit ist immer verbunden mit einer Betätigung des Gehirns. In alle Lernvorgänge sollten „Bewegungsempfindungen", insbesondere der Hand, mit eingehen. SEYFERT sprach vom Prinzip des „schaffenden Lernens" (EHRHARDT 1912; N.N. 1909b). Schon in der Vergangenheit hatten bedeutende Pädagogen, wie PESTALOZZI , FRÖBEL, DIESTERWEG u. a. auf die Bedeutung körperlicher Tätigkeit in Verbindung mit geistiger Erziehung hingewiesen (PABST 1907; BAEGE 1915; ZIEHEN 1921). Das Erkennen der Bedeutung der Spontaneität für die Entwicklung der Kinder war Ausgangspunkt für die Förderungen von Selbstunterricht und Selbsttätigkeit durch die Reformpädagogen (BAEGE 1915). Die praktische und geistige Tätigkeit der Schüler sollte die Entfaltung des Schaffensdranges der Schüler und die damit verbundene Arbeitsfreude ermöglichen. Sie wirkte sich positiv auf das Interesse der Schüler am naturwissenschaftlichen Unterricht aus und förderte damit erfolgreiches Lernen und Behalten (vgl. 2.2.3; vgl. 2.2.4).

Die Zielsetzung, die Selbständigkeit der Schüler im naturwissenschaftlichen Unterricht zu fördern, (DOERMER 1929a; vgl. 2.4.3) sollte durch Selbsttätigkeit erreicht werden. In einer Einführungsphase erhielten die Schüler Gelegenheit zu angeleiteter manueller Betätigung im chemischen Labor. Diese sollte in einer zweiten Phase in selbständiges Tätigsein übergehen (KETTEL 1920; BOCKEMÜHL 1909/10; HERDING 1911/12). Die Selbsttätigkeit der Schüler und praktische Übungen wurden im naturwissenschaftlichen Unterricht als Mittel zur Erreichung weiterer Ziele eingesetzt, wie u. a.

- die Sinne zu üben und zu schärfen,
- selbständiges Denken und praktische Fertigkeiten zu fördern,

- geistiges Selbstbewußtsein und zielbewußt handelnde Persönlichkeiten zu erziehen,
- ein auf „Anschauung und Selbsttätigkeit gegründetes Verständnis" für chemische Vorgänge zu erreichen (N.N. 1920b; N.N. 1920c; FRANCK 1923a).

Die Selbstbetätigung sollte die Entfaltung des Schaffensdranges der Schüler und die mit ihm verbundene Arbeitsfreude ermöglichen. Damit würde ihnen zugleich das große Feld der Empfindungen geöffnet, das jede wirklich selbständige Arbeit zu wecken vermag (KERSCHENSTEINER in N.N. 1904b).

In den Lehrplänen und amtlichen Richtlinien zum Unterricht wurden die geistige Selbsterarbeitung des Lehrstoffes sowie die Handbetätigung im naturwissenschaftlichen Unterricht, meist in den allgemeinen Bestimmungen, aufgenommen (LIETZMANN 1923; ZIEHEN 1921; FRANCK 1923a; vgl. 2.3.1; vgl. 2.3.3).

Das Wesentliche der praktischen Übungen wurde von KERSCHENSTEINER darin gesehen, dem Schüler wertvolle Erkenntnisse und nicht nur Kenntnisse zu vermitteln. Nur die selbständige mühevolle Erarbeitung des Stoffes ließe die Erkenntnisse im Schüler selber wachsen. Der Sinn der Laboratoriumsarbeit wurde darin gesehen, chemische Erkenntnisse durch geistige Selbsttätigkeit zu erarbeiten (HENKLER 1914; HERDING 1911/12). Detaillierte Experimentalanweisungen, in denen die Wege der Untersuchung genau vorgeschrieben waren (wie in den meisten Leitfäden für chemische Schülerübungen), führten zwar rasch zu richtigen Ergebnissen, eine befriedigende Selbsttätigkeit und eigenständiges Denken der Schüler würden aber verhindert (HENKLER 1914; MAURER 1916).

Der Begriff der „freien geistigen Tätigkeit" (GAUDIG, SCHEIBNER, ZIEHEN) zielte auf weitestgehend selbständiges Agieren der Schüler. Der Lehrer sollte sich aus dem Unterrichtsgespräch so weit wie möglich zurückziehen und die Schüler „die Sache unter sich ausmachen lassen" (ZIEHEN 1921; vgl. 2.2.7.2). Das Fragebedürfnis der Schüler sollte nicht erstickt und der Schaffensdrang der Kinder entwickelt werden. Alle Schüler sollten beteiligt werden und miteinander kommunizieren. Kritische Einstellungen der Schüler sollten erhalten und gefördert werden, denn Zweifel sei der Anfang der Erkenntnis. Die Klasse sollte sich zu einer Arbeitsgemeinschaft entwickeln (KETTEL 1920). Bei der praktischen Umsetzung bestand die große Gefahr der rein technischen Handhabung, in Form der Umstellung der Fragetechnik. Eine methodische Technik ohne eine durchdachte didaktische Begründung würde hohl werden und zum „methodischen

Handwerk" reduziert. So wurden bereits „Stundenbilder", in denen die Einstellung und Umstellung auf die Freitätigkeit „rezeptartig oder imperativmäßig" veranschaulicht waren, sehr rege nachgefragt (MAHLOW 1929).

Neben den im Mittelpunkt stehenden Schülerübungen, die sowohl manuelle als auch kognitive Ziele verfolgten, wurden im naturwissenschaftlichen Unterricht als Formen der rein geistigen selbständigen Erarbeitung des Arbeitsunterrichts

- das freie Klassengespräch,
- selbständige Diskussionen der Schüler untereinander,
- Lehrer-Schüler-Gespräche, in denen der Lehrer lediglich Anstöße zum Weiterdenken gibt,
- die Arbeitsplanung und das Finden der Arbeitsmittel,
- die selbständige Erarbeitung der Schülerarbeitshefte zum Lernen und Wiederholen,
- die Einzelarbeit,
- die Gemeinschaftsarbeit,
- in überfüllten Klassen sowie in Landschulen die Stillbeschäftigung

angeführt (HYLLA 1931; REINIGER 1932; SCHÜTZ 1923; THYEN 1932a).

Strukturierung

Als Strukturierungshilfe für den gelernten Unterrichtsstoff wurde das Periodensystem der Elemente genutzt. Das erarbeitete Wissen wurde immer wieder durch Zusammenfassungen gesichert und in das Gerüst des Periodensystems eingeordnet (SCHINDEHÜTTE 1931).

Aktualität

Solange der Unterricht im Klassenraum stattfand, scheint es im naturwissenschaftlichen Unterricht der höheren Schulen nicht üblich gewesen zu sein, an aktuelles Geschehen anzuknüpfen. Nur im Verlauf von Lehrwanderungen wurden die Schüler interessierende Beobachtungen aufgegriffen (vgl. 2.6.6.2; OETTLI 1911). Eine einzelne Stimme forderte, der Lehrer sollte sich Zeit für

Abschweifungen und für das Anknüpfen an Gelegenheitsbemerkungen der Schüler nehmen (POSKE 1916b).

Erst das einschneidende Ereignis des Ausbruchs des ersten Weltkrieges veränderte diese Haltung vorübergehend. Auf die „Aktualität" des Krieges wurde intensiv Bezug genommen. Es wurde gefordert, den Chemieunterricht auf die Tagesereignisse zu beziehen. Er sollte dem Inhalt nach „kriegsmäßig" betrieben werden, indem mit dem Kriegsgeschehen zusammenhängende Themen wie Sprengstoffe usw. behandelt wurden (SCHEID 1914; A. FISCHER 1914; vgl. 2.5.7.2).

Der Gesamtunterricht der Volksschulen wurde verschiedentlich als Gelegenheitsunterricht durchgeführt. Ausgangspunkt des Unterrichts waren Sachen und Erlebnisse, die von den Kindern in die Schule mitgebracht wurden. Es wurden Unterrichtsstoffe aufgegriffen, die sich, außerhalb des Lehrplans stehend, aufdrängten (BOCKEMÜHL 1921; HILLER 1924a; OESAU 1929).

Lebensnähe

Das Prinzip der Lebensnähe wurde bereits vor dem ersten Weltkrieg vertreten, erlangte in der Weimarer Zeit größere Bedeutung (Fixierung in den Lehrplänen) und galt auch während der nationalsozialistischen Zeit als grundlegendes Prinzip des naturwissenschaftlichen Unterrichts (STENGEL 1937). Während im Bereich der höheren Jungenschule in den Äußerungen zur alltagsorientierten Chemie technische Aspekte betont wurden (vgl. NOLTE 1919), stand an den höheren Mädchenschulen der Haushaltsunterricht im Mittelpunkt (BONGARDT 1909) bzw. in nationalsozialistischer Zeit die Hauswirtschaft (FRANCK 1938). An den Volksschulen berücksichtigte man mehr den unmittelbaren Alltag der Schüler.

Der Unterricht sollte an Beispiele aus dem täglichen Leben und aus der Erfahrungswelt der Schüler anknüpfen, an Stoffe, die der Schüler aus dem Alltag kannte und an ihnen die Grundbegriffe der Chemie erläutern (SCHEID 1909; KÖLZER 1932; KINTTOF 1936). Besonders im Anfangsunterricht wurde die Behandlung lebensnaher Themen gefordert (vgl. 2.6.8.6; vgl. 2.6.7.7; vgl. 2.3.1).

Der Chemieunterricht sollte Kenntnisse vermitteln, die praktisch verwertbar sind und die den Schüler auf den Alltag vorbereiten (HOEFKE 1931). Deshalb wurde die Kenntnis der wichtigsten chemischen Erscheinungen, soweit sie für das Verständnis der belebten und unbelebten Natur oder für den Haushalt und die Volkswirtschaft Bedeutung haben, gefordert. Auch die wirtschaftliche Realisierbarkeit technischer Verfahren sei zu berücksichtigen (KÖLZER 1932; WINDERLICH 1926c).

Motivatorische Gründe spielten für die Nutzung von Themen aus der Alltagswelt der Schüler eine Rolle. Das nachlassende Interesse der Schüler am Chemieunterricht wurde auf ein zu geringes Eingehen auf Schülerneigungen zurückgeführt (NELKENBRECHER 1925). So wurde dafür plädiert, Dinge, die sich im Alltagsleben der Schüler großer Beliebtheit erfreuten, wie die Photographie, oder mit chemischen Vorgängen verbundene Fragen aus dem Alltagsbereich, im Unterricht aufzugreifen, um die Schüler zu freiwilliger, für die naturwissenschaftliche Bildung nützlicher Tätigkeit anzuregen (GEISSLER 1903; FLÖRKE 1942).

Das Prinzip der Lebensnähe wurde im Chemie- und Physikunterricht verwirklicht, indem Exkursionen in technische Betriebe durchgeführt und im Biologieunterricht Lehrwanderungen in die Natur unternommen wurden (vgl. 2.6.6). Zur Motivierung für den naturwissenschaftlichen Unterricht wurden Themen aus dem Alltagsbereich als Ausgangspunkt des Unterrichts genutzt. Im Gesamtunterricht wurden lebensnahe Themen ausgewählt (vgl. 2.6.7.9). Unterricht, der dem Heimatprinzip folgte, wählte ebenfalls im allgemeinen den Unterrichtsstoff aus der Erfahrungswelt der Schüler.

Elementarisierung

Elementarisierungen wurden häufig vorgenommen bzw. wurde auf ihre Verwendung hingewiesen. Ein ganz wesentliches Element der Elementarisierung, das Bemühen vom konkreten Gegenstand auszugehen, war ein zentraler Gedanke in der Reformbewegung des naturwissenschaftlichen Unterrichts (s. o.). Dabei standen das Experiment, bald die Einführung von Schülerübungen und der Lehrausflug oder die Betriebsbesichtigung an erster Stelle. Abbildungen und andere Medien zur Veranschaulichung naturwissenschaftlicher Sachverhalte wurden nur als notwendiger Ersatz angesehen, für den Fall, daß eine direkte Beobachtung nicht möglich war.

Der Unterrichtsstoff muß dem Entwicklungsstand der Schüler angemessen sein, wurde bereits zur Jahrhundertwende gefordert. Die Anschauung sollte am Beginn, abstraktes Denken am Ende des Schulunterrichts stehen (STEINRIEDE 1902). Die Berücksichtigung der lernpsychologischen Voraussetzungen der Schüler fand ihren Niederschlag in der bald allgemein akzeptierten Bestrebung, im Anfangsunterricht auf der Unterstufe obligatorisch Schülerübungen durchzuführen, während auf der Oberstufe eher Demonstrationsunterricht in den Vordergrund gerückt wurde (vgl. 2.7.2). Die Unterrichtsstoffe im Anfangsunterricht wurden allgemein qualitativ und elementar behandelt (LÖWENHARDT 1904, S.111).

Die Elementarisierung durch den Rückgriff auf die Historie wurde zum Beispiel von SCHWALBE verwendet (BOHN 1901; vgl. 2.6.7.8). Das Verständnis für die Dissoziation von Salzen wurde mit Hilfe historischer Äußerungen von BERTHOLLET und GAY-LUSSAC entwickelt (WINDERLICH 1919).

Die Behandlung theoretischer Inhalte wurde aus Sorge um die Überforderung der Schüler ganz abgelehnt oder erst für die Oberstufe vorgesehen. Bei zu starker und einseitiger Betonung der physikalischen und allgemeinen Chemie wurde die Gefahr des Überlastens der Schüler mit Formalem und Abstraktem gesehen (OHMANN 1905). Die übliche, streng wissenschaftliche Behandlung der Dissoziationstheorie könne erst am Schluß der Schulzeit, nach dem Kennenlernen der zahlreichen Einzeltatsachen, beim Schüler volles Verständnis finden. Eine elementare Einführung sei hingegen früher möglich (WINDERLICH 1919). Auch andere komplizierte theoretische Unterrichtsstoffe wurden in elementarer Darstellung für den Chemieunterricht aufbereitet, wie die Ionentheorie (WEINWURM 1906; SCHÄFFER 1905) oder die Einführung in die Lehre der Osmose (STEINBRINCK 1905).

Für die Schülerübungen wurde empfohlen, einfache, möglichst von den Schülern selbst angefertigte Geräte zu verwenden, da industriell hergestellte Apparate oft zu aufwendig und unübersichtlich seien und die Schüler vom Wesentlichen des Experiments ablenkten (TREMML 1911/12; LUDWIG 1935; vgl. DMOCHOWSKI 1939).

Bei der Verwendung bildlicher und zeichnerischer Darstellungen zur Veranschaulichung sollte darauf geachtet werden, durch Vereinfachungen oder Abschwächung aller unwesentlicher Details das Wichtige hervorzuheben. Deshalb seien schematische Abbildungen naturalistischen Darstellungen technischer Prozesse vorzuziehen. Eine zu starke Verzweigung in Produktbäumen würde unanschaulich werden. Im Lehrfilm sollten alle Darstellungen, die nicht unmittelbar zum technischen Prozeß gehörten, vermieden werden. Vereinfachung dürfte jedoch nicht zu falscher Darstellung führen (STAUTZ 1922b; HALLER 1910/11; vgl. 2.8.4).

2.6.8.2 Lernschwierigkeiten

Über Lernschwierigkeiten der Schüler im Chemieunterricht wurde nur selten konkret berichtet. Sicher hatten sich solche Schwierigkeiten mit der Zunahme theoretischer Inhalte im Unterricht verstärkt. Erst in der Zeit nach 1933 wurde in Aufsätzen etwas häufiger über Verständnisprobleme berichtet. Die Auseinandersetzung mit dieser Problematik blieb auf Einzelaspekte beschränkt.

Die Tatsache, daß im Chemieunterricht nur die physikalischen Veränderungen, nicht aber die chemischen Reaktionen selbst beobachtet werden können (HEIDRICH 1908; ROEDEL 1920), wurde als grundlegende Schwierigkeit des Chemieunterrichts erkannt. Dadurch werde das Ziehen falscher Schlüsse aus den Beobachtungen chemischer Experimente begünstigt.

Die Molekular- und Atomlehre, insbesondere das Verständlichmachen der Begriffe Atomgewicht und Molekulargewicht, bereitete offenbar vielen Schülern beträchtliche Schwierigkeiten. In einem Artikel wurde ganz direkt ausgesprochen, daß es an den Realschulen, wo in nationalsozialistischer Zeit schon früh mit den Grundlagen der Chemie begonnen wurde, immer Schüler gab, die zu keiner klaren Vorstellung gelangten (SÜSSENGUTH 1936). Sicherlich aus diesem Grund war von vielen erfahrenen Lehrern in der vorhergehenden Zeit die Forderung erhoben worden, die Behandlung der Atomtheorie nicht zu früh vorzunehmen (SCHEID 1911; OHMANN 1914b; WEIMERSHAUS 1926). Es wurde versucht, durch Veranschaulichung mittels graphischer Darstellungen über die Schwierigkeiten hinwegzuhelfen (SÜSSENGUTH 1936).

Das Gesetz von AVOGADRO bereitete den Schülern Schwierigkeiten, weil sie sich die Moleküle verschiedener Gase verschieden groß vorstellten und nicht einsehen konnten, daß 100 kleine Kugeln denselben Raum wie 100 große Kugeln einnehmen sollen (GRUND 1942). Im Rahmen der Behandlung der Kolloidchemie wurde auf die Veränderung der Eigenschaften von Stoffen mit abnehmender Teilchengröße eingegangen, um den Übergang aus der Welt der sichtbaren Teilchen ins Gebiet der visuell nicht wahrnehmbaren Ionen und Atome verständlich zu machen (ENGELHARDT 1928; OTTEMEYER 1937). In einem langen elementaren Kurs zur Einführung der Teilchenvorstellung wurde auf die Diskontinuität der Materie erst ganz am Schluß eingegangen, wenn die Schüler reif für das Verständnis waren (NUNN in POSKE 1910b).

In einigen Beiträgen zum Experimentalunterricht wurde das Bewußtsein darüber zum Ausdruck gebracht, welche Schwierigkeiten die Schüler mit dem Verständnis chemischer Sachverhalte hatten. Das Bemühen um die Verbesserung der Lernmöglichkeiten für die Schüler wird deutlich. Es wurden neue experimentelle Herangehensweisen an ein Thema vorgeschlagen, wenn die herkömmlichen Versuche für die Schüler als zu schwierig eingeschätzt wurden, z. B. zur Ermittlung der chemischen Zusammensetzung des Ammoniaks (GRUBER 1914) oder indem Chlor elektrolytisch im HOFMANN-Apparat dargestellt wurde, um zu vermeiden, daß die Schüler bei der Einwirkung von Salzsäure auf Braunstein das Chlor aus Braunstein entstanden annehmen (KLEIN 1942). Die Vorstellung der Schüler, die bei der Oxidation heißer Metalle bei Berührung mit Luft entstehende Oxidschicht sei vom Metall „ausgeschiedener Schmutz“, wurde durch die vorgeschlagene Abänderung der üblichen Versuchsdurchführung jedoch nicht beeinflußt (OETTLI 1918; LAKOWITZ 1916). Zur Untersuchung der Volumenverhältnisse bei der Chlorwasserstoffsynthese wurde eine Apparatur verwendet, mit der sich die Synthesereaktion mit den Augen verfolgen läßt, was besonders im Anfangsunterricht wichtig sei (WIETIG, 1939). Im Zusammenhang mit Versuchen zum Bleikammerprozeß wurde darauf hingewiesen, daß zum besseren Verständnis des schwierigen Prozesses vorbereitend wichtige Reaktionen besprochen und Vorversuche durchgeführt werden sollten (GRUBER 1920).

Eine weitere Schwierigkeit bedeutete offenbar die Aufstellung von Reaktionsgleichungen. Die Warnungen vor einer zu frühen Einführung der chemischen Zeichensprache, um das Formale im Chemieunterricht nicht zu stark zu betonen (PIETZKER 1910; SCHMID in POSKE 1906), bzw. die generelle Ablehnung einer Verwendung der Zeichensprache in der Unterstufe (BREUSCH in MANNHEIMER 1928) zeigen ein frühes Bewußtsein der Problematik. Formeln und Gleichungen sollten erst verwendet werden, wenn chemische Vorstellungen entwickelt sind, da sonst nur auswendig gelernt werden könne. Ein Lehrgang, in dem ausgehend von der Wortgleichung, über die allgemeine Wortgleichung, chemische Formeln erst nach Klärung der Begriffe Atom und Molekül, dem Gesetz der konstanten Verbindungsgewichte und der Wertigkeit im fortschreitenden Unterricht verwendet wurden, ist ein Versuch, die Zeichensprache für Schüler nachvollziehbar einzuführen (HEIDRICH 1908).

Auch Medien wurden als Hilfestellung bei der Formulierung von Reaktionsgleichungen eingesetzt. Ein System mit klappbaren Tafeln sollte die Arbeit erleichtern und attraktiver gestalten und die Mängel der schriftlichen Darstellung vermeiden. Die Gleichungstafel sollte den für Anfänger als zu groß eingeschätzten Denkschritt vom Experiment zur Gleichung durch Zwischenergebnisse vereinfachen (MENZ 1937a,b). Eine Alternative stellte die Verwendung von Strukturformeln und Kugelmodellen zur Erarbeitung chemischer Gleichungen dar (MERKER 1920a).

Schwierigkeiten entstanden bei der Auswertung von Versuchsergebnissen, wenn den benötigten Angaben aus Schulbüchern die Anschaulichkeit fehlte (NEFFLEN 1935). Um die Probleme der Schüler mit dem eindeutigen Auswerten von Abkühlungskurven (FLÖRKE 1935) zu vermeiden, wurde eine Vereinfachung des Verfahrens vorgeschlagen (HOFMANN 1940). Die Abfassung eines kurzen schriftlichen Berichts, der in klarer Form Verlauf und Auswertung des Unterrichts darstellt, bereitete den Schülern anfangs große Schwierigkeiten. Die Unterscheidung zwischen Haupt- und Nebensächlichem stellte ein besonderes Problem dar (END 1913). Zur Erleichterung des Protokollierens von Versuchsergebnissen wurde eine Tafel mit einer vorgegebenen Struktur verwendet (HAHN 1918).

Einige Beispiele für Verständnisschwierigkeiten mit Begriffen, die sowohl in der Alltagssprache als auch in der Fachsprache mit jeweils unterschiedlicher Bedeutung verwendet werden, wurden angeführt. Der Begriff „Stärke" einer Säure oder Base wurde als problematisch angesehen, da der Schüler den Begriff wie jeder Laie im Sinne von „konzentriert" gebrauchte. Wenn durch Erhöhung der Konzentration einer Säure oder Base, also durch Verstärken im Sinne des Alltagsverständnisses, eine Abschwächung erreicht wird, so muß das zu Mißverständnissen führen (RICHARD 1915). Die Verwendung der Begriffe „Metallaschen" und „Metallkalk" für Metalloxide und „Veraschung" für Oxidation würde, wegen ihrer Herkunft aus dem Alltag, bei den Schülern Vorstellungen wecken, die nicht mit der fachlichen Bedeutung übereinstimmen. Die Schüler würden, entsprechend den Metalloxiden, Kohle- und Holzoxide vermuten. Bei Verwendung des noch bedeutungsleeren Begriffs „Oxyd" von Beginn an würden diese Schwierigkeiten vermieden (SCHETTLER 1919; FLÖRKE 1937).

In einem Artikel über die chemischen Grundgesetze wurde auf die Verständnisprobleme wegen unklarer, falscher oder doppelsinniger Definitionen und Begriffe eingegangen (BERENDTS 1937).

2.6.8.3 Ergebnissicherung

In vielen Artikeln, die sich mit dem Experimentalunterricht beschäftigen, wurde mitgeteilt, daß die Schüler die wichtigsten Dinge des Unterrichts mitschrieben. Um die Unterrichtsergebnisse zu sichern, wurden die Beobachtungen aus Experimenten, gebildete Begriffe und formulierte Gesetze an die Tafel geschrieben und dann von den Schülern in ein Heft übernommen (PFUHL 1900). Bei der Durchführung von Schülerübungen notierten die Schüler die Ergebnisse als Grundlage der abschließenden Besprechung. Der Lehrer oder Schüler formulierten Merksätze, die zu Hause zu einem kurzen schriftlichen Bericht ausgearbeitet wurden. Dieser sollte in knapper klarer Form das Wesentliche schriftlich zusammenfassen sowie Tabellen und Skizzen der Geräte enthalten. Die häuslichen Ausarbeitungen übernahmen sicherlich eine wichtige Funktion, da für andere Formen der Ergebnissicherung, wie Wiederholungen und Übungen, während des Unterrichts kaum Zeit blieb (END 1913; WINDERLICH 1916b; BRÄUER 1916b; SCHAUSS 1928).

Auch im Volksschulunterricht wurde über die Sicherung der erarbeiteten Ergebnisse berichtet. Die Schüler führten ein Arbeitsheft, in dem sie die Ergebnisse des Unterrichts notierten (ROSIN 1931; RAMM 1938). Es wurden auch kleine Aufsätze über ein praktisch erarbeitetes Thema geschrieben (KÖHLER 1921). Neben der Funktion der Ergebnissicherung sollten die von den Schülern selbst erarbeiteten Arbeitshefte zum Lernen und Wiederholen genutzt werden (SCHÜTZ 1923).

Inwieweit die Ergebnissicherung zum Unterrichtsalltag gehörte, ist schwer einzuschätzen, da das Thema nicht problematisiert wurde. Das seltene Erwähnen ergebnissichernder Maßnahmen, die Beschwerden über schlechte Leistungen der Schulabgänger und das Vernachlässigen des Übens an der Volksschule legen die Möglichkeit einer Vernachlässigung dort nahe.

2.6.8.4 Üben

Das Üben im Arbeitsunterricht der höheren Schulen und Volksschulen wurde wohl weniger intensiv betrieben als im herkömmlichen Unterricht. Mit der Abkehr vom alten „Schuldrill" geriet auch das Üben in Mißkredit (DIETLEIN 1932). Sowohl auf den höheren Schulen als auch auf den Volksschulen wurde über das zurückgehende Wissen der Schüler berichtet und geklagt. Als Untersuchungen zum Wissen der Volksschulabgänger schlechte Ergebnisse aufwiesen, wurde von Vertretern der Arbeitsschule auf die Notwendigkeit und Möglichkeit, im Arbeitsunterricht den Stoff zu wiederholen und zu üben, hingewiesen (REINIGER 1929; KANTHER 1929; HYLLA 1931). Es sollte aber nicht zum alten „Pauken" zurückgekehrt werden, sondern es sollten vielseitige Übungsmöglichkeiten gefunden und eingesetzt werden, möglichst derart, daß dem Schüler das Üben nicht bewußt wird (DIETLEIN 1932).

Im „wachstümlichen Unterricht in Lebenskreisen" war Übungsunterricht vorgesehen, in dem der zu behaltende Stoff, technische Fertigkeiten und körperliche Tätigkeiten geübt werden sollten (HILLER 1924a). In nationalsozialistischer Zeit scheint dem Üben mehr Aufmerksamkeit geschenkt worden zu sein. Im Sachkundeunterricht sollte das Merkwissen in einem täglich fünfzehnminütigen Unterrichtsabschnitt geübt werden (BÜHNEMANN 1936).

Wenn an den höheren Schulen vom Üben die Rede war, so geschah das im allgemeinen bezüglich der Techniken, die im naturwissenschaftlichen Unterricht eingesetzt wurden, aber nicht bezogen auf den Unterrichtsstoff. In den Praktika und Schülerübungen konnten die Schüler den Gebrauch ihrer Hände üben (OHMANN 1913c). Der Chemieunterricht bot die Möglichkeit, die Schüler durch den mündlichen Vortrag in der freien Rede, beim Schreiben von Aufsätzen im Formulieren, im Beschreiben von Dingen und Vorgängen und im Skizzieren zu üben (STOCK 1919a; WINDERLICH 1917b).

2.6.8.5 Binnendifferenzierung

Über binnendifferenzierende Maßnahmen wurde aus den Schülerübungen und dem Klassenunterricht der Oberstufe an den höheren Schulen und aus der Stillarbeit an Volksschulen berichtet.

Auf der Oberstufe der höheren Schule wurden den Schülern in Praktika unterschiedliche Aufgaben zur Bearbeitung gegeben. Dies würde dem Entwicklungsstand der Schüler entsprechen und sei daher befriedigender als Übungen „in gleicher Front“ (vgl. 2.7.4.4). Aus dem Chemie- und Physikunterricht der höheren Schulen wurde davon berichtet, wie den Schülern ihren Neigungen entsprechende Aufgaben erteilt wurden, so daß manuell unbegabte Schüler durch Vorträge oder Literaturarbeit für den naturwissenschaftlichen Unterricht gewonnen wurden (WINDERLICH 1917a,b; JOHANNESSON 1911).

An der Volksschule wurde die Stillarbeit dazu genutzt, auf unterschiedliches Leistungsvermögen und auf Bedürfnisse der Schüler einzugehen (REINIGER 1932). Insbesondere an den Landschulen bestand das Problem, Schüler verschiedener Jahrgänge gleichzeitig unterrichten zu müssen. So wurde in Arbeitsgruppen unterschiedlicher Leistungsfähigkeit gearbeitet (MÜHLKE 1930). In den USA hatten diese Schwierigkeiten die Einführung von „Gegenstandswinkeln“ mit unterschiedlichen Themen und Medien zur Selbstbeschäftigung der Schüler veranlaßt (KOBEL 1928). In Deutschland wurde der Gedanke aufgegriffen, um in den überfüllten Klassen auch die passiven Schüler am Unterricht zu beteiligen und ihre Beteiligung kontrollierbar zu machen. An der Oberstufe der Volksschule wurde angestrebt, jeden Schüler eine eigene Aufgabe selbständig finden und bearbeiten zu lassen (REINIGER 1932).

2.6.8.6 Anfangsunterricht

Der chemische Anfangsunterricht an den höheren Schulen sollte als propädeutischer Vorkursus betrieben, vom nachfolgenden auf ihn aufbauenden Oberstufenunterricht deutlich getrennt werden. Den Schülervoraussetzungen entsprechend wurde elementar, qualitativ und möglichst anschaulich vorgegangen. Dabei war das Prinzip der Einfachheit zu berücksichtigen. Es sollte an die Alltagserfahrungen der Schüler angeknüpft werden und die grundlegenden chemischen Begriffe und Gesetzmäßigkeiten erarbeitet werden. In welchem Ausmaß theoretische Inhalte im Anfangsunterricht behandelt werden sollten, wurde kontrovers diskutiert. Einige Fachvertreter vertraten die Auffassung, theoretische Inhalte, wie die Ionen- und die Atomtheorie, müßten ganz aus dem Anfangsunterricht herausgehalten werden. Andere bemühten sich um die Entwicklung elementarer Einführungen, die eine Behandlung der wichtigsten theoretischen Grundlagen im Anfangsunterricht ermöglichen sollten (LÖWENHARDT 1912; OHMANN 1915a; WINDERLICH 1920; WINDERLICH 1919; STOCK 1919a).

Die Schülerübungen sollten obligatorisch eingeführt werden und zum Ausgangspunkt des Unterrichts gemacht werden. Sie wurden für den Anfangsunterricht als besonders wichtig angesehen und kamen dem Drang der Schüler in diesem Alter nach manueller Betätigung, nach Entdecken- und Erforschenwollen entgegen. Die praktischen Übungen sollten eng mit dem Unterricht verknüpft werden. In der Regel wurde „in gleicher Front" gearbeitet und überwiegend qualitative Experimente mit einfachen Mitteln durchgeführt, da ein Verständnis quantitativer Zusammenhänge noch nicht erwartet wurde (vgl.2.7.1.2). Dies entsprach der Eigenart der Schüler dieses Alters nach sinnfälligen Experimenten und der Möglichkeit, spielerisch zu experimentieren (POSKE 1908b; WUNDER 1913; WINDERLICH 1916b; BREMER 1916).

Im physikalischen Anfangsunterricht sollte Naturnähe bewahrt werden (WAGENSCHEIN 1936). Die physikalischen Erscheinungen sollen in der Natur gesucht werden (GRIMSEHL 1904). Im Naturlehreunterricht der Volksschule sollte von Naturerscheinungen, den Schülern aus dem Leben mehr oder weniger bekannten Vorgängen (Gärung) oder komplexen Gebieten der Lebenswelt (Ernährung, Heizung, Kleidung usw.) ausgegangen und dann erklärt werden (ZEIßIG 1910; vgl. CONRAD 1909).

Da grundlegende Kenntnisse chemischer Prozesse und Gesetzmäßigkeiten fehlten (BONGARDT 1909; WUNDER 1913), war es gerade im Anfangsunterricht nötig, chemische Erfahrungen und Stoffkenntnisse zu vermitteln und so eine Grundlage für den Unterricht der Oberstufe zu legen (LÖWENHARDT 1912).

2.7 Das Experiment im Chemieunterricht

2.7.1 Allgemein zum Experimentalunterricht

2.7.1.1 Legitimation

Die Frage der Legitimation des Experiments im Unterricht spielte zu Beginn des 20. Jahrhunderts keine große Rolle mehr. In der gesamten Reformbewegung war grundsätzliche Einigkeit erzielt worden, das Experiment als Mittel, die Vorgänge in der Natur zu veranschaulichen, zur Grundlage des naturwissenschaftlichen Unterrichts zu machen. Als Grundprinzip des Chemieunterrichts wurde angegeben, das Experiment müsse das Fundament des Unterrichts bilden (OHMANN 1913e).

Mit der Wendung gegen den alten dozierenden Unterricht wurde die Pflege der Anschauung in den Mittelpunkt des naturwissenschaftlichen Unterrichts gerückt (vgl. 2.6.8.1). Im Chemieunterricht bot dazu das Experiment Gelegenheit (N.N. 1905b). Es ermöglichte die Erziehung zur Beobachtung sowie zur Beurteilung und logischen Verknüpfung des Beobachteten (LÖWENHARDT 1906; KERSCHENSTEINER 1913). Im Rahmen der Vermittlung der Forschungsmethode der Fachwissenschaften spielte das Experiment eine entscheidende Rolle. Um den Bildungswert des naturwissenschaftlichen Unterrichts zu vermitteln, sollte sich die Unterrichtsmethode an der wissenschaftlichen Methode orientieren (POSKE 1902). Es wurden also zwei Bereiche zur Legitimation angesprochen:

- das Experiment als Repräsentant der Fachwissenschaft,
- seine Bedeutung für die formale Bildung (Beobachtungsfähigkeit und logisches Denken) der Schüler (vgl. 2.1).

2.7.1.2 Experimente und Thematik

Über die Frage, ob Experimente im Chemieunterricht qualitativ oder quantitativ durchgeführt werden sollen, herrschten unterschiedliche Auffassungen.

Als wichtigste Aufgabe quantitativer Experimente wurde ihr Einsatz zur Schaffung der Grundlagen, um Gesetze und Theorien herzuleiten und um den Unterrichtsstoff zu vertiefen, angegeben (LÖWENHARDT 1912; FRANCK 1923b). Sie wurden besonders von den Fachvertretern gefordert, die sich für eine Vermehrung der physikalischen und allgemeinen Chemie im Unterricht einsetzten (DAHMEN 1928a; BRÄUER 1916b; vgl. 2.6.7.1). So gab es Bemühungen, die Atomtheorie auf der Grundlage von quantitativen Experimenten zu besprechen (KLEIN 1915). Im allgemeinen wurden daher quantitative Experimente für den Chemieunterricht der Oberstufe empfohlen. Es gab aber auch Stimmen, die sich für ihren Einsatz im propädeutischen Unterricht aussprachen (v. BEHREN 1917).

Dagegen wurde, mit Hinweis auf die psychologische Entwicklung der Schüler und die geschichtliche Entwicklung der Wissenschaft Chemie, die Auffassung vertreten, quantitative Schüler-Experimente sollten im Anfangsunterricht nur die Ausnahme bilden. Anfänger würden das Quantitative chemischer Reaktionen zunächst nur qualitativ auffassen (WUNDER 1913; WINDERLICH 1916b; WINDERLICH 1930). In der Praxis waren quantitative Übungen teilweise zu einem „Genauigkeitssport" ausgeartet (O. KÜSPERT 1926c). Die Durchführung ausführlicher Messungen und Wägungen mit dem Ziel, die Schüler zur Genauigkeit zu erziehen, würde die Schüler langweilen (BREMER 1916), da die benötigte Ausdauer und Ruhe den Jugendlichen wesensfremd seien (WUNDER 1913).

2.7.1.3 Ziele

Als Ziele des Chemieunterrichts, die mittels Experimentaleinsatzes zu erreichen waren, wurden die Anleitung zu aufmerksamer, gewissenhafter, vorurteilsfreier und genauer Naturbeobachtung und die Vermittlung des Verständnisses chemischer Vorgänge, der wichtigsten allgemeinen Gesetzmäßigkeiten und der chemischen Grundbegriffe genannt (GUTZMER 1906a; POSKE 1907b; DOERMER 1912a).

2.7.1.4 Medien

Auf Möglichkeiten, die verschiedenen sinnlichen Wahrnehmungen bei chemischen Experimenten zu nutzen, wurde in der untersuchten Literatur wenig eingegangen.

Daß im chemischen Unterricht Gerüche eine Rolle spielten, zeigen vereinzelte Erwähnungen (GREINER 1915; KLATT 1914). Forderungen, die Schüler sollten sich durch Anschauung und Handanlegen mit chemischen Erscheinungen und Eigenschaften vertraut machen (OHMANN 1913c), weisen auf die Nutzung des Tastsinnes hin. Eine amerikanische Veröffentlichung betonte die Bedeutung der empfindungsmäßigen Wahrnehmung wie Wärme und Druck bei physikalischen Schülerexperimenten (HAHN 1912). Die Beteiligung aller Sinne bei der Durchführung von Schülerexperimenten wurde wiederholt angesprochen (WUNDER 1913) sowie auf die Notwendigkeit ihrer Schulung hingewiesen (STEINRIEDE 1902).

2.7.1.5 Methode

Im Experimentalunterricht wurde überwiegend „induktiv" vorgegangen. Dieses Vorgehen wurde im Rahmen der hohen Bewertung der Induktion als Bestandteil des logischen Denkens im physikalischen und chemischen Unterricht in der Zeit nach 1900 von den Reformern sehr stark in den Mittelpunkt gerückt (KRUG 1902). Deshalb wurde häufig ein Experiment zur Veranschaulichung eines naturwissenschaftlichen Phänomens zum Ausgangspunkt des Chemieunterrichts genommen (REMUS 1904; WINDERLICH 1928b). Auch die überwiegend geforderte Vorgehensweise, theoretische Erörterungen im Anschluß an den Übungsunterricht vorzunehmen, bringt die Bevorzugung des induktiven Vorgehens im Chemieunterricht deutlich zum Ausdruck (vgl. OHMANN 1913b).

Erfahrungen der Unterrichtspraxis führten jedoch zu der Einsicht, daß Experimente nicht immer am Beginn der Erörterung stehen müssen, sondern daß sich ihr Einsatz aus dem Unterrichtsverlauf ergeben sollte (SCHEID 1911). Theorie und Experiment sollten in der Schule, so wie in der wissenschaftlichen Forschung, ineinandergreifen. An vielen Stellen sei das deduktive Vorgehen methodisch sinnvoller (BAVINK 1925b). Auch der geistige Standpunkt der Schüler machte oft ein deduktives Vorgehen erforderlich (MUTHESIUS 1900). In der Schule könne keine wirkliche induktive Grundlage geschaffen werden, da gar nicht alle notwendigen Einzelversuche durchführbar seien (BAVINK 1925b).

In der untersuchten Literatur lassen sich unterschiedliche Einsatzweisen chemischer Experimente feststellen. So wurde, insbesondere in der Anfangsphase der Einrichtung von Schülerübungen, der im Klassenunterricht besprochene Stoff in den Schülerübungen wiederholt und so zur Festigung und Wiederholung genutzt.

WINDERLICH (1928b) unterschied drei Arten von Experimenten:

1. bestätigende Experimente, als Ende einer Gedankenreihe,
2. grundlegende Experimente, als Anfang einer Gedankenreihe,
3. erläuternde Experimente, als Ersatz für Vorgänge, die nicht unmittelbar ausgeführt werden können.

Während die ersten beiden Arten im „forschenden" Unterricht eingesetzt wurden, fand das erläuternde Experiment im belehrenden Unterricht seinen Einsatz.

Erarbeitende Experimente wurden z. B. in einem Projekt durchgeführt, in dem die chemische Zusammensetzung des Wassers in den Brunnen der Umgebung analysiert wurde (vgl. 2.6.5).

Die Durchführung von Versuchen vorwiegend ihres Effektes wegen und ohne das Bemühen, eine Fragestellung zu beantworten oder eine Erkenntnislücke auszufüllen, wurde im allgemeinen abgelehnt (PFUHL 1900; GRIMSEHL 1906).

2.7.1.6 Voraussetzungen

Die Voraussetzungen von Schülern beim Experimentieren wurden von einigen Praktikern berücksichtigt. Allgemein wurde auf ihren Entwicklungsstand in der Weise Rücksicht genommen, daß in der Unterstufe eher qualitative, auf der Oberstufe vermehrt quantitative Experimente durchgeführt wurden (vgl. 2.7.1.2). Dem Drang der jüngeren Schüler zum Erforschen, Experimentieren und Spielen wurde mit der allgemeinen Festschreibung von Schülerübungen im Anfangsunterricht der höheren Schulen (vgl. 2.3.1.3) Rechnung getragen. Im Unterricht der Primaner wurde darbietender Unterricht eher für möglich gehalten. Die bewährte Demonstrations- und Diskussionsmethode sollte nicht aufgegeben werden und Schülerübungen dem fakultativen Unterricht vorbehalten bleiben (BREMER 1916).

Die Lehrer waren auf die Durchführung erfolgreichen Experimentalunterrichts, insbesondere von Schülerübungen, noch sehr wenig vorbereitet und besaßen wenig praktische Erfahrung. Es wurde ein sehr großes Bedürfnis nach einer, der sich verändernden Unterrichtspraxis angemessenen Ausbildung der Lehrer an den Volksschulen und an den höheren Schulen bekundet (vgl. 2.2.7.5).

Gefordert wurde, daß der Lehrer Übung in Schulversuchen besitze (DRESSLER 1915), jeden Versuch mit den kleinsten Nebenumständen und der benötigten Zeit genau kenne (BRÄUER 1918) und selber auf die Brauchbarkeit für den Übungsunterricht prüfe (GREINER 1915; vgl. 2.2.7.3).

Der Lehrer sollte die Fähigkeit besitzen, sich bei der Stoffauswahl an den Interessen der Schüler zu orientieren und sein geplantes Konzept den Unterrichtserfordernissen anzupassen und sein Ziel durch unaufdringliche Führung zu erreichen (HERDING 1911/12; vgl. 2.2.7.2).

2.7.2 Lehrer- und Schülerversuche

Zu Beginn des 20. Jahrhunderts ging es vorrangig darum, die Schülerexperimente zu einem zentralen Bestandteil des naturwissenschaftlichen Unterricht werden zu lassen. Mit der Aufnahme des Prinzips des Arbeitsunterrichts in die Lehrpläne der Weimarer Republik wurde dieses Ziel ein gutes Stück weit erreicht.

Im allgemeinen wurden im Experimentalunterricht auf den höheren Schulen und auch auf der Volksschule Schülerübungen angestrebt. Auf den Volksschulen sollte sich aller Chemieunterricht auf Schülerexperimente gründen (BÜNGER 1921c). Auf den höheren Schulen wurde er von einigen Autoren auf allen Schulstufen gefordert (LÖWENHARDT 1912). Nachdem zunächst Schülerübungen, die Praxis des analytischen Arbeitens auf der Oberstufe aufgreifend, den älteren Schülern vorbehalten blieben, setzte sich bald bei den Vertretern des Chemieunterrichts die Auffassung durch, daß Schülerversuche im Anfangsunterricht, da wo das eigentliche Hineinleben in den schwierigen Stoff stattfindet und die Schüler chemische Stoffe aus eigener Anschauung kennenlernen, besonders wichtig seien. Hier sollten nur allgemeinverbindliche Übungen, auf die sich Chemieunterricht aufbaut, durchgeführt werden (OHMANN 1913e; OHMANN 1916a; KRÜGER 1919).

Für den Oberstufenunterricht wurde von einigen Autoren die Beibehaltung des Demonstrationsunterrichts befürwortet (OHMANN 1916a), weil sie ihn für Schüler dieses Alters und für die zu behandelnden Themen (großer Überblick, philosophische Vertiefung) für angemessener hielten (BREMER 1916; POSKE 1913d).

Lehrerexperimente sollten eingesetzt werden,

- wenn die Hilfsmittel für Schülerübungen versagten (WINDERLICH 1928), insbesondere dann, wenn ein Versuch einen sehr aufwendigen und komplizierten apparativen Aufbau erforderte (BRÄUER 1916b; JOBST 1916),

- wenn die benötigten Chemikalien wegen ihrer Giftigkeit oder Gefährlichkeit für Schülerübungen ungeeignet waren (BÜNGER 1921c; WINDERLICH 1928),
- wenn zu wenig Zeit zur Verfügung stand (WINDERLICH 1928; PFUHL 1900).

Insbesondere das „verwebende" Unterrichtsverfahren (vgl. 2.7.4.4) legte es nahe, Demonstrations- und Übungsunterricht miteinander zu verbinden (VOIGTS 1926a), den Unterricht auf Schülerversuche zu gründen, aber auf sparsam eingesetzte Demonstrationsexperimente nicht zu verzichten (WINDERLICH 1928).

2.7.2.1 Sicherheit und Entsorgung

Da sich mit zunehmender Verbreitung des Experimentalunterrichts und insbesondere der Schülerversuche Unfälle beim Experimentieren vermehrten, verstärkten sich Bemühungen, Unfälle zu verhüten. Um Unfallgefahren allgemeiner bekannt zu machen, rief OHMANN dazu auf, Unfälle im naturwissenschaftlichen Unterricht zu melden und richtete zu diesem Zweck eine Meldestelle für Unfälle in der „Zeitschrift für physikalischen und chemischen Unterricht" ein (OHMANN 1913d). In unregelmäßiger Folge veröffentlichte er in den folgenden Jahren Unfallmeldungen aus dem Chemie- und Physikunterricht (OHMANN 1914a, 1916c, 1922c). In den „Monatheften für elementaren naturwissenschaftlichen Unterricht" erschien eine Artikelserie über die Gefahren im Naturlehreunterricht und ihre Verhütung (HERDING 1912/13a,b,c,d,e,f,g,h,i). Im Fortbildungsprogramm der Hauptstelle für den naturwissenschaftlichen Unterricht wurden für die Lehrer der höheren Schulen Kurse zur Unfallverhütung beim chemischen Experimentieren angeboten (SCH 1919).

In nationalsozialistischer Zeit wurde Unfallverhütung in der Schule (HEINRICH 1937; ALT 1937), im Gewerbe (MEYER 1942) und in der Gesellschaft als „nationale Pflicht" vermehrt thematisiert (EGGESTEIN 1937c).

Über die Entsorgung von Chemikalien finden sich keine Angaben, so daß davon auszugehen ist, daß sie allgemein in den Ausguß geschüttet wurden.

2.7.2.2 Chemische Sammlungen und Experimentiergeräte

Die Ausstattung der Schulen mit Geräten für den chemischen Experimentalunterricht war sehr unterschiedlich und reichte von sehr gut ausgestatteten Stadtschulen bis zu vielfach sehr schlecht ausgestatteten Landschulen (HYLLA 1923). Für Schülerübungen wurden ausführliche Aufstellungen der Geräte und Chemikalien für eine Grundausstattung für den Chemieunterricht der höheren Schulen (LÖWENHARDT 1900; N.N. 1911; WILLERS 1931) und der Volksschule (JOBST 1916; MEYER 1925a) vorgestellt. Auf der Göttinger Tagung des Fördervereins konnte ein Schülerlaboratorium mit 24 Plätzen einschließlich der Gerätesammlung besichtigt werden (DREẞLER 1908).

Die meist große Einfachheit der Experimentiergeräte wurde auch als Vorteil angesehen. Einfache Freihandversuche hätten den Vorteil, daß der chemische Vorgang nicht durch zuviel die Schüler ablenkendes „Beiwerk" undeutlich wird (HAASE 1910). Die Verwendung von Gegenständen aus dem täglichen Leben (Flaschen, Mostrichgläser, Tassen, Schüsseln usw.) konnte zur Einsicht beitragen, daß sich chemische Vorgänge überall abspielen, nicht nur im Labor (DMOCHOWSKI 1939). Die Verwendung behelfsmäßiger Apparate und von Handversuchen würde die Möglichkeiten zur Durchführung von experimentellem Unterricht stark erweitern (KEUCHEL 1931).

Die Standardisierung der Experimentiergeräte wurde im Untersuchungszeitraum eingeführt. Die Vereinheitlichung und Mensurierung der von der Industrie gelieferten Gerätschaften hatte schon OHMANN (1918c) gefordert. Die von SCHINDEHÜTTE (1934; 1935b) vorangetriebene Einführung der DIN-DENOG-Normung in den Chemieunterricht fand in der Lehrerschaft allgemeine Unterstützung. Als Vorteile der genormten Geräte wurde die Zeitersparnis beim Zusammenbau angeführt. Von methodischer Bedeutung wären die Reduzierung von falschen Ergebnissen durch Apparaturfehler, genauere Meßergebnisse und die Hervorhebung des wesentlichen Teils der Apparaturen (SCHINDEHÜTTE 1935a).

Für Schülerübungen wurden spezielle Arbeitsgeräte entwickelt und vorgestellt, wie ein Arbeitsklotz, der in Schulen ohne chemisches Laboratorium auch im Klassenraum verwendet werden konnte (Fr. KÜSPERT 1916) oder ein „Experimentierkasten" für den einfachen chemischen Unterricht (O. KÜSPERT 1926a,b).

In Berlin und später auch im Rheinland wurde eine Hauptstelle für den naturwissenschaftlichen Unterricht eingerichtet, die u. a. die Aufgabe wahrnahm, naturwissenschaftliche Lehrmittel zu prüfen und entsprechende Auskünfte zu erteilen (POSKE 1915b; P./Mr. 1917).

Zur Entlastung der Lehrer wurde an den höheren Schulen für die Erhaltung der naturwissenschaftlichen Sammlungen eine technische Arbeitskraft gefordert (DUNKER 1905; BOHN 1907).

2.7.3 Lehrerversuch

Die untersuchten Zeitschriften sahen eine wichtige Aufgabe darin, ihren Lesern neue für den Unterricht verwendbare Experimente mitzuteilen, z. B. über die besonders im Ausland beliebten Demonstrationen mit einfachen Hilfsmitteln (SCHWALBE 1887) und die Leser selbst über ihre experimentellen Erfahrungen im Unterricht Bericht erstatten zu lassen.

Trotz der großen Vorteile, die man sich von den Schülerübungen wegen der Selbstbetätigung der Schüler erwartete, behielten die Demonstrationsexperimente ihre Berechtigung. Durch die zeitlichen Einschränkungen des Chemieunterrichts aufgrund der Lehrpläne von 1925 wurden sie zum Ende der Weimarer Zeit und während der nationalsozialistischen Zeit wieder vermehrt eingesetzt. Bei richtigem Einsatz und richtiger Durchführung würde man auch mit Demonstrationsexperimenten alle Schüler aktivieren können (ROLLER 1938).

2.7.3.1 Versuchsaufbau

Die wenigen Hinweise auf die Beachtung wichtiger Regeln zur Verbesserung der Wahrnehmungsmöglichkeiten von Experimenten für die Schüler mögen auf das lange Zeit in den Hintergrund gerückte Interesse für Demonstrationsexperimente zurückzuführen sein. Die verwendete Apparatur sollte stets als nebensächlich gegenüber den Erscheinungen zurücktreten (N.N. 1904c). Nicht nur bei den Schülerversuchen, sondern auch bei den Demonstrationsversuchen sollte auf möglichste Einfachheit und Übersichtlichkeit geachtet werden (LUDWIG 1935).

Der Hintergrund sollte berücksichtigt, die Geräte gut beleuchtet und die für den Versuch wesentlichen Teile der Apparatur gegenüber den unwichtigen Teilen hervorgehoben werden. Alles, was nicht zum Experiment gehörte, sollte vom Tisch entfernt werden (ROLLER 1938).

Im Unterricht bereits fertige Versuchsanordnungen zu verwenden, wurde als pädagogisch „uneffektiv" eingeschätzt. Der Aufbau der Apparaturen sollte statt dessen vor den Augen der Schüler erfolgen (POSKE 1907a; BRÄUER 1916b).

Beim Skizzieren des Aufbaus an der Tafel sollte auf gute Übereinstimmung geachtet werden, insbesondere auf die Einhaltung der Reihenfolge der miteinander verbundenen Geräteteile (ROLLER 1938).

2.7.3.2 Beobachtungsmöglichkeiten

Die Durchführung von Schülerversuchen wurde wiederholt mit der besseren Beobachtungsmöglichkeit für die Schüler begründet (HERDING 1911/12). Viele der wichtigen Kleinigkeiten, wie leichte Farbveränderungen, Details am Aussehen der Niederschläge, Gerüche, kleine Gasblasen usw., konnten im Lehrerversuch von den Schülern nicht wahrgenommen werden. Das „Herumzeigen" in der Klasse wurde nicht als wirksamer Ersatz angesehen (GREINER 1915).

In einigen Schulen wurden für die bessere Sichtbarkeit auf den Lehrertisch für den Demonstrationsunterricht Räume mit nach hinten ansteigenden Stufen, auf denen die Schülertische standen, eingerichtet (vgl. 2.2.9.3). Es wurde aber auch von der Praxis berichtet, die Schüler hinter der ersten Tischreihe zu versammeln.

2.7.3.3 Fähigkeiten der Lehrer

Grundlegend war zunächst die allgemein erhobene Forderung, daß die Lehrer Übung in der Durchführung von Demonstrationsexperimenten, von Schülerversuchen und im präparativen Arbeiten besitzen müssen, während die Fertigkeiten zum analytischen Arbeiten mit der Zeit immer weiter an Bedeutung verloren (N.N. 1907; RHEINBOLDT 1934). Besonders hervorgehoben wurde die Fähigkeit, Experimente den Gegebenheiten in der Schule anpassen zu können (LIETZMANN 1913; OHMANN 1913a).

Wichtig wurde es, die notwendige Gewandtheit, Sicherheit und Schlagfertigkeit in Vorbereitung und Ausführung von Experimenten zu erlangen. Gerade hierfür eignete sich die Durchführung von Freihandversuchen (NOACK 1907; LIETZMANN 1941). Der Zusammenbau von Apparaturen mußte geübt werden (KONEN 1907; RHEINBOLDT 1934). Neben der Entwicklung der Handfertigkeit mußte experimentelles Denken erworben werden (NOACK 1907).

Wiederholt wurde auf die Bedeutung der Einfachheit und die Nutzung einfacher Mittel bei der Gestaltung naturwissenschaftlicher Experimente hingewiesen. Auch die Fähigkeit, Vorgänge zu erklären, die sich täglich in Natur, Technik, Haus und Hof, in Küche und Keller abspielen, wurde verlangt (ZEHNDER 1930).

Die experimentelle Ausbildung sollte, den Bedürfnissen des Schulunterrichts entsprechend, den methodischen Aspekt ihres Einsatzes zur Ableitung von chemischen Gesetzen und Theorien sowie Unfallmöglichkeiten berücksichtigen (WINDERLICH 1928a).

2.7.4 Schülerversuche

2.7.4.1 Legitimation der Schülerübungen

Zu Beginn des 20. Jahrhunderts stand die Einführung der Schülerübungen im Mittelpunkt der Bestrebungen der Erneuerer des naturwissenschaftlichen Unterrichts. Als neues entscheidendes Moment wurde die Möglichkeit der Eigentätigkeit der Schüler angeführt. Psychomotorischen Lernzielen wurde im Zusammenhang mit dem Arbeitschulgedanken zumindest in der Anfangsphase der Schülerübungen eine große Bedeutung beigemessen. Genannt wurden die Schulung der Hand, speziell die Entwicklung der experimentellen Geschicklichkeit und ein reiches Maß an praktischen Erfahrungen zu sammeln (HÜCKEL 1928; WINDERLICH 1916b). Es wurden pädagogische, lernpsychologische und fachdidaktische Gründe für Schülerübungen angeführt:

- Pädagogische Gründe:
  - die Gewöhnung an exaktes und gewissenhaftes Arbeiten (KERSCHENSTEINER 1913);
  - die Feststellung der Stärkung des Gemeinschaftsgefühls durch den Experimentalunterricht in Gruppenarbeit (END 1913);
  - die Verbesserung des Verhältnisses zwischen Lehrer und Schülern sowie der Schüler untereinander (FRIES 1912; KLATT 1914; BOGEN 1915).
- Lernpsychologische Gründe:
  - die Betätigung der Hand trägt zur Entwicklung des Gehirns bei (PABST 1907);
  - durch selbst ausgeführte Experimente wächst das Interesse der Schüler am Chemieunterricht (KLATT 1914).
- Fachdidaktische Gründe: Lernpsychologische Erkenntnisse und die Rückbesinnung auf historische pädagogische Anschauungen (PABST 1907; N.N. 1908b), Untersuchungen zum Schülerinteresse (VOIGTS 1926b), Befragungen von Primanern (KLATT 1914) und die Unterrichtserfahrungen von Lehrern an höheren Schulen und Volksschulen (BREMER 1916; WURTHE 1910) gaben Hinweise auf die Bedeutung des selbständigen Experimentierens der Schüler, die sich auswirkt durch:
  - Verbesserung des Verstehens und des Interesses (END 1913; KLATT 1914),
  - besseres Behalten (WINDERLICH 1916b),
  - Entwicklung der Geschicklichkeit und des Erfindungstriebs (WUNDER 1906),
  - Schulung sämtlicher Sinneswerkzeuge und der Beobachtungsfähigkeit (Beachtung der kleinsten Veränderungen aller Art) (OHMANN 1906).

Hingewiesen wurde auf die Notwendigkeit, dem Bedürfnis der Schüler nach körperlicher Aktivität entgegenzukommen und sie vom Zwang des Stillsitzens zu befreien. Dazu konnte freies Bewegen während Schülerübungen, Geräte holen, aufbauen usw., beitragen (WUNDER 1913).

2.7.4.2 Voraussetzungen für Schülerübungen

Klassenfrequenz

Aufgrund der Unterrichtserfahrungen wurden wiederholt 20 Schüler als maximale Obergrenze der Gruppengröße bei Schülerübungen genannt (END 1913; HERDING 1911/12; LÖWENHARDT 1912a). Diese Zahl galt wohl im allgemeinen für den Anfangsunterricht. Praktika in der Oberstufe sollten mit nicht mehr als zwölf Schülern durchgeführt werden (DOERMER 1912a; SCHEID 1907). In den Lehrplänen der höheren Schulen in Württemberg wurden zwölf Teilnehmer für die fakultativen Schülerübungen genannt (POSKE 1913b). SCHEID machte die Erfahrung, daß in Kursen mit 15 oder sogar 17 Schülern nur mit geringem Erfolg gearbeitet werden konnte.

Um die maximal mögliche Gruppengrößen nicht zu überschreiten, wurde Teilungsunterricht vorgeschlagen. War dies nicht realisierbar, sollte trotzdem versucht werden, so weit wie möglich Arbeitsunterricht durchzuführen (HERDING 1911/12).

Zu Beginn der Weimarer Zeit behinderten große Mängel der Ausstattungen die Durchführung von Schülerübungen. In einem Aufruf wurden Vorschläge zur Einsparung und zum behutsamen Umgang mit Apparaten und Materialien gesucht (DIETRICH 1922).

Geräte

Geräte für den Übungsunterricht, wie Bechergläser, Kochflaschen, Schalen, Trichter, Gestell mit Probiergläsern, Platindraht, Lötrohr und Glasstab, wurden im allgemeinen am Arbeitsplatz der Schüler, z. T. in verschließbaren Schränken oder direkt auf dem Tisch untergebracht, in einigen Fällen auch eine Grundausstattung an Chemikalien. Zum allgemeinen Gebrauch waren meistens Waagen, Büretten, Meßzylinder und andere seltener benötigte oder teurere Geräte zentral aufbewahrt (vgl. SCHEID 1907). Wurden Materialien zentral aufbewahrt, was aber im allgemeinen als unpraktisch abgelehnt wurde (vgl. ZAPFE 1929; vgl. 2.1.9.3), verteilten Schüler/Schülerinnen diese zu Beginn der Stunde in wenigen Minuten. Chemikalien und Reagenzgläser waren neben den Arbeitsplätzen zugänglich (WILLERS 1931). Vielfach konnten nur sehr einfache Ausstattungen angeschafft werden (KRÜGER 1919).

Im Volksschulbereich, besonders im ländlichen Raum war es wegen der sehr begrenzten finanziellen Mittel besonders schwierig, eine Ausstattung zur Durchführung von Schülerübungen anzulegen (HYLLA 1923). Beholfen wurde sich mit einfachsten Mitteln. Auf jedem Tisch standen eine große Wasserflasche und ein tönernes Becken zum Ausgießen der Flüssigkeiten und zum Gebrauch als pneumatische Wanne (GRESKY 1914). Einer als unbedingt notwendig erachteten Ausstattung mit wenigen Geräten (Erlenmeyer-Kolben, Glasröhren, Korken, Gummischlauch, 5 Reagenzgläser, Säureflaschen, Drahtnetz, Dreifuß, Glastrichter, Asbestpappe, Spirituslampe und Becherglas) und einigen Chemikalien wurden einige wünschenswerte Geräte ergänzend angefügt sowie eine Liste von zu sammelnden Gegenständen und Materialien (Flaschen, Marmor, Zinkstücke, Metalle, Leder- und Papiersorten, Torf usw.). Einige der Geräte wurden zum Selbstbau vorgeschlagen (MEYER 1925a). Die Lehrer waren häufig auf Selbsthilfe und Unterstützung der Eltern angewiesen (SPIELHAGEN 1924).

2.7.4.3 Ziele der Schülerübungen

Als Ziele wurden genannt:

- Die Erziehung zu manueller Geschicklichkeit in der Handhabung von Werkzeugen und Geräten (WILLERS 1928; STOCK 1919). Die Apparaturen sollten nicht als etwas Fertiges hingenommen werden, sondern in ihrem Aufbau verstanden werden (WILLERS 1928).
- Durch selbständiges Arbeiten sollten die Schüler die hemmenden Faktoren beim Experimentieren selber erleben und die Schwierigkeiten ermessen, die für die genauere Feststellung physikalischer und chemischer Größen und die Auffindung von Gesetzen zu beseitigen sind (BRÜSCH 1913; OHMANN 1916a).
- Durch Eigentätigkeit sollte eine verstärkte Beteiligung aller Schüler am Unterricht und eine Förderung ihrer Selbständigkeit erreicht werden (DOERMER 1929a).
- Die Erziehung zu Sauberkeit, Ordnung und Gewissenhaftigkeit waren Ziele, die unter Lehrern des naturwissenschaftlichen Unterrichts, besonders von Chemielehrern, angestrebt wurden (LÖWENHARDT 1900; STOCK 1919).

- Die Entwicklung von Willenskraft, Erkenntnistrieb und Denkkraft wurden wiederholt genannt (DOERMER 1929a).

Unter Berücksichtigung der Schülervoraussetzungen wurde eine zeitliche Abfolge der zu erreichenden Ziele in drei Stufen vorgenommen (WINDERLICH 1916b):

1. Auf der untersten Stufe sollten die Schüler scharf beobachten lernen und einen Einblick in die Eigenschaften der Stoffe gewinnen.
2. Auf der zweiten Stufe sollten die Schüler wägen und messen lernen und so die Erkenntnisse vertiefen, die sie im Vortragsunterricht erworben hatten.
3. Auf der dritten Stufe sollten sie bis zur eigenen mehr oder weniger selbständigen Lösung einfacher Aufgaben geführt werden.

2.7.4.4 Methode

Um die Unterrichtsziele zu erreichen, wurden sehr unterschiedliche Vorgehensweisen vorgeschlagen. Sie reichten von der Ausführung der Schülerversuche „auf Kommando", über Schülerübungen, bei denen die Versuche nach genauen schriftlichen Anleitungen ausgeführt wurden, bis zu einer sehr offenen Arbeitsweise, die den Schülern möglichst große Selbständigkeit bei der Durchführung einräumte.

Um die Arbeitstechniken zu erlernen, wurden die Schüler im chemischen Praktikum einleitend im Gebrauch der Geräte unterwiesen und praktische Übungen durchgeführt (Funktion des Brenners, Glas schmelzen und biegen, Salze lösen und erhitzen im Reagenzglas, Niederschläge herstellen und filtrieren, Reinigen der Geräte, Lötrohrgebrauch), damit sie anschließend ihre ganze Aufmerksamkeit den chemischen Reaktionen zuwenden konnten (LÖWENHARDT 1900).

Organisationsformen

Schülerübungen wurden entweder organisatorisch und thematisch eingebunden in den Klassenunterricht als „verwebendes Verfahren" durchgeführt (vgl. OHMANN 1908), oder sie wurden parallel zum Klassenunterricht abgehalten. In diesem Fall konnte eine thematische Abstimmung vorgenommen werden, oder

Praktikum und Klassenunterricht behandelten völlig unterschiedliche Stoffgebiete.

Unabhängig von dieser Unterscheidung wurden im wesentlichen zwei Formen der methodischen Organisation von Schülerversuchen unterschieden, das „Arbeiten in gleicher Front“ und die „getrennt-gemeinschaftliche Arbeitsweise“.

Das „Arbeiten in gleicher Front“, bei dem alle Schüler zur gleichen Zeit das gleiche Experiment durchführten, wurde von den Vertretern des chemischen Unterrichts allgemein empfohlen (FISCHER in RIEBESELL 1913) und entwikkelte sich zur vorherrschenden Arbeitsform (END 1913). Im Anfangsunterricht sollte es der Vermittlung der grundlegenden Kenntnisse (NORRENBERG 1909) und Arbeitstechniken dienen. Der Lehrer hatte einen besseren Überblick über das Geschehen als bei der getrennt-gemeinschaftlichen Arbeitsweise, so daß ein ständiger Gedankenaustausch zwischen dem Lehrer und allen Schülern möglich war (LÖWENHARDT 1912). Lehrer, die befürchteten, die Kontrolle über die Klasse und damit über den Lernerfolg der Schüler zu verlieren, ließen die Arbeiten auf Kommando ausführen (BEISINGER 1914; GREINER 1915). Ein weiteres Motiv für das Vorgehen in gleicher Front bestand in der Erwartung, mittelmäßige und schwächere Schüler so besser fördern zu können (THIEL 1927). Von Kritikern wurde für die große Verbreitung des Arbeitens in gleicher Front die Angst der Lehrer vor Vertrauensbruch und Eigenmächtigkeiten seitens der Schüler angeführt. Der Geist, der hinter dieser Einstellung stünde, sei „etwas den individuellen Regungen Feindliches“ (WUNDER 1913). Es wurde empfohlen, diese Arbeitsweise nicht länger als ein bis zwei Jahre beizubehalten, um der Gefahr des Erlahmens des Schülerinteresses vorzubeugen (DOERMER 1925; POSKE 1914a), und dann allmählich für die Begabteren und Geschickteren zur getrennt-gemeinschaftlichen Arbeitsweise überzugehen (WINDERLICH 1916b).

Die „getrennt-gemeinschaftliche“ Arbeitsweise, bei der die Schüler zur gleichen Zeit an verschiedenen Experimenten arbeiteten, wurde vorwiegend auf der Oberstufe praktiziert, wo die Schüler bereits eine größere Selbständigkeit besaßen. Das Verfahren ermöglichte es dem Lehrer, die einzelnen Schüler besser zu fördern (BREMER 1916) und der verschiedenartigen Gewandtheit, Auffassungsgabe und Arbeitsfreudigkeit der Schüler durch individuelle Aufgabenstellungen gerecht zu werden (WINDERLICH 1929). Die „getrennt-gemeinschaftliche“ Arbeitsweise bot Gelegenheit, Reihenversuche durchzuführen und eine Vielzahl von Ergebnissen zu einem Thema zusammenzutragen

(SEEGER 1930; RICHARD 1923; SCHNEIDER 1926). Der volle Bildungswert der Arbeitsteilung konnte häufig nicht realisiert werden, weil die Zusammenführung der Einzelarbeiten versäumt wurde (SCHEIBNER 1914).

DANNEMANN hielt auf der Oberstufe eine Vielfalt unterschiedlicher Unterrichtsformen, wie Experimente in gleicher Front, Gruppenversuche und Einzelversuche, für möglich (POSKE 1908b).

Ablauf der Schülerübungen

Eine Strukturierung für den arbeitsteiligen (getrennt-gemeinschaftlichen) Unterricht sah drei Phasen vor (SCHEIBNER 1914):

1. Aufteilung der Arbeitsaufgaben in der Klasse,
2. Einzelarbeit des Schüler,
3. Arbeitsvereinigung.

Auf die Wichtigkeit der Vorbereitung und Auswertung für den Erfolg von Schülerübungen wurde im Untersuchungszeitraum wiederholt hingewiesen. Zur Vorbereitung sollten ausführliche Besprechungen stattfinden (FRANCK 1923b). Häufig wurde gefordert, daß der Lehrer Aufgaben stellt, die sich aus dem vorhergehenden Unterrichtsverlauf ergeben. Wenn erforderlich, wurde der Arbeitsplan mit den Schülern besprochen (END 1913). Die leitenden Gedanken wurden gemeinsam herausgearbeitet, so daß die Schüler ihre Beobachtungen während des Experiments entsprechend konzentrieren können und wußten, in welcher Beziehung das Ergebnis zu ihrem bisherigen Wissen stand (KRÜGER 1919). Im problemlösenden Unterricht wurden vor dem Experimentieren das Vorgehen geplant, Vermutungen aufgestellt und Möglichkeiten zur Überprüfung erörtert (vgl. 2.6.7.4; vgl. 2.6.7.3).

Während der Übung arbeiten die Schüler möglichst selbständig. Der Lehrer greift nur ein, wenn Ungeschicklichkeiten den Arbeitserfolg gefährden. Die Ergebnisse werden (meist tabellarisch) von den Schülern notiert, als Grundlage für die anschließende Besprechung (END 1913).

Auf die Auswertung der Schülerübungen wurde häufiger als auf ihre Vorbereitung eingegangen. Sie wurde als die schwierigste Aufgabe der Übungen angesehen (HAHN 1912) und war auch bei den Schülern längst nicht so beliebt wie das Experimentieren (PRINZHORN 1909). „Das Experimentieren lieben die Schüler durchaus, aber das Denken nicht." (WINDERLICH 1929) Die Auswertung muß durch den Lehrer angeleitet werden, damit sich die Schüler die Ergebnisse aneignen können (HAHN 1912). Diese wurden vom Lehrer oder von besonders befähigten Schülern in Form von Merksätzen diktiert und aufgeschrieben (SCHAUSS 1928; WINDERLICH 1916b). Um Fehler zu korrigieren und damit diese sich nicht beim Schüler einprägten, sollten die Besprechungen sofort nach der Übung erfolgen (WINDERLICH 1916b). Bei getrennt-gemeinschaftlicher Arbeitsweise wurden die Berichte mit den Ergebnissen der einzelnen Schüler in der Klasse mitgeteilt, durchgesprochen und in Zusammenhang gebracht (WINDERLICH 1929). Rechen-Ergebnisse müssen mit dem experimentellen Befund verglichen werden (WINDERLICH 1930).

Merksätze lieferten die Grundlage für eine kurze schriftliche Ausarbeitung, die zu Hause erfolgte. In ihr wurden Verlauf und Ergebnisse der Versuche angegeben, einschließlich einer knappen Skizze (WINDERLICH 1916b; END 1913; KRÜGER 1919).

2.7.4.5 Häufigkeit in der Unterrichtspraxis

Schülerversuche wurden sehr schnell von den Fachvertretern der naturwissenschaftlichen Fächer grundsätzlich akzeptiert, nachdem sie 1905 in den Meraner Beschlüssen empfohlen worden waren. In der Weimarer Zeit, in Bayern bereits früher, wurden sie als wichtiger Bestandteil in die Lehrpläne der deutschen Länder aufgenommen (vgl. 2.3.1). Die praktische Umsetzung der Forderungen der führenden Didaktiker hinkte der Einsicht ihrer Notwendigkeit noch weit hinterher. Im ersten Jahrzehnt des 20. Jahrhunderts wurden schon an 2/3 der befragten Realanstalten chemische Übungen abgehalten (OHMANN 1913a). Vielfach dürften diese jedoch, noch der alten Tradition verpflichtet, hauptsächlich in analytischem Arbeiten bestanden haben. Insgesamt war der Anteil von höheren Schulen, an denen chemischen Übungen stattfanden, unter Einbeziehung der großen Zahl von Gymnasien mit etwa 20 % recht gering. Mit ganz wenigen Ausnahmen begannen die chemischen Übungen erst in der Prima der Realanstalten. Nur ganz vereinzelt wurden Übungen im Anfangsunterricht durchgeführt (POSKE 1909b). Einige Jahre später gab es chemische Schülerübungen an gut der Hälfte aller Realgymnasien (und Realprogymnasien), überwiegend als wahlfreie Übungen, und an den meisten Oberrealschulen, überwiegend als verbindliche Übungen (BRÜSCH 1913; POSKE 1914b). Auch in der Weimarer

Zeit wurden noch keineswegs an allen höheren Schulen in der Untersekunda praktische chemische Übungen abgehalten (FRANCK 1923a).

In Bayern wurden schon vor dem 1. Weltkrieg an sämtlichen Realschulen und Oberrealschulen Schülerübungen in den naturwissenschaftlichen Fächern eingeführt (END 1913). An den preußischen höheren Mädchenschulen gab es im Chemieunterricht fast noch gar keine praktischen Übungen (BONGARDT 1909).

2.7.4.6 Anforderungen an den Lehrer

Schon zu Beginn des 20. Jahrhunderts wurde geäußert, daß die Durchführung von Schülerversuchen hohe Anforderungen an den Lehrer stellt (GERHARDT 1906). Auf die erforderliche große methodische Flexibilität wurde eher aus Kreisen der Volksschulpädagogik als von den Vertretern der höheren Schulen hingewiesen (s. u.). Maßnahmen zur Verhütung von Unfällen scheinen nur zögernd in die Lehrerausbildung aufgenommen worden zu sein. In der seminaristischen Ausbildung der Volksschullehrer wurde eine gründliche experimentelle Ausbildung gefordert, um durch die Sicherheit im Experimentieren mögliche Unfälle im Unterricht auszuschließen (OHMANN 1913f). Auf ein direktes Eingehen auf Unfallgefahren im chemischen Unterricht während der Ausbildung gibt es keinen Hinweis. Erst zum Ende der Weimarer Zeit wurde die Forderung erhoben, die Unfallmöglichkeiten in der experimentellen Ausbildung der Lehrer für die höheren Schulen zu berücksichtigen (WINDERLICH 1928a).

Die neuen Qualifikationen des Lehrers an den höheren Schulen zielten ganz allgemein darauf ab, den Unterricht nach den Prinzipien der Arbeitsschule gestalten zu können. Dazu gehörte, neben experimentellen Fertigkeiten, sich in der Ausbildung ein entsprechendes Frageverhalten zu erarbeiten (GOERGES 1932).

Die Fähigkeit, Apparaturen selber herzustellen, auch mehrerer Apparate der gleichen Art für Schülerversuche, wurde als notwendig angesehen (KONEN 1907; RHEINBOLDT 1934). Dabei wurde auf die Bedeutung der Einfachheit und die Nutzung einfacher Mittel hingewiesen (ZEHNDER 1930; vgl. DMOCHOWSKI 1939). Der Lehrer erwarb sich so Fertigkeiten, um notwendige Reparaturen selber auszuführen.

Im Volksschulunterricht, stärker als an den höheren Schulen, wurde vom Lehrer die Fähigkeit gefordert, die Kinder selbständiger arbeiten zu lassen, die Lösungswege von Aufgaben selber zu finden und nicht zu früh „helfend" und dirigierend einzugreifen (HOMBURG 1923). Er sollte sein geplantes Konzept den Unterrichtserfordernissen anpassen können und sein Ziel durch unaufdringliche Führung erreichen (HERDING 1911/12). Auch das fachliche Können sollte verbessert werden (N.N. 1912).

2.7.4.7 Bewertungen der Schülerübungen

Schon zu Beginn des 20. Jahrhunderts zeigte sich, daß praktischer naturwissenschaftlicher Unterricht bei Schülern beliebt war. Dies bezeugen u. a. Aussagen der bayerischen Lehrer der Realanstalten (END 1913), zum Übungsunterricht befragte Primaner (KLATT 1914) und eine Untersuchung in der Weimarer Zeit (VOIGTS 1926b).

Über den Erfolg der Übungen wurden unterschiedliche Aussagen getroffen:

Die bayerischen Realschullehrer stellten ganz überwiegend eine Förderung des Verständnisses fest, allerdings, besonders im Chemieunterricht, eine Abnahme des Faktenwissens der Schüler (END 1913).

Die Provinzial-Schulkollegien in Preußen, insbesondere Provinzial-Schulrat Vogel, sprachen sich sowohl auf Grund eigener Anschauung als auch auf Grund der Gutachten der Direktoren über den Erfolg ausnahmslos außerordentlich anerkennend aus (NORRENBERG 1909a,b):

- Die Freudigkeit an der Arbeit und Verständnis für den Lehrstoff werden erhöht.
- Sie kommen ungezwungen dem natürlichen Betätigungsdrang der Schüler entgegen.
- Die Schüler erlangen ein gewisses Maß an Handfertigkeit, größere Sicherheit und Genauigkeit von Ursache und Wirkung und in der Begründung der Gesetze auf dem Erkenntnisweg der Induktion.
- Sie erziehen zur Selbsttätigkeit und Entschlußfähigkeit, Sorgfalt und Geduld, zu Bescheidenheit, da Schüler die ungeheure Arbeit erkennen, die zur Feststellung der naturwissenschaftlichen Tatsachen und Gesetze geleistet werden mußte.

- Die Schüler haben sichtlich an Gewandtheit im Ausdruck gewonnen, durch den Zwang, über ihre Untersuchungen schriftlich in knapper und klarer Darstellung zu berichten.

Dem standen negative Erfahrungen einzelner Lehrer gegenüber:

- Schülerübungen haben keine gedächtnismäßigen Vorteile gegenüber Demonstrationsunterricht (WÖRNER in OHMANN 1916a).
- Bei richtigem Einsatz und richtiger Durchführung würde man auch mit Demonstrationsexperimenten alle Schüler aktivieren können (ROLLER 1938).
- Selbst durch mehrjährige Übungen hat sich die Beobachtungsfähigkeit der Schüler nicht wesentlich verändert (JOHANNESSON 1911).

Die negative Erfahrung eines Chemielehrers – zwei Gebiete wurden nur im Praktikum behandelt, was nach zwei Wochen zu völligem Fehlen von Wissen über diese Gebiete führte – wurde auf mangelndes „Lehrgeschick“ zurückgeführt. Nicht die äußere Form des Unterrichts, sondern Lehrerverhalten entscheide über den Erfolg des Unterrichts. Bei hinreichendem Lehrgeschick werde der Übungsunterricht immer im Vorteil sein, weil er an Erfahrungen der Schüler anknüpfe (WINDERLICH 1916b).

2.7.5 Experimentelle Ausbildung der Lehrer

Die für den experimentellen Unterricht (der höheren Schulen) benötigten Fähigkeiten wurden an der Universität nicht vermittelt. Zu Beginn des 20. Jahrhunderts alleine schon deshalb nicht, weil an den Universitäten die Analytik im Mittelpunkt stand, während an den Schulen Demonstrationsexperimente und Schülerversuche durchzuführen waren, und zwar solche, die sich möglichst einfach gestalten ließen (ZEHNDER 1930).

Auch als, den Forderungen aus der Reformbewegung folgend, in der experimentellen Ausbildung der zukünftigen Lehrer Übungen in schulgemäßer Ausführung von Demonstrationsexperimenten, Schülerversuchen und der Herstellung von Präparaten statt Analytik eingeführt wurden, blieb das Problem bestehen, die erlernten Fähigkeiten auf die schulische Situation zu übertragen. Die eigentliche pädagogisch-praktische Ausbildung der Lehrer, die methodische Umsetzung der Experimente, wollten sich die Schulmänner an den höheren

Schulen zunächst nicht nehmen lassen (OHMANN 19013a). Sie erfolgte erst während der zweiten Phase der Ausbildung an der Schule (Seminarjahr), unter ihrer Anleitung. Den Hochschulen wiesen sie den fachwissenschaftlichen Teil der Ausbildung zu. Die erwartete Fähigkeit der Lehrer, die Experimente den methodischen Erfordernissen entsprechend zur Ableitung von chemischen Gesetzen und Theorien einzusetzen (WINDERLICH 1928a), konnte also erst hier erworben werden. Ebenso die Erfüllung der Anforderungen, die bei einer erfolgreichen Durchführung der Schülerübungen an den Lehrer gestellt wurden und über das rein Handwerkliche, Herstellung von Apparaten und eigene Durchführung der Experimente (KONEN 1907; RHEINBOLDT 1934), hinausgingen. Dies konnten die Seminare an den höheren Schulen jedoch nicht in ausreichendem Maße leisten, und es wurde vorgeschlagen eine pädagogische und didaktische Ausbildung an der Hochschule, geleitet von erfahrenen Schulmännern, durchzuführen, die mit Lehrproben an den Schulen verbunden würde (DANNEMANN 1920a).

2.8 Medien

In der Zeit vor dem 1. Weltkrieg war das Bedürfnis nach der Verwendung von Medien im Chemieunterricht offenbar noch gering, lediglich für den mineralogisch-geologischen Unterricht wurden, wegen fehlender Anschaulichkeit, zahlreiche Lehrmittel vorgestellt.

Wie schon oben ausgeführt, besaß die Anschaulichkeit (vgl. 2.6.8.1; vgl. 2.4.1) im naturwissenschaftlichen Unterricht eine sehr große Bedeutung, seit die Reformbewegung angetreten war, die „Kreidechemie“ aus dem Schulunterricht zu verbannen. Nachdem für den Chemieunterricht zunächst das Experiment im Mittelpunkt der Auseinandersetzungen stand, erhielten mit der Zunahme theoretischer Unterrichtsinhalte Veranschaulichungsmittel wie Modelle, Tafeln, Film und Dias für diese den Schülern oft so schwer verständlichen Inhalte zunehmende Bedeutung.

2.8.1 Modelle

Über erste Modellexperimente bzw. Verwendungen von Modellen im naturwissen-schaftlichen Unterricht wurde schon zu Beginn des 20. Jahrhunderts berichtet (KLEIBER 1901; FENZL 1902). Besonders stark vermehrten sich die Artikel zum Modelleinsatz nach 1933. Hierzu trug sicherlich bei, daß nun noch die zunehmende Behandlung der Technik und technischer Geräte im Unterricht nach Veranschaulichung durch Sachmodelle drängte. Der Einsatz eines Hochofenmodells an Stelle eines Lehrervortrags wurde mit dem dadurch bewirkten größeren Schülerinteresse an der Metallurgie des Eisens begründet (HELDMANN 1933). Unter anderem wurden Modelle für Feuerlöscher (REGEL 1936), für ein chemisches Sauerstoffgerät (LEONHARDT 1935) oder eine Glasfabrik (DRESSLER 1913) vorgestellt.

Seit der Weimarer Zeit vermehrten sich die Modellexperimente zur Veranschaulichung von Produktionsabläufen in der Technik (ROLLER 1929) und in nationalsozialistischer Zeit zur Wirkung von Kampfstoffen (FLÖRKE 1938b). Modellexperimente wurden durchgeführt, um chemische Prozesse, die in der Technik verwendet wurden, zu demonstrieren, so die technischen Verfahren zur Metallerzaufbereitung und Brennstoffgewinnung (WINDERLICH 1939) und die technische Darstellung von Phosphor und von Zink im elektrischen Ofen, die mit Hilfe eines mit Sand gefüllten Blumentopfes, in den zwei Elektroden eingeführt sind, nachgeahmt wurde (FRANCK 1923c). Die Herstellung von 1,3-Butylenglykol als Zwischenprodukt der Bunaproduktion wurde modellhaft (theoretisch) vorgeführt (KINTTOF 1941). Selbsthergestellte räumliche Modelle wurden zur Veranschaulichung der technischen Abläufe und zur Vorbereitung von Betriebsbesichtigungen eingesetzt (SCHWANTKE 1925).

Mit zunehmender Behandlung theoretischer Themen vermehrte sich die Begegnung der Schüler mit Denkmodellen. Die Behandlung der Atomtheorie und der damit verbundene Einsatz von Atommodellen wurde im allgemeinen erst in der Oberstufe vorgenommen, von einigen Fachvertretern erst zum Abschluß des Chemieunterrichts, wegen der Schwierigkeit des Themas (LÖWENHARDT 1912a; vgl. 2.6.8.2) und der damit verbundenen Gefahr der Überforderung der Schüler (SCHEID 1911). In einem planmäßig aufbauenden Lehrgang sollten zunächst die erforderlichen Grundlagen erarbeitet werden (OHMANN 1914b; KLEIN 1915) bzw. auf die Behandlung des Elektrons im Physikunterricht als notwendige Voraussetzung zur Behandlung der Atomtheorie gewartet werden (JOHN 1927).

Um dem Bedürfnis der Schüler nach Anschaulichkeit gerecht zu werden, wurden aus Plastilin, Holz und anderen Materialien zum Teil durch Schüler Atom- und Molekülmodelle gegenständlich hergestellt, die z. B. Atomabstände und Molekülformen erkennen ließen (REINICKE 1930; OHMANN 1918a; OHMANN 1916b). Mit der Verwendung gleichgroßer Holzwürfel, denen ein Tetraeder einbeschrieben ist, konnten durch Aneinanderfügen entweder der Ecken, der Kanten oder der Flächen der Würfel die sich aus den verschiedenen Bindungslängen von Einfach-, Doppelbindung und Zwischenzustand ergebenden Molekülgrößen veranschaulicht werden (REINICKE 1930). Kalottenmodelle dienten zur Demonstration der richtigen Raumerfüllung (STUART 1935).

Gegen die Verwendung anschaulicher Atommodelle wurden gegen Ende der Weimarer Zeit zunehmend Bedenken geäußert, z. B. von EUCKEN und von BOHR, und die Behandlung der Atommodelle im Chemieunterricht wegen der unüberbrückbaren Verständnisschwierigkeiten bei Schülern abgelehnt (WINDERLICH 1931b) oder auf die großen Schwierigkeiten der Schüler mit der „einfachen" Atomlehre hingewiesen (MANNHEIMER 1931b). In der Weimarer Zeit verwendete man das BOHRsche Atommodell, um die Atomtheorie zu veranschaulichen. Wegen der Überlegenheit des wellenmechanischen Atommodells gegenüber dem BOHRschen Atommodell wurde die Herstellung verschiedener Atome mit ihren „Elektronenwolken" mit einfachen Mitteln und ihrer Anwendung vorgestellt (VOGEL 1936).

Zur Veranschaulichung chemischer Gesetzmäßigkeiten wurden ebenfalls Modelle verwendet. Zur Demonstration des Boyle-Mariotteschen Gesetzes wurde eine Apparatur vorgestellt, mit der an einer vertikal verschiebbaren Wandtafel die Beziehungen zwischen Druck und Volumen eines Gases leicht dargestellt werden konnten (REIFF 1907). Ein Gemenge aus Eisen und Schwefel diente dazu, die Luft als mechanisches Gemenge verständlich zu machen (KREISEL 1912/13). Zur Veranschaulichung der Eigenschaften von Ionen und ihres Verhaltens bei der Elektrolyse wurden elektrisch geladene Korkkugeln in einer Wanne mit Paraffinöl verwendet (MERKER 1920b).

Zur Darstellung der Dichte der chemischen Elemente wurde ein räumliches Modell benutzt, das die Sprünge von Element zu Element verdeutlicht und durch den Gesamteindruck die Zusammenhänge von Gruppen und Perioden im PSE erkennen läßt (SCHINDEHÜTTE 1937).

Um die Erarbeitung chemischer Gleichungen zu erleichtern, wurden Strukturformeln (bessere Anschaulichkeit über den Bau der Moleküle und die Wertigkeiten der Elemente) und farbige Holzkugelmodelle verwendet, wobei jedem der häufig auftretenden Elemente eine bestimmte Farbe zugeordnet wurde. Die Schüler vollzogen die im Experiment gemachten Beobachtungen und Folgerungen an Hand der Kugelstrukturen nach und formulierten dann die Reaktionsgleichungen an der Tafel (MERKER 1920a). Die Anwendung auf mineralische Säuren und ihre Salze wurde wegen der noch ungesicherten Strukturverhältnisse in der anorganischen Chemie von der Schriftleitung der „Naturwissenschaftlichen Monatshefte" skeptisch beurteilt. Strukturformeln und Atommodelle dienten auch bei der Behandlung der Valenzlehre zur Veranschaulichung (DAHMEN 1926).

2.8.2 Schulbuch

Das wichtigste Medium im naturwissenschaftlichen Unterricht war zunächst das Lehrbuch. Seine dominierende, den Unterricht beherrschende Stellung wurde jedoch von den Reformern bekämpft (POSKE 1901a). Für den Volksschulbereich wurde gefordert, nicht das wissenschaftliche Lehrbuch, sondern das Kind zum Ausgangspunkt des Unterrichts zu machen (HEMPRICH 1920). An den höheren Schulen sollte der Unterricht nicht mehr ausschließlich am Lehrbuch orientiert erteilt werden. In diesem Zusammenhang wurden die Erfahrungen des Lehrbucheinsatzes im Ausland angeführt. In Frankreich würde das Lehrbuch nur zur Nachbereitung des Unterrichtsstoffes verwendet (POSKE 1900a). In den USA wurde die Erfahrung gemacht, daß sich das Lehrbuch gut eigne, um die im Labor erkannten Tatsachen im richtigen Zusammenhang zu zeigen (POSKE 1903b).

An der Gestaltung der Lehrbücher wurde die zu breite und unübersichtliche Anlage bemängelt (POSKE 1904a). Ein leitender Gedanke bei der Stoffanordnung würde im allgemeinen fehlen (OHMANN 1910a). NORRENBERG plädiert für kurze, nur das Wesentliche enthaltende Zusammenfassungen. Die Erfahrung, daß Schüler von ihren Skizzen nur das Formale behalten, wenn nicht auch Beschreibung und Abbildung vorhanden sind, sprach gegen diese Form von Lehrbüchern (POSKE 1904a).

Die Frage, ob Lehrbücher methodisch oder fachsystematisch angelegt sein sollten, wurde kontrovers diskutiert. Für das methodische Lehrbuch wurde das Bemühen um einen methodisch angelegten Chemieunterricht angeführt, in dem die chemischen Elemente dem Schüler genetisch vermittelt werden und dem Grundsatz der Folgerichtigkeit im Unterrichtsgang gefolgt wird (OHMANN 1922a). Die systematische Behandlung allgemeiner Eigenschaften und Grundbegriffe wurde kritisiert (OHMANN 1910b). Gegen methodische Lehrbücher wurde angeführt, daß es die Aufgabe des Lehrers sei, den Stoff methodisch zu gestalten, und das Lehrbuch systematisch angelegt sein sollte (KIENITZ-GERLOFF 1901). Die Möglichkeit der starken methodischen Bindung des Lehrers an das methodisch gestaltete Buch wurde als Gefahr für den Unterricht gesehen (MANNHEIMER 1925a).

Reformer des naturwissenschaftlichen Unterrichts bemängelten deduktive Darstellungen und dogmatische Mitteilungen in vielen Lehrbüchern. Chemische Gesetze und strukturelle Eigenschaften der Stoffe wurden häufig nur mitgeteilt und zu wenig aus Experimenten (induktiv) abgeleitet (OHMANN 1910b; vgl. LÖWENHARDT 1907). Wichtige Begriffe müßten mit Hilfe von Experimenten erarbeitet werden (KINTTOF 1936). Deduktive Darstellungen in Lehrbüchern gefährdeten das Bemühen, den Lehrstoff in fortgesetzter Denkarbeit an den Tatsachen zu erarbeiten (POSKE 1901a).

Moderne Theorien der allgemeinen Chemie wurden im allgemeinen zu wenig berücksichtigt. Von Lehrbuchautoren wurde dies damit begründet, daß die neuen Anschauungen für den Schulunterricht noch nicht genügend erprobt seien (LÖWENHARDT 1907; JOHN/SACHSSE 1908). Einem Lehrbuch, das die allgemeinen Gesichtspunkte in den Vordergrund stellte und die Theorien der physikalischen Chemie intensiv behandelte, wurde die Vernachlässigung einer dem chemischen Anfänger entsprechenden sorgfältigen Entwicklung chemischer Grundbegriffe und stöchiometrischer Grundgesetze auf experimenteller Grundlage vorgeworfen (LÖWENHARDT 1907; vgl. 2.5.4).

Für den Anfangsunterricht auf der Untersekunda wurde ein elementares Lehrbuch gefordert. Die allermeisten der für diese Stufe bestimmten Lehrbücher seien zu überladen und zu schwierig (LÖWENHARDT 1904). Schullehrbücher waren häufig zu stark an Hochschullehrbüchern orientiert bzw. direkt aus ihnen hervorgegangen (MANNHEIMER 1925a).

Als Funktionen des Lehrbuchs wurden die Zusammenfassung der im Unterricht gefundenen Tatsachen und das Bereitstellen von Aufgaben genannt (END

1913). In den Schülerübungen an den höheren Schulen Preußens wurden die Schulbücher, einer Umfrage bei den preußischen Provinzial-Schulkollegien zufolge, von den Schülern vielfach als Arbeitsbücher verwendet. Nach entsprechender Vorbereitung würden Schüler schließlich völlig selbständig mit Hilfe des Lehrbuchs einzeln experimentieren (NORRENBERG 1909a). In einem analytischen Praktikum suchten sich die Schüler die benötigten Nachweismethoden selbst aus dem Schulbuch heraus (OETTLI 1910).

In der Lehrerschaft der Volksschule wurden drei Haltungen zur Frage des Lehr- und Lernbuches unterschieden, das im Arbeitsunterricht für die Hand des Schülers bestimmt war (HERDING 1909/10).

- Einige Lehrer wollen den Schülern gar nichts Gedrucktes in die Hand geben.
- Eine zweite Gruppe ließ ein Merkheft führen, das die Quintessenz allen Wissensstoffes, den die Schüler wissen müssen, aufnimmt.
- Die dritte Gruppe läßt die Schüler mit einem kleinen Buch arbeiten, das den Stoff in Form von Aufgaben enthält. Die Resultate werden ins Arbeitsbuch eingetragen, das zu einem „Schatzkästlein" eigener Erfahrungen, Forschungen und auf Grund eigener Arbeit erworbenen Wissens wird.

Um Bücher als Stoffquelle für die selbständige Lektüre der Schüler zu nutzen, müßten geeignete Bücher erst noch hergestellt und die Einrichtung von Schülerbibliotheken gefördert werden (BROHMER 1923; N.N. 1923). Für geschichtliche bzw. kulturgeschichtliche Themen war eine Sammlung von Quellentexten zur Geschichte der Naturwissenschaften „Aus der Werkstatt großer Forscher" zusammengestellt worden (DANNEMANN 1928).

Als Mangel vieler Schulbücher wurde das Anführen geschichtlicher Daten, wie Jahreszahlen und Forschernamen, ohne diese in größere erklärende Zusammenhänge einzubinden, kritisiert.

Ein Überblick über die Schulbücher für den Chemieunterricht in der Weimarer Zeit kommt zu einem „nicht gerade sehr erfreulichen" Ergebnis (MANNHEIMER 1925a). Es werden zwar Verbesserungen gegenüber der zurückliegenden Zeit festgestellt, aber auch immer noch ein Festhalten an den alten Mängeln. Die Zahl der methodisch-individuellen Schöpfungen war recht klein. Die Neuerscheinungen wurden als qualitativ am besten bewertet. In ihnen wirkte sich der Arbeitsschulgedanke am stärksten prägend aus. Die Trennung zwischen Lehrbuch und Arbeitsanleitung wurde aufgegeben, die Chemie des täglichen Lebens stärker berücksichtigt und die Lehren der allgemeinen Chemie nicht mehr so stark vernachlässigt.

In Lehrbüchern für die Unterstufe wurde nun der Tatsache, daß die Chemie ein für die Schüler völlig neues Wissensgebiet darstellte, Rechnung getragen und die Einführung der grundlegenden allgemeinen Begriffe methodisch behutsam entwickelt. Die fachdidaktischen Forderungen, quantitative Beziehungen den Schüler selber experimentell klären zu lassen und die Formelsprache „nur als letztes Ausdrucksmittel für Maß und Zahl“ (S. 59) einzusetzen, wurden zunehmend berücksichtigt.

Die Lehrbücher für die Oberstufe verloren langsam ihren enzyklopädischen Charakter. Sie wurden lebendiger und berücksichtigten pädagogische Prinzipien in stärkerem Maß. Abbildungen, statistische Daten, graphische Darstellungen, technologische Schilderungen, volkswirtschaftliche Erörterungen und der geschichtliche Einschlag werden als wichtige Elemente aufgeführt. Als größter Mangel wurde das Fehlen großer Leitlinien und übergeordneter Zusammenhänge empfunden (MANNHEIMER 1925a).

In der Volksschule diente das Realienbuch dem Sachkundeunterricht. In der Weimarer Zeit wurde gefordert, es künftig so zu gestalten, daß es zum Schülerbuch wird, indem es Schüler zur freiwilligen, selbständigen und produktiven Arbeit anregt und anleitet. Es sollte vom Stoff- und Lernbuch zum Aufgaben- und Arbeitsbuch werden und Texte zum Lesen, Anregungen für Museumsbesuche und die Nutzung von Bibliotheken sowie Aufgaben enthalten. Es sollte Schüler ermuntern, „forschend“ tätig zu werden (BOGEN 1920). Viele der in der Folgezeit entstandenen Realienbücher wiesen neue Mängel auf. In dem Bemühen, in einem Arbeitsbuch alle Zweige der Naturwissenschaften, Geschichte und Erdkunde zu vereinigen, entstanden triste und unkindliche Leitfäden (KEUCHEL 1933). Dem Anspruch folgend, naturwissenschaftliche Bildung auch den Volksschülern zu vermitteln, wurden fachwissenschaftliche Strukturen übernommen (BÜHNEMANN 1936).

Mit der Betonung der selbstbildenden Stillarbeit wurde noch einmal der anleitende Charakter der Arbeitsbücher hervorgehoben. Das Arbeitsbuch der Naturlehre sollte in erster Linie Experimentierbuch sein. In den Chemieunterricht gehörten Arbeitsbücher im engsten Sinne, wie z. B. Bastelbücher (KEUCHEL 1933).

Nach den Beobachtungen der Amerikanerin L. MEIER in deutschen Volksschulen spielte das Schulbuch eine geringe Rolle im Unterricht. Die deutschen Schüler benutzten Bibliotheken viel weniger als in den USA. Es werde zu wenig Wert auf das Lesen von Zeitungen, guten Büchern und Zeitschriften gelegt (SCHWARZ 1930).

In nationalsozialistischer Zeit wurde der hohe bildende Wert des Vorlesens hervorgehoben. Es waren zahlreiche Schriften erschienen, die sich zum Vorlesen, Nacherzählen oder zum gemeinsamen Lesen der Kinder eigneten. Während des Vorlesens könnten Lehrgespräche eingestreut werden. Die Texte sollten jedoch nicht durch zu eingehende Besprechungen zerhackt werden. Materialien für den Selbstunterricht sollten kurze lebendige kindertümliche Darstellungen des Stoffes bieten, viele Bilder und gute übersichtliche Anordnung, aber keine fachwissenschaftlichen Bindungen. Das Sachkundebuch sollte von Arbeitsanweisungen für die selbständige Arbeit getrennt werden. Das Nebeneinander von Stoffdarbietung und Arbeitsanweisung würde die Schüler verwirren, eingestreute Anweisungen würden meist überlesen. Versuchsanleitungen für reine Schülerversuche zum selbständigen Experimentieren sollten kindertümlich gestaltet sein (BÜHNEMANN 1936).

Es wurden Arbeitsmaterialien als „Arbeitshilfen für Unterricht und Feier“ in der Zeitschrift „Die Volksschule“ veröffentlicht, die im wesentlichen Informationen in Form von Texten mit Abbildungen, Tabellen und Graphiken enthielten. Thematisiert wurden u. a. das Sammeln von Altstoffen (EGGESTEIN 1937a), die Sicherung der Ernährung (EGGESTEIN 1937b), deutsche Roh- und Werkstoffe (EGGESTEIN 1938a,b), Kohle und Eisen (DIETERICH 1939).

2.8.3 Arbeitsbogen

Über den Einsatz von Arbeitsbögen wurde wenig berichtet. Im Physikunterricht wurden zur Erleichterung und Strukturierung der Niederschrift der Versuchsergebnisse bei der Durchführung von Schülerversuchen vorgegebene Tafeln verwendet (HAHN 1918). Das Phywe-Arbeitsblatt enthielt auf der Vorderseite Experimentalanleitungen, und auf der Rückseite wurde das Protokoll niedergeschrieben (PRICKS 1928). Im Chemieunterricht wurde den Schülern der Leitfaden des Lehrers in die Hand gegeben, eine Aufgabensammlung mit knappen Angaben über die benötigten Apparate und Substanzen, notwendigen Anleitungen zum Aufbau der Apparatur sowie zum Zweck der Versuchsdurchführung (SCHEID 1907).

Im Volksschulunterricht wurde über den Einsatz des Arbeitsbogens mit der Einführung der „Stillarbeit“ und dem „Selbstunterricht“ berichtet. Die von THYEN vorgestellten Arbeitsbögen für den Naturlehreunterricht in der einklassigen Landschule leiteten den Schüler zur Beobachtung, zu Experimenten und zur schriftlichen Beantwortung von Fragen und Beobachtungen an. Eingestreut sind Erläuterungen zum Thema und Texte, die den Gedankengang induktiv fortentwickeln. Die letzten Folgerungen sollten die Kinder selbst ziehen. Da sich die Arbeitsbögen an den Fähigkeiten der schwächsten Schüler orientierten, wurde stark geführt. Dabei wurde die Einschränkung der selbständigen Arbeit der Schüler in Kauf genommen, um den naturwissenschaftlichen Denkvorgang im Sinne von KERSCHENSTEINER von den Schülern vollziehen zu lassen. Dieser Haltung stand die Auffassung entgegen, daß Arbeitsanweisungen nur in Form von Fragen und Aufforderungen zum Arbeiten anregen, den eigentlichen Lehrstoff aber nicht enthalten sollten. Das Nebeneinander von Stoffdarbietung und Arbeitsanweisung würde die Kinder verwirren (THYEN 1932a; THYEN 1932b; THYEN 1933b; THYEN 1933a; BÜHNEMANN 1936). Die Trennung von Arbeitsanweisung und Ergebnisbogen ermöglichte den Schülern nach Erledigung der Arbeiten die Überprüfung ihrer Ergebnisse (PIETSCH 1933).

Der Arbeitsbogen sollte den Schülern zwei Aufgaben stellen (PIETSCH 1933):

1. Durchführung des Experiments und Beobachtungen machen,
2. Sinn und Zusammenhänge der gestellten Aufgabe herausfinden.

2.8.4 Anschauungsmittel

Die deutschen Volksschulen waren nach dem Eindruck der Amerikanerin L. MEIER im allgemeinen gut mit Lehrmitteln zur Anschauung ausgestattet (SCHWARZ 1930).

Für den mineralogisch-geologischen Unterricht wurde zwar das Fehlen von geeignetem Anschauungsmaterial beklagt (ROESTEL 1910/11) und Sammlungen von Mineralien wurden von Lehrern selbst zusammengestellt (SCHWANTKE 1917), aber gerade für diesen Unterricht wurden bereits sehr früh zahlreiche Anschauungsmittel angeboten und wohl auch verwendet, wie Besprechungen entsprechender Lehrmittel in den „Unterrichtsblättern" und der „Zeitschrift für den mathematischen und naturwissenschaftlichen Unterricht" vermuten lassen. Es wurden Mustersammlungen und Dünnschliffe von Mineralien und Gesteinen (DRESSLER 1906; HENNIGER 1900; DRESSLER 1911), Kristallgestalten der Mineralogie in stereoskopischen Bildern (P. 1906) usw. vorgestellt. Für den mineralogischen Unterricht wurde die Herstellung von Kristall-Modellen vorgeschlagen (SCHWANTKE 1917) und ihre Verwendung im Unterricht beschrieben (FLÖRKE 1930).

Die Vorstellung von Anschauungsmitteln für den naturwissenschaftlichen Unterricht wurde häufig mit dem Hinweis auf ihre Hilfsfunktion verbunden (STEIN 1917b; KROPP 1938). Sie stellten lediglich einen Ersatz für die realen Erscheinungen in Natur und Technik dar und sollten nur dann verwendet werden, wenn eine direkte Begegnung mit den Unterrichtsgegenständen nicht möglich war. Zur Gestaltung der Anschauungsmittel wurde auf die Wichtigkeit von Klarheit und leichter Erkennbarkeit dessen, was gezeigt werden sollte, hingewiesen. Dies sollte durch Vereinfachung und Abschwächung alles Unwesentlichen erreicht werden. So würden Produktbäume bei zu starker Verzweigung unanschaulich werden. Die Darstellung selber sollte wie bei einem Plakat auffällig gestaltet werden, um die Bedeutung anzuzeigen und um Interesse zu wecken. Selbstverständlich durfte die Vereinfachung nicht zu falschen Inhalten führen. Die Darstellungen bzw. Gegenstände dürfen nicht zu klein sein, sondern müssen eine angenehme Größe besitzen (STAUTZ 1922b).

2.8.5 Wandtafel

Auf die Verwendung der Wandtafel im Chemieunterricht wurde nicht besonders eingegangen, wahrscheinlich weil sie als Bestandteil des alten dozierenden Unterrichts galt. Aus beiläufigen Äußerungen in den Artikeln lassen sich jedoch einige unterschiedliche Funktionen des Tafelbildes erkennen.

- Zur Veranschaulichung sollten schematische Darstellungen von Produktionsabläufen und Stoffkreisläufen zum besseren Verständnis vor den Augen der Schüler entwickelt (HALLER 1910/11; STEIN 1917b) und zur Verdeutlichung der Zusammenhänge farbig angelegt werden (GLAUER 1907; KROPP 1938). Skizzen von Versuchsaufbauten sollten an der Wandtafel in Übereinstimmung mit der Apparatur stehen (ROLLER 1938).

- Chemische Reaktionsgleichungen wurden als Ergebnissicherung angeschrieben (MERKER 1920a).
- Von Schülern sollte die Tafel zur Übung des schriftlichen Ausdrucks verwendet werden (CLEMENZ 1914).
- Zur Wiederholung waren Skizzen von Versuchsaufbauten zu entwerfen (ZIEHEN 1919).
- Als Arbeitshilfe wurden Schülerfragen geordnet an der Tafel notiert (KNEUSE 1931).

Zu Werkbesichtigungen wurden Tafel und Kreide mitgenommen, um wichtige Informationen bei Lärm schriftlich zu übermitteln (STABER 1942).

2.8.6 Schematische Darstellungen

Um den Unterrichtsstoff zu strukturieren und für die Schüler übersichtlicher zusammenzufassen, wurde die Verwendung schematischer Übersichten vorgeschlagen. Für den Chemieunterricht wurde eine Übersicht über die Stickstoffsauerstoffverbindungen (Anhydride) vorgestellt. Sie sollte vor den Augen der Schüler an der Tafel entwickelt werden. Vor der Gefahr, daß solche Darstellungen zum Selbstzweck würden, wurde gewarnt (STEIN 1917b).

Um die Behandlung der angewandten Chemie und technischer Prozesse und Einrichtungen zu unterstützen, wurden vereinfachte schematische Darstellungen von Produktionsabläufen und Stoffkreisläufen (Stammbäume) statt langer Vorträge empfohlen (NOLTE 1919) und mehrfach über den praktischen Einsatz berichtet. Die Schemata sollten sich auf den wesentlichen Prozeß beschränken und Nebenapparate und Nebengebäude weglassen, damit sie für den Schüler verständlich bleiben. Um das Verständnis zu erhöhen, wäre es angebracht, noch vor dem Zeigen der gedruckten Abbildung die schematische Darstellung vor den Augen der Schüler an der Wandtafel zu entwickeln und die Schüler den Entwurf ins Heft übernehmen zu lassen, so daß Auge und Hand am Lernprozeß beteiligt werden (HALLER 1910/11). Zur besseren optischen Kennzeichnung der Zusammenhänge wurde die schematische Darstellung farbig angelegt (GLAUER 1907; KROPP 1938).

Zur Erklärung der Produktionsabläufe in zwei technischen Anlagen eines Schlachthofes wurden schematische Darstellungen eingesetzt, die von Schülern nach einem Besuch angefertigt worden waren. Sie wurden vom Lehrer photographiert und zur Vorbereitung für die folgenden Exkursionen mit anderen Schülern eingesetzt (DIX 1911/12). Bei der Herstellung von Anschauungstafeln zur Rohstoffkunde wurden die Schüler bei der Zeichnung der farbigen Skizzen und der Formulierung kurzer Merksätze, indem sie aus umfangreichem Material das Wesentliche herausfiltern mußten, beteiligt (RAMM 1938).

2.8.7 Schautafeln

Besonders zur Veranschaulichung technischer Zusammenhänge wurden Tafeln zum Aufhängen im Klassenraum angeboten. Z. B. zeigte ein Tafelwerk mit fünf Bildtafeln die Gewinnung und Verwertung des Stickstoffs (WINDERLICH 1932), eine Tafel „Acetylenbaum" veranschaulichte die Bedeutung des Acetylens in der chemischen Industrie (SCHARF 1939).

2.8.8 Graphische Darstellungen

Obwohl graphische Darstellungen im Physikunterricht, insbesondere bei der Auswertung von Experimenten, eine größere Rolle spielten als im Chemieunterricht, finden sich auch hier Beispiele für ihren Einsatz. Bei der Auswertung von messenden Experimenten in den physikalischen und chemischen Übungen wurden graphische Darstellungen zur Veranschaulichung eingesetzt (RUOSS 1926). Dies wurde von der bayrischen Unterrichtsverwaltung für den Chemieunterricht ausdrücklich angeraten (N.N. 1911). Auch in der Volksschule stellten Schüler Untersuchungsergebnisse zum Thema Alkohol graphisch dar (SACHS 1926).

Graphische Darstellungen wurden eingesetzt,

- zur Veranschaulichung schwieriger (theoretischer) oder unübersichtlicher Zusammenhänge, um sie auf das Verständnisniveau der Schüler zu bringen (OHMANN 1922b),

- als Unterrichtshilfe zum Verständnis der Reaktionsgruppen Säure-Base-Salz und Oxidation-Reduktion (SCHWANTKE 1920),
- zur Übersicht über die Zusammenhänge zwischen Welle und Partikel (WEHRLI 1933),
- um die Schwierigkeiten der Schüler beim Verständnis der Begriffe Molekular- und Atomgewicht zu verringern (SÜSSENGUTH 1936),
- zur Veranschaulichung der Dichte der chemischen Elemente (SCHINDEHÜTTE 1937),
- zur Vereinfachung von Problemlösungen, wie der Bestimmung der Alkoholverdünnung, die, statt einer rechnerischen Ermittlung, aus einer graphischen Darstellung direkt abgelesen werden konnte (MERKER 1922).

2.8.9 Lichtbilder

Über den Einsatz von Lichtbildern zur Veranschaulichung im naturwissenschaftlichen Unterricht gab es zahlreiche Veröffentlichungen, z. B. über das Lichtbildwesen an der Rupprechtoberrealschule in München (K. 1931) und insbesondere über die Herstellung von Dias für den Unterricht. Dazu wurden die Erfahrungen der Technisch-Wissenschaftlichen Lehrmittelzentrale Berlin mitgeteilt (DÜNCKEL 1927).

Um Diapositive selbst herzustellen, wurde die Verwendung von Cellophan (WALCH 1934) und der Einsatz von Gelatine beschrieben (ZANDER 1930). Diese ermöglichten, eigene Zeichnungen zu projizieren und durch Übereinanderprojektion Entwürfe von Schülern miteinander zu vergleichen (PFALZ 1930). Es wurde über glaslose Diapositive, über Dias als Folien mit Erläuterungen sowie über ein Verfahren, Diapositive im Druck billig herzustellen, berichtet (REIN 1931; PFALZ 1931). Die Farbigkeit von Diapositiven wurde, wegen besserer Veranschaulichungsmöglichkeiten naturwissenschaftlicher Darstellungen, gegenüber schwarzweißen Darstellungen, bevorzugt (THIEM 1936).

Photos aus gewerblichen Betrieben sollten als Vermittler zwischen dem Reagenzglas-Versuch und dem chemisch-technischen Verfahren eingesetzt werden. Sie wurden aber nur als Ersatz für Besichtigungen akzeptiert (KROPP 1938).

Für die Projektion von Papierbildern wurde das Episkop in den naturwissenschaftlichen Unterricht eingeführt (UNGERER 1927).

2.8.10 Filme

Über den Einsatz von Filmen im Unterricht wurde besonders in den „Naturwissenschaftlichen Monatsheften" veröffentlicht. Der Film wurde als Medium vorgestellt, mit dem Vorgänge gezeigt werden können, die durch direkte Beobachtung in der Natur nicht zugänglich sind. Insbesondere könnten die Möglichkeiten von Zeitlupe und Zeitraffer genutzt werden.

Als Einsatzmöglichkeiten wurden genannt (KÖHLER 1919; LOEWENHAUPT 1930):

- die Einführung in ein neues Gebiet,
- die Darstellung technischer Anwendungen,
- die Darstellung chemischer Gesetze,
- die zusammenfassende Wiederholung einer Unterrichtseinheit.

Obwohl naturwissenschaftliche Filme vor allem für den Biologieunterricht erschienen, gab es auch chemische Lehrfilme (REIN 1920). In Lehrfilmen zur technischen Chemie sollten alle Darstellungen, die nicht unmittelbar zum technischen Prozeß gehören, vermieden werden (STAUTZ 1922b). Erklärungen des Lehrers seien erforderlich (REIN 1921, S. 1). Für den Lehrfilm wurde ein logischer Aufbau verlangt. Seine Länge sollte über 100 bis 150 m nicht hinausgehen (LOEWENHAUPT 1930). Sein Einsatz wurde dort für gerechtfertigt gehalten, wo keine direkte Beobachtung der Natur möglich ist, wo es schwierig oder unmöglich ist, Bewegungsvorgänge direkt zu zeigen (REIN 1921a; LAKOWITZ 1922).

Der Einsatz von Filmen, die Zeitlupe und Zeitraffer verwendeten, wurde kontrovers diskutiert. Kritikern, die befürchteten, daß diese Effekte falsche Vorstellungen bei den Schülern wecken würden (WALTHER 1920), wurde die Notwendigkeit erklärender Erläuterungen durch den Lehrer entgegengehalten. Diese würden jede filmische Veränderung natürlicher Abläufe in den richtigen Zusammenhang bringen (LAKOWITZ 1922).

Bei Lehrern stieß der Lehrfilm schnell auf große Resonanz. Er wurde als ausgezeichnetes Veranschaulichungsmittel anerkannt (REIN 1921b). Den Lehrfilmen der „Ufa" wurden große Fortschritte in Bildqualität, Konzentration auf das Wesentliche und methodischer Anordnung der Sequenzen attestiert (REIN 1921a).

Nachdem sich der Film offenbar im naturwissenschaftlichen Unterricht etabliert hatte, bestand, wegen der wenigen Mitteilungen über Unterrichtserfahrungen mit dem Medium Film, das Bedürfnis zum Erfahrungsaustausch über den Lehrfilmeinsatz im Unterricht (LOEWENHAUPT 1930).

2.8.11 Periodensystem der Elemente

Schon zur Zeit des 1. Weltkrieges wurde das Periodensystem der Elemente (PSE) als Lehrstoff im Chemieunterricht behandelt. Um die physikalischen Eigenschaften der Elemente in Beziehung zu ihren Atomgewichten zu veranschaulichen, wurde das PSE im vorgerückten Chemieunterricht von den Schülern graphisch dargestellt. Zudem bot es Anregung zur Selbsttätigkeit, indem die Schüler Kurven aus gegebenen Werten selbst entwarfen und Zusammenhänge zwischen Atomgewicht und physikalischen Daten aus der Kurve ablasen (REIN 1916).

Über den Einsatz des Periodensystems wurde in der Weimarer Zeit häufig berichtet. Abgesehen von der Auseinandersetzung um den methodischen Einsatz im chemischen Unterricht (vgl. 2.6.7.1), wurde auch eine Reihe von Varianten der Darstellung vorgestellt (DAHMEN 1927). Die Bemühungen gingen dahin, anschaulichere Darstellungen für die abstrakte Tafel zu finden, um Schwierigkeiten bei ihrem Gebrauch zu vermeiden. Die ANTROPOFFsche Form des Periodensystems, wiederholt für den Schulunterricht empfohlen (KISSLING 1927; RIEDEL 1931), wurde von anderen als wenig einprägsam und unübersichtlich bezeichnet (GRÜNTZIG 1943). Zur Verbesserung der Anschaulichkeit wurden die Elemente, ihrem Atomgewicht entsprechend, mit unterschiedlich langen Papierstreifen gekennzeichnet, deren Farbigkeit den chemischen Charakter verdeutlichen sollte (HEINECK 1922). Im „natürlichen" Periodensystem wurde die graphische Darstellung mit einer Sammlung der Stoffe kombiniert, die, verpackt in kleinen Präparategläschen, in den Feldern der jeweiligen Elemente standen (LANGE/NAGEL 1936). Eine klare Erfassung der Gruppen und ihrer Eigenschaften sollte die Anordnung des Periodensystems zu einem „Haus der Elemente", mit einprägsamen Plätzen („Zimmer") für jedes Element, ermöglichen (GRÜNTZIG 1943).

In räumlichen Darstellungen wurden die Elemente, nach CROOKES, in einer schleifenförmigen Spirale angeordnet (BEUTEL 1913) und in einer räumlichen Darstellung der Dichte der chemischen Elemente die Sprünge von Element zu Element sowie die Beziehungen der Elemente untereinander (Gruppen, Perioden) veranschaulicht (SCHINDEHÜTTE 1937).

2.8.12 Gleichungstafel

Um den Schülern die unbeliebte und schwierige Aufgabe der Aufstellung von Reaktionsgleichungen zu erleichtern und attraktiver zu gestalten und zur Vermeidung der Mängel bei schriftlichen Darstellungen wurde ein System mit klappbaren Tafeln entwickelt. Die Gleichungstafel sollte den für den Anfänger als zu groß eingeschätzten Denkschritt vom Experiment zur Gleichung durch Zwischenergebnisse erleichtern. Die Resonanz auf diese Tafeln blieb allerdings gering (MENZ 1937a,b).

3 Vergleich des historischen Chemieunterrichts mit aktuellen Erkenntnissen und Entwicklungen

3.1 Legitimation

Das ursprüngliche Legitimationsargument für Chemieunterricht bezog sich zunächst auf die Bedeutung bzw. den Bedeutungszuwachs der Chemie und chemischer Kenntnisse für die Gesellschaft. Hierfür wurden die Leistungen chemischer Forschung und Technik angeführt. Solche Hinweise finden sich bis heute in Zeitschriftenpublikationen. Aber als alleiniges Argument genügten sie schon zu Beginn des 20. Jahrhundert nicht mehr. Im humanistischen Gehalt der Naturwissenschaften wurde das entscheidende Kriterium gesehen, um neben den etablierten geisteswissenschaftlichen Fächern der höheren Schulen akzeptiert zu werden und gleichberechtigt zur Allgemeinbildung der Schüler beitragen zu können.

Formale Bildungselemente der Methoden chemischer Erkenntnisgewinnung, wie Beobachten, logisches Denken, insbesondere induktives Denken, die mit ARENDT und WILBRANDT zum Ende des 19. Jahrhunderts Eingang in die Argumentation fanden, aber auch die Sichtung und Wertung von Gegebenheiten, Kombinationsgabe und Phantasie sowie die Entwicklung des sprachlichen Ausdrucks wurden in den Vordergrund gerückt und werden bis heute als wesentliche Werte chemischer Bildung angesehen.

Auf die Bedeutung der Chemie im täglichen Leben der Menschen und für die Wirtschaft, ihre technische Nutzbarmachung und ihre sozialpolitischen Auswirkungen (Erhöhung des Lebensstandards), als einem wichtigen Beitrag zur staatsbürgerlichen Erziehung der Schüler wurde bereits in der Weimarer Zeit hingewiesen. Auf die Zusammenhänge und Wechselwirkungen zwischen Individuum, Technik, Produktion und Chemie, die heute als wichtige Legitimationsargumente gelten, wurde in der Weimarer Zeit wohl ansatzweise im Rahmen von Betriebsbesichtigungen eingegangen. Zur Begründung von Chemieunterricht wurden sie aber nicht herangezogen. Die Verwertung chemischer Erkenntnisse im Chemieunterricht kritisch zu thematisieren, um soziales Lernen zu ermöglichen, wird erst heute als Aufgabe gesehen. Naturwissenschaftlicher Unterricht soll der generellen Lebensorientierung in der demokratischen Gesellschaft dienen. Die aktuelle Auffassung, daß chemisches Wissen zur Bewältigung vieler Alltagssituationen benötigt wird (vgl. GÄRTNER 1997a), wurde in der Weimarer Zeit bezogen auf die Haushaltsführung der späteren Hausfrau und Mutter vertreten. Um die dort täglich anstehenden Entscheidungen sachgemäß und richtig zu treffen, waren chemische Kenntnisse erforderlich. Hierin spiegelt sich eine heute überholte Auffassung von der Aufgabenverteilung zwischen Männern und Frauen wider, die wohl damals noch nicht in Frage gestellt wurde.

Von KERSCHENSTEINER wurde die Bedeutung des naturwissenschaftlichen Unterrichts für die Charakterbildung (Verantwortlichkeit, Wahrheitsliebe, Bescheidenheit) herausgestellt. Dieser sehr hohe Anspruch wird heute kaum noch erhoben, wenn auch ethische Gesichtspunkte gelegentlich berührt werden, wie im Forschungsprojekt „Schule – Ethik – Gentechnologie" (vgl. SCHALLIES 1997).

3.2 Voraussetzungen

3.2.1 Schülervoraussetzungen

Die Beschäftigung mit dem Denken und Lernen der Schüler im Chemieunterricht hat in den letzten Jahren zugenommen. Die Bedeutung selbständiger Betätigung für erfolgreiches Lernen, der Einfluß von Interesse und Freude (am Thema) auf den Lernprozeß und auf das Behalten, die Aktivierung des Vorwissens, die Verknüpfung neuer Lerninhalte mit bereits vorhandenen Denkschemata sind im Chemieunterricht zu berücksichtigen. Diese Aspekte waren in ihrer Bedeutung grundlegend erkannt, sie wurden punktuell angesprochen und vereinzelt im Unterricht umgesetzt. Dem selbständigen Erarbeiten wurde in diesem Zusammenhang eine zentrale Bedeutung zugewiesen und diese war bereits allgemein grundsätzlich akzeptiert.

Aus psychologischen Forschungen, aber auch aufgrund von Beobachtungen von Lehrern im Unterricht waren grundlegende Kenntnisse über altersabhängige

Unterschiede im Denken der Schüler bekannt. Verglichen mit heute war die Breite der Erkenntnisse noch sehr gering und die Differenzierung längst nicht so weit fortgeschritten. Nimmt man die Erwähnung lernpsychologischer Erwägungen in der Zeitschriftenliteratur als Grundlage, so war die Bereitwilligkeit, psychologische Erkenntnisse im naturwissenschaftlichen Unterricht zur Kenntnis zu nehmen, nicht sehr groß. Für den Chemieunterricht ist die Phase der Pubertät von besonderer Bedeutung. Schon in der Kaiserzeit wurde darauf hingewiesen, daß Kenntnisse über diesen Lebensabschnitt für den Lehrer wichtig sind.

Für heutige Auffassungen über das Denkvermögen der Schüler im naturwissenschaftlichen Unterricht sind insbesondere die Forschungen von PIAGET zur Entwicklung der Intelligenz grundlegend. Für den Chemieunterricht sind die Stufen der konkret-logischen und der formal-logischen Intelligenz bedeutungsvoll. Den unterschiedlichen Entwicklungsstadien der Schüler wurde bereits in der Kaiserzeit insofern entsprochen, daß allgemein an den höheren Schulen der chemische Anfangsunterricht auf der Unterstufe als propädeutischer Einführungskurs anschaulich und auf Schülerübungen gegründet durchgeführt und damit einem stärker konkret-logischen Denken gerecht wurde. Auf der Oberstufe, auf der die Schüler die formal-logische Intelligenzstufe erreicht haben sollten, erlangten theoretische Inhalte stärkeres Gewicht. Daß auch Schüler der Oberstufe mit abstrakten Themen wie Atombau und der Teilchenvorstellung Schwierigkeiten haben, ist keine neue Erkenntnis, sondern wurde bereits in der historischen Literatur angesprochen.

Der gegenwärtige Erkenntnisstand, nach dem methodische Überlegungen das intellektuelle Vermögen der Schüler berücksichtigen müssen, um Unter- und Überforderungen und als deren Folge Unlust und Konzentrationsmängel zu vermeiden, wiederholt eine bereits vor dem 1. Weltkrieg geäußerte Auffassung. Unterrichtserfahrungen hatten wohl gelehrt, daß abstrakte und theoretische Inhalte für Schüler der Unterstufe schwer verständlich sind und erst auf der Oberstufe behandelt werden sollten.

Die Bedeutung der Aktivierung des Vorwissens der Schüler in der Vorbereitungsphase, die heute von Konstruktivismus und Kognitionspsychologie als wesentliche Voraussetzung von Lernen angesehen wird, wurde schon im Kaiserreich erkannt. Das Ziel, im naturwissenschaftlichen Unterricht die vielen ungeklärten Vorstellungen der Schüler miteinander zu verknüpfen, und die Auffassung, daß zum Behalten möglichst viele Assoziationen gebildet werden sollten, sind erste Hinweise auf die Bedeutung der Vernetzung der Wissenselemente für ihre Verfügbarkeit. Mit der Verknüpfung neuer Elemente mit den vorhandenen Denkschemata befassen sich kognitionspsychologische und konstruktivistische Ansätze derzeitiger Chemiedidaktik. Dem Schüler werden „Lernhilfen" (cognitive maps) und „Systematisierungshilfen" angeboten, um das Lernen zu unterstützen (SUMFLETH 1992).

Problemlösendes Denken im naturwissenschaftlichen Unterricht wurde von KERSCHENSTEINER vor dem 1. Weltkrieg gefordert. Bis heute wird es im Chemieunterricht vernachlässigt, obwohl es Bestandteil verschiedener Unterrichtskonzepte ist. Gegenwärtig wird es für wichtig gehalten, Aufgaben an das Denkvermögen des Schülers derart anzupassen, daß er sie selbständig lösen kann, sie ihn aber auch nicht durch zu hohe Komplexität überfordern. Große Aufmerksamkeit wird dem Verstehen der Problemstellung als notwendiger Voraussetzung für einen erfolgreichen Lösungsprozeß geschenkt. Im Mittelpunkt selbständiger Arbeit des Schülers sollte die gedankliche Prüfung der Vermutungen stehen. Besonders das Beschreiten und anschließende Erkennen falscher Lösungswege wurde als lernwirksam angesehen. Diese intensive Auseinandersetzung mit dem Stoff wird wegen des hohen Zeitbedarfs heute nur gelegentlich möglich sein. KERSCHENSTEINER sah gerade in dieser intensiven Auseinandersetzung mit dem Stoff den Weg zu wirklichem Verstehen.

Gegenwärtig diskutierte Erklärungen für das Vergessen wie retroaktive Hemmungen und fehlende Verknüpfungen wurden schon im Kaiserreich und der Weimarer Zeit angesprochen. Vergessen wird derzeit als nicht gelingende Erinnerung des Lernstoffs infolge fehlgeschlagener Verknüpfung mit den vorhandenen Denkstrukturen aufgefaßt. Der Einfluß negativer Affekte auf das Vergessen wurde noch nicht ausdrücklich benannt, aber die begünstigende Wirkung positiver Affekte, insbesondere der Freude beim Lernen, auf das Behalten des Gelernten wurde wiederholt herausgestellt. Als Lernen und Behalten positiv beeinflussender Faktor wurde wie heute die selbständige experimentelle Arbeit der Schüler betrachtet. Dabei spielten die Motivation für den Unterricht und die eingehende Beschäftigung mit dem Stoff eine wesentliche Rolle. Die Beanspruchung möglichst vieler Sinne wurde als dem Lernprozeß förderlich angesehen und entspricht auch heutigem Erkenntnisstand, wonach dieser Effekt auf den höheren Grad der Veranschaulichung zurückzuführen ist.

Die wichtige Erkenntnis, daß bei positiver Einstellung der Schüler zum Unterricht dauerhaft gelernt, über einen längeren Zeitraum behalten und zum Weiterlernen über die Schulzeit hinaus motiviert wird, war bereits seit Beginn des 20.

Jahrhunderts bekannt. Aber erst seit den 1970er Jahren wird der affektiven Komponente im Lernprozeß von der Chemiedidaktik größere Aufmerksamkeit geschenkt.

Dem Interesse der Schüler wurde eine zentrale Bedeutung für den Unterrichtserfolg beigemessen. Schon HERBART hatte die Anregung des Interesses als ein wesentliches Mittel zum Erreichen der Unterrichtsziele angesehen.

Schüler waren für Chemieunterricht zu interessieren, wenn sie selbständig experimentierten. Wurde das unbeliebte analytische Arbeiten in Form selbständiger Entdeckerarbeit gestaltet, fanden Schüler Gefallen daran. Kenntnisse und Dinge, die ihrer Alltagswelt angehörten und die für sie nützlich waren, interessierten sie mehr als wissenschaftliche Probleme. Hierin stimmen heutige Forschungen über Schüler-interessen grundsätzlich überein. Chemieunterricht ist beliebt, wenn er anschaulich ist, wenn experimentiert wird, wenn Themen interessant und konkret sind und wenn die chemische Zeichensprache beherrscht wird.

Inkongruenzen, also Unterschiede zwischen Erwartungen und Erfahrungen der Schüler, wurden noch nicht als Möglichkeit gesehen, Schüler für Chemieunterricht zu motivieren. Aber leistungsmotivierende Mittel wie der Wettstreit zwischen Schülern wurden als effektiv angesehen und werden auch heute genutzt (GÄRTNER 1997b; LABAHN 1998).

Heutiger Erkenntnisstand ist, daß sich Unterrichtserfolg und Einstellungen zum Lerngegenstand wechselseitig beeinflussen. Dies machten bereits Aussagen von Primanern zu ihrem Chemieunterricht zu Beginn des 1. Weltkrieges deutlich.

Vorstellungen und Theorien, die Schüler aus ihrer Alltagswelt in den naturwissenschaftlichen Unterricht mitbringen, bilden die Grundlage, auf der neues Wissen entwickelt werden kann. Zugleich behindern sie die Aufnahme fachlicher Begriffe und Vorstellungen sowie das chemische Denken (vgl. HEINECKE 1997a). Schülervorstellungen wurde wenig Aufmerksamkeit geschenkt. Die wichtige Erkenntnis, daß Schülererklärungen als eine Leistung anzusehen sind, auch wenn sie mit fachlichen Erklärungen nicht übereinstimmen, wurde an der Volksschule gewonnen. Hier auf der affektiven Ebene Bestätigung zu signalisieren, ist eine wichtige Voraussetzung, damit Schüler ihren Vorstellungen entgegenstehende fachliche Erklärungen akzeptieren können. Ein Volksschullehrer handelte bereits in diesem Sinne, allerdings ohne sein Verhalten bewußt in den

Dienst des Umlernens der Schüler zu stellen. Über Schwierigkeiten der Schüler beim Umlernen im Chemieunterricht lagen Erfahrungen vor. Aber wie sich die Alltagsvorstellungen der Schüler verändern, wenn sie mit fachlichen Darstellungen zusammentreffen, wurde nicht problematisiert.

3.2.2 Sprachliche Voraussetzungen

Das Verstehen abstrakter Fachbegriffe war als grundsätzliche Schwierigkeit erkannt worden. In Übereinstimmung mit derzeitigen Erkenntnissen wurde zum Erlernen der Bedeutung chemischer Fachbegriffe auf der Grundlage anschaulicher Repräsentation ein schrittweises Erarbeiten für erforderlich gehalten. Dies sollte durch intensive Schülerübungen erreicht werden. Neuere Untersuchungen haben die Problematik in Einzelaspekten weiter ausgeschärft, allerdings ohne auf historische Erkenntnisse und Erfahrungen Bezug zu nehmen.

Auf Verständnisschwierigkeiten chemischer Fachbegriffe, die in der Alltagssprache mit anderer Bedeutung verwendet werden, wurde an einigen Beispielen hingewiesen. Mängel in der Fachsprache wurden damals wie heute in Lehrbüchern und bei Lehrern festgestellt. Während in den 20er Jahren eine logisch korrekte Sprache angemahnt wurde, wird gegenwärtig darüber hinaus die unreflektierte Vermischung von Umgangs- und Fachsprache als Ursache für Verständnisprobleme kritisiert.

Im Volksschulbereich gab es Bemühungen, den kindlichen Voraussetzungen durch den Gebrauch einer „kindertümlichen“ Sprache gerecht zu werden. Sie sollte in Realienbüchern, Arbeitsanweisungen und der Sprache des Lehrers verwendet werden.

Die Sprache wird inzwischen als wichtiges Mittel betrachtet, um die Haltung des Lehrers den Schülern gegenüber zum Ausdruck zu bringen. Sie ist so zu wählen, daß die Schüler seine Äußerungen als sozial-integrativ verstehen können.

3.2.3 Beliebtheit und Leistungen von Jungen und Mädchen im Chemieunterricht

In der Weimarer Zeit schnitten in einer Untersuchung zur Beliebtheit der Fächer an zehn höheren Jungenschulen die naturwissenschaftlichen Fächer deutlich besser ab als die Sprachen. Dementsprechend waren auch die Leistungen in den naturwissenschaftlichen Fächern deutlich besser als in den unbeliebten sprachlichen Fächern. In den oberen gegenüber den unteren Klassen wurde ein starker Anstieg der Beliebtheit festgestellt. Dies sind Resultate, die aktuellen Bewertungen des Chemieunterrichts völlig entgegengesetzt sind (vgl. BECKER 1994, S. 61). Die Beliebtheit nimmt heute gerade bei älteren Schülern ab.

Die Einführung des Arbeitsunterrichts in Bayern bewirkte ein besseres Verständnis, bei gleichzeitigem Rückgang des (Fakten-)Wissens der Schüler im Chemieunterricht. Der Anstieg der Leistungen der Abiturienten in Physik und Chemie vor dem 1. Weltkrieg kann wohl als Folge der methodischen Veränderungen interpretiert werden. Diese erstaunlich positiven Ergebnisse, die den heute verbreitet schlechten Leistungen der Schüler im Chemieunterricht entgegenstehen, könnten also methodisch bedingt gewesen sein. Sie sind sicher ein Indiz für einen weniger schwierigen, weil weniger abstrakt-theoretisch ausgeprägten Chemieunterricht.

Die schlechten Leistungen der Volksschulabsolventen wurden allerdings auch der Arbeitsschulmethode angelastet. Forderungen, namentlich in der Öffentlichkeit, das alte „Stoff-Lernen" wieder einzuführen, wurde durch Bemühungen von Lehrern, mehr Lebensnähe zu verwirklichen, widersprochen.

Die positive Bewertung naturwissenschaftlichen Unterrichts wurde im wesentlichen auf die Unterrichtsmethode zurückgeführt, auf die Möglichkeit zu selbständiger geistiger und praktischer Arbeit (Schülerübungen) und das Erleben von Ergebnissen der eigenen Anstrengung, die wohl in dieser Zeit in den naturwissenschaftlichen Fächern wie in keinem anderen Fach möglich waren.

Dieser positiven Einschätzung von Chemieunterricht standen allerdings Äußerungen von Schülern und Beobachtern der Schulverhältnisse entgegen, die eine Dominanz überkommener autoritärer Unterrichtsstrukturen feststellten und eine Unterrichtspraxis beschrieben, die von Frontalunterricht und Schülerübungen auf „Kommando" geprägt war.

Die Feststellung von nur geringer Beliebtheit und Ablehnung des Chemieunterrichts bei den Mädchen stimmt mit gegenwärtigen Erfahrungen überein, daß Chemieunterricht bei Jungen beliebter als bei Mädchen ist. Die negative Bewertung in der Weimarer Zeit wurde auf mangelnde Berücksichtigung der Lernvoraussetzungen der Schülerinnen, aber auch auf die darbietende Unterrichtsform zurückgeführt. Wurde den Mädchen mehr eigenständige Arbeit in Form von Schülerversuchen ermöglicht, bewerteten sie das Fach deutlich positiver. Dies zeigt, daß in der Weimarer Zeit wie heutzutage Beliebtheit und Unbeliebtheit des Chemieunterrichts im wesentlichen unterrichtlich bedingt waren und sind.

Unterschiede zwischen Jungen und Mädchen in ihren Leistungen und Neigungen waren historisch stärker ausgeprägt als heute. In der Intelligenz wurden allerdings in Übereinstimmung mit heutigen Erkenntnissen keine entscheidenden Unterschiede festgestellt. Das im Kaiserreich erkannte größere räumliche Verständnis der Jungen wird heute durch Defizite im Raumvorstellungsvermögen der Mädchen gegenüber dem der Jungen bestätigt (BARKE 1992). Die Ansicht von unterschiedlichen Begabungen der Geschlechter aus der Zeit des Kaiserreichs entspricht nicht mehr dem aktuellen Forschungsstand.

Die Bevorzugung der mathematisch-naturwissenschaftlichen Fächer durch Jungen und der sprachlich-literarischen Fächer durch Mädchen in Übereinstimmung mit guten Schulleistungen in den bevorzugten Fächern im Kaiserreich stimmen mit aktuell ermittelten geschlechtsspezifischen Leistungen und Einstellungen von Jungen und Mädchen überein (vgl. ROEDER/GRUEHN 1997).

3.2.4 Der Chemielehrer

In der Zeit nach 1900 wurde wiederholt auf die große Bedeutung der Persönlichkeit des Lehrers für den Erfolg des naturwissenschaftlichen Unterrichts hingewiesen. Auch heute wird der Lehrerpersönlichkeit ein großer Einfluß auf den Unterrichtserfolg zugeschrieben. Dieser Einschätzung wird derzeitige Ausbildungspraxis nicht gerecht, wenn sie Lehrerverhalten aus dem Lehrangebot praktisch völlig ausblendet (vgl. HILDEBRANDT 1998).

Das Vorherrschen des Demonstrationsunterrichts und die Gestaltung der Schülerübungen in gleicher Front, teilweise durchgeführt auf „Kommando" des Lehrers, zeigen eine starke Lehrerzentriertheit im Chemieunterricht an den höheren Schulen. Diese Einschätzung wird gestützt durch Schüleräußerungen, die den reformierten Unterricht als Fortsetzung der alten „Paukerei" mit neuen Mitteln bezeichneten.

Dies läßt auf ein langes Weiterbestehen autoritären Lehrerverhaltens bis in die Weimarer Zeit hinein schließen. Erst das Arbeitsschulkonzept erforderte eine veränderte Einstellung des Lehrers dem Schüler gegenüber. Sie tendierte in Richtung heutigen demokratischen, schülerzugewandten Verhaltens, das durch Hilfsbereitschaft und Partnerschaftlichkeit bestimmt wird. Das ist wichtig, um ein positives, Zusammenarbeit unterstützendes Lernklima in der Klasse zu ermöglichen.

Der Arbeitsschulunterricht an der Volksschule verlangte vom Lehrer, sich aus der Rolle des Wissensvermittlers zurückzuziehen, um das Fragebedürfnis und den Schaffensdrang der Kinder zu fördern. Alle Schüler sollten am Unterricht beteiligt werden und miteinander kommunizieren, so daß sich die Klasse zu einer Arbeitsgemeinschaft entwickelt. Dies sind Forderungen, die bis in die Gegenwart aktuell geblieben sind. Damit waren Verhaltensweisen und Fähigkeiten des Lehrers gefordert, die mehr in der Rolle des Beratens und Unterstützens der Schüler (vgl. SCHMIDKUNZ/LINDEMANN 1999) und in der Gestaltung der Unterrichtskultur liegen, Aufgaben die heute in der Chemiedidaktik zwar für wichtig gehalten werden, die im Schulalltag aber wenig anzutreffen sind. Vorherrschend ist der Lehrer in der Rolle des Wissensvermittlers, also mehr des Fachmanns als des Pädagogen im lehrerzentrierten Frontalunterricht.

Die schon im Kaiserreich geforderte Fähigkeit des Lehrers, die Stundenplanung so offen zu gestalten, daß die Möglichkeit zur Anpassung an die jeweilige Unterrichtssituation und an Schülerinteresse zugelassen werden könne, ohne das Unterrichtsziel aus den Augen zu verlieren, erfordert eine hohe fachliche und methodische Flexibilität. Die Seltenheit der Darstellung derart offener Unterrichtsgestaltung im Kaiserreich und in der Weimarer Zeit deutet auf eine sehr geringe Verbreitung in der Praxis hin. Dies ist bis heute so geblieben. Aktuelle Bestrebungen im Chemieunterricht der Sekundarstufe II zeigen erfolgreiche Möglichkeiten der Öffnung im inhaltlichen, methodischen und institutionellen Bereich (WOEST 1995).

Der autoritäre Unterrichtsstil, der sich bis in die Weimarer Zeit hinein auswirkte, blendete soziale Momente im Unterricht aus. Bemühungen um ein Verstehen der Schüler und ein Eingehen auf ihre Interessen zeigten sich nur vereinzelt. Sie wurden gefördert durch positive Erfahrungen bei Schülerversuchen und Exkursionen. In der Literatur zum Volksschulunterricht wurden solche Bestrebungen als Bestandteil des Arbeitsschulgedankens stärker thematisiert und wohl auch in den Schulalltag übertragen. Inzwischen beruht das „Nichtverstehen“ zwischen Lehrern und Schülern im Chemieunterricht hauptsächlich darauf, daß viele Chemielehrer sich auf einer fachwissenschaftlich geprägten abstrakten Ebene befinden, die sie nicht mit der Alltagswelt und den subjektiven Theorien der Schüler zu verknüpfen in der Lage sind. So wie sich heute Schüler ein gutes Verhältnis zu ihren Lehrern wünschen, klagten sie im Kaiserreich darüber, daß Lehrer nicht auf ihre Bedürfnisse eingehen würden. Für die aktuell schlechte Beurteilung von Chemielehrern durch Schüler gibt es aber aus der Zeit zwischen 1900 und 1945 keine entsprechenden Mitteilungen in der untersuchten Literatur.

3.2.4.1 Ausbildung

Die fachliche Ausbildung der Chemielehrer für den Bereich der höheren Schulen erfolgte an Universitäten zusammen mit den Chemikern. Den Forderungen der Schulvertreter, in der Ausbildung die neuen durch die Reformbestrebungen veranlaßten Anforderungen an die Lehrer zu berücksichtigen, wurde im Kaiserreich nur an einzelnen Universitäten gefolgt, indem besondere Praktika für Schulversuche eingerichtet wurden. Damit blieb die fachliche Ausbildung im wesentlichen ohne Bezug zum Berufsalltag. Die Folge war, als weit verbreitetes Phänomen noch in der Weimarer Zeit beschrieben, die Übertragung des Hochschullehrstoffs auf die Schule. Die von der Hochschule vorgebildeten Lehrkräfte gaben ihr Wissen sehr oft, ohne es den Schulbedürfnissen anzupassen, an die Schüler weiter. Das notwendige Eingehen auf „Chemielernen“ fehlt in der Lehrerausbildung bis heute an der Mehrzahl der Hochschulen (vgl. HILDEBRANDT 1998). So ist das Fortbestehen eines Unterrichts, der Fachwissen vermittelt, ohne Schülervoraussetzungen zu berücksichtigen, nicht verwunderlich.

Die Kritik an der Ausbildung der Studienräte bezog sich zwar immer auf mangelnden Bezug auf die Unterrichtsrealität, sie sparte aber einen wesentlichen Qualifikationsaspekt, das Lehrerverhalten und den Umgang des Lehrers mit den Schülern, aus. Von einem Seminar, das diesen Aspekt berücksichtigte, wurde erst in der Zeit der nationalsozialistischen Herrschaft berichtet. Dort sollten das eigene Verhalten überprüft, aber auch das Denken und Reagieren der Schüler besser verstanden werden, durch Bemühungen, sich in die Gedankenwelt der Schüler hineinzufinden. Im Volksschulbereich wurden solche Seminare bereits zu Beginn des 20. Jahrhunderts für Physiklehrer durchgeführt.

Der kognitive Anteil dominierte die Ausbildung sehr stark. Die Bemühungen einzelner Ausbilder der zweiten Phase, die Referendare zu allseitigen Menschen und nicht zu verknöcherten Schulmeistern auszubilden, werfen ein Licht auf den Mangel universitärer Vorbildung. Gegenwärtig werden solche Bemühungen durch normative Tendenzen in der zweiten Phase der Lehrerbildung wieder rückgängig gemacht.

In der Weimarer Zeit wurden in der zweiten Phase der Ausbildung der Studienräte praktische Pädagogik und Psychologie behandelt. Angesichts der starken Belastung der Referendare durch Vorbereitungen von Unterricht und Lehrproben dürften diesem Teil der Ausbildung nur wenig nachhaltige Wirkungsmöglichkeiten geblieben sein. Gegen eine teilweise Zusammenlegung mit der Ausbildung der Lehrer in der ersten Ausbildungsphase wendeten sich jedoch die Standesvertreter der höheren Schulen mit dem Hinweis auf die Gefahr der Beeinträchtigung der Wissenschaftlichkeit der Ausbildung. Erfahrungen und pädagogische Kompetenz aus dem Bereich der Lehrerbildung zu nutzen, wurde offenbar nicht als Chance gesehen. Heute durchgeführte Unterrichtspraktika zeugen von der großen Bedeutung reflektierter unterrichtspraktischer Erfahrungen angesichts der Schwierigkeiten, die Lehrerstudenten damit haben, ihr theoretisches fachdidaktisches Wissen im Schulalltag praktisch umzusetzen und dabei Schülerbedürfnisse ausreichend zu berücksichtigen (vgl. BECKER 1997).

Die Ausbildung der Volksschullehrer wurde wesentlich praxisnäher als für Studienräte gestaltet. Schon in der Zeit nach 1900 gab es erste Ansätze, die chemische Ausbildung in Form des Arbeitsunterrichts durchzuführen, so daß die späteren Lehrer selber den Unterricht in der Form erfuhren, in der sie ihn dann als Lehrer weitervermitteln sollten. Dies wird gegenwärtig wieder gelegentlich diskutiert, ist aber an keiner Hochschule realisiert. In den zu Beginn der Weimarer Zeit gegründeten Arbeitsgemeinschaften wurde versucht, unterrichtspraktische Fragestellungen stärker in die Ausbildung einzubeziehen, indem Unterrichtsbesuche bei erfahrenen Kollegen unter Berücksichtigung didaktischer und psychologischer Fragen analysiert wurden. Über die praktische Erprobung des Unterrichtes während der Ausbildung wurde aber auch aus dem Volksschulbereich nicht berichtet.

So gehen heutige Bemühungen, Lehrerstudenten möglichst praxisnah auf den Beruf vorzubereiten, bereits einen Schritt weiter, indem unterrichtspraktische Versuche zu planen, durchzuführen und zu analysieren sind. Die Erprobung einer Zusammenlegung von Praxis und Theorie an der Universität Oldenburg, in der fachwissenschaftliche, fachdidaktische und sozialwissenschaftliche Studienanteile in „Projektstudien" aufeinander bezogen wurden, ist abgebrochen worden. Der Berliner „Modellversuch Lehrerausbildung Naturwissenschaften" MOLENA versuchte, chemisches Fachwissen unter dem Aspekt seiner Verwertung im Unterricht zu vermitteln, so daß fachdidaktische Überlegungen in die Auswahl der Fachinhalte einbezogen wurden. In Paderborn wird gegenwärtig die Reflexion über das Unterrichten von Chemie in der Ausbildung der Lehrerstudenten in den Vordergrund gerückt und praktisch erprobt (vgl. BECKER 1997; vgl. GOLLERS u. a. 1999).

3.2.4.2 Weiterbildung

Die Weiterbildung der Chemielehrer wird heute wie seit Beginn des 20. Jahrhunderts in fachwissenschaftlicher wie in fachdidaktischer Hinsicht für erforderlich gehalten, um den Anschluß an die Entwicklung des Faches nicht zu verlieren und um aktuelle fachdidaktische Einstellungen in die Schule hineinzutragen. Von besonderer Bedeutung waren in der Kaiserzeit Hilfestellungen für die Durchführung von Schülerübungen.

Schon zu Beginn des 20. Jahrhunderts wurden neben Vorträgen praktische Kurse zur experimentellen Fortbildung durchgeführt, in der Weimarer Zeit Seminare zu methodischen Unterrichtsfragen, speziell zum Arbeitsunterricht.

Dem Vorbild der Volksschullehrerausbildung folgend, wurden Arbeitsgemeinschaften für Studienräte eingerichtet, in denen sie Unterrichtserfahrungen insbesondere zum Arbeitsunterricht austauschen konnten. Solcher Erfahrungsaustausch zwischen Lehrern und Hochschulen wird heute auch als Chance für die Chemiedidaktik angesehen, eigene Forschung stärker auf die Unterrichtswirklichkeit zu beziehen. Praktisch umgesetzt wurde das bisher noch nicht.

Bemühungen um engere Kontakte zwischen „theoretischer" Chemiedidaktik und „praktischem" Chemieunterricht, wie sie z. B. im „Kölner Modell" angestrebt und durch das Überwechseln von Lehrern an die Hochschule gefördert werden, sind erst seit der institutionellen Trennung von Didaktik und Lehramt erforderlich geworden. In der ersten Hälfte des 20. Jahrhunderts wurde die Chemiedidaktik von hauptamtlichen Lehrern der höheren Schulen wie OHMANN, LÖWENHARDT, SCHEID, WINDERLICH, DOERMER u. a. und für den Volksschulbereich auch von Seminar-leitern der Lehrerausbildung repräsentiert. So besaßen didaktische Überlegungen eine breite Basis unterrichtspraktischer Erfahrungen. Die Einbindung in den Schulbetrieb erschwerte die Einflußnahme auf die universitäre Ausbildungspraxis.

3.2.5 Organisatorische Unterrichtsvoraussetzungen

Die Zahl der Stunden für Chemieunterricht variiert heutzutage wie in der Zeit zwischen 1900 und 1945 von (Bundes-)land zu (Bundes-)land und von Schultyp zu Schultyp. Auf der Oberrealschule wurde Chemie in den meisten Ländern vier Jahre lang von der 10. bis zur 13. Klasse unterrichtet, am Gymnasium stand in Preußen nur ein Jahr in der 10. Klasse zur Verfügung.

Die Regel war und ist der Jahrgangsunterricht. Heute gelegentlich durchgeführter „epochaler" Chemieunterricht, im halbjährigen Wechsel mit anderen naturwissenschaftlichen Fächern, wurde in der Weimarer Zeit durch Stundenreduzierungen erzwungen. Damalige Erfahrungen, daß nach einem halben Jahr Unterbrechung die Präsenz des alten Stoffs fehlte und mehrwöchige Wiederholungen durchgeführt werden mußten, bestätigten sich. Im Anfangsunterricht erlerntes Wissen wird schnell vergessen.

Chemieunterricht wird gegenwärtig in der Regel wie schon während Kaiserreich und Weimarer Zeit als Klassenunterricht mit Schülern einer Jahrgangsstufe durchgeführt. Daß sich dadurch nicht automatisch alle Schüler auf dem gleichen Entwicklungsstand befinden, wurde schon damals gesehen. Individuelle Maßnahmen der Lehrer versuchten, dem unterschiedlichen Leistungsstand und unterschiedlichen Interessen der Schüler gerecht zu werden. Leistungsdifferenzierende Gruppierungen der Schüler wie an der heutigen Gesamtschule gab es noch nicht. Auch keine Möglichkeit, zwischen verschiedenen Grund- und Leistungskursen, wie an der gymnasialen Oberstufe, zu wählen. Fakultativer Experimentalunterricht und fakultative Arbeitsgemeinschaften, in denen die Schüler eine größere Mitbestimmung bei Themenwahl und Unterrichtsdurchführung als im Pflichtunterricht besaßen, wurden bereits seit der Kaiserzeit angeboten.

Mit chemischen **Fachräumen** waren die Realanstalten schon zu Beginn des 20. Jahrhunderts gut versorgt, da die Tradition des analytischen Arbeitens für die Einrichtung geeigneter Räume gesorgt hatte. Die Ausstattung war den Laboren der Hochschulen nachgestaltet. Die Arbeitsplätze besaßen Gas- und Wasseranschluß sowie Platz zur Aufbewahrung von Geräten und Chemikalien. Abzüge waren im allgemeinen vorhanden. Damit waren einige der Grundstandards moderner Chemieräume bereits erfüllt. Ihr Nachteil bestand in ihrem einseitigen Zuschnitt auf den Laborbetrieb. Um Schülerübungen mit Demonstrationsunterricht und Klassengespräch verbinden zu können, wurden Räume eingerichtet, wie sie heute noch üblich sind. Die Übungstische wurden auf einem Podest mit nach hinten ansteigenden Stufen aufgestellt, so daß sowohl ein besserer Blick auf den Lehrertisch gewährleistet als auch Schülerversuche durchführbar waren.

Mängel der räumlichen Gegebenheiten und der Ausstattung führten wohl in der Kaiserzeit und der Weimarer Zeit wesentlich häufiger zu Einschränkungen des Experimentalunterrichts als heute. Engagierte Lehrer fanden jedoch Wege, mit einfachen Mitteln zu unterrichten. Eine einfache Ausstattung konnte sogar Vorzüge hinsichtlich des Lerneffekts für den Schüler haben.

3.3 Lehrpläne

Lehrpläne wurden seit Beginn des 20. Jahrhunderts durch praktische Schulerfahrungen beeinflußt. Insbesondere die Meraner Lehrpläne von 1905 und 1923 übten auf die Gestaltung der amtlichen Lehrpläne einen prägenden Einfluß aus. Über die Meraner Vorschläge hielten aktuelle didaktische Erkenntnisse, etwa der Arbeitsschulgedanke in der Weimarer Zeit, Einzug in die Lehrpläne. Dies ist in der Bundesrepublik die Ausnahme. In aktuelle Lehrpläne in Nordrhein-Westfalen wurden aber die MNU-Empfehlungen von 1983 und 1984 aufgenommen.

Indessen galt für die Lehrpläne, die seit 1900 bis 1945 entstanden, bereits die heute gültige Feststellung, daß die Anordnung der Inhalte „unreflektiert" entwicklungs-psychologischen Einsichten folgte.

Im Vergleich der Meraner Lehrpläne von 1905 und 1922 für die Untersekunda (entspricht der 10. Klasse) mit aktuellen Lehrplänen für den Bereich der Sekundarstufe I (Realschule/Gymnasium) zeigt sich ein deutlicher Unterschied in den Lernzielen. Gegenwärtig wird ein hoher Grad von Abstraktions- und Reflexionsvermögen vorausgesetzt. Dies spiegelt auch die Weiterentwicklung der Wissenschaft Chemie wider. Die „MNU-Empfehlungen zur Gestaltung von Chemielehrplänen“ orientieren sich im Sekundarbereich I stärker am Schüler, indem sie Stoffanordnung und -auswahl an den Erkenntnisweg des Schülers koppeln. Der Unterricht soll immer auf die Situation des Schülers im Alltag bezogen bleiben. Damit schließen sie stärker an den Geist der Meraner Lehrpläne an, die sich bemühen, Stoffe und Vorgänge aufzunehmen, die dem Schüler bekannt sind und ein Verständnis für chemische Vorgänge seiner Umwelt und seines Körpers anstreben.

Die in der Weimarer Zeit für die Volksschule ausgearbeiteten Richtlinien zur Aufstellung von Lehrplänen waren primär an kindlichen Bedürfnissen orientiert. Verlangt wurde, die Altersstufe der Schüler zu berücksichtigen sowie eine stetige und gleichmäßige Förderung der kindlichen Gesamtentwicklung, einschließlich der Gefühls- und Willensentwicklung zu gewährleisten. An zweiter Stelle sollten Überlegungen über die Nützlichkeit des Stoffes für das spätere Leben der Schüler angestellt werden. Davon kehrten sich die Lehrpläne für die Hauptschule in der Bundesrepublik ab. Sie strebten eine „wissenschafts-orientierte“ Grundbildung als Basis für mögliche Weiter-qualifizierungen der Schüler an. Dabei waren Bereitschaft und Fähigkeiten der Hauptschüler, diesen wissenschaftlich-abstrakten Anforderungen zu entsprechen, stark überschätzt worden und die zur Verfügung stehende Unterrichtszeit nicht ausreichend.

Die 1925 für die höheren Schulen in Preußen reformierten Lehrpläne wendeten sich von der Systematik im Chemieunterricht ab und verlangten die Kenntnis der wichtigsten chemischen Erscheinungen aus Natur, Haushalt und Volkswirtschaft sowie die zugrundeliegenden Gesetzmäßigkeiten und die zur Erklärung notwendigen Theorien zu kennen. Damit waren sie deutlich stärker durch lebensweltliche Bezüge gekennzeichnet als die Lehrpläne für die Sekundarstufe II in den Bundesländern der Bundesrepublik. Diese waren und sind auf hohem kognitivem Niveau nach Leitkonzepten der allgemeinen Chemie strukturiert und überschätzen Schülermöglichkeiten und -interessen.

3.4 Ziele

Die Ziele des Chemieunterrichts waren während des Untersuchungszeitraums in der Regel allgemeiner und weit weniger differenziert als heute. In Unterrichtsplanungen wurden Ziele in Vorüberlegungen, die auch legitimatorische und methodische Überlegungen enthalten konnten, zusammenfassend angegeben. Sie wurden nicht auf einzelne Unterrichtsabschnitte bezogen.

Die wichtigsten Ziele wurden mit den Begriffen Anschauung, Beobachtung, logisches Denken (vor allem Induktion, aber auch Deduktion), Selbständigkeit (Selbsttätigkeit), Erklären, Verstehen, Willensbildung, Erleben bereits erfaßt. Die Willensbildung wurde sowohl in den Schülerübungen als auch im Klassenunterricht angestrebt, indem die Schüler zu beharrlichem Arbeiten an der Bewältigung von Problemstellungen angehalten werden sollten. Gegenwärtig wird Willensbildung als Unterrichtsziel nicht mehr genannt.

Eine grundlegende Zielrichtung des Chemieunterrichts (und naturwissenschaftlichen Unterrichts) zu Beginn des 20. Jahrhunderts war, die unmittelbare Begegnung mit der Natur zu suchen, um sie zu erkennen und zu erklären. Von diesem Ausgangspunkt aus mußte die rein fachliche Untersuchung der Phänomene als zu speziell empfunden werden, so daß folgerichtig an höheren Schulen zum Abschluß des naturwissenschaftlichen Unterrichts eine fachübergreifende philosophische Vertiefung des Wissens in Richtung einer umfassenden idealistischen Naturerkenntnis angestrebt wurde. An der Volksschule stand das Begreifen der heimatlichen, unmittelbaren und alltäglichen Lebenswirklichkeit im Vordergrund. Beides sind allgemeine Ziele, denen sich fachlicher Unterricht anpassen sollte. In der praktischen Umsetzung scheinen jedoch oft fachliche Grundsätze dominiert zu haben.

Heutige Vorstellungen, die darauf zielen, die unmittelbare Lebenswirklichkeit der Schüler verständlich zu machen, greifen nicht nur Tendenzen des chemischen Realschulunterrichts der 1960er Jahre wieder auf, sondern sie knüpfen an Vorstellungen zu Beginn des 20. Jahrhunderts an.

Die Wirklichkeit soll in ihrer komplexen Erscheinung erfaßt werden, wenn Umweltfragen, Ernährung, wirtschaftliche und politische Zusammenhänge usw.

thematisiert werden. Die Wirklichkeit des naturkundlichen Unterrichts der Volksschule in der Zeit vor 1945 hieß Küche, Haus, Garten usw.

Es geht aber in heutigen Zielvorstellungen um mehr als um das Verstehen. Die Entwicklung von Handlungskompetenzen soll Schüler zur aktiven Teilnahme am gesellschaftlichen Leben befähigen. Damit gehen wohl aktuelle Zielvorstellungen einen Schritt weiter als in der Zeit vor 1945, in der zwar auch verlangt wurde, die Schüler zu befähigen, sich im späteren Leben zurechtzufinden, dies aber insbesondere an den höheren Schulen eher auf die passive Verstehensebene bezogen war. Eine Vorbereitung auf das private häusliche Leben wurde im Hauswirtschaftsunterricht der Mädchenschulen angestrebt, der die praktischen Tätigkeiten der Haushaltsführung (gesunde Ernährung, Hygiene, Waschen usw. und auch Haushaltsfinanzen) behandelte.

So wie derzeitiger Chemieunterricht in der Schulwirklichkeit (auch wegen der Zwänge von Lehrplänen, organisatorischen Schwierigkeiten u.a.) überwiegend fachlich bestimmt ist, so scheint auch damals im Schulalltag ein fachlicher, eher beschreibender denn Leben und Alltag erklärender Unterricht dominiert zu haben.

Seit der Kaiserzeit gab es Bestrebungen, Natur ganzheitlich darzustellen. Zur Zeit scheint es mühsam zu sein, die enge fachwissenschaftlich bestimmte analytische Sichtweise, das rein fachliche Erklären der Dinge zu erweitern. Zur Ganzheitlichkeit gehört nicht nur der Verstand, sondern auch das sinnliche Erfassen der Dinge. Was heute z. B. von MINSSEN vertreten wird, das wurde bereits in der Zeit vor 1933 angemahnt. Unterricht sollte erlebt werden. Erlebnispädagogik war ein Versuch, „Leben“ in den Schulunterricht hineinzutragen, also den Unterrichtsgegenstand nicht nur intellektuell zu begreifen, sondern den affektiven Anteil bewußt positiv zu gestalten. Wissen und Erleben miteinander zu verknüpfen, wird derzeit wieder gefordert (vgl. SEILNACHT 1998).

Selbständigkeit als Weg und Ziel wurde schon zu Beginn des 20. Jahrhunderts angestrebt und war ein zentraler Begriff der Arbeitsschule in der Weimarer Zeit. Heute wird dieses Ziel in einem breiteren gesellschaftlichen Rahmen gesehen und umfaßt Qualifikationen im politischen, sozialen und emanzipatorischen Bereich. Die praktische Verwirklichung scheint nur langsam und vereinzelt, in der Volksschule vielleicht eher als in der höheren Schule vorangekommen zu sein.

3.5 Themen

Die Zweiteilung aktueller Lehrpläne in einen grundlegenden Teil, in dem einfache Grundbegriffe und Gesetze auf experimenteller Grundlage erarbeitet werden, und einen vertiefenden Teil mit starker theoretischer Ausrichtung ist ein Erbe aus der Zeit zu Beginn des 20. Jahrhunderts. Dort folgte an den höheren Schulen einem methodischen Einführungslehrgang, in dem, ausgehend von den Schülern bekannten Stoffen, grundlegende Begriffe und Gesetze induktiv erarbeitet wurden, ein vertiefender, besonders im abschließenden organischen Lehrgang stark systematisch orientierter Unterricht. Zugleich wurden aber auch technische und wirtschaftliche Bezüge hergestellt und geschichtliche Elemente berücksichtigt.

Der heutige stark fachsystematische Charakter des Chemieunterrichts der Sekundarstufe II stellt ein Ordnungssystem zur Verfügung, in dem der Stoff strukturiert erfaßt werden kann. Die Fachsystematik wird jedoch aus zeitlichen Gründen deduktiv abgeleitet und erst hinterher begründet. Dieses stark abstrahierende Vorgehen wurde zu Beginn des 20. Jahrhunderts bis in die Weimarer Zeit hinein von führenden Chemiedidaktikern abgelehnt. Sie befürworteten ein ausführliches induktives Ableiten chemischer Gesetzmäßigkeiten und Ordnungssysteme.

In der Weimarer Zeit wurde andererseits bereits die Grundlage für den derzeitig stark fachsystematischen Chemieunterricht gelegt, indem einige Fachdidaktiker für eine stärkere Berücksichtigung allgemeiner und physikalisch-chemischer Inhalte plädierten, das Periodensystem der Elemente als Ordnungssystem früh in den Chemieunterricht eingeführt sehen wollten und für ein stärker deduktives Vorgehen eintraten.

Themen der allgemeinen und physikalischen Chemie wurden bereits seit 1900 stärker beachtet und machten in den Zeitschriften spätestens seit Beginn der Weimarer Zeit einen bedeutenden Anteil der behandelten chemischen Themen aus, der ihrem gegenwärtigen Anteil etwa entspricht. Dabei standen im Gegensatz zur aktuellen Bevorzugung von Thermodynamik, Kinetik und Festkörperchemie Beiträge zur Erforschung des Atomaufbaus deutlich im Vordergrund. Auf diesem Gebiet wurden in der Zeit zu Ende des Kaiserreichs und der Weimarer Republik die grundlegenden Erkenntnisse gewonnen. Danach folgten Darstellungen der Ionentheorie und zur Chemie kolloider Systeme. Die analytische

Chemie, die heute einen zweiten Schwerpunkt fachlicher Artikel darstellt, spielte in der Zeit zwischen 1900 und 1945 keine große Rolle. Das weitverbreitete traditionelle analytische Arbeiten verwendete noch keine instrumentellen Geräte, wie sie im gegenwärtigen Chemieunterricht zunehmend eingesetzt werden. Anorganische und organische stoffchemische Artikel nahmen einen ähnlich unbedeutenden Anteil ein wie derzeit, da die Chemiedidaktik eine Verminderung der Stoffülle und das Herausarbeiten allgemeiner übergeordneter Gesichtspunkte anstrebte, so wie heutzutage allgemeine Konzepte wie Bindung, Struktur usw. Leitlinien des Unterrichts bilden.

Technischen und wirtschaftlichen Sachverhalten wurde in der Zeit zwischen 1900 und 1945 eine deutlich größere Aufmerksamkeit geschenkt als heute. Mit der Hinwendung zu mehr alltagsorientiertem Unterricht in der Weimarer Zeit nahm die Bedeutung dieses Themenbereichs noch zu. Kunststoffe wurden erst in nationalsozialistischer Zeit mehr beachtet im Zusammenhang mit der durch die wirtschaftlichen Autarkiebestrebungen bedingten Suche nach Roh- und Ersatzstoffen. Den Haushalt betreffende Themen wurden in nationalsozialistischer Zeit verstärkt berücksichtigt. Umweltthemen wurden merklich weniger als heute beachtet und konzentrierten sich auf den Bereich Boden und Pflanzenwachstum. Die Chemiegeschichte, die in den 1970er Jahren eine besonders große Bedeutung im Zusammenhang mit wissenschaftstheoretischen Erörterungen besaß, wurde im gesamten Zeitraum zwischen 1900 und 1945 als wichtiger Bestandteil des Chemieunterrichts betrachtet und durch zahlreiche Beiträge zu Forscherpersönlichkeiten und ihren Leistungen aus der Geschichte und den Entwicklungen der chemischen Forschung unterstützt.

Als besonderer geschichtlich bedingter Aspekt muß die Bedeutung der Kampfstoffe zur Zeit der beiden Weltkriege angesehen werden, als Reflex auf die umwälzenden gesellschaftlichen Verhältnisse. Die Thematik wurde im Chemieunterricht der DDR im Rahmen der Wehrerziehung wieder aufgegriffen, in der Bundesrepublik jedoch nur vereinzelt angesprochen.

In Zeitschriften für den Volksschulbereich wurden Themen der allgemeinen Chemie in deutlich geringerem Maß als für den Chemieunterricht der höheren Schulen erwähnt. Ein größeres Gewicht besaßen Themen, die sich auf die Lebenswelt der Schüler bezogen bzw. einen direkten praktischen Kontakt mit dem Unterrichtsgegenstand ermöglichten. In Übereinstimmung mit den Grundsätzen der Arbeitsschule scheint sich der Volksschulunterricht, verglichen mit dem wissenschaftsorientierten heutigen Hauptschulunterricht, stärker auf die Lebenswelt der Schüler bezogen zu haben.

Kriterien, nach denen Themen für den Chemieunterricht an den höheren Schulen ausgewählt werden sollten, bezogen sich in der Zeit zwischen 1900 und 1932 auf

- fachliche Aspekte (Verständnis chemischer Zusammenhänge und Abläufe),
- gesellschaftliche Bezüge (technische und volkswirtschaftliche Zusammenhänge),
- die Anwendung chemischer Forschungen (Bedeutung für Haushalt, Technik und Landwirtschaft),
- schülerbezogene Aspekte (Alter bzw. psychologische Entwicklung),
- didaktische Überlegungen (Eignung für den Chemieunterricht, Bezug zu anderen Fächern).

Damit sind, aus Einzelveröffentlichungen zusammengetragen, sehr grob wesentliche der heutigen stark ausdifferenzierten Kriterien für die Inhaltsauswahl, wie sie etwa die Didaktische Analyse oder Strukturgitter zur Inhaltsauswahl vorgeben, angesprochen worden. Es wurden Fach-, Schüler- und Gesellschaftsrelevanz berücksichtigt, die auch den von DUIT und HÄUßLER (1978) formulierten 16 Legitimationsargumenten zur Bewertung chemischer Unterrichtsthemen zu Grunde liegen.

Im Volksschulbereich standen Überlegungen zur praktischen Verwertbarkeit und lebensweltliche Bezüge der Unterrichtsinhalte im Vordergrund von Auswahlentscheidungen. Schülerrelevanz dominierte über Fachrelevanz.

3.6 Methoden

Der Chemieunterricht scheint im Untersuchungszeitraum im allgemeinen noch stärker als derzeit lehrerzentrierter Frontalunterricht gewesen zu sein. Sofern nicht dozierend verfahren wurde, beherrschte kurzschrittiges fragend-entwickelndes Vorgehen (wie noch heute) den Unterricht. Über stärker Schüler beteiligende Unterrichtsgestaltung und offenere Sozialformen wurde aus Versuchsschulen, dem Unterricht im Landerziehungsheim, aus Praktika und Arbeitsgemeinschaften berichtet.

3.6.1 Unterrichtsverfahren

Für einen großen Teil der aktuellen Unterrichtskonzepte wurden im Untersuchungszeitraum Vorarbeiten geleistet. Einerseits wurden mit dem Einsatz des entwickelnden und heuristischen Vorgehens im Unterricht in Verbindung mit der Einführung von Schülerübungen die Grundlagen für Konzepte wie das forschend-entwickelnde und für problemlösende Verfahren gelegt. Die zusätzliche Berücksichtigung der Fortschritte wissenschaftlicher und technischer chemischer Forschungen leistete Vorarbeiten für historische Unterrichtskonzepte wie das historisch-problemorientierte Unterrichtsverfahren.

Die Beschäftigung mit der Lebenswelt der Schüler im Volksschulunterricht und die Alltagsorientierung an den höheren Schulen der Jungen sowie der Haushaltsunterricht der Mädchen berücksichtigten wichtige Aspekte gegenwärtiger lebensweltlicher Konzepte. Überlegungen zur Behandlung technischer und technisch-wirtschaftlicher Themen leisteten Vorarbeiten für heutige technikorientierte Ansätze.

Das didaktische Prinzip der Konzentration und eine gesamtunterrichtliche Praxis insbesondere an der Volksschule liefern eine breite Grundlage an Erfahrungswissen für aktuelle Bestrebungen fachübergreifenden und fächerverbindenden Unterrichts. Äußerungen zur Bedeutung des kindlichen Spiels geben Hinweise für spielorientierte Ansätze.

3.6.1.1 Forschend-entwickelndes Verfahren

In das forschend-entwickelnde Unterrichtsverfahren sind u. a. Überlegungen von DANNEMANN, KERSCHENSTEINER und HERBART eingeflossen. Der Gedanke des Forschens, der im weitgehend selbständigen Erarbeiten neuer Erkenntnisse besteht (Experimentieren, Spekulieren, Hypothesen bilden, Voraussagen und Überprüfen), wurde so von DANNEMANN in seinem praktisch-heuristischen Verfahren verfolgt. Die Schüler sollten beim selbständigen Experimentieren Schlüsse aus ihren Beobachtungen ziehen. Es charakterisiert auch das von KERSCHENSTEINER beschriebene Vorgehen im Unterricht. Der von ihm dargestellte vierstufige Denkprozeß im naturwissenschaftlichen Unterricht zeigt große Übereinstimmung mit dem Vorgehen im forschend-entwickelnden Verfahren nach LINDEMANN und SCHMIDKUNZ (1999).

Im forschend-entwickelnden Verfahren eingearbeitete psychologische Erkenntnisse wie die eigene Aktivität und selbständiger Wissenserwerb der Schüler wurden im historischen Unterricht berücksichtigt.

Das problemorientierte Moment wurde im historischen Konzept nicht so stark hervorgehoben wie in dem als Problemlöseverfahren angelegten aktuellen Unterrichtskonzept. Die auf KERSCHENSTEINER bezogenen Strukturierungen für den Physikunterricht der höheren Schulen und für den Naturlehreunterricht der Volksschule gingen von einer Problemstellung aus. Sowohl die Gestaltung der Problemstellung als auch der Ablauf der nachfolgenden Abschnitte des Unterrichts waren nicht so detailliert konkretisiert wie im heutigen Verfahren, das sich in der Unterrichtspraxis bewährt hat. Es wird im Austausch zwischen Schulpraxis und Hochschuldidaktik ständig weiterentwickelt (vgl. LINDEMANN/SCHMIDKUNZ u.a. 1996).

3.6.1.2 Problemorientierte Verfahren

Von Problemsituationen wurde bereits im naturwissenschaftlichen Unterricht der höheren Schulen und im Naturlehreunterricht der Volksschule ausgegangen. Ähnlich wie heute wurden Problemstellungen und problemlösendes Vorgehen in fachlich, alltags- und technikorientiertem Unterricht eingesetzt.

Problemlösendes Vorgehen im Unterricht wurde in den an KERSCHENSTEINERs Darstellung des Denkprozesses angelehnten Strukturierungen des Unterrichts von THYEN und POSKE beschrieben. Diese Struktur entspricht grundsätzlich dem Schema des aktuellen forschend-entwickelnden Verfahrens, das ebenfalls als Problemlöseverfahren angelegt ist (vgl. 3.6.1.1). Aktuelle lernpsychologische Konzepte wie konstruktivistische und kognitionspsychologische Ansätze greifen diese Strukturen auf. Infolge lernpsychologischer Erkenntnisse ist die Bedeutung des Vorwissens der Schüler in den Mittelpunkt des Interesses gerückt worden. An dieses soll angeknüpft und es soll in Richtung des fachlich richtigen Verständnisses im Sinne eines Vorstellungswechsels verändert werden.

Dazu wird dem Bewußtwerden der Problemsituation eine sehr große Aufmerksamkeit geschenkt. Das methodische Vorgehen unterscheidet sich indessen im Kern nicht von einem in den 20er Jahren beschriebenen Unterrichtsgang (MEINKE 1922), der auf den Vorkenntnissen der Schüler aufbaut und sich in die Phasen Problemstellung, Planung des Vorgehens, Aufstellung von Vermutungen und Überprüfungsmöglichkeiten sowie Durchführung der Experimente gliedert und damit die wesentlichen Elemente im Verstehensprozeß wie Formulierung des Problems, Aufstellung von Hypothesen und ihre Überprüfung im Experiment (HEINECKE 1997b) aufweist.

Heute wird die motivierende Wirkung, die durch Problemsituationen bewirkt wird, bewußt genutzt, indem solche Situationen im Unterricht erzeugt werden (vgl. SCHMIDKUNZ 1992). Den Schülern muß jedoch der kognitive Konflikt häufig erst bewußt gemacht werden (vgl. PIENTKA 1998). Diese grundsätzliche Erfahrung wurde bereits in den 30er Jahren gemacht.

3.6.1.3 Technik und produktionsorientierte Ansätze

Die Diskussion über das Für und Wider technischer Inhalte im Chemieunterricht wird seit mindestens 100 Jahren geführt. Dem Vorteil der motivierenden Wirkung technischer Inhalte, die im Kaiserreich in ihrer Wirklichkeitsnähe gesehen wurde, steht das Problem der großen Komplexität entgegen, das den Zugang zu chemischen Inhalten wesentlich erschweren kann. Zu beachten ist, daß sich die motivierende Wirkung eher auf ältere Schüler als auf jüngere Schüler und eher auf Jungen als auf Mädchen auswirkt. In nationalsozialistischer Zeit wurden die unterschiedlichen Interessenlagen zwischen Jungen und Mädchen genutzt, indem durch unterschiedliche Inhalte im naturwissenschaftlichen Unterricht auf die ideologisch bedingte strikte Rollenverteilung von Mann und Frau in der Gesellschaft vorbereitet wurde. Dem Hauswirtschaftsunterricht der Mädchen stand eine starke Betonung technisch-wirtschaftlicher Fragen im Unterricht für Jungen gegenüber.

Die schon zu Beginn des 20. Jahrhunderts geäußerte Auffassung der Vertreter des Chemieunterrichts, daß die Technologie ein wichtiger Bestandteil des Unterrichts sei, aber nicht im Mittelpunkt stehen dürfe, um nicht den einheitlichen Lehrgang zu gefährden, wurde ganz ähnlich in den 50er Jahren von MOTHES vertreten. Demgegenüber wollte SCHIETZEL durch die Behandlung technischer Unterrichtsgegenstände Praxisorientierung erzielen. Über Herstellung und Untersuchung technischer Alltagsprodukte sollten chemische Gesetzmäßigkeiten erkannt werden. Im Naturlehreunterricht in nationalsozialistischer Zeit bestand der Grundsatz, vom technischen Problem oder praktischen Gerät ausgehend, zum chemischen Gesetz zu gelangen. In der Weimarer Zeit wurde das oft nur beschreibende und zu ausführliche Eingehen auf technische Einzelheiten kritisiert.

Die Unterrichtsvorschläge zu technischen Themen zeigen gegenwärtig eine stärkere Einbindung in einen gesamtgesellschaftlichen Rahmen (vgl. FREISE 1993a) als im Untersuchungszeitraum, indem ökologische, soziale und ökonomische Aspekte in ihrem komplexen Zusammenhang gezeigt und auf den Alltag der Schüler ausgerichtet werden (vgl. STÄUDEL/WÖHRMANN 1999). Auf diesem Wege soll motivierende Wirklichkeitsnähe und Unmittelbarkeit erreicht werden (vgl. BÜNDER u.a. 1982). In der Weimarer Zeit hatte sich die Behandlung technischer Themen wegen des großen Interesses der (männlichen) Schüler förderlich auf den Chemieunterricht ausgewirkt. Die Einbeziehung sozialer, volkswirtschaftlicher, hygienischer und weltanschaulicher Gesichtspunkte wurde insbesondere im Zusammenhang mit Betriebsbesichtigungen vorgenommen. Ethische Gesichtspunkte spielen auch heute wieder eine Rolle im Zusammenhang mit der Behandlung der Gentechnologie im Unterricht, wie sie das Forschungsprojekt Schule – Ethik – Technologie (SET) anstrebt (vgl. SCHALLIES 1997).

3.6.1.4 Zu Spielelementen im Unterricht (Spielorientierte Konzepte)

Obwohl wiederholt auf die Bedeutung des Spiels für die Entwicklung in der Kindheit und auf die Spielfreude der Schüler mindestens bis zur Pubertät hingewiesen wurde, sind Spiele oder Spielhandlungen in der Kaiserzeit und der Weimarer Zeit nicht in den naturwissenschaftlichen Unterricht aufgenommen worden. Zwar wurde auf den spielerischen Charakter beim Experimentieren jüngerer Schüler hingewiesen, eine konkrete Nutzung spielerischen Experimentierens, um chemische Begriffe und Konzepte kennenzulernen, wird aber erst jetzt mit Vorschulkindern erprobt (LÜCK 1998).

Für Rollenspiele, kommunikative Simulationsspiele, Entscheidungsspiele und darstellende Spiele (vgl. HELLWEGER 1981), die im Chemieunterricht ab Beginn der 80er Jahre eingesetzt wurden, finden sich im Zeitraum zwischen 1900 und 1945 keine Ansätze.

Heute wird der motivierende Effekt des Einsatzes von Spielzeug hervorgehoben (vgl. SCHLICHTING 1992). Diese Möglichkeit war bereits im Kaiserreich erkannt und im Physikunterricht genutzt worden. Beispiele für chemisches Spielzeug, das heute im Unterricht eingesetzt wird, sind Seifenblasen (JANZEN 1999) und pyrotechnisches Spielzeug (OBENDRAUF 1999).

Lernspiele, die gegenwärtig im Chemieunterricht verwendet werden, haben überwiegend Übungs- und Festigungscharakter. In nationalsozialistischer Zeit wurden Lotto und Quartett im Naturlehreunterricht verwendet.

3.6.1.5 Lebensweltliche Konzeptionen

Der alltagsorientierte Chemieunterricht bezweckte, die Schüler aufs Leben vorzubereiten, indem er ihnen praktisch verwertbare Kenntnisse vermittelte. Damit folgte er denselben Zielen wie derzeitige lebensweltliche Konzepte, die den Schülern Orientierungs- und Entscheidungshilfen für ihr späteres Leben geben wollen. Denn es wurden nicht nur wirtschaftliche Beziehungen im Zusammenhang mit der Produktion chemischer Stoffe, sondern auch Schüler unmittelbar berührende Fragen wie die Zusammensetzung und ernährungsphysiologische Qualität von Nahrungsmitteln behandelt (vgl. SCHMIDKUNZ 1995).

Das Konzept der Arbeitsschule im Volksschulbereich beinhaltete die Hinwendung zur Alltagswelt der Schüler in fachübergreifendem oder fächerverknüpfendem Unterricht. Mit der Idee der volkstümlichen Bildung wurde die Auffassung vertreten, den Unterricht der Volksschüler, ihrer Herkunft und ihrem voraussichtlichen Beruf entsprechend, vornehmlich an der Alltagskultur des Volks zu orientieren. Konkrete Unterrichtskonzepte auf der Grundlage der Arbeitsschule behandelten chemische Inhalte ohne fachsystematische Bezüge, meistens eingebunden in größere fachübergreifende thematische Zusammenhänge. Damit stellen sie Beispiele für unterrichtliche Auseinandersetzung (beschreiben, „erforschen" und erklären) mit der Alltagswelt der Schüler dar. Gesellschaftliche Konflikte, die heute z. B. im Bereich von Umweltproblematik, Energiediskussion und Anwendungen der Genforschung im Unterricht aufgegriffen werden (sollten), existierten wohl nicht. Statt dessen wurde auf wirtschaftspolitische Auseinandersetzungen mit dem Ausland, die Rohstoffbeschaffung sowie Ernährungslage und Landwirtschaft eingegangen.

Lernpsychologische Erwägungen kamen im alltagsorientierten Chemieunterricht in den Forderungen, besonders im Anfangsunterricht an die Erfahrungen der Schüler anzuknüpfen, zum Ausdruck. Sie entsprechen heutigen Überlegungen, die hohe motivatorische Wirkung lebensweltlicher Themen zu nutzen, um Schüler für Chemieunterricht zu interessieren. Heute wird Alltagsbezug häufig lediglich als „Aufhänger" benutzt, um dann im wesentlichen fachlich fortzufahren (vgl. BECKER 2001a).

Themen wie Milch, Brot, Chemie des modernen Waschens in Verbindung mit textilen Faserstoffen (THIES 1927), Untersuchung eines Waschmittels PERSIL (REINHARDT 1933; FLÖRKE 1938), Schulversuche mit pflanzlichen Duftstoffen (SPILGER 1919) haben noch nicht an Aktualität verloren, wie entsprechende Beiträge in chemiedidaktischen Zeitschriften in letzter Zeit belegen.

Lebensweltlich orientierter Chemieunterricht wird heute unter anderen von LINDEMANN, FREISE, MÜLLER, PFEIFER, LUTZ und BECKER gefordert. LINDEMANN will Alltagschemie zu einem Bezugsfeld von Chemieunterricht machen, indem Produkte und Vorgänge aus der Alltagswelt der Schüler thematisiert werden. Im „praxisorientierten Chemieunterricht" werden von PFEIFER gleichberechtigt der „fachliche Kernbestand" und der „erfahrungsbezogene bzw. anwendungsbezogene Kernbestand" bei der Auswahl der Unterrichtsinhalte berücksichtigt. Alltagsorientierter Chemieunterricht sollte nach JUST außerfachliche und chemische Aspekte einer Thematik gleichberechtigt berücksichtigen, indem sich Theorieebene und Alltagsebene wechselseitig aufeinander beziehen (vgl. JUST 1997). Die Bedeutung eines „reflektierten Alltags", der die politische Ebene in den Unterricht einbezieht, gegenüber einem sich einseitig auf die Alltagsstoffe konzentrierenden Chemieunterricht wird von BECKER hervorgehoben. Neben kognitiv-fachwissenschaftlichen Zielen seien affektive, soziale, pragmatische und individuelle Zielbereiche zu berücksichtigen (vgl. BEKKER/HILDEBRANDT 1999)

3.6.1.6 Historisch orientierte Ansätze

Schon zu Beginn des 20. Jahrhunderts wurde die auch heute allgemein anerkannte Auffassung vertreten, daß geschichtliche Einblendungen immer nur Gelegenheitscharakter haben könnten, allerdings nicht aufgrund lernpsychologischer Einsichten, sondern aus methodischen Gründen, weil ein entwickelnder Unterricht nur phasenweise der historischen Entwicklung chemischer Forschung zwanglos zu folgen vermag. Als besonders geeignet wurden und werden geschichtliche Erörterungen für das Verstehen der Entwicklung chemischer Erkenntnisse angesehen.

Der motivierende Charakter geschichtlicher Elemente im Chemieunterricht wurde mit dem Hinweis auf die notwendige Voraussetzung einer entsprechenden geistigen Entwicklung der Schüler schon in der Weimarer Zeit bezweifelt.

Hier zeigt sich eine deutliche Entwicklungslinie, beginnend in der Zeit zu Beginn des 20. Jahrhunderts mit Arbeiten WINDERLICHs (in Oldenburg) und DANNEMANNs, die entwickelnde bzw. problemorientierte Vorgehensweise mit historischen Elementen verbanden und damit Grundlagen erarbeiteten für das historisch-problemorientierte Unterrichtsverfahren der 1980er Jahre, das JANSEN (in Oldenburg) propagiert. Die Unterschiede liegen vor allem in der methodischen Verwendung der historischen Quellen. Während im historisch-problemorientierten Verfahren geschichtliche Quellen als Arbeitsmaterialien und als Ausgangspunkt des weiteren Unterrichts eingesetzt werden, indem sie die unterrichtliche Problemstellung als teilweise Rekonstruktion der historischen Problemsituation darstellen und die Schüler die historischen Texte als Hilfsmittel zur phasenweise selbständigen Erfassung und Lösung der unterrichtlichen Problemstellung nutzen sollen (vgl. JANSEN u.a. 1992), wurden historische Quellen von DANNEMANN eher als Ergänzung und Vertiefung bereits erarbeiteter Erkenntnisse und von WINDERLICH als strukturierende Leitlinie eines entwickelnden lehrerzentrierten Unterrichtsganges eingesetzt. Sie dienten weniger zum Anregen selbständigen Nachdenkens und Problemlösens, vielmehr vollzog der Lehrer mit seinen Schülern gemeinsam die Gedanken der Forscher nach.

Zentrale Zielsetzungen des historisch-problemorientierten Unterrichts, wie Erkenntniswege der Chemie zu vermitteln und zu zeigen, daß naturwissenschaftlicher Fortschritt nicht geradlinig verläuft, wurden bereits vor dem ersten Weltkrieg verfolgt. Einige Anwendungsgebiete des aktuellen Verfahrens, naturwissenschaftliche und naturwissenschaftlich-technische Probleme historisch zu verfolgen, die Persönlichkeit und Forschungen bedeutender Chemiker zu behandeln und historische Experimente nachzuvollziehen, wurden bereits vorweggenommen.

3.6.1.7 Fachübergreifende und fächerverbindende Ansätze

Fächerverbindende Ideen wie die seit 30 Jahren geführten Diskussionen um einen „Lernbereich Natur“ anstelle der herkömmlichen naturwissenschaftlichen Fächer bzw. ein „Integriertes Fach Naturwissenschaften“ (vgl. FREISE 1993a,b; vgl. HILDEBRANDT 1998) wurden zu Beginn des 20. Jahrhundert und sogar schon im 19. Jahrhundert geäußert. In der grundsätzlichen Zielsetzung, der durch die Fächerung bedingten Zersplitterung der Wirklichkeit entgegenzuwirken, herrscht Überein-stimmung. Aktuelle Bemühungen, die Natur in ihren vielfältigen Aspekten und im politischen Kräftefeld gesellschaftlicher Einflußnahmen und in ihrer Bedeutsamkeit für den Schüler zu zeigen (vgl. FREISE 1993a,b), unterscheiden sich jedoch von den stark philosophisch ausgerichteten Absichten einer Zusammenschau der naturwissen-schaftlichen Disziplinen zu einer in sich geschlossenen Naturauffassung zum Abschluß des naturwissenschaftlichen Unterrichts auf der Prima.

Realisierbarer als die Einführung eines neuen Faches wegen fehlender Voraussetzungen wie entsprechend ausgebildete Lehrer und Lehrveranstaltungen erschien fachübergreifender Unterricht, bezogen auf naturwissenschaftliche Fächer. Heute erschweren organisatorische Probleme, Mangel an dafür ausgebildeten Lehrern und die Notwendigkeit ausreichenden Vorwissens der Schüler fachübergreifenden Unterricht sehr stark (vgl. HILDEBRANDT 1998). Allerdings wird ganz aktuell fachübergreifender Unterricht gefördert. In den neueren Lehrplänen praktisch aller Bundesländer wird „fachübergreifender“ Unterricht gefordert (vgl. DEMUTH 1999), während über die Realisierung fächerverbindenden Unterrichts unterschiedliche Auffassungen bestehen (vgl. OBST 1997) und ein integriertes Fach Naturwissenschaften abgelehnt wird (vgl. ASSELBORN 1997). In der gegenwärtigen Unterrichtspraxis beschränkt sich fachübergreifender Unterricht im wesentlichen auf Projektunterricht (HILDEBRANDT 1998). Auch in der Kaiserzeit und in der Weimarer Zeit wurden fächerverbindende oder fachübergreifende Ansätze an den höheren Schulen vornehmlich außerhalb des regulären Unterrichts der staatlichen Schulen realisiert.

3.6.2 Betriebsbesichtigungen und Lehrausflüge

Betriebsbesichtigungen dienten in der Kaiserzeit wie heute dem Ziel, Unterricht anschaulicher zu gestalten und Schüler an die „gesellschaftliche“ Wirklichkeit heranzuführen. Dabei konnten fachübergreifende Aspekte berücksichtigt werden. Über technische, wirtschaftliche, soziale Themen hinaus, die bereits seit der Kaiserzeit Berücksichtigung fanden, werden heute auch Umweltfragen angesprochen. Auf das Thema Unfallschutz wurde bereits zur Weimarer Zeit eingegangen.

Auf die Bedeutung von Vor- und Nachbereitung der Betriebsbesichtigungen wurde seit der Kaiserzeit hingewiesen. Die Vorbereitungen sollten nicht zu allgemein gehalten werden, sondern auf den speziellen Betrieb ausgerichtet sein. Dies wurde durch den Einsatz von Bildmaterial und schematischen Darstellungen unterstützt.

Der Gedanke, auf Studienfahrten neben chemischen auf kulturkundliche und ästhetische Fragen einzugehen, ist nicht neu. In der Weimarer Zeit wurden mehrtägige Besichtigungen großer Industriebetriebe mit kulturkundlicher Bildung zu verbinden versucht, indem ein fachlich versierter Kollege beteiligt wurde.

3.6.3 Einzelelemente

3.6.3.1 Prinzipien

Dem Prinzip der **Anschauung** kam außerordentliche Bedeutung als grundlegendem Bestandteil der Reformbewegung zu. Da es einen Bruch mit der herkömmlichen, nur verbalen Unterrichtspraxis bedeutete, stand es im Mittelpunkt der Publikationen. Es ging in erster Linie um die äußere Anschauung der Natur und ihren Stellvertreter, das chemische Experiment. Der Chemieunterricht konzentrierte sich wie heute auf das Experiment. Eine direkte Begegnung der Wirklichkeit wurde nur im Bereich technischer Umsetzungen chemischer Prozesse empfohlen. Projekte wie die Untersuchung von Brunnenwasser blieben Einzelfälle. Auf die lernpsychologische Bedeutung der Teilnahme möglichst vieler Sinne am Lernprozeß wurde bereits hingewiesen. Innere Anschauungen der Schüler, etwa Vorstellungen und Empfindungen, wurden wenig thematisiert.

Das Prinzip der **Selbständigkeit**, das inzwischen theoretisch eine große Selbstverständlichkeit besitzt, setzte sich zu Beginn des 20. Jahrhunderts im Zusammenhang mit der Einführung der Schülerversuche und der Arbeitsschule durch.

Die Bedeutung der manuellen Selbsttätigkeit für die Entwicklung selbständiger Arbeitsformen und selbständigen Denkens wurde wohl als Reaktion heftiger Widerstände seitens der Vertreter der Lernschule etwas überbetont. Heute wird eher der motivierende Effekt der Selbstbetätigung bei Schülerversuchen hervorgehoben, ein Aspekt, auf den schon während des Untersuchungszeitraums hingewiesen wurde. Die Notwendigkeit des schrittweisen Heranführens und Einübens der Schüler an selbständiges Arbeiten, das heute im Zusammenhang mit problemlösendem Unterricht untersucht wird, wurde als ermutigende Unterrichtserfahrung mitgeteilt.

Dem Prinzip der **Strukturierung** wurde in der Weimarer Zeit in Anwendung der Fachstruktur gefolgt. Das Periodensystem der Elemente wurde als Lernhilfe für die Schüler eingesetzt. Dies ist nach heutigem Kenntnisstand kein sehr taugliches Mittel, da die Denkstruktur der Schüler nicht mit der Fachstruktur der Wissenschaft Chemie übereinstimmt.

Dem Prinzip der **Aktualität**, dem heute durch Aufgreifen öffentlich diskutierter Ereignisse (Problematik des PVC, Recycling von Metallen: Dioxin) gefolgt wird (vgl. BECKER/HILDEBRANDT 1999; SCHALLIES 1996; KLEMMER/HAGEMANN 1995), wurde in der höheren Schule kaum Aufmerksamkeit geschenkt. Lediglich in der Zeit des 1. Weltkrieges führte dieses einschneidende Ereignis zur Aufnahme mit dem Krieg verbundener Themen in den Chemieunterricht. Der Volksschulunterricht wurde verschiedentlich als Gelegenheitsunterricht durchgeführt, indem von den Kindern in die Schule mitgebrachte Dinge und Erlebnisse thematisiert wurden.

Das Prinzip der **Lebensnähe** wurde an den höheren Schulen im Anfangsunterricht verwirklicht, indem an Schülern aus dem Alltag bekannte Gegenstände und Vorgänge angeknüpft wurde oder Aspekte aus der unmittelbaren oder weiteren Lebenswelt der Schüler (Nahrungsmittel, Landwirtschaft, Technik) thematisiert bzw. in Exkursionen Begegnungen mit der meist technischen Umwelt der Schüler veranlaßt wurden. Verglichen mit heutigen Realisierungsmöglichkeiten war das Spektrum damals eingeschränkt. Der Schülerbezug und die motivierende Wirkung wurden bewußt genutzt. Bei der Auswahl von Exkursionszielen und im naturkundlichen sowie Gesamtunterricht der Volksschule spielte der heimatkundliche Gedanke eine wichtige Rolle. Die Nutzung von Gelegenheiten in der näheren Umgebung der Schule wird nach wie vor als Anknüpfungspunkt für Unterricht gefordert (vgl. FREISE 1993b).

Das Prinzip der **Elementarisierung** wurde in methodischen Fragen und beim Medieneinsatz berücksichtigt. Zu nennen sind das Bemühen um Anschaulichkeit, das Ausgehen vom konkreten Gegenstand, der altersgemäße Einsatz der Unterrichtsstoffe und methodischen Mittel. Hinsichtlich der Gerätewahl im Experimentalunterricht und beim Einsatz schematischer und zeichnerischer Darstellungen wurde auf die Beachtung elementarisierender Grundsätze hingewiesen.

3.6.3.2 Schwierigkeiten

Mit der Tatsache, daß im Chemieunterricht nur die physikalischen Veränderungen, nicht aber chemische Reaktionen selbst beobachtet werden können (ROEDEL 1920), wurde auf eine Problematik hingewiesen, die heute als grundlegende Lernschwierigkeit im Chemieunterricht angesehen wird. Denn die Erklärungen naturwissenschaftlicher Phänomene werden von Sinneserfahrungen oder ganzheitlichen Wahrnehmungen der Schüler beeinflußt.

Wesentliche Lernschwierigkeiten der Schüler im heutigen Chemieunterricht, Verstehen der Zeichensprache, Aufstellung von Reaktionsgleichungen, Verständnis des Teilchenmodells, Atom- und Elementbegriff, wurden damals bereits angesprochen und erste Vorschläge zur Lösung der Schwierigkeiten gemacht. Verglichen mit dem aktuellen Kenntnis- und Diskussionsstand handelte es sich nur um allererste Ansätze.

3.6.3.3 Ergebnissicherung und Üben

Die **Ergebnissicherung** war und ist bei Schülern nicht beliebt. Wie im gegenwärtigen Unterricht wurde das Prinzip vermutlich auch im Arbeitsunterricht der Volksschule zu wenig beachtet. Hefter und Protokolle wurden im Untersuchungszeitraum ähnlich wie heute geführt. In den höheren Klassenstufen wird die Protokollführung inzwischen allerdings eher als Behinderung des Experimentierens eingeschätzt (vgl. BECKER et al. 1992).

Das **Üben** des gelernten Stoffes wurde offenbar vernachlässigt. Die Forderung, vielseitige Übungsmöglichkeiten zu finden, um das alte „Pauken“ zu vermeiden, entspricht heutiger Auffassung, daß Schüler zum Üben motiviert werden müssen.

3.6.3.4 Binnendifferenzierende Maßnahmen

Binnendifferenzierende Maßnahmen, um den unterschiedlichen Lernbedürnissen und Interessen der Schüler besser gerecht werden zu können, wurden in der Zeit vor 1945 an den höheren Schulen und in der Volksschule vorgeschlagen. Dazu wurde hinsichtlich des Themenangebots und der Methoden variiert. Gegenwärtige Formen teilweise geöffneten Unterrichts scheinen flexibler auf momentane Schülerbedürfnisse reagieren zu können. Die Stillarbeit an der Volksschule benötigte wie der offene Unterricht heute leistungsdifferenzierte Arbeitsblätter. Das Stationslernen im aktuellen Chemieunterricht (vgl. GRAF 2000; vgl. STÄUDEL 2000) bezieht sich einem historischen Bericht nach auf die Einrichtung von „Gegenstandswinkeln" in amerikanischen Landschulen.

3.6.3.5 Anfangsunterricht

Für den Anfangsunterricht galten schon von Beginn des 20. Jahrhunderts an weitgehend heutige Grundsätze. Hier sollten die Grundlagen für den Chemieunterricht auf der Oberstufe gelegt werden. Es sollte möglichst elementar, anschaulich und qualitativ vorgegangen werden. Spätestens in der Weimarer Zeit wurde die Durchführung von Schülerversuchen als besonders wichtig angesehen. Es sollte an die Alltagserfahrungen der Schüler angeknüpft werden. Derzeit wird allerdings der Unterricht vielfach von Beginn an auf die Fachstruktur bezogen, so daß die Schüler durch frühe Abstraktionen überfordert werden.

3.7 Experimente

3.7.1 Allgemeines

3.7.1.1 Legitimation

In der Zeit zu Beginn des 20. Jahrhunderts wurden im wesentlichen zwei Bereiche angesprochen, die auch heute zur Legitimation des Experiments genannt werden:

- das Experiment als Repräsentant der Forschungsmethode der Fachwissenschaft und
- seine Bedeutung für die formale Bildung der Schüler (Beobachtungsfähigkeit, kausales und funktionales Denken).

3.7.1.2 Thematik

Die Frage, ob Experimente qualitativ oder quantitativ ausgeführt werden sollen, wurde in die Richtung heutiger Auffassung, die Auswahl der Experimente vom beabsichtigten Zweck unter Berücksichtigung der Schülervoraussetzungen abhängig zu machen, beantwortet. Das bedeutete, im Anfangsunterricht der Unterstufe in der Regel qualitative und auf der Oberstufe eher quantitative Experimente einzusetzen.

3.7.1.3 Ziele

Die Entwicklung motorischer Fähigkeiten, die Förderung des Verständnisses für chemische Zusammenhänge durch Eigentätigkeit und das Verstehen der Apparaturen sind aktuell angestrebte Ziele des Chemieunterrichts, die sich grundsätzlich nicht von den Zielsetzungen in der Weimarer Zeit und während des Kaiserreichs unterscheiden. Auffällig häufig wurde von Chemielehrern die Erziehung zu Sauberkeit, Ordnungsliebe und Gewissenhaftigkeit angestrebt. Die Willensbildung, ein gestecktes Ziel unter Überwindung von Schwierigkeiten und Widerständen zu erreichen, war eine Zielsetzung, die derzeit keine Rolle mehr spielt.

3.7.1.4 Medien

Möglichkeiten, die verschiedenen sinnlichen Wahrnehmungen bei chemischen Experimenten zur Verstärkung der Informationsvermittlung und Förderung des Verstehens zu nutzen, wurden in der untersuchten Literatur ähnlich wie heute wenig beachtet und wohl auch in der Praxis kaum eingesetzt.

3.7.1.5 Methode

Wohl in noch stärkerem Maß als heute wurde im Experimentalunterricht in der Zeit nach 1900 eher „induktiv" als „deduktiv" vorgegangen. Dieses Vorgehen wurde im Rahmen der hohen Bewertung der Induktion als Bestandteil des logischen Denkens im physikalischen und chemischen Unterricht von den Reformern sehr stark in den Vordergrund gerückt.

Die Kritik an der einseitig induktiv ausgerichteten Vorgehensweise und die Auffassung, Theorie und Experiment sollten in der Schule wie in der wissenschaftlichen Forschung ineinandergreifen, nahm bereits den heutigen Standpunkt ein, daß sich Induktion und Deduktion wechselseitig bedingen. Chemische Erkenntnisse wurden auf dem Wege der hypothetischen Deduktion gewonnen. Der große Zeitaufwand bei induktivem Vorgehen wurde in diesem Zusammenhang angesprochen. Der als „Kontextfalle" (ANTON 1999) bezeichnete Umstand, daß mit der Induktion verbundenes konvergentes Vorgehen und Denken nicht dem eher auf die Unterschiede der Dinge ausgerichteten Interesse der Schüler der Sekundarstufe I entspricht und zu Langeweile führt, wurde noch nicht gesehen.

Ähnlich wie sich derzeit der Einsatz eines Experiments nach der methodischen Funktion im Rahmen eines Unterrichtsverfahrens bzw. eines Artikulationsschemas richtet, ließen sich anhand der untersuchten Literatur unterschiedliche Einsatzweisen feststellen. So wurde insbesondere in der Anfangsphase der Einrichtung von Schülerübungen der im Klassenunterricht besprochene Stoff in den Schülerübungen wiederholt und so zur Festigung und Wiederholung genutzt. Induktive Experimente konnten im entwickelnden und problemlösenden Unterricht eingesetzt werden. Bestätigungsexperimente wurden zum Abschluß einer Gedankenreihe, Erarbeitungsexperimente zur Untersuchung einer Fragestellung eingesetzt.

3.7.2 Lehrer- und Schülerversuche

Seit der Kaiserzeit wird die Auffassung vertreten, daß die Wahl zwischen Lehrer- und Schülerversuchen, wo immer es möglich ist, auf Schülerversuche fallen sollte. Auch wenn bis heute über den Einfluß der Schülerversuche auf das Verstehen und Behalten der Schüler unterschiedliche Meinungen und Untersuchungsergebnisse existieren – Feststellungen einer Förderung des Verständnisses und der Entwicklung der Handfertigkeit standen Meinungen gegenüber, die keine positiven Effekte, verglichen mit Demonstrationsunterricht, konstatierten –, spricht die Beliebtheit von Schülerübungen und die durch sie bewirkte Motivation der Schüler für Chemieunterricht eindeutig für deren Bevorzugung.

3.7.2.1 Sicherheit und Entsorgung

Die Maßnahmen zur Sicherheit im Chemieunterricht waren noch längst nicht so weit entwickelt, wie dies seit 1986 durch die „Gefahrstoffverordnung“ verlangt wird. Als durch zunehmenden Experimentalunterricht die Häufigkeit von Unfällen zunahm, verstärkten sich die Bemühungen, Unfälle zu verhüten. Es wurde eine Meldestelle für Unfälle im naturwissenschaftlichen Unterricht eingerichtet, in den Fachzeitschriften wurde über Unfälle und über Verhütungsmaßnahmen berichtet, es wurden Fortbildungskurse für Lehrer eingerichtet. Der Frage der Entsorgung der Chemikalien, die heute durch gesetzliche Bestimmungen geregelt ist, wurde in der Zeit zwischen 1900 und 1945 offenbar noch keine Aufmerksamkeit geschenkt. In der untersuchten Literatur wurde die Frage nicht behandelt. Mögliche Gefahren und Schädlichkeiten von Chemikalien für die Umwelt und den Menschen waren wohl längst nicht so bekannt und bewußt wie heutzutage.

3.7.2.2 Chemische Sammlung und Experimentiergeräte

Für die in der Gegenwart sehr weit fortgeschrittene Normung der Experimentiergeräte (Ansatzrohre, Stopfen, Glas- und Schlauchmaterial sind in der Größe aufeinander abgestimmt, Schliffgeräte sind standardisiert) wurden in der Weimarer Zeit erste Bemühungen unternommen, die von Lehrern als deutliche Arbeitserleichterung empfunden wurden. Für Schülerübungen wurden Arbeitsgeräte entwickelt, die sich auch in Klassenräumen einsetzen ließen. An aktuell verwendeten leicht transportierbaren Gerätesätzen für den Primarbereich wird die Einengung ihres Einsatzes auf bestimmte Experimentiermöglichkeiten, die für kreatives Arbeiten der Schüler wenig Raum lassen, kritisiert. Minilabore gestatten Schülerversuche in Halbmikrotechnik (vgl. KOMETZ 1997; vgl. SCHALLIES 1989).

3.7.3 Lehrerversuche

Demonstrationsexperimente werden und wurden eingesetzt, wenn Experimente kompliziert und gefährlich sind oder wenn Klassenfrequenzen und Räumlichkeiten keine Schülerversuche zuließen.

Neben Schülerversuchen behielt das Demonstrationsexperiment immer seine Bedeutung und besitzt sie auch heute noch. Seit 1900 bis zur Gegenwart wurden in fachdidaktischen Zeitschriften die Durchführung, Verbesserung und Weiterentwicklung von schulischen Experimenten publiziert.

Die wenigen Hinweise auf die Beachtung wichtiger Regeln zur Verbesserung der Wahrnehmungsmöglichkeiten von Experimenten für die Schüler mögen durch das in den Hintergrund gerückte Interesse für Demonstrationsexperimente begründet gewesen sein. Einige Hinweise auf Grundsätze der „Wahrnehmungsgesetze“ und auf die Berücksichtigung dessen, was zur Prägnanz (vgl. SCHMIDKUNZ 1992) des Wichtigen führt (vgl. SCHMIDKUNZ/KLAETSCH 1996), wurden bereits gegeben. Die Apparatur sollte gegenüber den Erscheinungen zurücktreten, es sollte auf möglichste Einfachheit und Übersichtlichkeit geachtet werden, der Hintergrund sollte berücksichtigt, die Geräte gut beleuchtet und die für den Versuch wesentlichen Teile der Apparatur gegenüber den unwichtigen Teilen hervorgehoben werden.

Zum Verstehen der Versuchsanordnung muß sie vom Lehrer erklärt werden. Daß der Aufbau der Apparaturen vor den Augen der Schüler das Verständnis erleichtert, wurde bereits in der Zeit des Kaiserreichs erkannt. Die Skizzierung des Aufbaus an der Tafel unterstützt den Verstehensprozeß. Dabei sollte auf gute Übereinstimmung zwischen Apparatur und Skizze geachtet werden, insbesondere auf die Einhaltung der Reihenfolge der miteinander verbundenen Geräteteile. Alle nicht zum Versuch gehörenden Dinge sollten vom Experimentiertisch entfernt werden. All dies sind Erkenntnisse, die bereits in der Zeit zwischen 1900 und 1945 genannt wurden.

Die beiden heute als Hauptprobleme bei der Wahrnehmung von Demonstrationsexperimenten aufgeführten Schwierigkeiten, die „Winzigkeit" chemischer Effekte und die bei ebener Anordnung der Sitzplätze im Unterrichtsraum schlechte Sicht von den hinteren Plätzen auf den Lehrertisch, wurden schon in der bearbeiteten Literatur beklagt. Als Abhilfe werden gegenwärtig die Verwendung großer Reagenzgläser und gelegentliches Projizieren von Versuchen, eine Maßnahme die bereits in der Weimarer Zeit ergriffen wurde, angeführt. Die Schüler um den Experimentiertisch zu gruppieren, die hinteren Reihen aufstehen lassen oder durch die Reihen zu gehen, waren und sind keine Lösungen des Problems. Bessere Beobachtungsmöglichkeiten ergeben sich bei der Durchführung als Schülerversuch. Die Verbindung von guter Sichtbarkeit auf das Demonstrationsexperiment mit Experimentiermöglichkeiten für Schüler wurde in Chemieräumen mit ansteigenden Sitzreihen schon in der Kaiserzeit geschaffen.

3.7.4 Schülerversuche

Zu den in der aktuellen Fachdidaktik genannten pädagogischen, lernpsychologischen und fachdidaktischen Gründen für Schülerübungen lassen sich zahlreiche Entsprechungen aus der Literatur der Zeit nach 1900 anführen.

- Pädagogische Gründe: die Gewöhnung an exaktes und gewissenhaftes Arbeiten, die Stärkung des Gemeinschaftsgefühls durch Experimentalunterricht in Gruppenarbeit, die Verbesserung des Verhältnisses zwischen Lehrer und Schülern sowie der Schüler untereinander.
- Lernpsychologische Gründe: Durch eigene Tätigkeit wird das Interesse am Unterricht gesteigert.
- Fachdidaktische Gründe: Selbständiges Experimentieren der Schüler führt zu einer Verbesserung des Verstehens und des Interesses, des Behaltens, der manuellen Geschicklichkeit und des Erfindungstriebs. Die Beobachtungsfähigkeit wird geschult.

Psychomotorischen Lernzielen wurde im Zusammenhang mit dem Arbeitsschulgedanken in der Anfangsphase der Schülerübungen eine größere Bedeutung beigemessen als in der aktuellen Debatte, wenn man von Diskussionen in den 1970er Jahren absieht.

Schülerversuche wurden in den Meraner Empfehlungen als wichtiger Bestandteil des Chemieunterrichts empfohlen und in der Folgezeit zunehmend an höheren Schulen, insbesondere an den Oberrealschulen, zunächst fakultativ in den Unterricht aufgenommen. In der Weimarer Zeit wurde zunehmend im Anfangsunterricht experimentiert. In Bayern waren Schülerversuche schon 1909 obligatorisch in den Chemieunterricht integriert worden. Angestrebt wurde, 2/3 des wöchentlichen Chemieunterrichts den Übungen zu widmen und 1/3 dem theoretischen Unterricht. Dies ist eine deutlich stärkere Gewichtung der Schülerübungen, als sie heute üblich ist. Da im übrigen keine Angaben über die Häufigkeit der Schülerübungen in der untersuchten Literatur gemacht wurden, sondern nur darüber, an wie vielen Schulen Schülerversuche überhaupt durchgeführt wurden, ist ein Vergleich mit gegenwärtigen Verhältnissen nicht möglich.

Die Durchführung von Schülerversuchen wurde in der Zeit zwischen 1900 und 1945 sicherlich in weit stärkerem Maß als heute durch räumliche Schwierigkeiten, durch Ausstattungsmängel und hohe Schülerzahlen und auch bis in die Weimarer Zeit hinein durch fehlende Ausbildung der Lehrer auf diesem Gebiet erschwert. Nicht in jedem Fall wurden solche Schwierigkeiten als Begründung für fehlende Schülerübungen akzeptiert, denn es wurde schon in der Kaiserzeit die Überzeugung geäußert, daß sich Lehrer nicht genügend für die Durchführung von Schülerversuchen engagieren.

Die Angaben in der aktuellen chemiedidaktischen Literatur zur Gruppengröße bei Schülerversuchen (Obergrenzen von 20 bzw. 16 Schülern) stimmen etwa mit den Erfahrungen aus der Zeit nach 1900 überein. Es wurden wiederholt 20 Schüler als maximale Obergrenze genannt. Dies galt im allgemeinen für den Anfangsunterricht. Praktika in der Oberstufe sollten mit nicht mehr als zwölf Schülern durchgeführt werden. Größere Klassen wurden, wenn entsprechende Voraussetzungen bestanden, geteilt. Dies ist eine Maßnahme, die gegenwärtig häufig angewendet wird, um effektiven Experimentalunterricht durchführen zu können.

Die Geräte für den Übungsunterricht wurden im allgemeinen am Arbeitsplatz der Schüler, z. T. in verschließbaren Schränken oder direkt auf dem Tisch untergebracht, in einigen Fällen auch eine Grundausstattung an Chemikalien. Zum allgemeinen Gebrauch waren seltener benötigte oder teurere Geräte zentral aufbewahrt. Dies entspricht der heutigen Praxis, wenn selbständige Versuchsplanung der Schüler beabsichtigt ist.

3.7.4.1 Methode

Aktuell werden drei Hauptformen der methodischen Organisation von Schülerversuchen unterschieden:

- „einheitliche Arbeitsweise“ („Arbeiten in gleicher Front“),
- „differenzierte Arbeitsweise“ („getrennt-gemeinschaftliche Arbeitsweise“),
- „individuelle Arbeitsweise“ („regellose Arbeitsweise“).

Die in Klammern gesetzten bis heute gebräuchlichen Bezeichnungen sind aus der Zeit nach 1900 übernommen worden.

Schon seit der Kaiserzeit wurden das „Arbeiten in gleicher Front“ und die „getrennt-gemeinschaftliche Arbeitsweise“, entsprechend aktuellen didaktischen Überlegungen, eingesetzt. Das „Arbeiten in gleicher Front“, bei dem alle Schüler zur gleichen Zeit das gleiche Experiment durchführen, wurde allgemein im Anfangsunterricht für die Vermittlung der Grundlagen und der grundlegenden Arbeitstechniken empfohlen. Es entwickelte sich zur vorherrschenden Organisationsform chemischen Experimentierens. Die „getrennt-gemeinschaftliche Arbeitsweise“, bei der die Schüler zur gleichen Zeit an verschiedenen Experimenten zu einem Thema arbeiteten, so daß eine Vielzahl von Ergebnissen zusammengetragen und Reihenversuche durchgeführt werden konnten, wurde vorwiegend auf der Oberstufe eingesetzt, um durch binnendifferenzierende Maßnahmen unterschiedlichen Bedürfnissen der Schüler gerecht zu werden.

Für den Ablauf von Schülerübungen ließ sich schon in der Zeit nach 1900 eine Gliederung in die drei Hauptabschnitte Vorbereitungsphase, Durchführungsphase und Auswertungsphase mit Ergebnissen erkennen, die sich heute zur Strukturierung von Schülerübungen bewährt haben. Vorbereitung und Auswertung wurden als wichtiger Bestandteil der praktischen Arbeit angesehen, um Sinn und Zusammenhang, in dem die Experimente stehen, zu klären und ihre Ergebnisse zu sichern.

3.7.5 Experimentelle Ausbildung der Lehrer

Die heutige Einsicht, daß die Durchführung von Schülerversuchen hohe Anforderungen an den Lehrer stellt, wurde schon zu Beginn dieses Jahrhunderts geäußert. Auf die erforderliche große methodische Flexibilität wurde eher aus Kreisen der Volksschulpädagogik als von Vertretern der höheren Schulen hingewiesen.

Die aktuelle fachdidaktische Literatur weist darauf hin, daß Lehrerverhalten im Experimentalunterricht über die fachwissenschaftliche Ausbildung hinaus durch unterrichtsbezogene Überlegungen und möglichst durch praktische Übungen professionalisiert werden muß. In der Kaiserzeit und bis in die Weimarer Zeit hinein wurden die für den experimentellen Unterricht der höheren Schulen benötigten Fähigkeiten durch die fachliche Ausbildung nicht vermittelt. Für eine praxisnahe Ausbildung wurde die Einrichtung von durch erfahrene Schulmänner geleiteten Seminaren an den Hochschulen in Verbindung mit Lehrproben an Schulen für erforderlich gehalten. Heute werden, der großen Bedeutung praktischer Erprobung theoretischer didaktischer Kenntnisse folgend, an einigen Hochschulen Unterrichtspraktika durchgeführt.

3.8 Medien

Die chemiedidaktische Literatur zum Medieneinsatz in der Zeit zwischen 1900 und 1945 betonte die Funktion der Medien als Hilfsmittel zur Veranschaulichung naturwissenschaftlicher Phänomene und als Ersatz für reale Begegnungen sehr stark. In diesem Sinne wurde beim Einsatz chemischer Experimente deren Stellvertreterrolle für in der Natur ablaufende Prozesse hervorgehoben.

Den vielfältigen Einsatzmöglichkeiten von Medien (zur Motivation, Information, methodischen Steuerung von Lernprozessen und Erkenntnis- und Problemerschließung) im gegenwärtigen Chemieunterricht stand in der Zeit zwischen 1900 und 1945 die Konzentration auf die Funktion der Veranschaulichung gegenüber. Darüber hinausgehende Verwendungen wurden in der Zeitschriftenliteratur kaum reflektiert. Hingewiesen wurde auf die Notwendigkeit, durch entsprechende Gestaltung der Anschauungsmittel Interesse zu wecken. Arbeitsbögen und Texte wurden leistungs- und themendifferenziert eingesetzt.

An der Herstellung von Medien wurden die Schüler gelegentlich beteiligt, indem sie Anschauungstafeln fertigten, Molekülmodelle bauten sowie chemische Geräte und Apparaturen herstellten. Der lernpsychologisch positive Effekt der

Selbstbetätigung wurde zumindest bei der Herstellung chemischer Apparaturen bewußt genutzt. Nach derzeitigem Erkenntnisstand behalten Menschen von dem, was sie selbst tun, 90 %, während sie mit den Augen aufgenommene Informationen zu 30 % und von Gesprochenem nur noch 10 % behalten. Die zu Beginn des 20. Jahrhunderts vertretene Auffassung, daß die Informationsaufnahme durch möglichst viele Sinne das Behalten fördert, wird heute, bezogen auf das Zusammenwirken von optischen und akustischen Informationen, bestätigt, besonders wenn diese Informationen anschließend verbalisiert werden.

Seit den 1970er Jahren wird von Lehrmittelherstellern der Verbund von Medien, der den positiven Effekt verschiedener Informationskanäle nutzt, in vielfältiger Form angeboten. Dafür gab es bis 1945 noch keine Vorbilder, da Medien wie Fernsehen, Video, Computer, Applikationen und Arbeitsprojektor noch nicht zur Verfügung standen.

Auf die Nutzung der **Wandtafel** als Medium wurde nicht explizit eingegangen. Aus eher beiläufigen Bemerkungen lassen sich aber Rückschlüsse darauf ziehen, daß sie für einige der heutigen vielfältigen Funktionen eingesetzt wurde. Sie diente

- zur Veranschaulichung (schematische Darstellungen, Skizzen von Versuchsaufbauten),
- zur Ergebnissicherung (Reaktionsgleichungen),
- zur Übung des schriftlichen Ausdrucks,
- zur Wiederholung (Skizzen von Versuchsaufbauten),
- als Arbeitshilfe (Notiz von Schülerfragen).

Schematische Darstellungen und **Graphiken** wurden zur Veranschaulichung technischer Produktionsabläufe, von Stoffkreisläufen und zur Strukturierung schwieriger (theoretischer) oder unübersichtlicher Zusammenhänge, wie der Beziehungen zwischen Stickstoffsauerstoffverbindungen, verwendet. Um die Abstraktion verständlich zu machen, wurde die Entwicklung vor den Augen der Schüler und die Beschränkung auf wesentliche Beziehungen empfohlen. Farbige Markierungen sollten Zusammenhänge verdeutlichen. Für diese Aufgaben können gegenwärtig neben der Wandtafel Arbeitsprojektor und Applikationen genutzt werden, so daß über die farbige Markierung hinaus vielfältige weitere Gestaltungsmöglichkeiten zur Verfügung stehen.

Das **Schulbuch** war zu Beginn des 20. Jahrhunderts das wichtigste Lehrmittel und ist bis heute für den Unterricht unverzichtbar. Es war überwiegend fachsystematisch, enzyklopädisch und ohne erkennbaren Leitfaden gestaltet. Schon in der Weimarer Zeit wurde kritisiert, daß Schulbücher für die Oberstufe zu stark an Hochschullehrbüchern orientiert bzw. direkt aus ihnen hervorgegangen waren. Bis heute ist die fachsystematische Orientierung besonders stark in den Lehrbüchern für die Sekundarstufe II erhalten geblieben.

In der Weimarer Zeit wurde die Chemie des täglichen Lebens als Schulbuchinhalt zunehmend berücksichtigt. Derzeit ist ihr Anteil in den Schulbüchern gering, fachliche Inhalte einschließlich der allgemeinen Chemie, die in der Weimarer Zeit stärker als zuvor beachtet wurden, stehen sehr stark im Vordergrund. In Lehrbüchern für die Unterstufe wurde die Einführung der grundlegenden allgemeinen Begriffe methodisch behutsam entwickelt, während die meisten Lehrbücher zu Beginn des 20. Jahrhunderts noch als zu schwierig für Schüler angesehen worden waren. Heute ist die Aufmachung der Lehrwerke für die Sekundarstufe I zwar sehr attraktiv, die Texte sind jedoch durch eine sehr hohe Zahl von Fachbegriffen gekennzeichnet und überfordern die Abstraktionsfähigkeit der Schüler.

Die Aufhebung der Trennung zwischen Lehr- und Arbeitsbuch in der Weimarer Zeit wurde begrüßt. Die Schüler verwendeten das Schulbuch nach entsprechender Vorbereitung selbständig als Anleitung zur Durchführung chemischer Experimente. Über selbständige Texterarbeitung mit dem Schulbuch wurde nicht berichtet. Dafür wurden „Quellenbücher" mit Texten zur Geschichte der Naturwissenschaften eingesetzt. Nach heutigem Erkenntnisstand müssen Texte motivieren, Problembewußtsein vermitteln und Lösungsmöglichkeiten anbieten, damit die vielfältigen Möglichkeiten der Textarbeit genutzt werden können.

Als wichtiger Inhalt des Lehrbuchs wurden Aufgabenstellungen zur selbständigen Arbeit der Schüler angesehen. Das Realienbuch für Sachkundeunterricht der Volksschule sollte als Aufgaben- und Arbeitsbuch zur selbständigen und produktiven Arbeit anregen und anleiten. Auf die Nutzung der neben den Texten dargestellten Materialien wie Abbildungen, statistische Daten, graphische Darstellungen, technologische Schilderungen und volkswirtschaftliche Erörterungen in den Lehrbüchern der höheren Schulen wurde nicht eingegangen. Solche Materialien werden wohl noch heute von Chemielehrern zu wenig genutzt.

Denk**modelle** spielten im Chemieunterricht der Zeit zwischen 1900 und 1945 eine merklich geringere Rolle als zur Zeit. Die Atomtheorie sollte wegen der großen Schwierigkeiten für die Schüler ausführlich entwickelnd und induktiv eingeführt werden. Diese Auffassung hat sich im Kern bis heute nicht geändert. Um dem Bedürfnis der Schüler nach Anschaulichkeit gerecht zu werden, wurden gegenständliche Atommodelle verwendet, so wie dies heute aus dem selben Grund geschieht. Dagegen wurden zum Ende der Weimarer Zeit zunehmend Bedenken geäußert. Eine Diskussion der Problematik, die heute sehr ausführlich geführt wird, fand aber in der untersuchten Zeitschriftenliteratur nicht statt. Die Atomtheorie wurde mit Hilfe des BOHRschen Atommodells erklärt. In nationalsozialistischer Zeit wurde auch auf das wellenmechanische Atommodell hingewiesen. Die Möglichkeiten, Denkmodelle zum Unterrichtsthema zu machen, Schüler eigene Modelle entwickeln zu lassen, die Grenzen von Modellen bewußt zu machen und Modellwechsel vorzunehmen, wurden noch nicht gesehen.

Vereinzelt wurde über gegenständliche Atom- und Molekülmodelle berichtet, die Atomabstände, Molekülformen und -größen und Bindungsarten veranschaulichten. In nationalsozialistischer Zeit wurden die Herstellung der Atomorbitale mit einfachen Mitteln beschrieben und Kalottenmodelle vorgestellt. Modelle wurden vom Lehrer, aber auch von Schülern, so wie das auch heute noch praktiziert wird, mit einfachen Mitteln hergestellt. Mit der heutigen Vielfalt der Angebote an Atommodellen und Molekülbaukästen waren diese allerersten Ansätze nicht zu vergleichen. Eine Möglichkeit des heutigen Einsatzes des Molekülbaukastens wurde in der Weimarer Zeit bereits praktiziert, indem mit farbigen Holzkugeln chemische Reaktionen auf der Teilchenebene von Schülern nachvollzogen wurden. Die Problematik der Erzeugung falscher Molekülvorstellungen, die Diskrepanz zwischen makroskopischer Erscheinung und mikroskopischer Realität war offenbar noch nicht erkannt. Lediglich der Einsatz von Molekülmodellen in der Anorganischen Chemie wurde wegen der ungesicherten Strukturkenntnisse in Frage gestellt.

Für Modellexperimente, die sich inzwischen auf nahezu alle Inhalte des Chemieunterrichts beziehen, gab es erste Beispiele zur Veranschaulichung theoretischer Vorstellungen und Gesetzmäßigkeiten (Luft als Gemenge, Verhalten von Ionen bei der Elektrolyse, BOYLE-MARIOTTEsches Gesetz) und zur Veranschaulichung von Produktionsabläufen in der Technik.

Arbeitsbögen wurden erst zum Ende der Weimarer Zeit eingeführt. Bis dahin wurden Aufgabensammlungen und Arbeitsbücher mit Anleitungen zum Experimentieren verwendet. Arbeitsbögen können heute sehr variabel, abgestimmt auf die jeweilige Unterrichtssituation und ihre didaktische Funktion, gestaltet werden.

Die im Volksschulbereich verwendeten Arbeitsbögen wurden zum selbständigen Erarbeiten (in Stillarbeit) von Unterrichtsstoff eingesetzt und verknüpften dann Stoffdarbietung mit Arbeitsanweisungen, oder sie sollten in Form von Arbeitsanregungen selbständige Arbeit initiieren. Ein in der Landschule eingesetzter Arbeitsbogen leitete die Schüler durch Fragen und Aufforderungen zum Experimentieren und Lösen von Problemstellungen an. Verglichen mit aktuellen Arbeitsbögen für den problemorientierten Unterricht, die sich auf die Aufgabenstellung und eine Strukturierung für das Protokoll beschränken, war der Volksschularbeitsbogen sehr stark lenkend angelegt, um den Fähigkeiten der schwächsten Schüler gerecht zu werden.

Diaprojektor und **Epidiaskop** fanden zum Ende der Weimarer Zeit Eingang in den Chemieunterricht. Insbesondere zur Herstellung von Dias wurden Anregungen gegeben. Es wurden Photos von durch Schüler angefertigten, schematischen Darstellungen hergestellt, Zeichnungen des Lehrers projiziert und durch Übereinanderprojektion Entwürfe von Schülern miteinander verglichen. Für solche Aufgaben (z. B. die Übereinanderprojektion durch Overlaytechnik) wird derzeit der Arbeitsprojektor verwendet, der wegen seiner einfacheren Handhabung und vielseitigeren Möglichkeiten einschließlich der Projektion von Dias die Bedeutung des Diaprojektors zurückgedrängt hat.

Filme werden seit Beginn der Weimarer Zeit im Chemieunterricht verwendet. Nach anfänglicher Skepsis gegenüber einem Medium, das zur Unterhaltung der Menschen populär geworden war, wurden seine Einsatzmöglichkeiten zur Darstellung technischer Vorgänge und chemischer Gesetzmäßigkeiten erkannt. Es wurden Zeitlupe und Zeitraffer genutzt. Derzeit ist das Angebot an Filmen sehr reichhaltig und deckt eine Vielzahl chemischer Themen ab. Die in der Weimarer Zeit genannten methodischen Einsatzmöglichkeiten, Wiederholung, Zusammenfassung, Einführung in ein neues Gebiet, decken sich mit heutiger Auffassung.

Das **Periodensystem der Elemente** wurde in der Weimarer Zeit ein wichtiges Anschaungs- und Arbeitsmittel im Chemieunterricht. Bis heute ist es eines der typischen Elemente des Chemieunterrichts und wird als Lernhilfe, zur Übung, zur Demonstration und als Erinnerungsstütze verwendet. Als Wandkarte hängt es in jedem Chemielehrraum. Bereits in der Weimarer Zeit wurde es zur Erarbeitung chemischer Zusammenhänge und als strukturierende Lernhilfe verwendet. Als Reaktion auf Schwierigkeiten der Schüler, die Inhalte der abstrakten Tafel zu verstehen, wurden im Bemühen um bessere Veranschaulichung räumliche Anordnungen, wie das „Haus der Elemente", oder eine graphische Darstellung, die mit einer Sammlung der Stoffe in Präparategläschen verbunden war, entwickelt. Heutzutage werden Tafeln mit reduzierter fachlicher Information und bildlichen Darstellungen angeboten, um der Abneigung der Schüler gegen die unverstandene Tafel zu begegnen. Die Verbindung makroskopischer Ordnungskriterien mit mikroskopischen Elektronenstrukturen der Elemente ist für Schüler nicht verständlich.

4 Von der Vergangenheit zur Gegenwart – Kontinuität?

Die Tatsache, daß sich historische Erkenntnisse über Chemieunterricht mit dem von BECKER (1994) entwickelten Kriteriensystem gut abbilden lassen, ist bereits ein Hinweis darauf, daß deutliche Beziehungen zwischen dem Chemieunterricht in der Zeit zwischen 1900 und 1945 und den Entwicklungen nach 1945 bis heute bestehen.

Die Chemiedidaktik in der ersten Hälfte des 20. Jahrhunderts

- wurde im wesentlichen von Chemielehrern getragen,
- war dadurch sehr eng mit dem Unterrichtsalltag verbunden und
- war direkt auf ihn bezogen.

Umfassende theoretische Konzeptsysteme, die ein Kennzeichen heutiger chemiedidaktischer Bemühungen sind, wurden für den Chemieunterricht nicht entwickelt. Eingebunden in die Universitätsstruktur, hat gegenwärtige Chemiedidaktik eher Programme über Chemieunterricht entwickelt, als von seiner Realität auszugehen. Somit war latent die Gefahr gegeben, daß chemiediaktische Forschungen die schulpraktische Wirklichkeit ausblenden oder zumindest unterschätzen.

- Zur Legitimation des Chemieunterrichts wurden damals wie heute formale Bildungsziele in den Vordergrund gerückt.
- Die Bedeutung der Wissenschaft Chemie in Forschung und Technik für die gesellschaftliche Entwicklung verlor als Legitimationsargument an Einfluß.
- Allgemeine Zielsetzungen traten in den Vordergrund. Gegenwärtige Chemiedidaktik scheint eher fachliche Lernziele anzustreben.
- Naturerkenntnis und intellektuelles Verstehen gesellschaftlicher Zusammenhänge an höheren Schulen, eine pragmatische Vorbereitung auf berufliche und familiäre Aufgaben in der bürgerlichen Gesellschaft an der Volksschule waren Zielsetzungen, die in Richtung aktueller Absichten weisen, die komplexe Lebenswirklichkeit Schülern verständlich zu machen. Die neuerdings

angestrebte Vermittlung von Handlungskompetenz im gesellschaftlichen Leben geht über den engen häuslichen Rahmen, für den z. B. Mädchen in der Weimarer Zeit vorbereitet werden sollten, hinaus. Aber in der schulischen Realität von Chemieunterricht stehen noch immer eher fachliche als allgemeine Ziele im Vordergrund.

Zum Erreichen der Ziele wurden lernpsychologische Erkenntnisse und Voraussetzungen der Schüler berücksichtigt:

- Sie müssen durch Freude oder Interesse für den Lernstoff aufgeschlossen sein, um ihn aufnehmen zu können.
- Sie müssen sich geistig mit dem Gegenstand auseinandersetzen.
- Schülervorstellungen sind zu akzeptieren.
- Um Gelerntes zu behalten, muß es mit vorhandenem Wissen verknüpft werden, es muß in die vorhandenen Denkschemata integriert werden.
- Der Lernstoff muß der Intelligenzstufe der Schüler angepaßt werden.
- Abstrakte Fachbegriffe benötigen eine anschauliche Repräsentation, um verstanden zu werden.

Damit sind Kernaussagen aktueller chemiedidaktischer Auffassungen bereits in der Zeit um 1910 getroffen worden. Einige Beispiele für Schülertheorien erweitern heutige Kenntnisse über Vorstellungen der Schüler. Nach wie vor ist aber noch vieles unbekannt.

Zur Verwirklichung der Ziele unter Berücksichtigung von Schülervoraussetzungen und Nutzung neuer methodischer Möglichkeiten im Unterricht waren veränderte Fähigkeiten und Verhaltensweisen der Lehrer gefordert. Die überwiegend vortragende Lehreraktivität sollte durch eine die Schüler zur Selbsttätigkeit anregende, beratende und unterstützende Haltung abgelöst werden. Schülerübungen sollten durchgeführt werden. Die dafür benötigten Qualifikationen wurden und werden Lehrern bis heute in der Ausbildung kaum vermittelt. Die Entwicklung der Lehrerpersönlichkeit, der an den höheren Schulen und bis in die Gegenwart für den Unterrichtserfolg eine große Bedeutung beigemessen wird, wurde und wird kaum gefördert. Über die Vermittlung fachlicher Kenntnisse und experimenteller Fähigkeiten, die sich kaum auf Schülerexperimente beziehen, hinaus werden wenig Studieninhalte geboten, die zentrale Lern- und Verstehensaspekte von Schülern berücksichtigen (vgl. HILDEBRANDT 1998). Die Ausbildung der Chemielehrer für höhere Schulen war im Detail praxisfern.

Stark praxisbezogen war die Volksschullehrerausbildung. Die Ausbildung selbst wurde in der für den Schulunterricht angestrebten Unterrichtsmethode durchgeführt. Dazu wurden Unterrichtshospitationen mit anschließender didaktischer Analyse durchgeführt.

Weiterbildungsveranstaltungen boten Lehrern die Möglichkeit

- sich experimentelle Fertigkeiten anzueignen,
- die praktische Umsetzung neuer methodischer Unterrichtsverfahren in Form von Hospitationen zu erleben und zu diskutieren,
- die Praxis der Schülerübungen durch theoretische Unterweisung sowie Durchführung und Analyse eigenen Unterrichts zu erlernen.

Dies sind durchaus moderne, auch heute angestrebte Merkmale von professionalisiertem Chemielehrerhandeln (vgl. BLK 1997).

Lehrpläne der Weimarer Zeit nahmen Bestrebungen der Chemiedidaktik auf. Zeitliche Beschneidungen durch die Stundentafeln ließen eine unterrichtspraktische Umsetzung der Ziele jedoch nicht zu. Gegenwärtig wird die starke Stoffüberfrachtung der Lehrpläne beklagt, die eine intensive Erarbeitung verhindern.

Der propädeutische Anfangsunterricht, der, Schülervoraussetzungen berücksichtigend,

- auf Schülerübungen aufbaute,
- von Alltagserfahrungen ausging,
- überwiegend qualitativ vorging,
- grundlegende Gesetzmäßigkeiten und Begriffe induktiv zu entwickeln trachtete,

dürfte Schülervoraussetzungen eher entsprochen haben als gegenwärtige Lehrpläne, die schon Schülern der Sekundarstufe I einen hohen Grad an Abstraktions- und Reflexionsvermögen abverlangen.

Ein durchaus systematisch ausgerichteter Oberstufenlehrgang, in dem neben rein fachlichen Themen technisch-wirtschaftliche Bezüge und geschichtliche Elemente eine Rolle spielten, war noch nicht so stark von Themen der allgemeinen und physikalischen Chemie bestimmt wie heutiger Chemieunterricht der Sekundarstufe II. Schwierigkeiten hatten die Schüler wohl vor allem auf der Oberstufe, wenn abstrakte Inhalte und „moderne“ Theorien behandelt wurden. Solche Schwierigkeiten haben Schüler national und international nach wie vor, wie die TIMS-Studie zeigt (vgl. GRAMM u.a. 1998).

Schon zu Beginn der Weimarer Zeit wurde von Hochschullehrern der Chemie gefordert, an der Schule nur die Grundlagen der Chemie zu vermitteln und Alltagsstoffe zu behandeln, während die wissenschaftliche Vertiefung dem Hochschulunterricht zu überlassen sei.

Zur erfolgreichen Vermittlung der Inhalte wurde ein breites Repertoire methodischer Prinzipien, Unterrichtsverfahren und Unterrichtselemente entwickelt, das im wesent-lichen das heute noch ausdifferenzierter und sozialwissenschaftlich komplexer begründete Instrumentarium bereits in seinen grundlegenden Aspekten umfaßte.

Für einen großen Teil aktueller Unterrichtskonzepte wurden im Untersuchungszeitraum Vorarbeiten geleistet.

- Entwickelndes und heuristisches Vorgehen im Unterricht in Verbindung mit der Einführung von Schülerübungen waren grundlegend für das forschend-entwickelnde und für problemlösende Verfahren, kognitives Lernen in Verbindung mit psychomotorischen und affektiven Anteilen zu verwirklichen (vgl. SCHMIDKUNZ/LINDEMANN 1999).
- Bemühungen, während des Unterrichts die Interessen der Schüler zu berücksichtigen und deshalb keine fixierten Stundenziele zu planen, waren ein wichtiger Schritt zu offenem Unterricht.
- Die Berücksichtigung der Entwicklung wissenschaftlicher und technischer chemischer Forschungen leistete Vorarbeiten für historische Unterrichtskonzepte wie etwa das historisch-problemorientierte Unterrichtsverfahren.
- Die Beschäftigung mit der Lebenswelt der Schüler im Volksschulunterricht und die Alltagsorientierung an den höheren Schulen der Jungen sowie der Haushaltsunterricht der Mädchen berücksichtigten wichtige Aspekte heutiger lebensweltlicher Konzepte.
- Praxis und Überlegungen zur Behandlung technischer und technisch-wirtschaftlicher Themen sind Vorarbeiten für gegenwärtige technikorientierte Ansätze.

- Das Prinzip der Konzentration und die gesamtunterrichtliche Praxis, insbesondere an der Volksschule liefern eine breite Grundlage an Erfahrungswissen für aktuelle, sehr ausführlich diskutierte Bestrebungen fachübergreifenden und fächerverbindenden Unterrichts.
- Die Bedeutung des kindlichen Spiels für das Lernen wurde erkannt. Unterrichtliche Folgerungen wurden daraus jedoch, wie auch heute, kaum gezogen.

Betriebsbesichtigungen bzw. Besuche anderer außerschulischer Lernorte verwirklichten fachübergreifend-gesellschaftliche bzw. lebensweltliche Prinzipien und den Heimatgedanken. Zur Veranschaulichung sozialer Realitäten wurde ihnen ein hoher Stellenwert eingeräumt, wie dies auch fachdidaktische Diskussionen in der Bundesrepublik um 1980 zeigten.

Aktuelle didaktische Prinzipien wurden bereits im historischen Chemieunterricht beachtet.

- Die Veranschaulichung chemischer Phänomene und Prozesse war von entscheidender Bedeutung in der pädagogischen Reformbewegung um 1900.
- Selbständige geistige und manuelle Betätigung der Schüler war ein zentraler Bestandteil des Arbeitsschulgedankens.
- Lebensnähe spielte eine große Rolle im Anfangsunterricht der höheren Schulen und in der Volksschule.
- Elementarisierungen bzw. der Gedanke der didaktischen Reduktion wurden beim Medieneinsatz und methodischen Überlegungen berücksichtigt.
- Das Aufgreifen aktueller Themen spielte in Kriegszeiten eine große Rolle und wurde in der Volksschule in Form des situativen Gelegenheitsunterrichts praktiziert.

Binnendifferenzierende Maßnahmen, die Interessen, Lernvoraussetzungen und -bedürfnisse der Schüler berücksichtigten, wurden selten vorgenommen. Das entspricht heutiger Unterrichtspraxis. Das derzeit aktuelle Stationslernen geht auf die Einrichtung von Gegenstandswinkeln in amerikanischen Landschulen in den 1920er Jahren zurück. Der Bezug auf historische Erfahrungen ist in aktuellen Publikationen jedoch nicht selbstverständlich.

Die gegenwärtig zentrale Stellung des Experiments im Chemieunterricht gründet sich auf Bestrebungen der Reformbewegung. Für die Einführung der Schülerübungen setzte sich die Didaktik der Naturwissenschaften zu Beginn des 20. Jahrhunderts erfolgreich ein. Unterrichtserfahrungen belegten ihren Wert. Derzeitige, als wesentlich angesehene Funktionen des Experiments und die Bedeutung der Schülerübungen waren bereits erkannt und erprobt.

Die Zusammenfassung all dieser Einzelerkenntnisse, Prinzipien und Erfahrungen ergibt ein breites und bereits differenziertes Grundlagenwissen als möglichen Ausgangspunkt vielfältiger Forschungen. Eine weitere Vertiefung chemiedidaktischer Erkenntnisse, insbesondere methodische Erprobungen und somit erfahrungswissenschaftliche Arbeiten, sind zur Zeit des Nationalsozialismus abgebrochen worden.

Fortschritte in der Fachdidaktik Chemie sind auf den Dialog zwischen den verschiedenen Forschungsrichtungen angewiesen. Dieser Dialog ist aber nicht nur auf die Gegenwart zu beziehen, sondern muß historische Erkenntnisse berücksichtigen. So können Gedanken aus der Weimarer Zeit wieder lebendig und nutzbar gemacht werden, indem sie in die aktuelle Diskussion einbezogen, kritisiert und korrigiert werden. Aktuelle Forschungsansätze erhalten eine historische „Tiefe", die zur Zeit völlig fehlt. Die heutige Chemiedidaktik hat es versäumt, an die in der Literatur niedergelegten Erfahrungen und Erkenntnisse des historischen Chemieunterrichts anzuknüpfen. Dies ist ein wichtiges Fazit einer selbstkritischen Analyse.

Es ist nicht zu leugnen, daß Chemiedidaktik in den letzten 50 Jahren

- vielfältige Aktivitäten entfaltet hat,
- differenzierte Erkenntnisse und Vorstellungen über Chemieunterricht entwickelt
- und sich ein reichhaltiges Repertoire an Forschungsmethoden erarbeitet hat, was durchaus einen Fortschritt gegenüber dem hier untersuchten Zeitabschnitt dokumentiert.

Dies geschah jedoch, ohne an die Erfahrungen der Zeit vor 1945 anzuknüpfen. Gewissermaßen wurde nachentdeckt. Dies hat Forschungskapazitäten gebunden, die benötigt worden wären, um Lösungsmöglichkeiten für die Problemgebiete des Chemieunterrichts zu erarbeiten.

Statt die Fundamente, die in Form des reichen Erfahrungsschatzes unterrichtlicher Praxis und chemiedidaktischer Erkenntnisse vorliegen, zum Aufbau eines eigenständigen Gebäudes der Chemiedidaktik zu nutzen, wurden Systeme bzw. Theorien der allgemeinen Didaktik und der Sozialwissenschaften adaptiert.

Statt von der Unterrichtspraxis auszugehen, wie „Lehrer-Didaktiker“ dies in der ersten Hälfte des 20. Jahrhunderts getan hatten, um in engem Kontakt mit der Praxis Unterrichtsverfahren weiterzuentwickeln, wurden an Universitäten Konzepte für einen Unterricht erarbeitet, mit dem nur wenige Chemiedidaktiker aus eigener Anschauung vertraut waren.

Ein großer Teil der aktuellen chemiedidaktischen Erkenntnisse war schon in der Zeit zwischen 1900 und 1945 im Kern bekannt. Dies ist das zentrale Fazit. Damit ist die Grundthese dieser Arbeit bestätigt.

Allerdings bleiben Fragen offen.

Warum ist so wenig im Unterricht verwirklicht, obwohl fachdidaktische Grundsätze unterrichtspraktisch begründet sind?

Haben sich Chemielehrer in der Mehrzahl nicht überzeugen lassen?

Schon in der Weimarer Zeit traten Chemielehrer für fachlich orientierten Chemieunterricht ein.

Hat Chemiedidaktik Studenten ihre Grundsätze gelehrt?

Heute haben Repräsentanten der Chemiedidaktik, also Professoren und akademischer Mittelbau, die Chance, die Ausbildung entsprechend ihren eigenen Grundsätzen selbst zu gestalten.

Die Geschichte des Chemieunterrichts lehrt, daß didaktische Konzepte, methodische Überlegungen und Prinzipien, pädagogische und psychologische Einsichten nicht ohne weiteres im Schulalltag umgesetzt werden, auch wenn sie in der Chemiedidaktik anerkannt sind.

Dies scheint ein Hinweis darauf zu sein, wie wichtig die Auseinandersetzung mit der praktischen Umsetzung „theoretischer“ didaktischer Prinzipien und Konzepte ist. Hier ist vorrangig die Lehrerausbildung in der ersten und zweiten Phase der Ausbildung herausgefordert. Diese Problemlage wird derzeit deutlich artikuliert (vgl. BECKER 2001b). Chemiedidaktik muß im Interesse einer chemischen Allgemeinbildung dazu ernsthafte Lösungen anbieten und erhebliche Anstrengungen unternehmen.

5 Anhang

5.1 Literaturverzeichnis der Zeit zwischen 1900 und 1945

ACKERMANN, P.: Moderne Technik und heimatkundlicher Physikunterricht. PädBl 43 (1914) S. 253-256

ALT, H.: Feuer! - - - Feuer! - Feuer und Brandschaden im Unterricht der Vollksschule. Vsch 33 (1937) S. 361-367

BÄSSLER, F. A.: Biologie und Chemie in der Denkschrift des Sächsischen Volksbildungsministeriums. UblMN 33 (1927) S. 113-117

BAEGE, F. P.: Die Selbsttätigkeit des Kindes. VSch 11 (1915) S. 603-609

BARTH, L.: Vorschläge zur Neugestaltung der Lehrpläne für den chemischen Unterricht an den Oberrealschulen. UblMN 31 (1925) S. 229-232

BAVINK, B.: Die naturwissenschaftlichen Lehrpläne der höheren Mädchenschulen. UblMN 25 (1919) S. 76-79

BAVINK, B.: Moderne Atomistik im Unterricht. ZphchU 34 (1921) S. 241-247

BAVINK, B.: Die Beziehung des mathematisch-naturwissenschaftlichen Unterrichts zur Philosophie. UblMN 31 (1925a) S. 203-207

BAVINK, B.: Die physikalische Methode im chemischen Unterricht. UblMN 31 (1925b) S. 242-247

BAVINK, B.: Die Bedeutung der Naturwissenschaften in der heutigen Schule. UblMN 39 (1933) S. 310-313

BECK: Schülerübungen im physikalischen Anfangsunterricht. ZphchU 25 (1912) S. 284-289

BEHREN, v.: Quantitative Versuche bei Schülerübungen in der Chemie. MhnU 10 (1917) S. 201-208

BEIER, I.: Chemieunterricht und Erziehung im Dritten Reich. UblMN 40 (1934) S. 252-254

BEISINGER, G.: Die naturwissenschaftlichen Schülerübungen und die Stunden des biologischen Unterrichts in Hessen. MhnU 7 (1914) S. 72-77

BERENDTS, G.: Betrachtungen über die Geschichte und die Methodik der chemischen Grundgesetze. UblMN 43 (1937) S. 23-27

BERLAGE, Fr.: Von unserer 35. Hauptversammlung in Erfurt - (Vom 9. bis 13. April 1933). UblMN 39 (1933a) S. 113-115

BERLAGE, Fr.: Kampf im eigenen Lager. UblMN 39 (1933b) S. 278-281

BEUTEL, E.: Über ein Unterrichtsmodell des periodischen Systems der Elemente. ZphchU 26 (1913) S. 13-19

BEYER, O.: Über Schülerbeobachtungen. NuSch 1 (1902) S. 294

BIEBER, H.: Die Naturwissenschaft als Wegbereiterin des weltanschaulichen Umbruches. UblMN 43 (1937) S. 236-243

BOCKEMÜHL, E.: Von der Selbsttätigkeit. MenU 1 (1909/10) S. 17-20

BOCKEMÜHL, E.: Vom Gelegenheits- und Gesamtunterricht. VSch 17 (1921) S. 108-111

BODE, P.: Vereins-Angelegenheiten - Leitsätze. UblMN 22 (1916) S. 121-123

BOGEN, A.: Von einer naturwissenschaftlichen Arbeitsgemeinschaft an einer Volksschule. MhnU 8 (1915) S. 123-128

BOGEN, A.: Grundsätze für ein Realienbuch der Arbeitsschule (I, II). VSch 16 (1920) S. 231

BOHN, H.: Schwalbes Versuche zur Geschichte der Dampfmaschine. ZphchU 14 (1901) S. 203-206

BOHN, H.: Betrachtungen über die Hebung des naturwissenschaftlichen Unterrichts an den höheren Lehranstalten. NuSch 6 (1907) S. 25-31

BOHNERT, F.: Wie ist der Stoff des physikalischen Unterrichts zu beschränken, um eine intensivere Schulung im physikalischen Denken zu ermöglichen? - Verhandlungen auf der Hauptversammlung zu Göttigen - I. Bericht - II. Diskussion. UblMN 14 (1908) S. 117-127

BOHNERT, F.: Beschränkung des Unterrichtsstoffes zugunsten intensiverer Schulung im physikalischen Denken. ZphchU 22 (1909) S. 52-55

BONGARDT, H.: Über die Notwendigkeit der praktischen Übungen im Chemieunterricht an höheren Mädchenschulen. MhnU 2 (1909) S. 145-158

BONITZ: Der neue Grundlehrplan für die Volksschulen Groß-Berlins. VSch 11 (1915) S. 544-559

BRÄUER, P.: Über Arbeitstische für chemische Schülerübungen. ZphchU 29 (1916a) S. 198-201

BRÄUER, P.: Über quantitative Schülerübungen. ZmnU 47 (1916b) S. 282-288

BRÄUER, P.: Die quantitativen chemische Schülerübungen. ZmnU 49 (1918) S. 19-24

BRÄUER, P.: Über das Quantitative im chemischen Unterricht. UblMN 28 (1922) S. 55-57

BRÄUER, P.: Konzentration im Chemie-Unterricht. UblMN 31 (1925) S. 153-156

BREMER, F.: Physikalisch Schülerübungen an der Friedrichs-Werderschen Oberrealschule zu Berlin. ZphchU 18 (1905) S. 253-255

BREMER, F.: Über physikalische Schülerübungen und deren Verwertung im Unterricht. ZmnU 47 (1916) S. 132

BREMER, F.: Schülerübungen als Grundlage des Physikunterrichts in den Mittelklassen. MhSch 17 (1918) S. 358-369

BRETTAR, M.: Vierjahresplan und naturwissenschaftliche Fächer. ZmnU 69 (1938) S. 277-282

BRINKMANN, M.: Naturkundlicher Kriegsunterricht im Seminar. PädBl 47 (1918) S. 69-72

BROHMER, P.: Volkswirtschaftliche Belehrungen im naturkundlichen Unterricht auf heimatkundlicher Grundlage. PädBl 41 (1912) S. 121-137

BROHMER, P.: Allgemeine Naturkunde als Abschluß des naturwissenschaftlichen Unterrichts. PädBl 50 (1921) S. 387-392

BROHMER, P.: Der naturkundliche Unterricht nach den "Richtlinien". VSch 18 (1923) S. 662-665

BROHMER, P.: Naturkundlicher Unterricht und Deutschkunde. VSch 25 (1930) S. 1093-1095

BRÜSCH, W.: Die Industrie im chemischen Unterricht. NuSch 1 (1902) S. 367-369

BRÜSCH, W.: Die Frage der direkt in den Unterrichtsgang eingeführten chemischen und physikalischen Schülerübungen auf allen Klassenstufen des Realgymnasiums - Vortrag, am 14. Mai 1913 auf der 22. Hauptversammlung des Vereins zur Förderung des mathematischen und naturwissenschaftlichen Unterrichts in München. MhnU 6 (1913) S. 407-421

BÜHNEMANN, H.: Zur Problematik des Idividualunterrichts. VSch 27 (1931) S. 833-841

BÜHNEMANN, H.: Entwurf eines Erziehungs- und Bildungsplanes der völkischen Landschule. VSch 30 (1934) S. 467

BÜHNEMANN, H.: Zur Gestaltung des Sachkundeunterrichts. VSch 31 (1936) S. 673-683

BÜNGER, W.: Unterrichtsbeispiel aus der Chemie. VSch 17 (1921c) S. 511-516

BÜNGER, W.: Gesamtunterricht nach dem Heimats- und Arbeitsprinzip - (Oberstufe 7.- 8. Schuljahr). VSch 16 (1921a,b) S. 728

BÜNNING, E.: Pädagogische Woche der "Freunde der sokratischen Methode". ZmnU 62 (1931) S. 129-131

BUNGERS, E.: Zur Ausbildung der naturwissenschaftlichen Oberlehrer. MhSch 6 (1907) S. 500-505

BUSCHMANN, P.: Die innere Krise der Arbeitsgemeinschaften. VSch (Wegweiser für Arbeitsgemeinschaften) (1925) S. 667-671

CARL, F.: Die Kapuzinerkresse - Ein Beitrag zum naturkundlichen Unterricht. PädBl 34 (1905) S. 500-510

CHEMIKER, Verein Deutscher: Entschließung deutscher Chemiker. UblMN 30 (1924) S. 90

CLEMENZ, B.: Was ist bei Erteilung des Unterrichts in den Realien zu beachten, damit die Schüler sprachlich geschult werden und für das Leben verwendbare Kenntnisse sammeln?. VSch 10 (1914) S. 301-320

CONRAD, P.: Individuen als Zentren des physikalischen Unterrichts in Volks- und Mittelschulen. NuSch 2 (1903) S. 93-103

CONRAD, P.: Zur Praxis des Physikunterrichts in der Volksschule. VSch 5 (1909) S. 348-357

CONSTEN, A.: Der Unterricht in der Naturkunde. VSch 4 (1908) S. 37-40

CRAMER, A.: Pubertät und Schule. ZmnU 40 (1910) S. 553-564

CUNY, K. H.; VOELKNER, H.: Zeichnerische Lösung einer aus dem Massenwirkungsgesetz hergeleiteten Gleichung 5. Grades. ZphchU 55 (1942) S. 148-151

CURIO, O.: Unsere 36. Hauptversammlung in Berlin (vom 2. bis 7. April 1934). UblMN 40 (1934) S. 113-114

DAHMEN, W.: Die Valenzlehre im chemischen Unterricht. ZphchU 39 (1926) S. 127-129

DAHMEN, W.: Über das natürliche System der Elemente. ZphchU 40 (1927) S. 106-111

DAHMEN, W.: Quantitative chemische Schülerübungen. UblMN 34 (1928a) S. 79-81

DAHMEN, W.: Über die Konzentration der Naturwissenschaften am humanistischen Gymnasium. UblMN 34 (1928b) S. 341-343

DANNEMANN, F.: Das geschichtliche Element im naturwissenschaftlichen Unterricht. NuSch 6 (1907) S. 193-200

DANNEMANN, F.: Schülerübungen als Grundlage des naturwissenschaftlichen Unterrichts. VSch 10 (1914) S. 360-365

DANNEMANN, F.: Entwicklung, Aufgabe und Ziel des physikalischen Unterrichts. VSch 14 (1918) S. 289-296

DANNEMANN, F.: Die Zukunft des naturwissenschaftlichen Unterrichts. NMh 2 (1920 a) S. 8-12

DANNEMANN, F.: Geschichtliche Quellen für das Studium der Chemie, sowie den chemischen Unterricht. NMh 2 (1920 b) S. 185-189

DANNEMANN, F.: Über die Benutzung von Quellenbüchern im naturwissenschaftlichen Unterricht. NMh 8 (1928) S. 234-236

DANNEMANN, F.; POSKE, F.: Der naturwissenschaftliche Unterricht auf praktisch-heuristischer Grundlage. ZphchU 21 (1908b) S. 265-267

DAUM, J.: Unser heimischer Boden als Nahrungsquelle - (4. Schuljahr, Knaben). VSch 25 (1930) S. 1014-1021

DEGEN, A.: Zu den Schülerübungen. MenU 1 (1909/10) S. 65-66

DENNERT, E.: Die idealistische Seite des naturwissenschaftlichen Unterrichts. MhSch 2 (1903) S. 145-159

DENNERT, E.: Wie schafft und befriedigt der biologische Unterricht das ästhetische Interesse?. VSch 7 (1912) S. 1300-1302

DEPDOLLA, Ph.: Erfahrungen bei der Ausbildung von Referendaren der "Fachgruppe VI". UblMN 38 (1932) S. 166-169

DIEROFF, K.: Der wissenschaftliche Ausflug (Fabrikbesichtigung) als wertvolles Ergänzungsmittel des chemischen Unterrichts. NMh 3 (1921) S. 87-88

DIETERICH, A.: Kohle und Eisen - in ihrer Bedeutung für Wirtschaft, Politik und Vierjahresplan (Arbeitshilfen für Unterricht und Feier, Nr.5). VSch 35 (1939) S. 1-20

DIETLEIN, W.: Der Gedanke der Elastizität in der Schulreform. VSch 27 (1932) S. 1146-1155

DIETRICH, W.: Die Nöte des naturwissenschaftlichen Unterrichts und ihre Abstellung. MhSch 21 (1922) S. 220-223

DILG, K.: Der Stoffplan der Oberstufe. VSch 31 (1936) S. 701

DINTZL, E.: Mathematik und Naturwissenschaften in der neuesten österreichischen Schulreform. UblMN 34 (1928) S. 290-296

DIX, W.: Die Vorbereitung des Besuches eines technischen Betriebes durch Projektion im Unterricht. MenU (Natur und Unterricht) 3 (1911/12) S. 85-90

DMOCHOWSKI, A.: Die naturwissenschaftliche Schularbeitsstätte in Wilna. ZphchU 52 (1939) S. 113-120

DOBERS: 27. Hauptversammlung des "Fördervereins" in Hannover vom 4. bis 8. April 1925. UblMN 31 (1925 a) S. 97-108

DOBERS: Die neue Stundenverteilung in den Naturwissenschaften. UblMN 31 (1925 b) S. 113-114

DOBERS: 27. Hauptversammlung in Hannover. UblMN 31 (1925 c) S. 73-80

DÖRMER, K.-E.: Bericht über die 37. Hauptversammlung des Deutschen Vereins zur Förderung des mathematischen und naturwissenschaftlichen Unterrichtes. ZphchU 48 (1935) S. 237-240

DOERMER, L.: Der chemische Unterricht an den Realanstalten - Vortrag auf der 21. Hauptversammlung des Vereins zur Förderung des mathematischen und naturwissenschaftlichen Unterichts. MhnU 5 (1912 a) S. 440-448

DOERMER, L.: Der chemische Unterricht an den Realanstalten. - Korreferat. UblMN 18 (1912 b) S. 106-111

DOERMER, L.: Erfahrungen aus dem chemischen Arbeitsunterricht. ZphchU 38 (1925) S. 207-210

DOERMER, L.: Die Naturwissenschaften in den neuen Stundentafeln für die höheren Schulen Hamburgs. UblMN 32 (1926 a) S. 56-57

DOERMER, L.: Der Arbeitsunterricht in der Chemie und die Reifeprüfung. UblMN 32 (1926 b) S. 116-120

DOERMER, L.: Erfahrungen aus Sonderkursen (Arbeitsgemeinschaften) in Chemie an der Thaer-Oberrealschule v.d. Holstentore. UblMN 35 (1929 a) S. 38-42

DOERMER, L.: Bericht über die Lage des naturwissenschaftlichen Unterrichts auf Grund der Umfrage des Deutschen Vereins zur Förderung des mathematischen und naturwissenschaftlichen Unterrichts erstattet auf der 31. Hauptversammlung des Vereins in Breslau zu Ostern 1929 - II. Chemie. UblMN 35 (1929 b) S. 133-138

DOERMER, L.: Ein einfacher Crackversuch (Paraffinölspaltung). ZphchU 52 (1939) S. 17-21

DRESSLER, H.: XLI. Mineralogie. ZmnU 37 (1906) S. 222-225

DRESSLER, H.: Zur Lage des naturwissenschaftlichen Unterrichts an den Seminaren. MhnU 2 (1909) S. 218

DRESSLER, H.: Mineralogie - Besprechung von Lehrmitteln. ZmnU 43 (1911) S. 392-395

DRESSLER, H.: Technologie - Besprechung von Lehrmitteln. ZmnU 44 (1913) S. 225-227

DRESSLER, H.: Die neue Lehrordnung in Mathematik und Naturlehre für die Lehrerseminare des Königreichs Sachsen. ZmnU 46 (1915) S. 622-628

DÜNCKEL, R.: Lichtbildtechnik und Unterricht. ZphchU 40 (1927) S. 231-234

DUIS, J.: Der Kunstdünger. VSch 30 (1934) S. 394-406

DUNKER, K.: Forderungen für den mathematisch-naturwissenschaftlichen Unterricht und seine Vertreter. UblMN 11 (1905) S. 52-54

EBEL, W.: Zur psychologischen Begründung der Arbeitsschule. VSch 17 (1921) S. 310-316

ECKERTZ, Luise: Bericht über die ev. Versuchsschule Bochold III. VSch 19 (1923) S. 38-40

ECKHARDT, K.: Wie ist es mit der Arbeitsschule? VSch 30 (1934) S. 527-531

EGER, H.: Arbeitsschule und Lernschule von naturwissenschaftlich-medizinischem Standpunkte. VSch 8 (1912) S. 450-455

EGGESTEIN, W.: Millionenwerte liegen auf der Straße (Arbeitshilfen für Unterricht und Feier Nr. 11). VSch 32 (1937 a) S. 1-16

EGGESTEIN, W.: Deutschlands Kampf um die Sicherung seiner Ernährung (Arbeitshilfen für Unterricht und Feier, Nr.4). Vsch 33 (1937 b) S. 1-16

EGGESTEIN, W.: Schadensverhütung ist nationale Pflicht! (Arbeitshilfen für Unterricht und Feier, Nr.6). VSch 33 (1937 c) S. 1-16

EGGESTEIN, W.: Neue deutsche Roh- und Werkstoffe I (Arbeitshilfen für Unterricht und Feier, Nr.12). VSch 33 (1938 a) S. 1-16

EGGESTEIN, W.: Neue deutsche Roh- und Werkstoffe II (Arbeitshilfen für Unterricht und Feier, Nr.3). VSch 34 (1938 b) S. 1-16

EHRHARDT, G.: Physik in der Arbeitsschule. VSch 7 (1912) S. 1069-1082

ELSENHANS, Th.: Die angeborenen Anlagen und die Arbeitsschule. ASch 28 (1914) S. 134

ELTEN, F.: Wissen und Können - ein kritischer Gang durch den Lehrplan der Volksschule. Die Dorfschule (VSch) 4 (1908) S. 1-13

END, W.: Über den physikalisch-chemischen Unterricht an den bayerischen Real- und Oberrealschulen. MhnU 6 (1913) S. 289-298

END, W.: Über den physikalischen und chemischen Unterricht an den bayerischen Real- und Oberrealschulen - Vortrag auf der XXII. Hauptversammlung in München. UblMN 19 (1913) S. 85-90

ENGELHARDT, W.: Die Stellung und methodische Behandlung der Kolloidchemie im Physik- und Chemieunterricht. UblMN 34 (1928) S. 115-122

ERLER, E.: Der Frühling naht mit Brausen - Eine Skizze über Arbeitsunterricht. VSch 7 (1911) S. 80-83

ERLER, J.: Wert und Bedeutung biographischer Werke für Erziehung und Unterricht. VSch 8 (1912 a,b) S. 7

ERPELT, W.: Vom Sinn und Wesen der Technik - Philosophische Anregungen zum physikalisch-chemischen Unterricht. Nach Gedankengängen von Friedrich Dessauer. NMh 8 (1928) S. 149-161

FACK, M.: Ist es vorteilhaft, die Lösung eines Problems geschichtlich zu verfolgen?. PädBl 36 (1907) S. 253-259

FENZL, C.: Messender Versuch über den Zusammenhang von Bewegungsgröße und Druck. ZphchU 15 (1902) S. 141-145

FISCHER, A.: Die Schule und der Krieg. MhnU 7 (1914) S. 505-515

FISCHER, K. T.: Haupt- und Tagesfragen des naturwissenschaftlichen Unterrichts. MhnU 1 (1907 a) S. 1-15

FISCHER, K. T.: Vorschläge zur Hochschulausbildung der Lehramtskandidaten für Physik. ZphchU 20 (1907 b) S. 65-78

FISCHER, K. T.: Haupt- und Tagesfragen des naturwissenschaftlichen Unterrichts. MhnU 1 (1908) S. 97

FISCHER, R.: Zwei einfache chemische Schülerversuche. MenU 1 (1909/10) S. 102

FLADT, K.: Über die Beurteilung der Leistungen in der Schule. ZmnU 58 (1927) S. 478-482

FLATT, R.: Klassen-Ausflüge mit Unterricht im Freien auf der höheren Schulstufe. NuSch 3 (1904) S. 212-223

FLÖRKE, W.: Mineralogie auf der Schule. ZphchU 43 (1930) S. 198-203

FLÖRKE, W.: Molekulargewichtsbestimmung durch Gefrierpunktserniedrigung als Schülerversuch. Praschu 15 (1935) S. 346-347

FLÖRKE, W.: Asche, Kalk, Oxyd. Prache 2 (1937) S. 70-71

FLÖRKE, W.: Über den Sauerstoffnachweis in Persil. UblMN 44 (1938 a) S. 204

FLÖRKE, W.: Gerät zur Zerteilung von Kampfstoffattrappen. ZphchU 51 (1938 b) S. 161-162

FLÖRKE, W.: Die Untersuchung eines Waschmittels. UblMN 45 (1939 a) S. 26-27

FLÖRKE, W.: Papierbereitung im Unterricht. Prache 4 (1939 b) S. 12-15

FLÖRKE, W.: Chemische Aufgaben aus dem Alltag. UblMN 48 (1942) S. 77-79

FRANCK, W.: Die Schule und die Stocksche Nomenklatur anorganischer Verbindungen. NMh 2 (1920) S. 173-174

FRANCK, W.: Stoffauswahl im chemischen Unterricht. UblMN 29 (1923 b) S. 63-64

FRANCK, W.: Die Darstellung von Phosphor und Zink im Unterricht. UblMN 29 (1923 c) S. 84

FRANCK, W.: Lehrbücher und Lehrstoff des chemischen Unterrichts. UblMN 31 (1925) S. 124-125

FRANCK, W.: Anorganisch-chemische Nomenklatur. UblMN 32 (1926) S. 53-54

FRANCK, W.: Aus der Praxis des chemischen Unterrichts. UblMN 34 (1928) S. 277-278

FRANCK, W.: Intensiver oder extensiver Chemieunterricht?. UblMN 37 (1931) S. 427-428

FRANCK, W.: Experimentelle chemische Staatsexamenarbeiten. UblMN 40 (1934 a) S. 60

FRANCK, W.: Ziele des Chemieunterrichts. UblMN 40 (1934 b) S. 68-70

FRANCK, W.: Methodische und didaktische Erläuterungen zu den neuen Lehrplänen - Chemie. UblMN 44 (1938) S. 152-157

FRANKEN, A.: Über die Unterrichtsweise in der Naturkunde. NuSch 5 (1906) S. 351-357

FRANKENBERGER, J.: Schule und praktisches Leben. VSch 25 (1929) S. 577-580

FRANZ, A.: Chemie, Krieg und Schule - Vortrag am 3. Mai, während der Ausstellung "Schule und Krieg" in der Königlichen Zentralstelle für den naturwissenschaftlichen Unterricht . MhnU 8 (1915) S. 382

FREUNDT, R.: Die indirekte Schülerfrage: "Es ist wunderbar, daß...". VSch 22 (1926) S. 370-375

FRICKE, K.: Der biologische Unterricht an den neunklassigen Realanstalten. - Bericht, erstattet auf der Hauptversammlung zu Breslau. UblMN 9 (1903) S. 94

FRICKE, K.: Die naturwissenschaftlichen Lehrpläne in der Verordnung über die Neuordnung des höheren Mädchenschulwesens in Sachsen. MhnU 5 (1912) S. 212-220

FRIEDRICH, G.: Wie denken und wünschen sich die Schüler ihre Lehrer?. päd.Psych.Päd 23 (1922) S. 256-268

FRIES, W.: Schülerübungen an höheren Lehranstalten. LpruLg (1912) S. 98-99

FRIESE, E.: Gedanken zum Gesamtunterricht. VSch 27 (1931) S. 893-897

FROMMKNECHT, C.: Zwei Chemie-Repetitionsstunden in der Oberprima eines Realgymnasiums oder einer Oberrealschule. LpruLg (1901) S. 94-103

FUNKE, A.: Naturkunde. VSch 23 (1927) S. 468-469

GALL, O.: Heinrich Böttger zum Andenken. ZphchU 44 (1931) S. 175-176

GEISSLER, K.: Die Photographie und der naturwissenschaftliche Unterricht. NuSch 2 (1903) S. 108-117

GENTIL, K.: Photographische Schülerübungen. ZphchU 37 (1924) S. 105-110

GEORGES, E.: Ein Weg zur Ionentheorie. UblMN 36 (1930) S. 351-354

GEORGES, E.: Aus dem Erfahrungskreis des Bezirksseminars. UblMN 38 (1932) S. 164-166

GERDES, F.: Ein Reformversuch in der Landschule. VSch 23 (1927) S. 513-517

GERHARDT: Naturwissenschaftlicher Ferienkursus in Frankfurt a.M. - vom 8.-20. Okt. 1906. ZphchU 19 (1906) S. 387-390

GIENAPP, E.: Naturwissenschaft und das Problem der Arbeitsschule in der Volksschule. Vsch 22 (1926 a) S. 67-68

GIENAPP, E.: Die Lehrplanfrage im Gesamtunterricht der Volksschule bei arbeitsschulgemäßem Betriebe. VSch 22 (1926 b) S. 436-437

GIERS, R.: Lehrgang für Chemie und Biologie in Bochum. UblMN 35 (1929 a) S. 217-219

GIERS, R.: Zur Arbeitsraumfrage im Chemieunterricht (mit zwei Skizzen). UblMN 35 (1929 b) S. 328-331

GLAUER, R.: Schematische Darstellung der Schwefelsäure-Fabrikation. NuSch 6 (1907) S. 216-218

GREINER: Chemische Übungen an Realgymnasien. MhnU 8 (1915) S. 218-226

GRESKY: Chemischer Arbeitsunterricht im Lehrerseminar. PädBl 43 (1914) S. 397-400

GRIMM: Die Räume für den naturwissenschaftlichen Unterricht im Lehrerseminar Freiburg (Baden). PädBl 38 (1909) S. 277-281

GRIMSEHL, E.: Über den Betrieb der Physik als Naturwissenschaft - Vortrag auf der Hauptversammlung zu Halle. UblMN 10 (1904) S. 49-56

GRIMSEHL, E.: Die Lehrpläne und Lehraufgaben für die Oberrealschulen des Hamburgischen Staates. ZphchU 18 (1905) S. 237-239

GRIMSEHL, E.: Naturwissenschaftlicher Ferienkursus für Lehrer höherer Schulen in Göttingen - vom 19.April-1.Mai 1906. ZphchU 19 (1906) S. 255-261

GRUBER, G.: Versuche zur Ermittlung der chemischen Zusammensetzung des Ammoniaks. ZphchU 27 (1914) S. 163-167

GRUBER, G.: Zur Luft- und Kreideuntersuchung. MhnU 11 (1918) S. 186-189

GRUBER, G.: Einige Versuche und Bemerkungen zum Bleikammerprozeß. ZphchU 33 (1920) S. 177-181

GRUBER-REHENBURG, P.: Eine einfache Versuchsanordnung zur Chloralkali-Elektrolyse. ZphchU 52 (1939) S. 156

GRÜNEWALD, H.: Die Auswahl der Unterrichtsstoffe in der Volksschule mit Bezugnahme auf den Ministererlaß vom 31. Januar 1908. VSch 5 (1909) S. 283-293

GRÜNTZIG, W.: Das Haus der Elemente - (zugleich eine Anregung für eine kleine Untersuchung in den naturwissenschaftlichen Arbeitsgemeinschaften). UblMN 49 (1943) S. 5-12

GRUND, M.: Der Molekülbegriff und das Gesetz von Avogadro im chemischen Schulunterricht. ZmnU 73 (1942) S. 263-264

GÜNTHER, E.: Wesen und Methode des "Forschungsunterrichts". UblMN 28 (1922) S. 80-84

GÜNTHER, E.: Der neue Landeslehrplan für die höheren Schulen Sachsens - I Allgemeines, Naturwissenschaften, Erdkunde. UblMN 38 (1932) S. 273-276

GUTZMER, A.: Reformvorschläge für den mathematischen und naturwissenschaftlichen Unterricht - Entworfen von der Unterrichtskommission der Gesellschaft Deutscher Naturforscher und Ärzte. Nebst einem allgemeinen Bericht über die bisherige Tätigkeit der Kommission. ZmnU 36 (1905) S. 533-580

GUTZMER, A.: Bericht, betreffend den naturwissenschaftlichen Unterricht an den sechsklassigen Realschulen - Entworfen von der Unterrichtskommission der Gesellschaft Deutscher Naturforscher und Ärzte. NuSch 5 (1906 a) S. 500-504

GUTZMER, A.: Reformvorschläge für den mathematischen und naturwissenschaftlichen Unterricht - Entworfen von der Unterrichtskommission der Gesellschaft Deutscher Naturforscher und Ärzte - Zweiter Teil - III. Der mathematische und naturwissenschaftliche Unterricht an den höheren Mädchenschulen. ZmnU 37 (1906 b) S. 454-464

GUTZMER, A.: Reformvorschläge unterbreitet der Naturforscher-Versammlung zu Dresden 1907 - Allgemeiner Bericht. ZmnU 38 (1908) S. 401-404

HAASE, E.: Versuche mit schwedischen Zündhölzern. VSch 5 (1910) S. 821-825

HAASE, E.: Alltägliches und Vorweltliches. VSch 6 (1911) S. 1013-1027

HAASE, O.: Gesamtunterricht, Training, Vorhaben - drei Elementarformen des Volksschulunterrichts. VSch 28 (1932) S. 727-733

HABRICH, L.: Über die Stellung der Psychologie im pädagogischen Unterricht des Seminars. PädBl 29 (1900) S. 479-481

HAHN, H.: Der naturwissenschaftliche Unterricht in England. ZphchU 15 (1902) S. 105-108

HAHN, H.: Ein amerikanisches Lehrbuch der Physik. ZphchU 21 (1908) S. 55-57

HAHN, H.: Den Zweck und das Verfahren des Experimentierens im Physikunterricht. ZphchU 25 (1912) S. 56-61

HAHN, H.: Zwei Streitfragen über den Betrieb der Schülerversuche. ZphchU 31 (1918) S. 46-48

HAHN, K.; FRANCK, W.; DEPDOLLA, Ph.: Die neuen Damnu-Lehrpläne. UblMN 29 (1923 a) S. 26-34

HALLER: Die chemische Technologie in der Schule. MenU 2 (1910/11) S. 11-13

HAMANN, E.: Wie ich versuche, meine Schüler für den naturgeschichtlichen Unterricht zu interessieren. MhnU 7 (1914) S. 106-109

HAMMERSCHMIED: Der Bildungswert der Chemie. NuSch 3 (1904) S. 281-282

HANSTEIN, R. v.: Bericht über die Sitzung der naturwissenschaftliche Abteilung. UblMN 16 (1910) S. 84-85

HEDENUS, H.: Die bayerische Mädchenmittelschule. PädBl 45 (1916) S. 458-460

HEIDRICH, M.: Die chemischen Gleichungen im chemischen Anfangsunterricht. LpruLg (1908) S. 73-79

HEIMBACH, H.: Der biologische, chemische und geologische Stoff in der Lehrordnung der sächsischen Oberrealschulen. ZmnU 39 (1908) S. 527-530

HEINECK, F.: Eine anschauliche Darstellung des periodischen Systems. ZphchU 35 (1922) S. 175-178

HEINRICH, C.: Unfallverhütungsbilder gehören in die Schule. VSch 33 (1937) S. 367-374

HEISE: Die nackte Wahrheit über die Stundenzahlen der Naturwissenschaften nach den neuen Richtlinien.. UblMN 31 (1925) S. 259-260

HELDMANN, W.: Demonstrationsversuch "Hochofen". ZphchU 46 (1933) S. 71-72

HEMPRICH, B.: Aus der Praxis des Arbeitsunterrichts in Naturkunde. VSch 16 (1920) S. 301-306

HENKEL: Anschauung - Anschauungsunterricht - Gesamtunterricht. VSch 8 (1913) S. 1015-1021

HENKLER, P.: Zum Lehrplan für den naturkundlichen Unterricht. NuSch 5 (1906) S. 281-287

HENKLER, P.: Physikalische Schülerübungen. Einige Bemerkungen, besonders in Rücksicht auf den Unterricht im Lehrerseminar. PädBl 41 (1912) S. 357-365

HENKLER, P.: Wesen und Wert des naturwissenschaftlichen Unterrichts. PädBl 43 (1914) S. 347-350

HENNIGER: Mustersammlungen von Mineralien und Gesteinen. UblMN 6 (1900) S. 119

HERDING, J. F.: Was ich von einem Lehr- und Lernbuche verlange, das für die Hand des Schülers bestimmt ist.. MenU 1 (1909/10) S. 97-98

HERDING, J. F.: Der Chemieunterricht in der Arbeitsschule - Vortrag, gehalten im Lehrerverein für Naturkunde. MenU 3 (1911/12) S. 152-158

HERDING, J. F.: Gefahren im Naturlehreunterricht und ihre Verhütung. MenU 4 (1912/13 a) S. 21-24

HERDING, J. F.: II. Versuche, bei denen eine Explosion nicht eintreten soll, die aber zu Explosionen führen können. MenU 4 (1912/13 b) S. 41-47

HERDING, J. F.: Gefahren im Naturlehreunterricht und ihre Verhütung. MenU 4 (1912/13 c) S. 61-66

HERDING, J. F.: Gefahren im Naturlehreunterricht und ihre Verhütung. MenU 4 (1912/13 d) S. 81-86

HERDING, J. F.: Gefahren im Naturlehreunterricht und ihre Verhütung. NuU 4 (1912/13 e) S. 101-104

HERDING, J. F.: Gefahren im Naturlehreunterricht und ihre Verhütung. NuU 4 (1912/13 f) S. 121

HERDING, J. F.: Gefahren im Naturlehreunterricht und ihre Verhütung. NuU 4 (1912/13 g) S. 181-186

HERDING, J. F.: Gefahren im Naturlehreunterricht und ihre Verhütung. NuU 4 (1912/13 h) S. 201-205

HERDING, J. F.: Gefahren im Naturlehreunterricht und ihre Verhütung. NuU 4 (1912/13 i) S. 222-224

HESS, H.: Über Fortbildungssemester für Lehrer an höheren Schulen - Vortrag auf der 22. Hauptvers. des Vereins zur Förderung des mathematischen und naturwissenschaftlichen Unterrichts in München. MhnU 6 (1913) S. 336-342

HESS, O.: Zur Einrichtung der chemischen Arbeitsräume. UblMN 35 (1929) S. 51-53

HEYWANG, E.: Gesamtunterricht in der ungeteilten Schule. VSch 27 (1931) S. 82-87

HILLER, K.: Der wachstümliche Unterricht in Lebenskreisen nach den Grundsätzen der Arbeitsschule unter Berücksichtigung der "Ministeriellen Richtlinien zur Aufstellung von Lehrplänen für die Grundschulen, sowie für die vier oberen Jahrgänge der Volksschule!". VSch 19 (1924 a) S. 546-555

HILLER, K.: Wie gestaltet sich ein Arbeitsgang beim wachstümlichen Unterricht in Lebenskreisen? VSch 20 (1924 b) S. 34-42

HÖCK, F.: Mehr physiologische, weniger technologische Chemie in der Schule. MhSch 9 (1910) S. 429-435

HÖFLER, A.: Zur Behandlung der Sinusschwingungen und Pendelbewegungen im Unterricht. ZphchU 13 (1900) S. 65-73

HÖFLER, A.: Humanistische Ziele des mathematischen und naturwissenschaftlichen Unterrichts. MhSch 9 (1910) S. 231-243

HOEFKE, R.: Exkursionen, Besichtigungen und Studienfahrten im modernen naturwissenschaftlichen Unterricht. NMh 12 (1931) S. 14-19

HOFMANN, F.: Statistische Angaben über Kohle, Erdöl und Eisen (Stahl) 1913 und 1924. ZphchU 39 (1926) S. 129-132

HOFMANN, F.: Statistische Angaben über Kohle, Erdöl, Eisen (Stahl) und den deutschen Bergbau 1925. ZphchU 40 (1927) S. 81-85

HOFMANN, F.: Statistische Angaben 1926 für den chemischen Unterricht. ZphchU 41 (1928) S. 138-143

HOFMANN, F.: Die Bestimmung des Molekulargewichts organischer Stoffe durch Gefrierpunktserniedrigung geschmolzenen Kampfers als Schülerübung. Prache 5 (1940) S. 13-18

HOLM, O.: Anwendungsbeispiele für den Schulunterricht in der Mechanik aus Sport und Spiel. ZphchU 45 (1932) S. 196-199

HOMBURG, K.: Ein Besuch in der Magdeburger Versuchsschule. VSch 18 (1923) S. 718-723

HORN, E.: Die Naturwissenschaften im Lehrplan der schwedischen Realschulen. NuSch 6 (1907) S. 481-491

HÜCKEL, W.: Über den Chemieunterricht in der Schule. UblMN 34 (1928) S. 6-11

HÜCKEL, W.: Über die Themenstellung bei experimentellen Staatsexamensarbeiten. UblMN 40 (1934) S. 63-64

HYLLA, E.: Die Lehrmittelversorgung der Landschule. VSch (Der Landschulwart) (1923) S. 549-555

HYLLA, E.: Selbständige geistige Erarbeitung und Übung. VSch 27 (1931) S. 153-162

IBRÜGGER, C.: Philosophische Fragen im mathematischen und naturwissenschaftlichen Unterricht. ZmnU 48 (1917) S. 225-241

IMHÄUSER, L.: Die Schwierigkeit der Einrichtung praktischer naturkundlicher Übungen am Seminar. PädBl 37 (1908) S. 277-283

JOBST, P.: Das Arbeitsprinzip im Chemieunterricht. VSch 12 (1916) S. 281-283

JOHANNESSON, P.: Die physikalischen Übungen am Sophienrealgymnasium zu Berlin. ZphchU 24 (1911) S. 65-74

JOHN, E.: Wandlungen der Dissoziationstheorie. UblMN 33 (1927) S. 100-101

JOHN, F.: Arbeitskunde für Mädchen - Begründung und Stoffplan für Stadtschulen. VSch 29 (1933) S. 657-667

JOHN, G.; SACHßE, R.; LÖWENHARDT: Entgegnung - Erwiderung des Referenten. ZmnU 38 (1908) S. 598-601

JUNGBLUTH, F.: Einführung der Ionentheorie im chemischen Unterricht der höheren Schulen. MhnU 5 (1912) S. 539-546

JUNGBLUTH, F.: "Die deutsche höhere Schule nach dem Weltkriege". UblMN 22 (1916) S. 37-39

JUNGBLUTH, F.: Was versteht man gegenwärtig unter Arbeitsschule? - Auszug aus einem Bericht, erstattet auf der 26. Hauptversammlung des Deutschen Vereins zur Förderung des mathematischen und naturwissenschaftlichen Unterrichts, Ostern 1924, zu Heidelberg. NMh 5 (1924) S. 90-96

JUNGE, G.: Die Ernährung des Menschen. NMh 1 (1919) S. 57-69

K.: Das Lichtbildwesen an der Rupprechtoberrealschule in München. UblMN 37 (1931) S. 313-314

KANTHER, W.: Die neue Ordnung der zweiten Prüfung. VSch (Wegweiser für Arbeitsgemeinschaften) 24 (1928) S. 163-167

KANTHER, W.: Sind die Leistungen unserer zur Entlassung kommenden Volksschüler für das Leben ausreichend? VSch 25 (1929) S. 569-600

KARSTÄDT, O.: Die entgültige Anerkennung der Arbeitsgemeinschaften - (Minister-Erlaß und neue "Richtlinien"). VSch 16 (1920) S. 503-511

KARSTÄDT, O.: Niederschmetternde Ergebnisse? - Versuch über das schulmäßige Wissen und Können bei Schulentlassenen und Volksschülern. VSch 25 (1929) S. 569-577

KARSTÄDT, O.: Die neuen Richtlinien der großen deutschen Volksschule. VSch 35 (1940) S. 439-443

KARSTÄDT, O.: Das neue Leitbild der allgemeinen Pädagogik. VSch 16 (1921) S. 715

KERSCHENSTEINER, G.: Lehrerbildung. PädBl 36 (1907 a) S. 233-243

KERSCHENSTEINER, G.: Drei pädagogische Bekenntnisse. PädBl 36 (1907 b) S. 497-500

KERSCHENSTEINER, G.: Staatsbürgerliche Erziehung der deutschen Jugend. PädBl 39 (1910 a) S. 134-136

KERSCHENSTEINER, G.: Der Erziehungswert der Naturwissenschaften und ihre Stellung in der Schulorganisation - Vortrag, auf der 22. Hauptversammlung des Vereins zur Förderung des mathematischen und naturwissenschaftlichen Unterrichts in München. MhnU 6 (1913) S. 497

KERSCHENSTEINER, G.: Die Bildungswerte von Mathematik und Naturwissenschaften. UblMN 36 (1930) S. 211-218

KERST, B.: Mathematik und Naturwissenschaften im deutschen Erziehungswesen. UblMN 39 (1933) S. 145-147

KETTEL, P.: Die Selbsttätigkeit im naturkundlichen Unterricht - (Ein neues Wort zu einem alten Thema). VSch 16 (1920) S. 296-300

KEUCHEL: Der naturkundliche Unterricht in der Landschule, eine Stellungnahme zur "wirtschaftlich gerichteten Naturkunde". VSch (Der Landschulwart) 23 (1927) S. 53-58

KEUCHEL: Unentbehrlicher Wissensstoff im naturwissenschaftlichen Unterricht. VSch (Der Landschulwart) 24 (1929) S. 109-111

KEUCHEL: Zur Lage des physikalisch-chemischen Unterrichts in der wenig gegliederten Landschule. VSch 27 (1931) S. 546-550

KEUCHEL, G.: Das naturkundliche Bildungsgut und das naturkundliche Schrifttum für Kinder. VSch 29 (1933) S. 310-317

KIENITZ-GERLOFF, F.: Welche Anforderungen soll man an botanische und zoologische Schulbücher stellen? - Vortrag, gehalten auf der X. Hauptversammlung zu Giessen. UblMN 7 (1901) S. 109-118

KINTTOF, W.: Betrachtungen und Vorschläge zur Einführung in die anorganische Chemie. Prache 1 (1936) S. 2-7

KINTTOF, W.: Versuche über Schwefeltrioxyd mit Anwendungen auf das Kontaktverfahren und auf Luftschutzversuche. Prache 2 (1937) S. 12-16

KINTTOF, W.: Das Crackverfahren im Unterricht (mit Versuchen). Prache 3 (1938 a) S. 25-32

KINTTOF, W.: Technik und Unterricht. Prache 3 (1938 b) S. 33-38

KINTTOF, W.: Bunaherstellung im Unterricht. Prache 6 (1941) S. 13-16

KINTTOF, W.: Über die Oxydation von Ammoniak im Schulversuch. Prache 7 (1942) S. 13-16

KISSLING, H.: Die Nomenklatur in der anorganischen Chemie. UblMN 32 (1926 a) S. 154-156

KISSLING, H.: Mehr Anschauungsunterricht. UblMN 32 (1926 b) S. 238-240

KISSLING, H.: Die Antropoffsche Form des periodischen Systems der Elemente. UblMN 33 (1927) S. 174-178

KISSLING, H.: Die Chemie, Naturgeschichte und Erdkunde im Lehrplan der höheren Schulen Württembergs. UblMN 34 (1928) S. 287-290

KLAR, G.: Stimmungskräfte im Unterricht. VSch 13 (1917) S. 525-530

KLAR, G.: Erlebte Volkskunde. VSch 17 (1921) S. 294-297

KLATT, G.: Das chemische Praktikum im Urteile der Schüler. MhnU 7 (1914) S. 395-404

KLAUSENITZER: Ein Wandertag - ein "Bummeltag"? VSch 21 (1925) S. 451-458

KLEIBER, J.: Ein neues Hebermodell. ZphchU 14 (1901) S. 346-348

KLEIN, A.: Elektrolytische Darstellung der Salzsäure - Schulversuch. UblMN 48 (1942) S. 130-131

KLEIN, L.: Bestimmung eines Systems chemischer Äquivalente mit Hilfe von Normallösungen. ZphchU 28 (1915) S. 90-94

KLOOS, H.: Der ländliche ArbeitsSchulgarten. VSch 24 (1928) S. 241-245

KLOSS, M.: Der Allgemeinwert des technischen Denkens. ZphchU 29 (1916) S. 330-331

KNEUSE, H.: Gesamtunterricht, Konzentrationsunterricht, Arbeitsunterricht? VSch 27 (1931) S. 288-292

KOBEL, O.: Der Dalton-Laboratory-Plan - Eine neue amerikanische Unterrichtsmethode. VSch 23 (1928) S. 1043-1048

KÖHLER: Der Kalkstein - Ein Unterrichtsbild aus der Oberstufe der 3klassigen Schule. VSch (Der Landschulwart) (1921) S. 264-266

KÖHLER, F.: Der Film als Lehrmittel im naturwissenschaftlichen Unterricht. NMh 1 (1919) S. 153-159

KÖLZER, W.: Lebensnähe im chemischen Unterricht. NMh 12 (1931) S. 8-14

KÖRNER: Stellung und Bedeutung der mathematisch-naturwissenschaftlichen Fächer in den höheren Schulen Württembergs (I. Teil) - Referat auf unserer Hauptversammlung. UblMN 30 (1924) S. 133-138

KÖRNER, K.: Das Grundschulproblem und unsere Fächer. UblMN 28 (1922 a) S. 57-58

KÖRNER, K.: Die preußischen Richtlinien zur Aufstellung von Lehrplänen für die Grundschule. ZmnU 53 (1922 b) S. 176-182

KÖRNER, K.: Kritisches zu den "Richtlinien zur Aufstellung von Lehrplänen für die oberen Jahrgänge der Volksschulen". UblMN 29 (1923) S. 41-44

KÖSTER, H.: Ein Vorschlag zur Neuregelung der Lehrerfortbildung. VSch 15 (1919) S. 548-551

KÖSTER, H.: Nochmals "Die Neuregelung der Lehrerfortbildung". VSch 15 (1920) S. 671-676

KOLB, R.: Die württembergischen Stundentafeln und die Chemie. UblMN 32 (1926) S. 188-190

KONEN, H.: Zur Frage des Unterrichtes der Studierenden der Physik an den Universitäten. ZphchU 20 (1907) S. 231-234

KRAHE: Über praktische Erziehung. PädBl 40 (1911) S. 189-203

KRAULEDAT, J.: Die oberen Jahrgänge der preußischen Volksschule. VSch 26 (1930) S. 495-501

KREBS, W.: In welcher Weise kann der Realschulunterricht, besonders in den Naturwissenschaften, um den geographischen Unterricht konzentriert und ihm solchergestalt ein zeitgemäßes Ziel wirtschaftlicher Vorbildung gesetzt werden? -
Vortrag, gehalten vor der Versammlung deutscher Naturforscher und Ärzte in München am 19. September 1899. ZmnU 31 (1900) S. 347-355

KREBS, W.: Schulausflüge zu unterrichtlichen und landeskundlichen Zwecken. ZmnU 32 (1901) S. 432-438

KREBS, W.: Das Zeichnen in seiner Bedeutung zum naturwissenschaftlichen und zum erdkundlichen Unterricht (I,II) - Vortrag auf der Hauptversammlung zu Düsseldorf. UblMN 9 (1903) S. 22

KREISEL, M.: Die Chemie der Luft - Einfache Schülerversuche zur Veranschaulichung der Chemie der Luft. NuU 4 (1912/13) S. 89-96

KRETSCHMER, M.: Die Wendung in der Schule und der Gesamtunterricht. VSch 29 (1933) S. 106-115

KROPP, G.: Das Lichtbild im chemischen Unterricht. UblMN 44 (1938) S. 320-322

KRÜGER, A.: Chemische Schülerübungen auf der Realschule. NMh 1 (1919) S. 101-104

KRÜGER, A.: Staatsbürgerliche Erziehung und die Naturwissenschaften. NMh 11 (1931) S. 129-136

KRUG, A.: Ein Beitrag zur Behandlung der Elektrolyse. NuU 5 (1913/14) S. 97-101

KRUG, Th.: Die Induktion im Dienste des chemischen Unterrichts. NuSch 1 (1902) S. 411

KRUG, Th.: Das chemische Praktikum an höheren Lehranstalten. NuSch 4 (1905) S. 362-367

KÜHN, W.: Die Beeinträchtigung der Oberrealschule durch die "Richtlinien". UblMN 34 (1928) S. 72-75

KÜHN, W.: Nochmals: Die Beeinträchtigung der Oberrealschule. UblMN 35 (1929) S. 29-31

KÜSPERT, F.: Bemerkungen zur Auswertung des Allotropiebegriffes im Unterricht. ZphchU 24 (1911) S. 89-91

KÜSPERT, F.: I.Arbeitsklotz für elementare chemische Schülerübungen - II.Das Cooperrohr - III.Das abgeänderte zweiröhrige Voltameter als Ersatz für den Hoffmannschen Apparat. MhnU 9 (1916) S. 46-58

KÜSPERT, O.: Handgerät für den einfachen chemischen Unterricht. UblMN 32 (1926 a) S. 156-157

KÜSPERT, O.: Versuche mit neuem einfachen Handgerät für chemische Schülerübungen. UblMN 32 (1926 b) S. 289-290

KÜSPERT, O.: Zur Lage des chemischen und naturkundlichen Unterrichts in Bayern. UblMN 32 (1926 c) S. 208-213

KÜSPERT, O.: Die neuen bayerischen Lehrpläne für Chemie. UblMN 33 (1927) S. 51-55

KUNZE, W.: Arbeitsunterricht - Lehrmittelnot. VSch 28 (1933) S. 1125-1129

LAKOWITZ: Aus der Praxis des chemischen Anfangsunterrichtes. MhnU 9 (1916) S. 347

LAKOWITZ, K.: Der Film als Unterrichtsmittel. NMh 4 (1922) S. 26-27

LANDSBERG, B.: Die neuen sächsischen Lehrpläne für Realgymnasien - (vom 22. dezember 1902). NuSch 2 (1903) S. 473-480

LANGE, E.; NAGEL, K.: Ein "natürliches" periodisches System der Atomarten als Unterrichtsmittel. UblMN 42 (1936) S. 157-161

LANGE, W.: Meine Beobachtungen bei der Anwendung des Fragekastens in der Schule. VSch 18 (1922) S. 556-560

LATRILLE, M.: Ist auch für Mathematiker und Naturwissenschaftler ein längerer Urlaub zur wissenschaftlichen Weiterbildung wünschenswert? UblMN 10 (1904) S. 1-3

LEHMANN, R.: Die Neuordnung der pädagogischen Vorbildung der Oberlehrer in Preußen. MhnU 11 (1918) S. 89-94

LEIMBACH, G.: Fortschrittliche chemische Übungsräume. Praschu 7 (1927) S. 138-142

LEIMBACH, G.: Fortschritte in der Ausgestaltung naturwissenschaftlicher Unterrichtsräume. Praschu 15 (1935) S. 210

LEONHARDT, W.: Chemieunterricht und Wehrhaftigkeit. UblMN 39 (1933) S. 235-241

LEONHARDT, W.: Unterrichtsversuche zum chemischen Sauerstoffgerät. UblMN 41 (1935) S. 102-107

LEPKE: Vom Sinn der Mathematik und Naturwissenschaften. UblMN 41 (1935) S. 329-333

LEßMANN, M.: Volk und Technik - Volksschule und Naturlehre - Gedanken und Hinweise zum Abschnitt "Naturlehre" in den neuen "Richtlinien für Volksschulen". VSch 36 (1940) S. 215-218

LIETZMANN, W.: Schriften des Deutschen Ausschusses für den mathematischen und naturwissenschaftlichen Unterricht. ZmnU 44 (1913) S. 265-270

LIETZMANN, W.: Die Tätigkeit der preußischen Hauptstelle für den naturwissenschaftlichen Unterricht. ZmnU 51 (1920) S. 132-133

LIETZMANN, W.: F. Klein über die Aufgaben unserer höheren Schulen. ZmnU 52 (1921) S. 267-268

LIETZMANN, W.: Richtlinien für die Lehrpläne der preußischen Volksschulen. ZmnU 54 (1923) S. 178-181

LIETZMANN, W.: Vorläufiger Lehrplan für die preußischen Lyzeen und Oberlyzeem. ZmnU 55 (1924) S. 42-45

LIETZMANN, W.: Hauptversammlung des "Fördervereins" in Erfurt vom 9. bis 13. April 1933. ZmnU 64 (1933) S. 184-186

LIETZMANN, W.: Die Ausbildung der Lehrer an höheren Schulen. ZmnU 68 (1937) S. 318-321

LIETZMANN, W.: Die Neuordnung des Vorbereitungsdienstes für das Lehramt an den Höheren Schulen im Deutschen Reich. ZmnU 72 (1941) S. 92

LINDNER, H.: Das Spinnen von Viscose-Seide im Schulversuch. Praschu 15 (1935) S. 382-383

LINKE, W.: Über eine Einführung des periodischen Systems der Elemente. UblMN 41 (1935) S. 51-54

LÖFFLER, E.: Unterrichtsfragen auf dem sechsten Verbandstage des Vereinsverbandes akademisch gebildeter Lehrer Deutschlands. ZmnU 45 (1914) S. 363-370

LÖSCHER: Zentralinstitut für Erziehung und Unterricht, Zweigstelle Essen. NMh 4 (1922) S. 28-29

LÖWENECK, M.: Der Sachunterricht. PädBl 42 (1913) S. 175-180

LÖWENHARDT, E.: Der erste Unterricht im chemischen Laboratorium. ZphchU 13 (1900) S. 210-214

LÖWENHARDT, E.: Über die Begrenzung des chemischen Lehrstoffes (Mit besonderer Berücksichtigung der Lehrbuchfrage.) - Vortrag auf der Hauptversammlung zu Halle. UblMN 10 (1904) S. 111-114

LÖWENHARDT, E.: Noch ein Wort zu den chemischen Schülerübungen. NuSch 5 (1906) S. 78-82

LÖWENHARDT, E.: P. BRÄUER, Lehrbuch der anorganischen Chemie; G. JOHN / R. SACHSSE, Lehrbuch der Chemie . ZmnU 38 (1907) S. 104-107

LÖWENHARDT, E.: Der chemische Unterricht an den Realanstalten - Vortrag auf der 21. Hauptversammlung des Vereins zur Förderung des mathematischen und naturwissenschaftlichen Unterrichts. MhnU 5 (1912) S. 385-393

LOESER, R.: Zur Frage der selbständigen Schülerarbeiten. UblMN 30 (1924) S. 9-11

LOEWENHAUPT, Fr.: Lehrfilm im biologischen Unterricht. UblMN 36 (1930) S. 244-245

LOMMATZSCH, W.: Zur Neuausrichtung des Naturkundeunterrichts. VSch 29 (1933) S. 667-669

LUDWIG, R.: Vorschläge zur Reform des physikalischen Unterrichts. ZmnU 66 (1935) S. 283-290

LÜHRMANN, H.: Oswald Sprenglers Gedanken über Erziehung im Lichte unserer pädagogischen Anschauungen. VSch 22 (1926) S. 505-507

MAHLOW, P.: Wo bleibt die Didaktik? VSch 25 (1929) S. 96-102

MALSCH, F.: Das Interesse für die Unterrichtsfächer an höheren Knabenschulen. päd.Psych.Päd. 22 (1921) S. 234-248

MALSCH, F.: Der Kampf um die realistischen Fächer. UblMN 29 (1923) S. 84-85

MANNHEIMER, E.: Der methodische Ort der Organischen Chemie im Lehrplan der Oberrealschulen. UblMN 29 (1923 a) S. 19-20

MANNHEIMER, E.: Zur Didaktik des Chemieunterrichts auf den Oberklassen - Eine Anregung besonders für jüngere Methodiker. LpruLg (1923 b) S. 44-49

MANNHEIMER, E.: Gedanken zur Lehrbuchfrage und Methodik im Chemie-Unterricht. UblMN 31 (1925 a) S. 58-60

MANNHEIMER, E.: Die methodische Einstellung des Chemieunterrichts auf der Oberstufe. UblMN 31 (1925 b) S. 121-124

MANNHEIMER, E.: Bemerkungen zur Methodik des Chemie-Unterrichts. UblMN 34 (1928) S. 239-242

MANNHEIMER, E.: Verzicht auf die Chemie in der Prima des Realgymnasiums! UblMN 37 (1931 a) S. 209-210

MANNHEIMER, E.: Wege zur Rationalisierung des Chemieunterrichtes. UblMN 37 (1931 b) S. 251-252

MARKFELDT, O.: Deutschlands mineralische Brennstoffe und ihre Bedeutung als Hauptpfeiler seines Volkswirtschaftsgebäudes. MhnU 10 (1917) S. 349-364

MARTENS, F. F.: Bedeutung des naturwissenschaftlichen Unterrichts für Wirtschaftshochschulen. ZphchU 49 (1936) S. 185-188

MASCHECK, F.: Gegenwartskunde als zentrale Bildungsaufgabe der Oberstufe unserer Volksschulen. VSch 26 (1931) S. 1153-1167

MATTERN, B.: Der Lehrer der Arbeitsschule. VSch 23 (1928) S. 1049-1050

MATTHÄUS, G.: Grundgedanken der "Richtlinien für Erziehung und Unterricht in der Volksschule". VSch 36 (1940) S. 81-85

MAURER: Schülerversuche mit einfachen Mitteln im Unterricht selbst. ZphchU 16 (1903) S. 382

MAURER, A.: Die Notwendigkeit einer besseren Ausgestaltung des naturwissenschaftlichen Unterrichts an höheren Schulen, mit besonderer Rücksicht auf die Physik. NuSch 5 (1906) S. 377-385

MAURER, A.: Stellung und Aufgaben des mathematisch-naturwissenschaftlichen Unterrichts - Betrachtungen zu den Thesen des Vereinsvorstands vom 7. Oktober 1916. UblMN 23 (1917 a) S. 2-12

MAURER, A.: Die staatsbürgerliche Erziehung im Kriege. UblMN 23 (1917 b) S. 32-35

MAURER, A.: Über die Ausbildung und Fortbildung im höheren Lehramt, insbesondere bei den Lehrern der Mathematik und Naturwissenschaften. MhSch 17 (1918) S. 321-327

MAURER, R.: Nochmals Arbeitsunterricht. UblMN 22 (1916) S. 24

MEHLAN, O.: Die Gartenarbeitsschule. VSch 24 (1928) S. 222-230

MEHRENS, H.: Das natürliche Interesse als Motor im Unterricht. VSch (Der Landschulwart) 25 (1929) S. 15-26

MEINKE, G.: Rezeptchemie? NMh 4 (1922) S. 83-86

MENGE, R.: Sollen wir Mädchen in die höheren Knabenschulen zulassen? LpruLg (1909) S. 1-11

MENZ, W.: Hinweis auf die Gleichungstafel. Prache 2 (1937 a) S. 33-40

MENZ, W.: Hinweis auf die Gleichungstafel. Prache 2 (1937 b) S. 41-59

MERKER, E.: Die Anwendung von Strukturmodellen im Unterricht der anorganischen Chemie. NMh 2 (1920 a) S. 133-137

MERKER, E.: Modellversuch zur Ionentheorie. NMh 2 (1920 b) S. 233-235

MERKER, E.: Eine graphische Darstellung zur Umwandlung von hochwertigem Alkohol in Alkohol stärkerer Verdünnung. NMh 4 (1922) S. 27-28

METZNER, K.: Das genetische und das philosophische Prinzip im physikalischen Unterricht - Dem Andenken Friedrich Poskes. ZphchU 40 (1927) S. 35-41

MEYER, A.: Unterrichtsfilme im Dienste der unmittelbaren Anschauung. VSch 35 (1939) S. 223-228

MEYER, E.: Chemie in der einklassigen Schule. VSch 21 (1925 a) S. 466-468

MEYER, E.: Stoffplan für den Chemieunterricht einer einklassigen Schule. VSch (Der Landschulwart) 21 (1925 b) S. 785-787

MEYER, E.: Gewerbliche Unfallverhütung und Chemieunterricht. ZphchU 55 (1942) S. 182-190

MICHAELIS, O.: Die neuen preußischen Stundentafeln und die mathematisch-naturwissenschaftlichen Fächer. NMh 5 (1925) S. 200-205

MR.: Englands Kampf um den naturwissenschaftlichen Unterricht. UblMN 23 (1917) S. 62-63

MÜHLKE, O.: Arbeitsschule bei Kindern ländlicher Arbeiter. VSch 25 (1930) S. 1134-1141

MÜLLER, K.: Deutsche Kultur und deutsches Bildungsideal. VSch 21 (1925) S. 112-114

MÜLLER, L.: Bericht über die 31. Hauptversammlung des Deutschen Vereins zur Förderung des mathematischen und naturwissenschaftlichen Unterrichts in Breslau (2. bis 6. April 1929). ZphchU 42 (1929) S. 285-287

MUTHESIUS: Die Eigenart des Seminarunterrichts. PädBl 29 (1900) S. 305-334

NATH, M.: Reformbestrebungen auf dem Gebiete des naturwisenschaftlichen und geographischen Unterrichts in Frankreich. NuSch 6 (1907) S. 13-25

NEFF, O.: Eine Erwiderung zur Abhandlung von G. Schindehüttes': Grundsätzliches zur Einrichtung der chemischen Arbeitsräume. UblMN 35 (1929) S. 55-57

NEFFLEN, R. W.: Ein Beitrag zur Ableitung der Gasgesetze. UblMN 41 (1935) S. 269-272

NELKENBRECHER, R.: Das Thema "Die Milch" im Chemieunterricht. ZphchU 38 (1925) S. 282-291

NELKENBRECHER, R.: Die Ackererde - Ein Beitrag zur Ausgestaltung des naturwissenschaftlichen Unterrichts hinsichtlich der Forderung der Lebensnähe. ZphchU 42 (1929) S. 216-230

N.N.: Bericht über die zehnte Hauptversammlung des Vereins zur Förderung des Unterrichts in der Mathematik und in den Naturwissenschaften zu Giessen in der Pfingstwoche 1901. UblMN 7 (1901) S. 53-57

N.N.: Diskussion über den Betrieb der Physik als Naturwissenschaft auf der Hauptversammlung zu Halle. UblMN 10 (1904a) S. 80-82

N.N.: Berufs- oder Allgemeinbildung. PädBl 33 (1904b) S. 366-369

N.N.: Bericht über die dreizehnte Hauptversammlung des Vereins zur Förderung des Unterrichts in der Mathematik und den Naturwissenschaften - Zu Halle a. S. in der Pfingstwoche 1904. UblMN 10 (1904c) S. 61-67

N.N.: 77. Versammlung deutscher Naturforscher und Ärzte in Meran - vom 24.-30. September 1905. ZphchU 18 (1905) S. 369-377

N.N.: Der Meraner Bericht der Kommission für die Neugestaltung des mathematisch-naturwissenschaftlichen Unterrichts. UblMN 11 (1905a) S. 107-109

N.N.: Bericht der Unterrichtskommission der Gesellschaft Deutscher Naturforscher und Ärzte über den Unterricht in der Chemie nebst Mineralogie und in der Zoologie nebst Anthropologie, Botanik und Geologie an den neunklassigen höheren Lehranstalten. NuSch 4 (1905b) S. 529-545

N.N.: Unterrichtskommission der Gesellschaft Deutscher Naturforscher und Ärzte: Der mathematische und naturwissenschaftliche Unterricht an den höheren Mädchenschulen - Bericht erstattet von der Unterrichtskommission der Gesellschaft Deutscher Naturforscher und Ärzte. NuSch 5 (1906) S. 385-388

N.N.: 77. Versammlung deutscher Naturforscher und Ärzte in Meran - Vom 24. - 30. Sept. 1905 - Verhandlungen über die Unterrichtsfrage. ZphchU 19 (1906) S. 54-59

N.N.: 16. Hauptversammlung des Vereins zur Förderung des mathematisch-naturwissenschaftlichen Unterrichts in Dresden. NuSch 6 (1907) S. 425-431

N.N.: Reformvorschläge unterbreitet der Naturforscher-Versammlung zu Dresden 1907 - Bericht über die Einrichtung für den naturwissenschaftlichen Unterricht an den höheren Lehranstalten Preußens. ZmnU 38 (1908a) S. 411-434

N.N.: Die Schule der Zukunft eine Arbeitsschule. PädBl 37 (1908b) S. 150-153

N.N.: "Über eine zweckmäßige Gestaltung des ländlichen Schulwesens". VSch 5 (1909a) S. 39-41

N.N.: Arbeitsidee und Schule. PädBl 38 (1909b) S. 207

N.N.: Der totale Mißerfolg des sog. Kerschensteinerschen Systems. VSch 6 (1910a) S. 808-810

N.N.: Das bayrische Zentrum gegen Kerschensteiner. VSch 6 (1910b) S. 973-974

N.N.: Anleitung der bayrischen Unterrichtsverwaltung für den Unterricht in Chemie. ZphchU 24 (1911) S. 373-374

N.N.: Vorschläge für den mathematischen, naturwissenschaftlichen und erdkundlichen Unterricht an Lehrerseminarien. MhnU 5 (1912) S. 472

N.N.: Die Pädagogik im Weltkriege. VSch 12 (1916) S. 713-723

N.N.: Die Ergebnisse der Reichsschulkonferenz. PädBl 49 (1920) S. 382-389

N.N.: Aus der staatlichen Hauptstelle für den naturwissenschaftlichen Unterricht. UblMN 26 (1920a) S. 67-68

N.N.: 86. Versammlung Deutscher Naturforscher und Ärzte in Bad-Nauheim, 19. bis 23. September 1920. UblMN 26 (1920b) S. 77-83

N.N.: Verhandlungen über die Meraner Reformvorschläge. UblMN 26 (1920c) S. 61-66

N.N.: Die Jubiläumstagung in Bonn - (Montag den 10. bis Mittwoch den 12. April 1922). UblMN 28 (1922) S. 26-36

N.N.: Richtlinien zur Aufstellung von Lehrplänen für die oberen Jahrgänge der Volksschule. VSch 18 (1923) S. 599-611

N.N.: Das Interesse für die Unterrichtsfächer an höheren Mädchenschulen. UblMN 30 (1924a) S. 142

N.N.: Die 26. Hauptversammlung vom 12. bis 16. April 1924 in Heidelberg. UblMN 30 (1924b) S. 27-43

N.N.: Eingabe unseres Vereins. UblMN 31 (1925) S. 163-164

N.N.: Ergebnisse des Lehrganges zur Einstellung auf die Richtlinien (Abteilung Chemie-Biologie) in Essen vom 22.11. bis 4.12.26. UblMN 33 (1927a) S. 119-121

N.N.: Ortsgruppe Breslau. UblMN 33 (1927b) S. 23-25

N.N.: Bericht über die 29. Hauptversammlung des Deutschen Vereins zur Förderung des mathematischen und naturwissenschaftlichen Unterrichts in Frankfurt a. M. vom 10. bis 14. April 1927. ZphchU 40 (1927c) S. 302-304

N.N.: 29. Hauptversammlung des Fördervereins in Frankfurt a.M.. UblMN 33 (1927d) S. 129-135

N.N.: Unsere 31. Hauptversammlung in Breslau - Ausbildung der Referendare in Mathematik und Naturwissenschaften (Schluß des Vorberichts). UblMN 35 (1929) S. 129-131

N.N.: Der Reichsinnenminister an die Unterrichtsminister der Länder. VSch 28 (1932) S. 469-471

N.N.: Normung im Chemie-Unterricht. ZmnU 65 (1934) S. 104

N.N.: 37. Hauptversammlung in Kiel (April 1935). UblMN 41 (1935) S. 146-153

NOACK, K.: Die Vorbildung der Physiklehrer. ZphchU 20 (1907) S. 147-153

NOLTE, O.: Die angewandte Chemie im Schulunterricht - Mit einer Anmerkung von A. Stock. NMh 1 (1919) S. 121-126

NORRENBERG, J.: Die naturwissenschaftlichen Schülerübungen an den höheren Lehranstalten Preußens - Ergebnis einer Umfrage. MhSch 8 (1909 a) S. 481-495

NORRENBERG, J.: "Die naturwissenschaftlichen Schülerübungen an den höheren Lehranstalten Preußens" (Ergebnis einer Umfrage). MhnU 2 (1909 b) S. 525-527

OESAU, W.: Ein Arbeitsplan für das V. Schuljahr. VSch 25 (1929) S. 803-815

OESTREICH, P.: Zur Praxis chemischer Schülerübungen. ZphchU 29 (1916) S. 309-313

OESTREICH, P.: Berliner Wünsche zur Vor- und Fortbildung der naturwissenschaftlichen Oberlehrer. NMh 1 (1919) S. 200-203

OETTLI, M.: Über Analysen im Schülerlaboratorium. MhnU 3 (1910) S. 83-85

OETTLI, M.: Zur Methodik des Unterrichts im Freien. MhnU 4 (1911) S. 241-254

OETTLI, M.: Ein Bedenken gegen die vorgeschlagene Vereinfachung im chemischen Anfangsunterricht. MhnU 11 (1918) S. 47

OHMANN, O.: Lehrgang der chemischen Untersuchung des Wassers - als zweites Capitel der Verbrennungserscheinungen. ZphchU 14 (1901) S. 1-13

OHMANN, O.: Über Unfälle bei chemischen Unterrichts-Versuchen. ZphchU 17 (1904 a) S. 114-115

OHMANN, O.: Die Einführung des chemischen Unterrichts in die deutschen Mittelschulen. ZphchU 17 (1904 b) S. 304-306

OHMANN, O.: Die Schrift M. Verworns über den naturwissenschaftlichen Unterricht. ZphchU 18 (1905) S. 50-54

OHMANN, O.: Über den chemischen Hochschulunterricht für Lehramtskandidaten. ZphchU 19 (1906) S. 312-318

OHMANN, O.: Die Schülerübungsfrage im chemischen Unterricht. ZphchU 21 (1908) S. 404-410

OHMANN, O.: Logik in der Chemie. ZphchU 23 (1910 a) S. 190-193

OHMANN, O.: Chemische Mittelschul-Methodik und W. Ostwalds "Einführung in die Chemie". ZphchU 23 (1910 b) S. 300-305

OHMANN, O.: Die Entwicklung der chemischen Schülerübungen. ZphchU 26 (1913 a) S. 54-56

OHMANN, O.: Die Entwicklung der chemischen Schülerübungen (Teil 2). ZphchU 26 (1913 b) S. 191-195

OHMANN, O.: Friedrich Wöhler und K. F. Klöden in ihrem Verhältnis zu den chemischen Schülerübungen. ZphchU 26 (1913 c) S. 48-50

OHMANN, O.: Aufforderung betreffend Meldung von Unfällen. ZphchU 26 (1913 d) S. 207

OHMANN, O.: Zwei Versammlungen der Berliner "Vereinigung für biologischen, chemischen und erdkundlichen Unterricht" mit dem Thema der chemischen Schülerübungen - (Ortsgruppe des Vereins zur Förderung des mathematischen und naturwissenschaftlichen Unterrichts). MhnU 6 (1913 e) S. 373-380

OHMANN, O.: Berliner "Vereinigung für biologischen, chemischen und erdkundlichen Unterrricht" - Versammlung am 5.März u. 23.April 1913. ZphchU 26 (1913 f) S. 333

OHMANN, O.: Meldungen von Unfällen im Chemie- bzw. Physik-Unterricht. ZphchU 27 (1914 a) S. 138-140

OHMANN, O.: Über das Verhältnis der Begriffe Verbindungsgewicht, Äquivalent- und Atomgewicht im Mittelschul- und Hochschulunterricht. ZphchU 27 (1914 b) S. 330-334

OHMANN, O.: Methodische und experimentelle Bemerkungen über die Unzulässigkeit des Begriffes "Wasserelektrolyse" im Unterricht. ZphchU 28 (1915 a) S. 86-90

OHMANN, O.: Krieg und Chemie. ZphchU 28 (1915 b) S. 219-224

OHMANN, O.: Die Entwicklung der chemischen Schülerübungen. ZphchU 29 (1916 a) S. 44-49

OHMANN, O.: Über Schüler-Werkarbeiten als Bestandteil der chemischen Übungen. ZphchU 29 (1916 b) S. 64-69

OHMANN, O.: Weitere Meldungen von Unfällen im Chemie- bzw. Physikunterricht. ZphchU 29 (1916 c) S. 226-227

OHMANN, O.: Über Zersetzungsbilder neuerer Sprengstoffe nebst Bemerkungen zur Kriegschemie. ZphchU 30 (1917 a) S. 234-239

OHMANN, O.: Zum Aufsatz von Dr. R. Stein "Sprachlogik bei chemischen Namen". ZphchU 30 (1917 b) S. 271

OHMANN, O.: Das Plastilin in der Laboratoriumspraxis und als Veranschaulichungsmittel. ZphchU 31 (1918 a) S. 142-146

OHMANN, O.: Ein unterrichtspsychologischer Grundsatz über die Aneignung verwechselbarer Begriffe. päd.Psych.Päd 19 (1918 b) S. 34-40

OHMANN, O.: Über Vereinheitlichung von Gerätschaften und Mensurierung von Gefäßen im chemischen Experimentalunterricht. ZphchU 31 (1918 c) S. 53-57

OHMANN, O.: Der Chemieunterricht an den höheren Schulen. ZphchU 32 (1919) S. 62-64

OHMANN, O.: Zur Weiterentwicklung der chemischen Namengebung. ZphchU 33 (1920) S. 41-46

OHMANN, O.: Grundfragen der chemischen Methodik. ZphchU 35 (1922 a) S. 90-93

OHMANN, O.: Grundfragen der chemischen Methodik. ZphchU 35 (1922 b) S. 189-192

OHMANN, O.: Weitere Meldungen von Unfällen im Chemie- und Physikunterricht. ZphchU 35 (1922 c) S. 283-285

OTTEMEYER, W.: Ein geeignetes Material zur Einführung in die Kolloidchemie. UblMN 43 (1937) S. 233-235

P.: Naturforscher-Versammlung zu Aachen 1900 - Bericht über die Verhandlungen der Abteilung für mathematischen und naturwissenschaftlichen Unterricht. UblMN 7 (1901) S. 30-32

P.: Die Kristallgestalten der Mineralogie in stereoskopischen Bildern. UblMN 12 (1906) S. 18

P.; MR.: Die Königlich Preussische Hauptstelle für den naturwissenschaftlichen Unterricht. UblMN 23 (1917) S. 42-43

PABST: Die psychologische und pädagogische Begründung des praktischen Unterrichts - (Nach einem von Seminardirektor Dr. Pabst in Leipzig auf dem Kongreß für Kinderforschung in Berlin gehaltenen Vortrage.). PädBl 36 (1907) S. 35

PAETZ, W.: Leitsätze zu den preußischen Lehrplänen für die Naturwissenschaften. NMh 6 (1926) S. 138-140

PAUL, W.: Entdeckung von Säuren und Laugen - Aus der Geschichte der Chemie. NuU 4 (1912/13 a) S. 137-138

PAUL, W.: Aus der Geschichte der Chemie - Die Entdeckung der Kohlensäure. NuU 4 (1912/13 b) S. 156-158

PAUL, W.: Aus der Geschichte der Chemie - Das Wesen der Verbrennung - Wirkung der Wärme auf die Metalle. NuU 4 (1912/13 c) S. 175-177

PAUL, W.: Aus der Geschichte der Chemie. NuU 4 (1912/13 d) S. 195-196

PAUL, W.: Aus der Geschichte der Chemie. NuU 4 (1912/13 e) S. 216-217

PAUL, W.: Aus der Geschichte der Chemie. NuU 4 (1912/13 f) S. 237-238

PEERENBOOM: Bericht über die Naturforscher-Versammlung in Aachen - 16.-22. September 1900 (I, II). ZmnU 31 (1900) S. 570

PFALZ, R.: Die Verwendung der Gelatinefolie im Unterricht. NMh 11 (1930) S. 41-42

PFALZ, R.: Lichtbilder auf Folien - Verwendungsmöglichkeiten einer wichtigen Neuerscheinung. NMh 12 (1931) S. 46-48

PFUHL: Die Behandlung des Stickstoffs und Schwefels im Lehrgange des Gymnasiums. LpruLg (1900) S. 79-97

PIETSCH, A.: Einige Gedanken zum naturkundlichen Unterricht. VSch 26 (1931) S. 1141-1146

PIETSCH, A.: Das Kalken des Ackerbodens - Eine Arbeitsanweisung für den berufseingestellten Unterricht der Landschule. VSch 28 (1933) S. 1135-1144

PIETZKER, F.: Bernhard Schwalbe - Gedächtnisrede in der Hauptversammlung zu Giessen. UblMN 7 (1901) S. 42-44

PIETZKER, F.: Die Person des Lehrers im mathematisch-naturwissenschaftlichen Unterricht. UblMN 11 (1905) S. 45-51

PIETZKER, F.: Über den wissenschaftlichen Charakter des naturwissenschaftlichen Unterrichts an den höheren Schulen. UblMN 16 (1910) S. 27-34

POLENSKY, K.: Eine Pädagogische Studienfahrt im Dienste der Lehrerfortbildung. VSch 26 (1931) S. 1064-1075

POSKE, F.: Bemerkungen über den physikalischen Unterricht in Frankreich. ZphchU 13 (1900 a) S. 305-310

POSKE, F.: Die Vernachlässigung der naturwissenschaftlichen Bildung in England. ZphchU 13 (1900 b) S. 348

POSKE, F.: Grundfragen des physikalischen Unterrichts. ZphchU 14 (1901 a) S. 309-311

POSKE, F.: Physikalische Schülerübungen. ZphchU 14 (1901 b) S. 363-366

POSKE, F.: Über Grundfragen des physikalischen Unterrichts (I, II) - Vortrag, gehalten auf der Hauptversammluung des Vereins zur Förderung des Unterrichts in der Mathematik und den Naturwissenschaften in Giessen. UblMN 7 (1901 c) S. 44

POSKE, F.: Die preußischen Lehrpläne und Lehraufgaben von 1901. ZphchU 14 (1901 d) S. 257-265

POSKE, F.: Professor Dr. Bernhard Schwalbe. ZphchU 14 (1901 e) S. 129-133

POSKE, F.: Die Methoden naturwissenschaftlicher Forschung im Unterricht. ZphchU 15 (1902) S. 302-304

POSKE, F.: Der Unterricht in den Naturwissenschaften. ZphchU 16 (1903 a) S. 114-116

POSKE, F.: Didaktik und Methodik des naturwissenschaftlichen Unterrichts in Amerika. ZphchU 16 (1903 b) S. 175-176

POSKE, F.: Die Sichtung des physikalischen Lehrstoffs und die Lehrbuchfrage. ZphchU 17 (1904 a) S. 46-48

POSKE, F.: Naturwissenschaftlicher Unterricht und philosophische Propädeutik. ZphchU 17 (1904 b) S. 365-366

POSKE, F.: Neue Veröffentlichungen über den Physik- und Chemie-Unterricht. ZphchU 19 (1906) S. 375-378

POSKE, F.: Der Naturlehre-Unterricht an den Baugewerkschulen. ZphchU 20 (1907 a) S. 123-124

POSKE, F.: Der Lehrplan der bayrischen Oberrealschulen. ZphchU 20 (1907 b) S. 331-335

POSKE, F.: Die Einrichtungen für den naturwissenschaftlichen Unterricht an den höheren Schulen Preußens. ZphchU 20 (1907 c) S. 401-404

POSKE, F.: Die wissenschaftliche Ausbildung der Lehramtskandidaten. ZphchU 21 (1908 a) S. 52-55

POSKE, F.: Die preußischen Lehrpläne für das höhere Mädchenschulwesen. ZphchU 22 (1909 a) S. 126-129

POSKE, F.: Zur Statistik der naturwissenschaftlichen Schülerübungen in Preußen. ZphchU 22 (1909 b) S. 386-387

POSKE, F.: Die Stellung der Hypothese im Unterricht. ZphchU 23 (1910 b) S. 371-373

POSKE, F.: Die humanistischen Elemente im realistischen Unterricht. UblMN 16 (1910 c) S. 75-80

POSKE, F.: Ein Erlaß des Preußischen Unterrichtsministers über die physikalischen und chemischen Reifeprüfungsarbeiten. ZphchU 24 (1911 b) S. 250-252

POSKE, F.: Die neuen Lehrpläne für Realanstalten im Großherzogtum Baden. ZphchU 26 (1913 a) S. 50-52

POSKE, F.: Die neuen Lehrpläne für höhere Schulen in Württemberg. ZphchU 26 (1913 b) S. 52-54

POSKE, F.: Verein zur Förderung des mathematischen und naturwissenschaftlichen Unterrichts - XXII. Hauptversammlung in München, 12.-15. Mai 1913. ZphchU 26 (1913 c) S. 329-332

POSKE, F.: Chemische und physikalische Schülerübungen auf allen Klassenstufen des Realgymnasiums. ZphchU 26 (1913 d) S. 382-384

POSKE, F.: Der erste Unterricht in Physik und Chemie. ZphchU 26 (1913 e) S. 256-257

POSKE, F.: Wesen und Wert des naturwissenschaftlichen Unterrichts. ZphchU 27 (1914 a) S. 189-191

POSKE, F.: Die naturwissenschaftlichen Schülerübungen an den Oberrealschulen des Deutschen Reiches. ZphchU 27 (1914 b) S. 191-192

POSKE, F.: Naturwissenschaften, Krieg und nationale Erziehung. ZphchU 28 (1915 a) S. 337-339

POSKE, F.: Die preussische Zentralstelle für den naturwissenschaftlichen Unterricht. UblMN 21 (1915 b) S. 74-75

POSKE, F.: Die Leitsätze des Vereins zur Förderung des mathematischen und naturwissenschaftlichen Unterrichts. MhSch 15 (1916 a) S. 561-570

POSKE, F.: Fragen des physikalischen Schulunterrichts. ZphchU 29 (1916 b) S. 107-109

POSKE, F.: Die neuen "Meraner" Lehrpläne. ZphchU 36 (1923) S. 203-204

POSKE, F.: Der neue Kurs im preußischen höheren Schulwesen - Gegenschrift des Deutschen Ausschusses für den mathematischen und naturwissenschaftlichen Unterricht (DAMNU). NMh 5 (1924) S. 4-19

POSKE, F.: Physik und Chemie an der sechsklassigen Realschule. ZphchU 38 (1925) S. 41-42

POTTHOF, R.: Ist die preußische Schulreform zum Abschluß gekommen?. NMh 5 (1925) S. 133-136

PRICKS, H.: Sammlungskartei und Arbeitsblatt als Hilfsmittel zur Rationalisierung der Unterrichtsvorbereitung. Praschu 8 (1928) S. 223-234

PRINZHORN, W.: Die freie Gestaltung des Unterrichtes in der Prima des Lyzeums zu Hannover. MhSch 8 (1909) S. 289-303

PRÜFER, J.: Friedrich Fröbel und die Arbeitsschulidee. ASch 28 (1914) S. 65-77

QUACK, M.: Ästhetisches Empfinden und künstlerisches Gestalten im Biologieunterricht. NMh 6 (1925) S. 38-40

RABBOW, H.: Grundsätzliches zur Einrichtung der chemischen Arbeitsräume. UblMN 35 (1929) S. 53-55

RABES, O.: Der naturwissenschaftliche Unterricht in Mädchenbildungsanstalten nach der Neuordnung. NMh 5 (1924) S. 97-100

RACK: Math.-physikalischer Lehrgang zur Durchführung der Schulreform im Sinne der "Richtlinien" in Hindenburg O.-S. vom 29. August bis zum 10. September 1927. ZmnU 59 (1928) S. 173-179

RAMM, K.: Selbstgefertigte Anschaungstafeln zur Rohstoffkunde. Vsch 34 (1938) S. 172-177

RAUHUT, G.: Kritische Streiflichter auf das Gebiet des naturkundlichen Unterrichts und auf die Unterrichtspraxis. VSch 13 (1917) S. 487-497

REGEL, K.: Wirkungsweise der aktiven Kohle und Versuche zur Brandlöschung. ZphchU 49 (1936) S. 166-167

REIFF, H. J.: Apparat zur Demonstration des Boyle-Mariotteschen Gesetzes. UblMN 13 (1907) S. 20

REIN, R.: Das periodische System in graphischer Darstellung. MhnU 9 (1916) S. 116-119

REIN, R.: Die naturwissenschaftliche und pädagogische Fortbildung der naturwissenschaftlichen Oberlehrer und das neue Programm der Naturwissenschaftlichen Monatshefte. NMh 1 (1919) S. 1-8

REIN, R.: Lehrfilmtagung in Düsseldorf. NMh 2 (1920) S. 262

REIN, R.: Der Lehrfilm und die Schule. NMh 3 (1921 a) S. 1-5

REIN, R.: Zur Lehrfilmbewegung in Lippe. NMh 3 (1921 b) S. 182-183

REIN, R.: Chemische Tagung in Düsseldorf. NMh 3 (1921 c) S. 184-185

REIN, R.: Die neuen preußischen Lehrpläne und die Naturwissenschaften. NMh 5 (1925) S. 197-200

REIN, R.: DAMNU und Schulreform. NMh 6 (1926) S. 134-137

REIN, R.: Neue Forschungsergebnisse - Bericht über die 90. Versammlung deutscher Naturforscher und Ärzte in Hamburg vom 15.-22. September 1928. NMh 9 (1928) S. 75-91

REIN, R.: Über glaslose Diapositive. NMh 12 (1931) S. 48

REIN, R.; STOCK, A.; ULE, W.; WALTHER, J.: Naturwissenschaftlicher Unterricht und Einheitsschule. NMh 1 (1919) S. 145-152

REINDL, C.: Die Schule für das Leben. UblMN 32 (1926) S. 263-267

REINDL, C.: Schule und Technik. UblMN 33 (1927) S. 4-19

REINHARDT, F.: Persilsauerstoff. VSch 28 (1933) S. 906-908

REINICKE, R.: Allereinfachste, den quantitativen Befunden über Molekülformen und Atomabstände im Molekül weitgehend gerecht werdende Anschauungsmodelle für den Chemieunterricht. NMh 10 (1930) S. 206-214

REINIGER, M.: Gefahren des lebensvollen Unterrichts? VSch 13 (1918) S. 833-839

REINIGER, M.: Richlinien für die Arbeitsgemeinschaften zur Lehrerfortbildung und für den Ersatz der zweiten Lehrerprüfung durch Fortbildungsverpflichtung. VSch 15 (1920) S. 737-740

REINIGER, M.: Rück- und Ausblick. VSch 19 (1924) S. 484-491

REINIGER, M.: Vom neuen Sinn der Selbsttätigkeit. VSch 24 (1928) S. 101-103

REINIGER, M.: Wissen und Fertigkeiten der Volksschüler bei der Schulentlassung - Ein Tatsachenbericht mit Folgerungen. VSch (Wegweiser für Arbeitsgemeinschaften) 25 (1929) S. 71-89

REINIGER, M.: Selbsttätigkeit und Stillbeschäftigung - Ein kleiner Beitrag zur Umgestaltung des Unterrichts in der Oberstufe. VSch 28 (1932) S. 21-23

REMUS, K.: Grundgedanken einer ästhetisch gerichteten Naturkunde. NuSch 3 (1904) S. 385-401

REMY, H.; FRANCK, W.: Die experimentelle Ausbildung der Chemielehrer. UblMN 41 (1935) S. 257-263

RETTBERG, H.: Die von der Kgl. Zentralstelle für den naturwissenschaftlichen Unterricht veranstaltete Vortragsreihe über Krieg und Schule. ZmnU 46 (1915) S. 429-435

RHEINBOLDT, H.: Apparate für den chemischen Unterricht. ZphchU 46 (1933) S. 97-105

RHEINBOLDT, H.: Über die experimentelle Ausbildung der Chemielehrer auf den Hochschulen. UblMN 40 (1934) S. 61-62

RICHARD: Fünfzehn Jahre verbindliche chemische Übungen in Bayern. ZphchU 36 (1923) S. 58-60

RICHARD, J.: Hat der moderne Begriff "Stärke der Säuren und Basen" didaktischen Wert?. ZphchU 28 (1915) S. 34-35

RIEBESELL, P.: Bericht über die 85. Versammlung deutscher Naturforscher und Ärzte in Wien vom 21. bis 25. September 1913. UblMN 19 (1913) S. 152-158

RIEDEL, W.: Stellung und Bedeutung des Periodischen Systems im chemischen Unterricht. UblMN 37 (1931) S. 338-340

RIFFEL, H.: Der Lehrplan für Naturkunde - in der 1 - 4klassigen Landschule. VSch (Der Landschulwart) 20 (1924) S. 652-658

RISCHBIETH, P.: Über Methoden der organischen Chemie im Arbeitsunterricht der höheren Schulen. UblMN 37 (1931) S. 323-331

RIßMANN, R.: Die Arbeitsschule. PädBl 40 (1911) S. 232-234

ROEDEL, S.: Der Chemieunterricht an den höheren Schulen. NMh 2 (1920) S. 162-165

ROESTEL, N.: Die mineralogisch-geologische Schulsammlung. MenU 2 (1910/11) S. 101-109

ROLLER, E.: Gasreinigung im elektrischen Feld. Praschu 9 (1929) S. 65-70

ROLLER, E.: Zur Pflege des Schulversuches. UblMN 44 (1938) S. 163-166

ROSIN, F.: Wie entferne ich einen Tintenfleck? - Ein Beitrag für den chemischen Arbeitsunterricht in Mädchenklassen. VSch 27 (1931) S. 558-562

RUOSS, H.: Über die Genauigkeit der Messungen, die graphischen Darstellungen und die Methode der kleinsten Quadrate bei den physikalischen und chemischen Übungen. ZphchU 39 (1926) S. 195-201

SACHS, P.: Die unterrichtliche Behandlung der Alkoholfrage. VSch 22 (1926) S. 72-78

SAHRHAGE, H.: Die besonderen Aufgaben des naturwissenschaftlichen Unterrichts im Schullandheim. UblMN 38 (1932) S. 106-111

SAUPE, E.: Kerschensteiners Pädagogik. VSch 7 (1912) S. 1217-1232

SCH: Aus dem Zentralinstitut für Erziehung und Unterricht in Berlin. NMh 1 (1919) S. 47-49

SCHÄFFER, C.: Zur Behandlung der Lehre von den Lösungen im chemischen Unterrichte der Oberklassen. NuSch 4 (1905) S. 312-316

SCHAEFER, H.: Zur Reform des naturwissenschaftlichen Unterrichts der höheren Schulen. UblMN 40 (1934) S. 311-314

SCHARF, R.: Chemische Schulversuche zum Luftschutz. ZphchU 47 (1934) S. 54-63

SCHARF, R.: Die Herstellung von Aluminium als Unterrichtsversuch. ZphchU 49 (1936) S. 163-166

SCHARF, R.: Holz - Zellstoff - Zellwolle. ZphchU 51 (1938) S. 155-161

SCHARF, R.: Acetylenbaum. ZphchU 52 (1939) S. 37-38

SCHAUSS, R.: Bericht über den chemischen Arbeitsunterricht in den Primen der Oberrealschule des Evang. Pädagogiums Bad Godesberg a. Rh.. UblMN 34 (1928) S. 186-189

SCHEIBNER, O.: Zur Naturbetrachtung im ersten Unterrichte. NuSch 2 (1903) S. 480-483

SCHEIBNER, O.: Der arbeitsteilige Klassenunterricht. ASch 28 (1914) S. 1

SCHEID, K.: Industrie und Schule. NuSch 1 (1902) S. 64-66

SCHEID, K.: Aus der Praxis des Laboratoriums-Unterrichts in Chemie. MhnU 1 (1907) S. 53-62

SCHEID, K.: Organische Chemie an Mittelschulen. MhnU 2 (1909) S. 210-217

SCHEID, K.: Die neueren methodischen Fortschritte des chemischen Unterrichts - 83. Versammlung der Gesellschaft Deutscher Naturforscher und Ärzte in Karlsruhe. MhnU 4 (1911) S. 521-525

SCHEID, K.: Chemieunterricht während des Krieges. MhnU 7 (1914) S. 531-544

SCHETTLER, R.: Ein Bedenken gegen die Bezeichnungen: Veraschen und Metallaschen. NMh 1 (1919) S. 137

SCHEURING: Fortbildungskursus für Chemielehrer an der Oberrealschule zu Mainz. UblMN 35 (1929) S. 88

SCHIFF, J.: Didaktik der Chemie an der Universität Leipzig. ZphchU 16 (1903) S. 311-312

SCHILLER: Die Begabungsunterschiede der Knaben und Mädchen. VSch 14 (1918) S. 361-364

SCHINDEHÜTTE: Frankfurt a. M.. UblMN 29 (1923) S. 69-70

SCHINDEHÜTTE, G.: Grundsätzliches zur Einrichtung der chemischen Arbeitsräume. UblMN 34 (1928) S. 346-349

SCHINDEHÜTTE, G.: Wege zur Rationalisierung des Chemieunterrichtes. UblMN 37 (1931) S. 213-219

SCHINDEHÜTTE, G.: Und trotzdem Rationalisierung des Chemieunterrichtes!. UblMN 38 (1932) S. 51-57

SCHINDEHÜTTE, G.: Die Bedeutung der DIN-NENOG-Normung für den Chemieunterricht. UblMN 41 (1935 a) S. 120-129

SCHINDEHÜTTE, G.: Die Einführung der DIN-DENOG-Normung in den Chemieunterricht - Nach einem Vortrag auf der Kieler Hauptversammlung. UblMN 41 (1935 b) S. 239-247

SCHINDEHÜTTE, G.: Räumliche Darstellungen der Eigenschaften der Elemente auf der Grundlage des Periodischen Systems. UblMN 43 (1937) S. 75-79

SCHMID, B.: Die Entwicklung der Naturwissenschaften im 19. Jahrhundert, ihr Einfluß auf das Geistesleben und die Aufgaben der Schule. NuSch 1 (1902 a) S. 4-20

SCHMID, B.: Anordnung und Verteilung des botanischen Lehrstoffes und dessen erzieherische Aufgaben. - Vortrag, gehalten auf der 10. Hauptversammlung des Vereins Sächsischer Realschullehrer zu Leipzig am 28. September 1901. UblMN 8 (1902 b) S. 26-32

SCHMID, B.: Der biologische Unterricht an den sechsklassigen Realschulen - Bericht, erstattet auf der Hauptversammlung zu Breslau. UblMN 9 (1903) S. 122-125

SCHMID, B.: Von der sozialen und ethischen Bedeutung des naturwissenschaftlichen Unterrichts an höheren Mädchenschulen. NuSch 5 (1906) S. 145-150

SCHMID, B.: Der chemische Unterricht an den Schulen und der Hochschulunterricht für die Lehrer der Chemie. NuSch 6 (1907) S. 85-88

SCHMID, B.: Die naturwissenschaftlichen Lehrpläne der bayerischen Oberrealschulen. MhnU 1 (1908 a) S. 193-204

SCHMID, B.: Lehrerbildung und Persönlichkeit des Lehrers - Vortrag auf der Hauptversammlung zu Göttingen. UblMN 14 (1908 b) S. 69-74

SCHMID, B.: Bemerkungen zu den Schülerübungen am Realgymnasium zu Zwickau. UblMN 19 (1913) S. 115

SCHMID, B.: Vorwort - zum 1. Kriegsheft. MhnU 7 (1914) S. 497-499

SCHMID, B.: Vom Geiste des naturwissenschaftlichen Unterrichts. UblMN 23 (1917) S. 12-16

SCHMID, B.: Allgemeine Naturgeschichte auf der Oberstufe unserer höheren Schulen. UblMN 26 (1920) S. 1-5

SCHMIDKUNZ, H.: Psychogenesis und Pädagogik. LpruLg (1900) S. 1-25

SCHMIDT, K. A. F.: Moderne Kunststoffe im chemischen Unterricht. ZphchU 52 (1939) S. 181-185

SCHMIEDEBERG, W.: Neumanns Vorschläge zur Schulreform und der realistische Unterricht. MhSch 18 (1919) S. 14-16

SCHMIEDEBERG, W.: Die Schulzeugnisse in der Mathematik und den Naturwissenschaften. ZmnU 67 (1936) S. 369-377

SCHMITZ, L.: Aus der Naturkunde. VSch (Die ländl. Fortbildungsschule) 22 (1926 a) S. 10-12

SCHMITZ, L.: Beobachtungsaufgaben. VSch (Die ländl. Fortbildungsschule) 22 (1926 b) S. 12-13

SCHMITZ-MANCH: Mädchen-Oberrealschulen?. ZlhSch 13 (1902) S. 249-250

SCHNAß, F.: Der Wert der Beobachtungsaufgaben, Psychologisch begründet. VSch 14 (1918) S. 17-20

SCHNEEWEISS, V.: Versuche zur Kunstfasererzeugung. UblMN 43 (1937) S. 184-185

SCHNEIDER, M.: Photochemische Eisenchloridstudien - Ein Beitrag zum chemischen Arbeitsunterricht. ZphchU 39 (1926) S. 271-278

SCHNELLER, A.: Die Naturwissenschaften und die preußische Schulreform. NMh 5 (1924) S. 26-30

SCHODER, M.: Aus der Essener Versuchsschule Bochold 3, Essen-Borbeck. VSch 19 (1923) S. 29-32

SCHOTTEN, H.: Wissenschaft und Schule (I, II) - Vortrag, gehalten in der Hauptversammlung des Vereins zur Förderung des Unterrichts in der Mathematik und den Naturwissenschaften zu Hamburg (Pfingsten 1900). UblMN 6 (1900) S. 37

SCHOTTEN, H.: Zur Reform des mathematisch-naturwissenschaftlichen Unterrichts. ZmnU 36 (1905) S. 226

SCHREIBER: Bemerkungen über physikalische Schülerübungen am Gymnasium. ZphchU 13 (1900) S. 245

SCHÜTZ, H.: Arbeitshefte. VSch 19 (1923) S. 320-323

SCHULZE, H.: Die Milch - Unterrichtsskizze aus der Nahrungsmittelchemie. VSch 18 (1922) S. 206-209

SCHULZE, P.: Die wissenschaftliche Ausbildung der Lehramtskandidaten - Bemerkung zu den Reformvorschlägen der Unterrichtskommission. MhnU 3 (1910) S. 501-504

SCHWALBE, B.: Die Aufgaben des chemischen Unterrichts. ZphchU 1 (1887) S. 41-53

SCHWALBE, B.: Über Berücksichtigung der Nautik im Schulunterricht - Eine Vorlesung beim naturwissenschaftlichen Ferienkursus zu Berlin Michaelis 1899. UblMN 6 (1900) S. 6-8

SCHWALBE, B.: Was kann für den Fortschritt auf dem Gebiete des naturwissenschaftlichen Unterrichts noch weiter geschehen? ZphchU 14 (1901) S. 134-140

SCHWANTKE, Ch.: Mineralogische Schülersammlungen. ZphchU 30 (1917) S. 86-87

SCHWANTKE, Ch.: Reaktionsschemata der Elemente in der anorganischen Chemie. ZphchU 33 (1920) S. 136-141

SCHWANTKE, Ch.: Selbsthergestellte Modelle für die technischen Abschnitte des Chemieunterrichts. ZphchU 38 (1925) S. 28-31

SCHWARZ: Betrachtungen zu einem Spiegelbild. VSch 26 (1930) S. 913-920

SCHWARZ, M.: Gegenwartskunde als die zentrale Bildungsaufgabe der Oberstufe unserer Volksschule - Ein Beitrag zu der Anregung von Prof. Dr. Mascheck in Heft 23, Jahrg. 26. VSch 27 (1931) S. 492-495

SEEGER, W.: Einige für Schülerübungen bestimmte Versuchsangaben über Zeitreaktionen. ZphchU 43 (1930) S. 215-218

SEYFERT: Arbeitsschule und Lehrerbildung. PädBl 40 (1911) S. 577-587

SPIELHAGEN, M.: Von der "Lehrmittelsammlung" in meiner einklassigen Landschule, die nichts gekostet hat. VSch (Der Landschulwart) (1924) S. 568-571

STABER, F.: Schulversuch über die Waschwirkung der Seife. Prache 4 (1939) S. 48

STABER, F.: Ein Wink zur praktischen Durchführung von Werkbesichtigungen - Berichte. Prache 7 (1942) S. 1-2

STAHLBERG, W.: Tatsächliches Denken, ein Ziel der Erziehung. UblMN 21 (1915) S. 81-91

STAUTZ, P.: Notwendige Anschauungsmittel für einen modernen Chemieunterricht. NMh 4 (1922 a) S. 81-83

STAUTZ, P.: Das Anschauungsmittel. NMh 4 (1922 b) S. 107-109

STEIN, R.: Sprachlogik bei chemischen Namen. ZphchU 30 (1917 a) S. 195-199

STEIN, R.: Übersichtstafeln im Natur-Unterricht. MhnU 10 (1917 b) S. 232-237

STEINBRINCK, C.: Versuch einer elementaren Einführung in die Lehre von der Osmose. ZphchU 18 (1905) S. 82-89

STEINRIEDE: Über Aufgabe, Bedeutung und Methode des naturwissenschaftlichen Unterrichts auf höheren Schulen. ZmnU 33 (1902) S. 313-336

STENGEL, E.: Biologische Schulgebiete. ZmnU 68 (1937) S. 131-136

STERN, W.: Beliebtheit und Unbeliebtheit der Fächer auf höheren Schulen. päd.Psych.Päd 22 (1921) S. 72-73

STIMPFL: Der Wert der Kinderpsychologie für den Lehrer (I, II). PädBl 29 (1900) S. 257

STOCK, A.: Der Chemieunterricht an den höheren Schulen. NMh 1 (1919 a) S. 26-37

STOCK, A.: Eine Äußerung von Hochschullehrern über den Unterricht der höheren Schulen. NMh 1 (1919 b) S. 242-243

STOCK, A.: Bemerkungen zu dem Aufsatz des Herrn R. Winderlich, "Elementare Einführung in die Dissoziationstheorie". ZphchU 33 (1920 a) S. 38

STOCK, A.: Einige Nomenklaturfragen der anorganischen Chemie. NMh 2 (1920 b) S. 88-91

STRATMANN: Landesverband Westfalen. UblMN 31 (1925) S. 43-45

STRUMPFF, H.: Ein Besuch bei Berthold Otto. VSch 19 (1923) S. 32-37

STUART, H. A.: Über neue Modelle zur Demonstration der richtigen Raumerfüllung der Moleküle. ZphchU 48 (1935) S. 19-20

STÜCKRATH, F.: Die Einführung in die psychologische Betrachtung der eigenen Erziehungs- und Unterrichtsversuche als Aufgabe der Lehrerbildung. päd.Psych.Päd 41 (1940) S. 220-230

SÜSSENGUTH, A.: Begriff und Vorstellung des Molekulargewichtes und des Atomgewichtes. UblMN 42 (1936) S. 44-48

TEUSCHER, A.: Ein Vorkämpfer der modernen Arbeitsschule. ASch 28 (1914) S. 33-43

THIEL: Übungen und Übungsunterricht. UblMN 33 (1927) S. 57-59

THIEL, A.: Chemische Experimentalkurse an der Universität. ZphchU 20 (1907) S. 306-309

THIEM, W.: Farbphotos als Lichtbilder für den Unterricht. ZphchU 49 (1936) S. 167-169

THYEN, H.: Aus dem Naturlehreunterricht einer einklassigen Landschule: Der Ofen. VSch 27 (1932 a) S. 1108-1118

THYEN, H.: Das Wasser II - Aus dem Naturlehreunterricht einer einklassigen Landschule IV. VSch 28 (1932 b) S. 846-854

THYEN, H.: Über die Gestaltung von Arbeitsanweisungen für die Naturlehre. VSch 28 (1933 a) S. 936-940

THYEN, H.: Das Eis (Arbeitsbogen der "Volksschule". VSch 28 (1933 b) S. 959-965

THYEN, H.: Naturlehre im Volksschulunterricht. VSch 29 (1933 c) S. 639-651

TIEDGE, E.: Die Oberrealschule als mathematisch-naturwissenschaftliches Gymnasium. NMh 5 (1924) S. 32-37

TIEDGE, E.: Mathematik und Naturwissenschaften im Dienste der nationalen Erziehung. ZmnU 64 (1933 a) S. 311-320

TIEDGE, E.: Mathematik und Naturwissenschaften an der neuen deutschen Schule. UblMN 39 (1933 b) S. 250-254

TILGER, F.: Der Arbeitsunterricht. VSch 15 (1919) S. 226-232

TIMERDING, H.: Der Anteil der naturwissenschaftlichen Lehrfächer an der nationalen Erziehung. MhSch 14 (1915) S. 242-252

TREMML, F.: Einfache Lehrmittel für den naturkundlichen Unterricht. MenU 3 (1911/12) S. 41-48

TREUTLEIN, P.: Die neuen badischen Lehrpläne für Realgymnasium und Oberrealschulen. ZmnU 43 (1912) S. 457-472

TRINKWALTER, L.: Die Fragen der Volksernährung im naturwissenschaftlichen Unterricht. UblMN 22 (1916) S. 45-50

TRINKWALTER, L.: Aus der Praxis des chemischen Unterrichts. NMh 2 (1920) S. 201-203

UFER: Zum Kapitel "Naturkunde" der ministeriellen Richtlinien zur Aufstellung von Lehrplänen für die vier oberen Jahrgänge der Volksschule. VSch 18 (1922) S. 342-343

ULITZ, A.: Bericht über den 3. Deutschen Kongreß für Jugendbildung und Jugendkunde 1913. ZmnU 44 (1914) S. 595-612

UMLAUF, K.: Die Einrichtungen für den naturwissenschaftlichen Unterricht am Lehrerseminar in Hamburg. PädBl 40 (1911) S. 543-549

UNGERER, A.: Das Episkop und seine Verwendung im Schulunterricht. NMh 7 (1927) S. 176-179

VAERTING, M.: Machtsoziologische Einflüsse auf die Stellung von Mathematik und Naturwissenschaften im Unterricht. UblMN 36 (1930) S. 1-5

VALENTIN, H.: Vergleichende Wasseruntersuchungen in chemischen Schülerübungen. UblMN 38 (1932) S. 111-114

VEREINE, Deutscher Verband technisch-wissenschaftlicher: Entschließung gegen die Neuordnung. UblMN 30 (1924) S. 108-109

VOGEL, B.: Die Herstellung wellenmechanischer Atommodelle und ihre Anwendung zur Veranschaulichung des Atombaues. ZphchU 49 (1936) S. 121-129

VOIGTS, H.: Untersuchungen über das Interesse für die Unterrichtsfächer an höheren Mädchenschulen unter besonderer Berücksichtigung der Mathematik. ZmnU 56 (1925 a) S. 104-109

VOIGTS, H.: Untersuchungen über die Entwicklung der mathematisch-rechnereischen Denk- und Kritikfähigkeit bei Mädchen. ZmnU 56 (1925 b) S. 302-306

VOIGTS, H.: Zur Organisation des naturwissenschaftlichen Unterrichtes am Lyzeum. UblMN 31 (1925 c) S. 175-177

VOIGTS, H.: Neuere psychologische Untersuchungen über Interesse und Leistungen der Schüler(innen) der höheren Lehranstalten unter besonderer Berücksichtigung der Naturwissenschaften und der Frage des Übungsunterrichts. Praschu 6 (1926 a) S. 76-82

VOIGTS, H.: Zur Organisation des naturwissenschaftlichen, insbesondere biologischen und chemischen Unterrichts an den höheren Mädchenschulen. UblMN 32 (1926 b) S. 225-227

VOIGTS, H.: Das Interesse für die Unterrichtsfächer an höheren Mädchenschulen und seinem Wandel im letzten Jahrzehnte. päd.Psych.Päd 34 (1933) S. 367-372

VOLKE: Physikalisch-chemische Schülerübungen in Untersekunda des Gymnasiums. ZmnU 51 (1920) S. 25-26

WAGENSCHEIN, M.: Dispersion ohne Prisma - Die Farbenzerstreuung im Anfangsunterricht der Schulen. UblMN 42 (1936) S. 97-100

WAGNER, P.: Über die Stellung Sachsens zur Unterrichtsreform. UblMN 32 (1926) S. 300-303

WALCH, H.: Einfache Verfahren zur Herstellung von Diapositiven für bestimmte Zwecke. Praschu 14 (1934) S. 51

WALLERANG, H.: Ein naturkundlicher Unterrichtsgang. VSch 26 (1930) S. 604-609

WALTHER, J.: Der Film als Mittel der Unterhaltung und des Unterrichts. NMh 2 (1920) S. 224-226

WEHRLI, M.: Wellen- und Partikelbild in der Physik. ZmnU 64 (1933) S. 21-24

WEIHE, C.: Der Wert der Naturwissenschaften für Leben und Wirtschaft. UblMN 33 (1927) S. 194-198

WEIMERSHAUS, A.: Über Katalyse. Praschu 6 (1926) S. 260-263

WEINREICH, H.: Von der XXIV. Hauptversammlung des Vereins zu Göttingen vom 31. März bis 2. April 1921. UblMN 27 (1921) S. 32-47

WEINREICH, H.: Ein Beispiel für die Befolgung der sokratischen Methode im mathematischen Unterricht. UblMN 33 (1927 a) S. 85-88

WEINREICH, H.: Die sokratische Methode im naturwissenschaftlichen Unterricht. UblMN 33 (1927 b) S. 181-183

WEINREICH, H.: Die mathematisch-naturwissenschaftlichen Fächer und die Welt der Technik. ZmnU 59 (1928) S. 241-249

WEINWURM, E.: Elementare Einführung in die "Theorie der Lösungen". NuSch 5 (1906) S. 339-351

WENDIK, M.: Wege zur beruflichen Fortbildung des Lehrers. VSch 24 (1928) S. 39-50

WERNER, K.: Über die Notwendigkeit einer kulturgeschichtlichen Orientierung des physikalisch-chemischen Unterrichts - KANT zum Gedächtnis (1724 - 1924). UblMN 30 (1924) S. 57-58

WICKENHOEFER, P.: Wie schätzen die Kinder den naturkundlichen Unterricht? MenU 1 (1909/10) S. 94-95

WIELAND, H.: Einiges von der Chemie und von der Anwendung der Explosivstoffe. MhnU 8 (1915) S. 145-159

WIETIG, E.: Über eine Vorrichtung zur Untersuchung der Volumenverhältnisse bei der Chlorwasserstoffsynthese. ZphchU 52 (1939) S. 101-102

WILCKENS: Bericht über eine naturwissenschaftlich-erdkundliche Arbeitsgemeinschaft in Hannover (2.-12. November 1927). UblMN 34 (1928) S. 50-52

WILLERS, H.: Zum Stande der Schülerübungen. Praschu 8 (1928) S. 49-60

WILLERS, H.: Chemische Schülerübungen - Berichte. Praschu 11 (1931) S. 114-118

WINDERLICH, R.: Logik in der Chemie. MhnU 2 (1909) S. 540-549

WINDERLICH, R.: Staatsbürgerliche Erziehung, die Aufgabe jeglichen Unterrichts. UblMN 21 (1915) S. 61-65

WINDERLICH, R.: Der geschichtliche Einschlag im chemischen Unterricht. MhnU 9 (1916 a) S. 129-139

WINDERLICH, R.: Chemische Schülerübungen. ZphchU 29 (1916 b) S. 247-253

WINDERLICH, R.: Geschichtliches im chemischen Unterricht. ZphchU 30 (1917 a) S. 134-138

WINDERLICH, R.: Veranlagung und chemischer Unterricht. UblMN 23 (1917 b) S. 73-76

WINDERLICH, R.: Philosophie und Geschichte im chemischen Unterricht. MhnU 10 (1917 c) S. 241-249

WINDERLICH, R.: Logik in chemischen Namen. MhnU 10 (1917 d) S. 426-427

WINDERLICH, R.: Elementare Einführung in die Dissoziationstheorie. ZphchU 32 (1919) S. 119-123

WINDERLICH, R.: Wünsche für den Schul-Chemieunterricht. UblMN 26 (1920) S. 26-30

WINDERLICH, R.: Chemische Technik und chemischer Unterricht. ZphchU 35 (1922) S. 219-224

WINDERLICH, R.: Kolloidchemie in der Schule? NMh 6 (1925 a) S. 30-38

WINDERLICH, R.: Der Neunte Verbandstag des Deutschen Philologenverbandes - vom 2. - 6. Juni in Heidelberg. UblMN 31 (1925 b) S. 164-166

WINDERLICH, R.: Chemische Lehrausflüge. UblMN 32 (1926 a) S. 69-73

WINDERLICH, R.: Die Technik und ihre Geschichte im naturwissenschaftlichen Unterricht. UblMN 32 (1926 b) S. 197-199

WINDERLICH, R.: Technik oder Theorie? - Ein Beitrag zu den Fragen nach Ziel und Methode in den naturwissenschaftlichen Fächern. NMh 7 (1926 c) S. 2-8

WINDERLICH, R.: Die 28. Hauptversammlung des Deutschen Vereins zur Förderung des mathematischen und naturwissenschaftlichen Unterrichts in Dresden - I. Hochschule und höhere Schule, Lehrplanfragen, Reifeprüfung. NMh 6 (1926 d) S. 238-240

WINDERLICH, R.: Die Ausbildung der Chemielehrer. NMh 8 (1928 a) S. 130-134

WINDERLICH, R.: Das Experiment im naturwissenschaftlichen Unterricht. ZphchU 41 (1928 b) S. 184-189

WINDERLICH, R.: Sinn und Nutzen der Geschichte der Naturwissenschaften - Ein Beitrag zur Methodik des naturwissenschaftlichen Unterrichts. UblMN 35 (1929) S. 7-11

WINDERLICH, R.: Quantitative chemische Schülerübungen. NMh 10 (1930) S. 200-205

WINDERLICH, R.: Praktische Schüleraufgaben aus der Geschichte der Chemie. NMh 11 (1931 a) S. 214-215

WINDERLICH, R.: Einfachheit und Einheitlichkeit im chemischen Unterricht. UblMN 37 (1931 b) S. 248-251

WINDERLICH, R.: Ein Tafelwerk über Gewinnung und Verwertung des Stickstoffs. NMh 12 (1932) S. 236-237

WINDERLICH, R.: Zwillingsforschung. UblMN 42 (1936) S. 49-55

WINDERLICH, R.: Vierjahresplan und chemischer Unterricht. ZphchU 52 (1939) S. 61-64

WINGE, A. P.: Der naturwissenschaftliche Unterricht in den höheren Schulen Schwedens. MhnU 7 (1914) S. 289

WITTING, A.: XXII. Hauptversammlung des Vereins zur Förderung des mathematischen und naturwissenschaftlichen Unterrichts in München vom 12. bis 15. Mai 1913. UblMN 19 (1913) S. 69-77

WOLFF: Der Arbeitsschulgedanke und unsere Fächer. UblMN 29 (1923) S. 3-6

WOLFF, G.: Erneuter Kampf um den naturwissenschaftlichen Unterricht in England. MhnU 10 (1917) S. 345-349

WOLFF, G.: Neueste Reform des naturwissenschaftlichen Unterrichts in England. ZmnU 49 (1918) S. 103-105

WOLFF, G.: Briefe von der Reichsschulkonferenz. VSch 16 (1920) S. 257

WOLFF, G.: Zum Begriff Gesamtunterricht. VSch 17 (1921) S. 141-142

WOLFF, G.: DAMNU-Sitzung. UblMN 35 (1929) S. 219-220

WOLFF, G.: Wehrwissenschaft und Kulturgeschichte. UblMN 41 (1935) S. 264-169

WOLFF, H.: Die Erneuerung der neuen deutschen Schule aus dem Geist der Biologie. ZmnU 64 (1933) S. 305-311

WUNDER, L.: Das chemische Praktikum an höheren Lehranstalten. NuSch 5 (1906) S. 288-303

WUNDER, L.: Unterrichtsergebnisse. NuSch 6 (1907) S. 433-440

WUNDER, L.: Gedanken, Wünsche und Beispiele für den ersten Unterricht in Physik und Chemie. MhnU 6 (1913) S. 24-44

WURTHE, W.: Die praktische Betätigung der Schüler im physikalischen Unterrichte. VSch 6 (1910) S. 501-519

WURTHE, W.: Die experimentelle Behandlung der Sprengstoffe im Schulunterrichte. VSch 11 (1915 a) S. 383-388

WURTHE, W.: Was leistet die Chemie für unser Wirtschaftsleben während des Krieges? VSch 11 (1915 b) S. 663-670

WURTHE, W.: Das Nickel, ein Kriegsmetall - Eine Präparation für die Oberstufe. VSch 11 (1916) S. 932-927

WURTHE, W.: Wolfram, Vanadium und Molybdän. VSch 11 (1916) S. 978-980

WURTHE, W.: Das Zink - Ein Unterrichtsentwurf für den chemisch-mineralogischen Unterricht. VSch 13 (1918) S. 861-867

WURTHE, W.: Das Kupfer. VSch 15 (1920) S. 723-733

ZANDER, R.: Eine billige Lichtbildquelle. NMh 11 (1930) S. 40-41

ZAPFE, J.: Die Einrichtung der chemischen Arbeitsräume. UblMN 35 (1929) S. 49-51

ZEHNDER, L.: Über das Prinzip größter Einfachheit bei der Lehrerausbildung und den Volkshochschulkursen; Universalwaage mit einfachsten Experimenten. ZphchU 43 (1930) S. 270-273

ZEIßIG, E.: Die Methode in der Naturlehre (Physik und Chemie). VSch 5 (1910) S. 745-750

ZEITLER, H.: Die Behandlung der chemischen Technik im Unterricht. ZphchU 37 (1924) S. 133-134

ZEITLER, H.: Die Zellulosegärung im Unterricht. NMh 9 (1929) S. 157-161

ZEITLER, H.: Die Darstellung des Magnesiums aus Karnallit als Unterrichtsversuch. UblMN 43 (1937) S. 277-284

ZEITLER, H.: Knochen als Rohstoff, ein Thema für eine chemische Arbeitsgemeinschaft. UblMN 46 (1940 a) S. 7-11

ZEITLER, H.: Knochen als Rohstoff, ein Thema für eine chemische Arbeitsgemeinschaft. UblMN 46 (1940 b) S. 17-23

ZIECHERT, A.: Arbeitsgemeinschaften in der Schule. VSch 24 (1929) S. 809-811

ZIEHEN: Selbsttätigkeit der Schüler. VSch 15 (1919) S. 185-186

ZIEHEN, J.: Zur Pflege der Selbsttätigkeit der Schüler im Unterricht. PädBl 50 (1921) S. 49-51

ZIESENITZ, O.: Der Geist Gaudigs und Kerschensteiners in den minist. Richlinien zur Aufstellung von Lehrplänen für die 4 oberen Jahrgänge der Volksschule. VSch 18 (1923) S. 618-620

ZIETZ, K.: Kindliche Erklärungsversuche für Naturerscheinungen - Ein Beitrag zur naiven Theoriebildung. päd.Psych.Päd 38 (1939) S. 219-228

5.2 Literaturverzeichnis der Literatur nach 1945

ANTON, M.A.: Lehrer- und Schülerexperimente in der "Kontextfalle" des Chemieunterrichts. Csch 46 (1999) S. 109

ASSELBORN, W.: Fachübergreifendes Arbeiten im mathematisch-naturwissenschaftlichen Unterricht. Csch 44 (1997) S. 115

BARKE, H.-D.: Chemieverständnis und Raumvorstellung. Chemie um Projekt "Mädchen in Naturwissenschaft und Technik". MNU 45 (1992) S. 437

BECKER, H.-J.: "Suchen und Finden" im Chemieunterricht 1926 - "eggraces" und "Miniprojekte" im Chemieunterricht 1988. PdN-Ch 39 (1990) S. 41

BECKER, H.-J.: Chemiedidaktische Entwicklungen in der Bundesrepublik Deutschland - Situationsanalyse und Bilanz. Frankfurt am Main, 1994

BECKER, H.-J.: Forschung in der Lehre - ein hochschuldidaktisches Stilmittel. GDCP 25 (1997) S. 298

BECKER, H.-J.: Die Gedanken sind frei - Sinnstiftende Kontexte sind mehr als materieller Alltag. PdN-Ch 50 (2001a) S. 39

BECKER, H.-J.: Chemie - nein danke? Bitte reflektiert! Ein Diskussionsbeitrag zu Kerstin Höner und Timo Greiwe "Chemie - nein danke? - eine empirische Untersuchung affektiver und kognitiver Aspekte des Chemieunterrichts der Sekundarstufe I". Chimica didactica 26 (2000), S. 25-55. chim.did 27. (2001b) S. 77-81

BECKER, H.-J.; GLÖCKNER, W.; HOFFMANN, F.; JÜNGEL, G.: Fachdidaktik Chemie. 2. Aufl. Köln, 1992

BECKER, H.-J.; HILDEBRANDT, H.: Chemie- und Politikunterricht - Fragmente einer SINN-VOLLEN Verbindung. PdN-Ch 48 (1999) S. 38

BLK, (Hrsg.): Gutachten zur Vorbereitung des Programms "Steigerung der Effizienz des mathematisch-naturwissenschaftlichen Unterrichts". Bonn, 1997

BRINKMANN, U.; HEILMANN, W.; LINDEMANN, H.; SCHMIDKUNZ, H.: Neue Erfahrungen mit dem Forschend-entwickelnden Unterrichtsverfahren - eine Untersuchung in einem Chemiekurs. NiU-C 7 (1996) S. 20

BÜNDER, W.; HENSELING, K.O.; SALINGER, A.: Workshop zur Integration von Technik in den Chemieunterricht - Programm und erste Realisierung. In: H. MIKELSKIS (Hrsg.): Zur Didaktik der Physik und Chemie. Tagung 1981. Alsbach, 1982, S. 84

DEMUTH, R.: Themenheft: Chemie und ... - Beispiele für Verknüpfungen von Fächern - Fachübergreifender/fächerverbindender Chemieunterricht. PdN-Ch 48 (1999) S. 1

DUIT, R.; HÄUßLER, P.: Berücksichtigung allgemeiner Ziele des naturwissenschaftlichen Unterrichts bei der Unterrichtsplanung (I,II). NiU-PC 26 (1978) S. 161, 321

FREISE, G.: Der Naturbegriff der Naturwissenschaften oder von der Notwendigkeit, den "natur"wissenschaftlichen Unterricht neu zu konzipieren. chim.did. 19 (1993a) S. 123

FREISE, G.: Überlegungen zur inhaltlichen und methodischen Gestaltung eines Lernbereichs Natur anstelle der herkömmlichen naturwissenschaftlichen Fächer. chim.did. 19 (1993b) S. 202

GÄRTNER, H.-J.: Kreativität im Chemieunterricht. NiU-C 8 (1997a) S. 12

GÄRTNER, H.-J.: Kreativität und Wettbewerb
Chemisches Egg-Racing in der Sekundarstufe I. NiU-C 8 (1997b) S. 17

GOLLERS, H.; SCHMIDT, M.; WILKE, M.; HILDEBRANDT, H.; BECKER, H.-J.: Chemische Industrien als Gegenstand von Chemieunterricht - Ein Beitrag zur kritisch-konstruktiven Kommunikation in der Ausbildung. PdN-Ch 48 (1999) S. 32

GRAF, E.: Stationenlernen - ein Beitrag zur Weiterentwicklung des Chemieunterrichts. NiU-C 11 (2000) S. 6

GRAMM, A.: Unterrichtsforschung - eine Aufgabe der Chemiedidaktik. In: Gesellschaft Deutscher Chemiker, Fachgruppe "Chemieunterricht": Chemieunterricht in den 90er Jahren. Impulse für die chemiedidaktische Forschung. Essen , 1989, S. 20

GRAMM, A.; ANTON, M.; BARKE, H.-D.; BUCK, P.; DIERKS, W.; JUST, E.; KLEMMER, G.; REINERS, C.; SCHALLIES, M.; SCHARF, V.; SUMFLETH, E.: Anmerkungen zu Stellungsnahme der GDCh zu den Ergebnissen der 3. Internationalen Mathematik- und Naturwissenschaftsstudie (TIMSS) und der OECD-Studie 'Bildung auf einen Blick'. ChemKon 5 (1998) S. 151

HAMMER, H. O.: Aufgabenfelder fachdidaktischer Forschung in der Chemie. In: Gesellschaft Deutscher Chemiker, Fachgruppe "Chemieunterricht": Chemieunterricht in den 90er Jahren. Impulse für die chemiedidaktische Forschung. Essen, 1989, S. 27

HEINECKE, C.: Lernen im Chemieunterricht als Vorstellungswechsel. MNU 50 (1997a) S. 330

HEINECKE, C.: Schülervorstellungen über chemische Vorgänge - Ausgangspunkt der Lernstrategie. Csch 44 (1997b) S. 184

HELLWEGER, S.: Über Spiele im Naturwissenschaftlichen Unterricht. chim.did. 7 (1981) S. 95

HILDEBRANDT, H.: Chemiedidaktik und Unterrichtswissenschaftlichkeit - Zur Analyse der chemiedidaktischen Lehre an deutschen Hochschulen. Frankfurt am Main, 1998

JANSEN, W.; MATUSCHEK, C.; FICKENFRERICHS, H.; PEPER, R.: Das historisch-problemorientierte Unterrichtsverfahren - Geschichte der Chemie im Chemieunterricht. In: JUST, N., SCHMIDT, H.-J (Hrsg.): Grundlinien Deutscher Chemiedidaktik. Beiträge zum ersten Gesamtdeutschen Sommersymposium. . Essen, 1992, S. 207

JANZEN, M.: Die Farbigkeit von Seifenblasen - Interferenzfarben. PdN-Ch 48 (1999) S. 25

JUST, E.: Alltagsorientierung im Chemieunterricht. NiU-C 8 (1997) S. 4

JUST, N.: Geschichte und Wissenschaftsstruktur der Chemiedidaktik. Interaktion zwischen allgemeiner Didaktik und Fachdidaktik - dargestellt an der historischen Entwicklung der Fachdidaktik Chemie in der zweiten Hälfte des 19. Jahrhunderts. Essen, 1989

KLEMMER, G.; HAGEMANN, L.: Aktualität im Chemieunterricht: Chlorchemie wohin? Der Fall PVC. chim.did. 21 (1995) S. 181

KÖHLER, D.: Chemiedidaktik im Zeitraum 1900 - 1925. Analyse wichtiger fachdidaktischer Publikationsorgane (Werkvertragsarbeit). FU Berlin, 1990 (unveröffentlicht)

KÖHLER, D.: Chemiedidaktik im Zeitraum 1926 - 1945. Analyse wichtiger fachdidaktischer Publikationsorgane (Werkvertragsarbeit). FU Berlin, 1991 (unveröffentlicht)

KÖHLER, D.: Dokumentation von Zeitschriftenpublikationen zur Chemiedidaktik im Zeitraum 1945 - 1965 (Werkvertragsarbeit). FU Berlin, 1992 (unveröffentlicht)

KOMETZ, A.: Das Minilabor im Koffer - Ein modernes und komplettes Halbmikrotechnik-Gerätesystem. Csch 44 (1997) S. Deckblatt innen

LABAHN, B.: "Wer arbeitet besonders genau?" - Sachgerechter Umgang mit Bürette und Vollpipette. NiU-C 9 (1998) S. 26

LÜCK, G.: Naturwissenschaftliche Bildung schon im frühen Kindesalter. NChTL 46 (1998) S. 513

MERZYN, G.: Zur Arbeitsweise der Fachdidaktik. NiU-PC 31 (1983) S. 347

MEYENDORF, G.: Zur Erforschung der Geschichte der Didaktik und Methodik des Chemieunterrichts - Einige Anmerkungen. In: JUST, N., SCHMIDT, H.-J (Hrsg.): Grundlinien Deutscher Chemiedidaktik. Beiträge zum ersten Gesamtdeutschen Sommersymposium. . Essen, 1992, S. 252

MINSSEN, M.: Der sinnliche Stoff. Vom Umgang mit der Materie. Stuttgart, 1986

OBENDRAUF, V.: Von Knallteufeln und Knatterfontänen - Experimente mit polytechnischem Spielzeug (Teil I). CuS 14 (1999) S. 22

OBST, H.: "Fächerübergreifender" Unterricht. Chemieunterricht fachübergreifend und Chemie im fächerverbindenden Unterricht. NiU-C 8 (1997) S. 4

OTZEN, C.: Ein Grundwissen in der Chemie. Entwicklung eines Konzepts für die Sekundarstufe I. Kiel 1989

PFEIFER, P.; HÄUßLER, K.; LUTZ, B.: Konkrete Fachdidaktik Chemie. München, 1992

PIENTKA, H.: Themenheft: Problemorientierter Unterricht - Konzepte und Beispiele. PdN-Ph 47 (1998) S. 1

ROEDER, P.M.; GRUEHN, S.: Geschlecht und Kurswahlverhalten. ZfPäd 43 (1997) S. 877

SCHALLIES, M.: Chemische Versuche in Halbmikrotechnik. GDCP 18 (1989) S. 205

SCHALLIES, M.: Aktualität im Chemieunterricht: Dioxin und Recycling. chim.did. 22 (1996) S. 5

SCHALLIES, M.: Interdisziplinärer Unterricht am Beispiel der Gentechnik: Das Forschungsprojekt Schule - Ethik - Technologie (SET)
Das Forschungsdesign. GDCP 25 (1997) S. 143

SCHLEIP, A.: Beiträge zur Geschichte des Chemieunterrichts an allgemeinbildenden Schulen von den ersten Anfängen bis zum Beginn des 2. Weltkrieges. Frankfurt/M. 1970

SCHLICHTING, H.J.: Spielzeug im Physikunterricht. PdN-Ph 41 (1992) S. 2

SCHMIDKUNZ, H.: Die Symmetrie als prägnanzbildender Faktor bei chemischen Experimenten. NiU-C 3 (1992) S. 12

SCHMIDKUNZ, H.: Neue Aspekte für Lebensmittel im Unterricht. NiU-C 6 (1995) S. 4

SCHMIDKUNZ, H.; KLAETSCH, H.: Zum Einfluß der Hintergrundfarbe auf die visuelle Wahrnehmung von chemischen Experimentieranordnungen - eine empirische Studie. ChemKon 3 (1996) S. 120

SCHMIDKUNZ, H.; LINDEMANN, H.: Das Forschend-entwickelnde Unterrichtsverfahren. Problemlösen im Naturwissenschaftlichen Unterricht. 5. unveränd. Aufl. Hohenwarsleben, 1999

SCHRÖDER, P.: Beschaffung, Sichtung und Auswertung chemiedidaktischer Zeitschriften aus der Zeit vor 1900 (Werkvertragsarbeit). Universität Paderborn, 1997 (unveröffentlicht)

SEILNACHT, T.: Komplementäres Lernen und Verstehen im naturwissenschaftlichen Unterricht - Versuch, eine zugleich pädagogische und didaktische Position zu begründen. chim.did. 24 (1998) S. 196

STÄUDEL, L.: Stationenlernen im Chemieunterricht - eine Einführung. NiU-C 11 (2000) S. 2

STÄUDEL, L.; WÖHRMANN, H.: Chemieunterricht zwischen Alltag, Technik und Umwelt - Unterstützungsmöglichkeiten im regionalen Verbund. ChemKon 6 (1999) S. 114

SUMFLETH, E.: Chemie und Kognitionspsychologie - Zwei Ecksteine eines chemiedidaktischen Forschungsansatzes. In: JUST, N., SCHMIDT, H.-J (Hrsg.): Grundlinien Deutscher Chemiedidaktik. Beiträge zum ersten Gesamtdeutschen Sommersymposium.. Essen, 1992, S. 93

WOEST, V.: Offener Chemieunterricht. Konstruktion - Erprobung - Bewertung.. Alsbach, 1995

5.3 Abkürzungsverzeichnis für die Zeitschriftenliteratur (1900 – 1945)

Asch	Die Arbeitsschule
LpruLg	Lehrproben und Lehrgänge aus der Praxis der Gymnasien und Realschulen. Zur Förderung der Zwecke des erziehenden Unterrichts.
MenU	Monatschrift für den elementaren naturwissenschaftlichen Unterricht
MhnU	Monatshefte für den naturwissenschaftlichen Unterricht aller Schulgattungen
MhSch	Monatsschrift für höhere Schulen
NMh	Naturwissenschaftliche Monatshefte für den biologischen, chemischen, geographischen und geologischen Unterricht
NuSch	Natur und Schule
NuU	Natur und Unterricht
PädBl	Pädagogische Blätter
päd.Psych.Päd.	Zeitschrift für pädagogische Psychologie und experimentelle Pädagogik
Prache	Praktische Schulchemie - Beihefte zu Praschu
Praschu	Praktische Schulphysik
UblMN	Unterrichtsblätter für den mathematischen und naturwissenschaftlichen Unterricht
VSch	Volksschule

ZmnU	Zeitschrift für den mathematischen und naturwissenschaftlichen Unterricht
ZphchU	Zeitschrift für den physikalischen und chemischen Unterricht

5.4 Abkürzungsverzeichnis für die Zeitschriftenliteratur nach 1945

ChemCon	Chemie konkret. Forum für Unterricht und Didaktik
chim.did.	chimica didactica
Csch	Chemie in der Schule
CuS	Chemie und Schule
GDCP	Tagungsbände der Gesellschaft für Didaktik der Chemie und Physik
MNU	Der mathematische und naturwissenschaftliche Unterricht
NChTL	Nachrichten aus Chemie, Technik und Laboratorium
NiU-C	Naturwissenschaften im Unterricht – Chemie
NiU-PC	Naturwissenschaften im Unterricht – Physik/Chemie
PdN-Ch	Praxis der Naturwissenschaften – Chemie
PdN-Ph	Praxis der Naturwissenschaften – Physik
ZfPäd	Zeitschrift für Pädagogik

5.5 Abkürzungen im Text

AG	Arbeitsgemeinschaft
DAMNU	Deutscher Ausschuß für den mathematischen und naturwissenschaftlichen Unterricht
Förderverein	Verein zur Förderung des mathematischen und naturwissenschaftlichen Unterrichts
NSLB	Nationalsozialistischer Lehrerbund

OIII	Obertertia	(Unterstufe)	heute: 9. Klasse
UII	Untersekunda	(Unterstufe)	heute: 10. Klasse
OII	Obersekunda	(Oberstufe)	heute: 11. Klasse
UI	Unterprima	(Oberstufe)	heute: 12. Klasse
OI	Oberprima	(Oberstufe)	heute: 13. Klasse

ORS	Oberrealschule
PSE	Periodensystem der Elemente

FSC
www.fsc.org
MIX
Papier | Fördert gute Waldnutzung
FSC® C083411

Kolibri 360 GmbH
Ferdinand-Jühlke-Straße 7
99095 Erfurt, Deutschland
produktsicherheit@kolibri360.de

Druck:
CPI Druckdienstleistungen GmbH
im Auftrag der
Kolibri 360 GmbH
Ferdinand-Jühlke-Str. 7
99095 Erfurt